T0222144

Springer Studium Mathematik – Bachelor

Reihe herausgegeben von

Martin Aigner, Berlin, Deutschland

Heike Faßbender, Braunschweig, Deutschland

Barbara Gentz, Bielefeld, Deutschland

Daniel Grieser, Oldenburg, Deutschland

Peter Gritzmann, Garching, Deutschland

Jürg Kramer, Berlin, Deutschland

Volker Mehrmann, Berlin, Deutschland

Gisbert Wüstholz, Zürich, Schweiz

Die Reihe „Springer Studium Mathematik" richtet sich an Studierende aller mathematischen Studiengänge und an Studierende, die sich mit Mathematik in Verbindung mit einem anderen Studienfach intensiv beschäftigen, wie auch an Personen, die in der Anwendung oder der Vermittlung von Mathematik tätig sind. Sie bietet Studierenden während des gesamten Studiums einen schnellen Zugang zu den wichtigsten mathematischen Teilgebieten entsprechend den gängigen Modulen. Die Reihe vermittelt neben einer soliden Grundausbildung in Mathematik auch fachübergreifende Kompetenzen. Insbesondere im Bachelorstudium möchte die Reihe die Studierenden für die Prinzipien und Arbeitsweisen der Mathematik begeistern. Die Lehr- und Übungsbücher unterstützen bei der Klausurvorbereitung und enthalten neben vielen Beispielen und Übungsaufgaben auch Grundlagen und Hilfen, die beim Übergang von der Schule zur Hochschule am Anfang des Studiums benötigt werden. Weiter begleitet die Reihe die Studierenden im fortgeschrittenen Bachelorstudium und zu Beginn des Masterstudiums bei der Vertiefung und Spezialisierung in einzelnen mathematischen Gebieten mit den passenden Lehrbüchern. Für den Master in Mathematik stellt die Reihe zur fachlichen Expertise Bände zu weiterführenden Themen mit forschungsnahen Einblicken in die moderne Mathematik zur Verfügung. Die Bücher können dem Angebot der Hochschulen entsprechend auch in englischer Sprache abgefasst sein.

Weitere Bände in der Reihe http://www.springer.com/series/13446

Gisbert Wüstholz · Clemens Fuchs

Algebra

Für Studierende der Mathematik, Physik, Informatik

3., überarbeitete und ergänzte Auflage

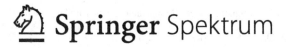 Springer Spektrum

Gisbert Wüstholz
Departement Mathematik
ETH Zürich
Zürich, Schweiz

Clemens Fuchs
Fachbereich Mathematik
Universität Salzburg
Salzburg, Österreich

ISSN 2364-2378   ISSN 2364-2386   (electronic)
Springer Studium Mathematik – Bachelor
ISBN 978-3-658-31263-3   ISBN 978-3-658-31264-0   (eBook)
https://doi.org/10.1007/978-3-658-31264-0

Die Deutsche Nationalbibliothek verzeichnet diese Publikation in der Deutschen Nationalbibliografie; detaillierte bibliografische Daten sind im Internet über http://dnb.d-nb.de abrufbar.

Springer Spektrum ist ein Imprint der eingetragenen Gesellschaft Springer Fachmedien Wiesbaden GmbH und ist ein Teil von Springer Nature.
Die Anschrift der Gesellschaft ist: Abraham Lincoln-Str. 46, 65189 Wiesbaden, Germany

Vorwort

Ein Vorwort ist für ein Buch so wichtig und so hübsch wie der Vorgarten für ein Haus. Natürlich gibt es auch Häuser ohne Vorgärtchen und Bücher ohne Vorwörtchen, Verzeihung, ohne Vorwort. Aber mit einem Vorgarten, nein, mit einem Vorwort sind mir die Bücher lieber. Ich bin nicht dafür, dass die Besucher gleich mit der Türe ins Haus fallen. Es ist weder für die Besucher gut, noch fürs Haus. Und für die Tür auch nicht.

So ein Vorgarten mit Blumenrabatten, beispielsweise mit bunten, kunterbunten Stiefmütterchen, und einem kleinen kurzen Weg aufs Haus zu, mit drei, vier Stufen bis zur Tür und zur Klingel, das soll eine Unart sein? Mietskasernen, ja siebenstöckige Wolkenkratzer, sie sind im Laufe der Zeit notwendig geworden. Und dicke Bücher, schwer wie Ziegelsteine, natürlich auch. Trotzdem gehört meine ganze Liebe nach wie vor den kleinen gemütlichen Häusern mit den Stiefmütterchen und Dahlien im Vorgarten. Und den schmalen handlichen Büchern mit ihrem Vorwort.[1]

In diesem Buch will ich den Lesern einiges aus meiner Algebra erzählen, nur einiges, nicht alles. Sonst würde es eines der dicken Bücher, die ich nicht mag, schwer wie Ziegelsteine, und mein Schreibtisch ist ja schließlich keine Ziegelei, und überdies nicht alles, was ich über Algebra weiß, eignet sich dafür, dass es jeder wissen muss.

Das Häuschen, um das es hier geht, ist eigentlich kein Häuschen im üblichen Sinn, sondern eher eine uralte und ehrwürdige Anlage. Sie ist aber nicht alt geblieben, sondern sie hat im Laufe der Jahrtausende viele Veränderungen erfahren. Es sind neue Gebäudeteile hinzugekommen, andere wurden renoviert oder gar abgerissen. Manche Fassaden wurden erneuert, ohne im Inneren etwas zu verändern. Dadurch hat sich im Laufe der Zeit ein Flügel an den andern gereiht, und alle haben ihren eigenen Charme.

Und wenn man die Anlage betritt, so doch am besten durch die Türe, an der Stelle, von der sich die Anlage ausbreitet. Man wird dann zwangsläufig und ganz von selbst von einem Teil zum andern geführt, nicht immer gerade auf demselben Weg.

In manchen Teilen möchte man länger verweilen, durch andere geht man etwas zügiger. Gelegentlich gibt es Winkel, über die man überrascht ist, weil man sie nicht erwartet hat.

---

[1]aus *Erich Kästner, Als ich ein kleiner Junge war*

An etlichen Stellen kann man über steile Treppen in ein Turmzimmer steigen, und wenn man es geschafft hat, erhascht man einen wunderbaren Ausblick über ein verzauberte Landschaft. Dann merkt man, dass die Mühe sich gelohnt hat.

Manchmal sind solche Anstiege aber auch sehr anstrengend und erfordern eine große Ausdauer, wenn man nicht zuvor beschließt, besser umzukehren. Oftmals ist es so, dass es auch gut ist umzukehren. Das belässt einen Teil der Anlage unerforscht, gibt jedoch die Möglichkeit, wiederzukehren und immer noch Neues zu finden.

Manche Teile zu besuchen, erfordert eine große Konzentration, die ermüdet. Aber am Ende merkt man, dass sich der Weg gelohnt hat, weil man unterwegs an vielen schönen und interessanten Stellen vorbeigekommen ist und neue Erfahrungen gemacht hat.

Ganz wichtig sind Treppenhäuser und Korridore. Ihre Eleganz und Transparenz vermitteln Zusammenhänge. Sie sind ein Abbild der inneren Schönheit und der logischen Konsistenz der Anlage.

Dieses Buch ist so etwas wie ein kleiner Leitfaden für einen Besuch dieser herrlichen und bewundernswerten Architektur. Es möchte dem Leser einige der schönsten Teile vorstellen. Natürlich ist die Auswahl nicht immer zwingend, aber im Laufe der Zeit hat sich doch ein recht fest umrissenes Programm herausgebildet. Manchmal wird dieses Programm zu einem dieser schweren Ziegelsteine ausgestaltet, von denen eingangs die Rede war. Dann werden die Bücher eben dicke Bücher, gleich von Anfang an.

Manchen fällt es bei Schreiben von Büchern über Algebra schwer, eine Auswahl zu treffen, sie verlieren das Gefühl dafür, was der Leser in vernünftiger Zeit bewältigen kann, und so gerät die Tour zu einer fast unendlichen Wanderung.

In anderen Fällen beginnt es eben so, wie es in diesem Büchlein versucht wird, mit einer schönen Auswahl. Aber dann, wenn das Buch neu aufgelegt wird, kommt etwas hinzu, was man beim ersten Mal vergessen zu haben wähnt, es wird eingefügt, und nach einiger Zeit endet die Geschichte schließlich ebenso mit einem Marathon.

Die Gruppentheorie – sie steht ganz am Anfang unseres Rundwegs. Und je länger ich an diesem Büchlein gearbeitet habe, desto mehr bin ich zur festen Überzeugung gelangt, dass sie die zentrale Theorie innerhalb der Algebra ist. Man wähnt sich, wenn man schließlich bei der Körpertheorie angelangt ist, weit entfernt von ihr in einem sehr feinstrukturierten Flügel unserer Anlage und muss dann plötzlich doch feststellen, dass sich alles wieder auf die Gruppentheorie reduziert: diese einfache Struktur, die mit ein paar Axiomen auskommt und dennoch so weitreichend ist.

Sie beschreibt eben innere Symmetrien komplizierter Theorien und macht diese transparent und kristallin. Und ist selbst ein wunderbares Beispiel dafür, wie sich

Mathematik fast aus dem Nichts entwickelt und zu einer großartigen Kathedrale erhebt, ganz aus sich selbst durch elegante Argumente und Schlüsse.

Das sind unsere Treppenhäuser und Korridore, die nicht nur eine Funktion, sondern darüber hinaus eine innere Ästhetik tragen. Diese zeichnet sich durch Einfachheit und Natürlichkeit aus. Ich habe während der Arbeiten an diesem Buch festgestellt, dass in vielen Fällen nicht die Objekte selbst, auf die man stößt, die natürlichen sind, sondern oftmals die zu ihnen in gewisser Weise dualen Objekte. Ein schönes Beispiel dafür ist die induzierte Darstellung, der wir ganz am Ende, wenn sich der Kreis zu schließen beginnt, in der Darstellungstheorie endlicher Gruppen begegnen. Hier haben wir einen zu dem üblichen Zugang verschiedenen, eben ganz natürlichen gewählt, wie er in der Darstellungstheorie unendlicher und kontinuierlicher Gruppen notwendig wird, auf den mich freundlicherweise Vladimir Popov hingewiesen hat.

Gute Architektur, insbesondere wenn sie sehr komplex und ausgedehnt ist, besitzt Leitmotive. Dies ist auch bei unserer Algebra der Fall. Wir haben versucht, eines dieser Leitmotive deutlich herauszustellen: die symmetrische Gruppe. Sie tritt immer wieder in ganz natürlicher Weise auf, insbesondere bei den platonischen Körpern, denen wir ein Kapitel gewidmet haben, was an sich sehr unüblich für Bücher zur Algebra ist. Doch sie sind so einzigartig – und das beweisen wir auch – dass wir nicht auf ihre Vorstellung verzichten wollten. Einer von ihnen, das berühmte Ikosaeder, dem Felix Klein ein ganzes Buch gewidmet hat, trägt ein weiteres Leitmotiv, den goldenen Schnitt. Drei Rechtecke, deren Seiten im Verhältnis des goldenen Schnitts stehen und die in der richtigen Weise ineinander gesteckt sind, definieren die Ecken des Ikosaeders. Das Seitenverhältnis der Rechtecke ist auf einzigartige Weise definiert, es taucht bei quadratischen Zahlkörpern als Fundamentaleinheit auf, die man mit Hilfe des Kettenbruchalgorithmus bestimmen kann und die Ziffern des dazugehörigen Kettenbruchs sind alle gleich 1.

Es hat lange gedauert, bis dieses Büchlein fertiggestellt war, und viele, außer dem Autor selbst, mussten sich in Geduld üben: der Verlag, die Studenten, die meine Vorlesung an der ETH Zürich besucht haben und nicht zuletzt meine Familie. Viele haben mitgeholfen: Oliver Baues, Leo Summerer, Philipp Reinhard von der ETH Zürich und – beim Aufbereiten einer druckfertigen Version – Oliver Fasching von der Universität Wien. Ganz besonderer Dank gilt auch meinem Kollegen Paul Balmer. Er hat sich der Mühe unterzogen, das Manuskript kritisch durchzugehen, und dann zahlreiche wertvolle Verbesserungsvorschläge eingebracht.
Dieses Büchlein besitzt eine Homepage:
    `http://www.math.ethz.ch/~wustholz/vieweg-algebra`
Sie soll dazu dienen, dem verehrten Leser zusätzliche Informationen zu bieten. Und ist ein Platz, der offen für Ergänzungen, Verbesserungen und Korrekturen ist und wo man auch weitere Übungsaufgaben sowie Musterlösungen finden kann.

Wermatswil, im März 2004

Vorwort zur zweiten Auflage

Es sind nun neun Jahre vergangen, seitdem dieses Buch zum ersten Mal gedruckt worden ist. In der Zwischenzeit habe ich sehr viele Zuschriften und Kommentare erhalten, die durchwegs sehr positiv waren. Für all die Zuschriften möchte ich mich ganz herzlich bedanken.

Es verwundert nicht, dass aufmerksame Leser eine ganze Reihe von kleinen Fehlern und Ungereimtheiten gefunden und mir dies mitgeteilt haben. Dennoch blieb eine Reihe von fehlerhaften Stellen unbemerkt. In der vorliegenden neuen Ausgabe, die gründlich überarbeitet ist, habe ich versucht, die entdeckten wie auch die verborgen gebliebenen Fehler zu beseitigen und hoffe, dass es sehr schwierig ist, weitere zu finden.

An dieser Stelle möchte ich mich nochmals ganz herzlich bei Oliver Fasching bedanken, ohne den diese Neuauflage wohl nicht zustande gekommen wäre. Mit viel Geduld hat er mir geholfen, die neue Version für den Druck vorzubereiten.

Wermatswil, im April 2013

Vorwort zur dritten Auflage

Mehr und mehr haben sich in den letzten zwei Dekaden abstrakte Begriffe und Konstruktionen in der Algebra und vielen weiteren Gebieten der Mathematik durchgesetzt und sind so fast schon Teil der mathematischen Allgemeinbildung. Zwar klingt dies bereits in den früheren Ausgaben an, jedoch scheint uns die Zeit gekommen, dieser neuen Entwicklung etwas mehr Rechnung zu tragen.

In dieser neuesten Auflage haben wir zudem die Gelegenheit genutzt, den Text an manchen Stellen etwas zu ergänzen bzw. abzuändern. Im Prolog haben wir als warm-up die Herleitung der Lösungsformeln für polynomiale Gleichungen bis vierten Grades aufgenommen. Hier haben wir eine elementare Herangehensweise gewählt, um dann im Kapitel über Galoistheorie diese Frage noch einmal galoistheoretisch anzugehen, um ein explizites Anwendungsbeispiel der Galoistheorie vorzustellen. Die Theorie der Gruppen haben wir durch die Konstruktion von Limites und Kolimites ergänzt. Dies findet ebenfalls in der Galoistheorie Anwendung, wo wir nicht nur endliche sondern darüber hinaus auch unendliche Galoiserweiterungen behandeln. Hier kommt entscheidend der Kolimes endlicher Galoisgruppen zum Einsatz. Zudem kommen der Darstellungssatz von Cayley sowie das Lemma von Burnside vor. In der Körpertheorie wird der Satz von Kronecker explizit erwähnt und der Satz von Steinitz über die Existenz von algebraisch abgeschlossenen Oberkörpern bewiesen; dazu haben wir im Kapitel über Polynomringe, solche Ringe auch für beliebige Variablenmengen eingeführt. Die Theorie der endlichen Körper hat auch etwas mehr Aufmerksamkeit erhalten. Als Beispiel behandeln wir Kreisteilungspolynome über endlichen Körpern. Dies findet Anwendung in der (algebraischen) Codierungstheorie, der wir ein Kapitel widmen. Algebraische Codierungstheorie bewegt sich an der Schnittstelle zwischen linearer und abstrakter Algebra, sodass sie sich ganz gut in den letzten Teil des Buches einordnet. Wir brauchen nicht zu betonen, dass es sich um eine ganz wichtige Theorie in der modernen Informatik handelt, die auf schönen mathematischen Konzepten beruht, die in unserem Buch bereitgestellt werden. Es versteht sich von selbst, dass diese Theorie in einem Buch über Algebra nicht umfassend präsentiert werden kann. Statt dessen haben wir uns auf eine Auswahl einiger schöner und wichtiger Resultate der Codierungstheorie beschränkt.

Die verschiedenen Auflagen der Algebra wurden über einen langen Zeitraum von Ulrike Schmickler-Hirzebruch betreut. Die Zusammenarbeit mit ihr war immer freundschaftlich und ohne Probleme. Es lag nahe, Clemens Fuchs als Koautor zu gewinnen, der die Algebra an der ETH Zürich seit 2010 mitbetreut hat. Auf seine Veranlassung und durch ihn ist das Buch durch die Codierungstheorie ergänzt und bereichert worden.

Wermatswil und Salzburg, im Mai 2020

Inhalt

Prolog

Teil I
Gruppen

Teil II
Ringtheorie

Teil V
Darstellungen von endlichen Gruppen

Teil VI
Moduln und Algebren

Teil VII
Codierungstheorie

xvi

Prolog

Die Entstehung der Algebra

Das Erbe der Griechen

Während mit dem Zerfall des römischen Reiches in der abendländischen Welt viele der kulturellen Leistungen der Antike in Vergessenheit gerieten, erlebte der islamische Kulturkreis eine zivilisatorische Blüte. Eine hervorragende Rolle spielte dabei die vom Kalifen al-Ma'mūn (reg. 813–833) gegründete Akademie von Bagdad. Führer der dortigen „Griechischen Schule" war al-Ḥajjāj, der die Elemente des Euklid ins Arabische übersetzte.

Im Gegensatz zu ihm stand al-Kwārizmī, der sich auf indisch-persische Quellen stützte. Sein Hauptwerk über die Lösung von Gleichungen durch *al-jabr* – al-jabr ist der etymologische Ursprung des Begriffs Algebra – und *al-muqabala* war denn auch für ein größeres, nicht rein wissenschaftliches Publikum bestimmt. Während der erste Teil Methoden zur Lösung linearer und quadratischer Gleichungen enthielt, ging es im zweiten um die Berechnung von Flächen und Volumen. Der dritte Teil behandelte ausschließlich Erbschaftsfragen. Immerhin gab Kwārizmī die sehr gute Approximation

$$\pi \sim \frac{62832}{20000} = 3.1416$$

an. Diesen Bruch findet man in der berühmten astronomischen Abhandlung, die *Aryabhatiya von Aryabhata,* aus dem 6. Jahrhundert. Dort wird der Bruch in Worten beschrieben: *Addiere 4 zu 100, multipliziere mit 8 und addiere 62000. Das Ergebnis ist ungefähr der Umfang des Kreises mit Durchmesser 20000.* Von dieser hinduistischen Quelle übernahm Kwārizmī diese Approximation. Sie war allerdings auch schon dem chinesischen Geometer Liú Huī aus dem 3. Jahrhundert bekannt.

Kwārizmīs Nachfolger Tabit ben Qurra (836–901) zeigte sich wieder als Anhänger der griechischen Schule und benutzte die geometrische Anschauung zur Lösung algebraischer Probleme.

© Springer Fachmedien Wiesbaden GmbH, ein Teil von Springer Nature 2020
G. Wüstholz und C. Fuchs, *Algebra*, Springer Studium Mathematik – Bachelor,
https://doi.org/10.1007/978-3-658-31264-0_1

Die Renaissance in Italien

Vom 13. Jh. an bildete sich in Europa eine neue Schicht „international" tätiger
Händler und Financiers heran. Für ihren Geschäftsverkehr und ihre Buchhaltung
waren die althergebrachten römischen Ziffern nicht geeignet. Das arabisch-hin-
duistische Zahlensystem erwies sich als sehr viel effizienter.

Die Werke Kwārizmīs waren in Italien in lateinischer Übersetzung bekannt.
Die Technik des al-jabr und al-muqabala wurde von einer Reihe italienischer Mathematiker weitergeführt und verfeinert. Zu nennen sind Leonardo da Pisa, genannt Fibonacci und Luca Pacioli, der in seinem 1494 erschienenen Hauptwerk
„Summa de aritmetica, geometria, proportioni e proportionalità" das Problem der
kubischen und biquadratischen Gleichungen aufwarf. Für diesen Paragraph vgl.
[Wae2], [Science].

Auf dem Weg zur modernen Algebra

Von da an zog sich das Problem der Lösung algebraischer Gleichungen wie ein
roter Faden durch die Entstehungsgeschichte der Algebra, bis hin zum Beginn der
modernen Algebra mit Evariste Galois.

Die kubischen und biquadratischen Fälle wurden noch im 16. Jh. von *Niccolò
Tartaglia, Gerolamo Cardano* und *Lodovico Ferrari* gelöst.

An dieser Stelle muss auch auf die Leistungen *René Descartes* (1596–1650)
hingewiesen werden, dem Erfinder der analytischen Geometrie. In seinem Werk
„Discours de la méthode" führte er die noch heute gebräuchliche Schreibweise
algebraischer Probleme ein. Seine Vorgänger benutzten zwar schon Bezeichnungen
wie a, b, ... oder x, y, ... für bekannte oder unbekannte Größen, kamen aber
bei der Beschreibung mathematischer Operationen noch nicht ohne Worte aus.
So schrieb *François Viète* (1540–1603) anstelle von $bx^2 + dx = z$ immer noch „B
in X quadratum, plus D plano in X, aequari Z solido."

Carl Friedrich Gauss (1777–1855) schließlich zeigte die Lösbarkeit der zyklotomischen Gleichung

$$x^n - 1 = 0$$

durch Radikale. Gauss war es auch, der den sogenannten *Fundamentalsatz der
Algebra* fand: Jede algebraische Gleichung hat Lösungen in komplexen Zahlen,
d. h. der Form $a+ib$. Den ganz großen Schritt nach vorn schaffte aber erst *Evariste
Galois* (1811–1832). Er erkannte, dass die Lösungen algebraischer Gleichungen
durch die Symmetrien der Gleichung bestimmt werden können: Heute studiert
man die zugehörigen *Galois-Gruppen*.

Aus den Arbeiten Galois entwickelte sich der abstrakte Gruppenbegriff heraus,
dem der erste Teil des Buches gewidmet ist.

Symmetrien

Transformationen

Der Gruppenbegriff entwickelte sich aus dem Begriff der „Transformationsgruppe". In dieser Form tauchen auch die meisten Gruppen in der Mathematik, Physik, Chemie, Kristallographie, Kunst, Architektur und Musik auf.

Eine *Transformation* auf einer Menge X ist eine bijektive Abbildung $T\colon X \to X$. Zwei Transformationen S und T können hintereinander ausgeführt werden:

$$S \circ T\colon \ X \longrightarrow X$$
$$x \longmapsto (S \circ T)(x) = S(T(x)) \,.$$

Die Identität $I\colon X \to X$, $x \mapsto I(x) = x$ ist eine Transformation. Sie besitzt die Eigenschaft, dass $I \circ T = T \circ I = T$ für alle Transformationen T gilt. Transformationen können invertiert werden, d. h. zu jeder Transformation T gibt es eine Transformation $T'\colon X \to X$ mit $T \circ T' = T' \circ T = I$. Man schreibt T^{-1} für T'. Die Komposition von Transformationen ist assoziativ, d. h. es gilt $(S \circ T) \circ U = S \circ (T \circ U)$ für alle Transformationen S, T, U. Dies sind gerade die definierenden Eigenschaften einer Gruppe. So heißt eine Menge von Transformationen auf einer Menge X eine *Transformationsgruppe*, falls sie die Identität I und mit T, T_1, T_2 auch T^{-1} sowie $T_1 \circ T_2$ enthält. Die Gesamtheit aller Transformationen auf einer Menge X nennt man die *symmetrische Gruppe* oder auch *Permutationsgruppe* $S(X)$ von X.

Beispiel Ist X eine endliche Menge mit n Elementen, so ist $S(X) = \mathscr{S}_n$ die übliche Gruppe der Permutationen; nach Wahl einer Bijektion zwischen X und der Menge $\{1, \dots, n\}$ kann man X mit $\{1, \dots, n\}$ identifizieren, und dann besteht die Permutationsgruppe $\mathscr{S}_n$ aus der Menge der Bijektionen $\sigma\colon \{1, \dots, n\} \to \{1, \dots, n\}$. Dies ist die übliche Darstellungsweise der symmetrischen Gruppe $\mathscr{S}_n$, die für Rechnungen sehr geeignet ist.

Beispiel Ist X ein Vektorraum V über einem Körper K, so ist die Menge der linearen bijektiven Abbildungen $\mathrm{GL}(V)$ eine Transformationsgruppe.

Beispiel Ist im vorherigen Beispiel $K = \mathbb{R}$ und $\langle \, , \rangle$ ein Skalarprodukt, so ist $X = (V, \langle \, , \rangle)$ ein *euklidischer Vektorraum,* und man nennt eine lineare Abbildung $\varphi \in \mathrm{GL}(V)$ orthogonal, falls $\langle \varphi(v), \varphi(w) \rangle = \langle v, w \rangle$ für alle v, $w \in V$ gilt. Die Menge der bijektiven orthogonalen Abbildungen $\mathrm{O}(V)$ ist ebenfalls eine Transformationsgruppe.

Affine und euklidische Räume

Sehr häufig treten Transformationsgruppen als Bewegungsgruppen in affinen oder euklidischen Räumen auf. Wir wollen den Begriff eines affinen bzw. euklidischen

© Springer Fachmedien Wiesbaden GmbH, ein Teil von Springer Nature 2020
G. Wüstholz und C. Fuchs, *Algebra*, Springer Studium Mathematik – Bachelor,
https://doi.org/10.1007/978-3-658-31264-0_2

Raumes kurz präzisieren. Ein *affiner Raum* $\mathbb{A} = (V, \mathcal{P}, v)$ besteht aus einem n-dimensionalen Vektorraum V, einer Menge $\mathcal{P}$, deren Elemente Punkte genannt werden, und einer Abbildung $v \colon \mathcal{P} \times \mathcal{P} \to V$, die je zwei Elementen P, Q aus $\mathcal{P}$ einen Vektor $v(P, Q) \in V$ zuordnet und folgende Eigenschaften besitzt:

(a) Für alle Punkte $P \in \mathcal{P}$ und alle Vektoren $v \in V$ existiert genau ein Punkt $Q \in \mathcal{P}$ mit $v(P, Q) = v$.

(b) Für alle P, Q, R, $\in \mathcal{P}$ gilt $v(P, R) = v(P, Q) + v(Q, R)$.

Für $v(P, Q)$ schreiben wir auch $\overrightarrow{PQ}$ und dann kurz

$$Q = P + \overrightarrow{PQ}.$$

Aus (b) mit $R = Q$ folgt $v(P, Q) = v(P, Q) + v(Q, Q)$ und somit $v(Q, Q) = 0$. Setzt man $R = P$, so erhält man

$$v(P, Q) = -v(Q, P) \tag{1}$$

Beispiel Wir setzen $\mathcal{P} = V$ und $v(x, y) = x - y$ für x, $y \in \mathcal{P}$. Dann ist $\mathbb{A} = (\mathcal{P}, V, v)$ ein affiner Raum.

Beispiel Wir betrachten den Lösungsraum $\mathcal{L}$ eines inhomogenen linearen Gleichungssystems $Ax = b$. Es sei $\mathcal{L}_0$ der Lösungsraum des zugehörigen homogenen Gleichungssystems $Ax = 0$. Dann ist $(\mathcal{L}, \mathcal{L}_0, v)$ ein affiner Raum, wenn

$$v \colon \mathcal{L} \times \mathcal{L} \longrightarrow \mathcal{L}_0$$

definiert ist als $v(x, y) = y - x$.

Die Dimension von $\mathbb{A}$ ist definiert als die Dimension von V. In einem affinen Raum gilt das Parallelogrammgesetz, d. h. es gilt $v(P, Q) = v(P', Q')$ für Punkte P, P', Q, $Q' \in \mathcal{P}$ genau dann, wenn $v(P, P') = v(Q, Q')$.

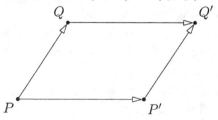

Wir identifizieren den affinen Raum $\mathbb{A}$ mit seinen Punkten $\mathcal{P}$ und schreiben $P \in \mathbb{A}$ für $P \in \mathcal{P}$. Ein affiner Unterraum $\mathbb{A}'$ von $\mathbb{A}$ ist eine Teilmenge von $\mathbb{A}$ mit der Eigenschaft, dass die Menge der $v(P, Q)$ mit P, $Q \in \mathbb{A}'$ einen Untervektorraum von V bildet. Affine Unterräume der Dimensionen 1, 2, $n - 1$ heißen Geraden, Ebenen und Hyperebenen. Zwei affine Unterräume $\mathbb{A}_1$, $\mathbb{A}_2$ mit zugehörigen Vektorräumen V_1, V_2 heißen *parallel,* falls $V_1 \subseteq V_2$ oder $V_2 \subseteq V_1$ gilt. Eine Abbildung $\alpha \colon \mathcal{P} \to \mathcal{P}$

nennt man eine *affine Abbildung*, falls sie auf dem zugehörigen Vektorraum V eine wohldefinierte und lineare Abbildung induziert, d. h. falls aus $\overrightarrow{P_1Q_1} = \overrightarrow{P_2Q_2}$

$$\overrightarrow{\alpha(P_1)\alpha(Q_1)} = \overrightarrow{\alpha(P_2)\alpha(Q_2)}$$

folgt und die durch

$$\alpha(\overrightarrow{PQ}) = \overrightarrow{\alpha(P)\alpha(Q)}$$

gegebene Fortsetzung von α auf V linear ist. Eine bijektive affine Abbildung heißt *affine Transformation*. Die Menge der affinen Transformationen eines affinen Raumes bildet eine Transformationsgruppe. Ist der Vektorraum V in der Definition eines affinen Raumes sogar ein euklidischer Vektorraum, so erhält man einen *euklidischen Raum*. Hier ist dann zusätzlich der Abstand $\rho(P, Q)$ zweier Punkte P und Q erklärt durch

$$\rho(P, Q) = \sqrt{\langle \overrightarrow{PQ}, \overrightarrow{PQ} \rangle} \; .$$

Ist α eine affine Transformation in einem euklidischen Raum, die auf V eine orthogonale Abbildung induziert, so nennt man α eine *euklidische Transformation* und eine *Bewegung*, falls die induzierte lineare Abbildung orientierungserhaltend ist. Die Gesamtheit der euklidischen Transformationen und der Bewegungen ist jeweils eine Transformationsgruppe.

Die Bewegungsgruppe in der euklidischen Ebene

Es sei nun $\mathbb{E}$ eine euklidische Ebene, d. h. $\dim \mathbb{E} = 2$. Dann gibt es neben der Identität I noch drei weitere Typen von euklidischen Transformationen, nämlich

- Translationen,
- Drehungen,
- Spiegelungen.

Die drei Typen können dadurch charakterisiert werden, dass Translationen keine Fixpunkte haben, Drehungen genau einen, und es bei Spiegelungen eine Gerade gibt, die festgehalten wird. Jedes $w \in V$ definiert eine Translation $T_w \colon \mathbb{E} \to \mathbb{E}$, da es für $P \in \mathbb{E}$ genau ein $Q \in \mathbb{E}$ gibt mit $\overrightarrow{PQ} = w$. Wir setzen $T_w(P) = Q$, oder anders ausgedrückt $Q = P + w$, und erhalten eine affine Transformation, die im Fall eines euklidischen Raumes sogar eine Bewegung ist. Solch eine ebene affine Transformation ist dadurch charakterisiert, dass

$$\overrightarrow{PT_w(P)} = w$$

gilt.

Satz   *Jede ebene euklidische Transformation ist eine Translation oder die Hintereinanderschaltung einer Translation und einer Drehung oder Spiegelung.*

Beweis   Wir wählen einen festen Punkt P_0 und setzen $v_0 = \overrightarrow{P_0\alpha(P_0)}$, wenn α die gegebene euklidische Transformation bezeichnet. Dann besitzt die Transformation $\beta = T_{-v_0} \circ \alpha$ den Fixpunkt P_0. Denn es gilt

$$
\begin{aligned}
\beta(P_0) &= (T_{-v_0} \circ \alpha)(P_0) \\
&= T_{-v_0}(\alpha(P_0)) \\
&= T_{-v_0}(P_0 + \overrightarrow{P_0\alpha(P_0)}) \\
&= P_0 + \overrightarrow{\alpha(P_0)P_0} + \overrightarrow{P_0\alpha(P_0)} \\
&= P_0 - \overrightarrow{P_0\alpha(P_0)} + \overrightarrow{P_0\alpha(P_0)} \\
&= P_0
\end{aligned}
$$

unter Beachtung von (1) auf Seite 4. Eine euklidische Transformation mit Fixpunkt ist aber eine Drehung oder Spiegelung [Kn], [Cox, Kap. 3.13].   □

In ähnlicher Weise kann man die Bewegungen des dreidimensionalen euklidischen Raums beschreiben. Hier setzt sich eine solche Bewegung aus Translationen, Drehungen um eine Achse, Spiegelungen an einer Ebene sowie Punktspiegelungen zusammen.

Symmetrie von Objekten

In einer euklidischen Ebene betrachten wir nun ein Dreieck. Die Bewegungen, die das Dreieck fest lassen, bilden die Symmetriegruppe des Dreiecks. Es gibt drei mögliche Gestalten für das Dreieck:

  (i) gleichseitig

 (ii) gleichschenklig, aber nicht gleichseitig

(iii) allgemeine Lage, d. h. weder (i) noch (ii).

Im Fall (i) erhält man als Symmetrien die Identität, die Drehung S um den Schwerpunkt um $120°$ und die Drehung S^2 um $240°$. Daneben erhält man die drei Spiegelungen an den drei Winkelhalbierenden, die mit T_1, T_2, T_3 bezeichnet werden. Die Symmetriegruppe ist dann gegeben durch $D_3 = \{I, S, S^2, T, ST, S^2T\}$, wo $T \in \{T_1, T_2, T_3\}$ beliebig sein darf. Dies ist eine sogenannte *Diedergruppe*. Sie ist in diesem Fall isomorph zur Gruppe $\mathscr{S}_3$, die auf den drei Winkelhalbierenden operiert und diese permutiert.

Im Fall (ii) erhält man die zyklische Gruppe $\{I, T\}$, wobei T die Spiegelung an der von den gleichen Schenkeln definierten Winkelhalbierenden ist. Es gilt $\{I, T\} \simeq \mathbb{Z}/2\mathbb{Z}$.

Im Fall (iii) ist die Symmetriegruppe die triviale Gruppe $\{I\}$.

Allgemein fassen wir die Gesamtheit der Transformationen einer Menge X, die ein Objekt, d. h. eine Teilmenge $M \subseteq X$ festhalten, als die Menge der Symmetrien des Objekts auf. Ist G eine Transformationsgruppe von X, so ist die Menge $\mathscr{S}(M)$ der Symmetrien von M bezüglich der Transformationsgruppe G gegeben durch

$$\mathscr{S}(M) = \{T \in G;\ T(M) = M\}\ .$$

Es ist klar, dass die Identität I in $\mathscr{S}(M)$ liegt und dass mit S, S_1, S_2 auch S^{-1} und $S_1 \circ S_2$ in $\mathscr{S}(M)$ liegen. Wir nennen $\mathscr{S}(M)$ die Symmetriegruppe von M.

Beispiel Ist $X = \mathbb{E}$ die euklidische Ebene, so können wir die geometrischen Objekte

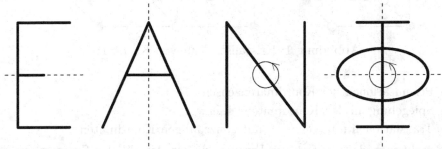

auf Symmetrie hin untersuchen. Man findet die eingezeichneten Symmetrieachsen bzw. Drehpunkte.

Beispiel Symmetriegruppen von regulären Polyedern im euklidischen Raum, insbesondere der *platonischen Körper*

- Tetraeder
- Würfel
- Oktaeder
- Dodekaeder
- Ikosaeder

sind ein schönes Beispiel für diese Sichtweise von Symmetrien. Wir werden dies später noch eingehend studieren.

Beispiel In neuerer Zeit hat sich eine neue Klasse von symmetrischen konvexen Körpern herausgebildet. Sie entstammen ursprünglich der Architektur und werden Fullerene genannt: Das sind regelmäßige Polyeder, die in der Kohlenstoffchemie Bedeutung haben.

Beispiel Kristallographische Gruppen sind diskrete Gruppen G von Transformationen im euklidischen Raum $\mathbb{A}$, die Kristalle invariant lassen. Sie können ganz abstrakt definiert werden als Gruppen von solchen Transformationen, für die der Raum $G\backslash\mathbb{A}$ der Linksnebenklassen kompakt ist. Ein Beispiel hierfür ist das Kochsalz $NaCl$ (siehe Abbildung 1). Seine Symmetrien sind

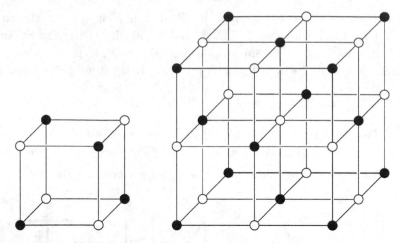

Abbildung 1: Kristallstruktur von Kochsalz

- Permutationen der Koordinatenachsen,
- Spiegelung an den Koordinatenachsen,
- Translationen mit Vektoren mit ganzzahligen Koordinaten.

Es stellt sich dann sofort die Frage nach der Anzahl der Symmetrien oder genauer nach der Ordnung der Symmetriegruppe. Diese ist manchmal endlich, wie bei den Platonischen Körpern, manchmal auch unendlich, wie bei den ebenen Pflasterungen. Als Beispiel für den ersten Fall erwähnen wir den folgenden grundlegenden

Satz   *Es gibt nur endlich viele kristallographische Gruppen im euklidischen Raum.*

Im Fall der euklidischen Ebene kann dieses Ergebnis noch präzisiert werden kann. Denn hier gilt der folgende interessante

Satz   *In der euklidischen Ebene gibt es genau 17 paarweise nicht-isomorphe kristallographische Gruppen.*

Etwas komplizierter wird es im dreidimensionalen euklidischen Raum. Hier gilt:

Satz   *Im dreidimensionalen euklidischen Raum gibt es genau 219 nicht-isomorphe kristallographische Gruppen.*

Diese Gruppen können alle auch tatsächlich als Symmetriegruppen von echten, d. h. in der Natur vorkommenden Kristallen realisiert werden.

Über das Lösen von Gleichungen

Wie bereits erwähnt, sind große Teile der modernen Algebra aus dem Problem der Lösung algebraischer Gleichungen entstanden. Der Herleitung der bekannten Lösungsformel von Gleichungen vom Grad ≤ 4 ist der nun folgende Abschnitt gewidmet.

Lineare Gleichungen

Eine *lineare Gleichung* ist von der Form $ax + b = 0$ mit $a \neq 0$. Die (eindeutig bestimmte) Lösung ist somit durch $x = -b/a$ gegeben.

Quadratische Gleichungen

Eine *quadratische Gleichung* ist von der Form $ax^2 + bx + c = 0$ mit $a \neq 0$. Sie lässt sich sofort in die reduzierte Form $x^2 + px + q = 0$ bringen. Die Lösung(en) findet man durch quadratisches Ergänzen:

$$x^2 + px + \left(\frac{p}{2}\right)^2 + q - \left(\frac{p}{2}\right)^2 = \left(x + \frac{p}{2}\right)^2 + q - \left(\frac{p}{2}\right)^2 = 0.$$

Damit ist $\left(x + \frac{p}{2}\right)^2 = \left(\frac{p}{2}\right)^2 - q$ und somit $x + \frac{p}{2} = \pm\sqrt{\left(\frac{p}{2}\right)^2 - q}$ und daher

$$x = -\frac{p}{2} \pm \sqrt{\frac{p^2}{4} - q}.$$

Für die (allgemeine) quadratische Gleichung $ax^2 + bx + c = 0$ mit $a \neq 0$ lautet die Lösung

$$x = \frac{-b \pm \sqrt{b^2 - 4ac}}{2a}.$$

Kubische Gleichungen

Eine *kubische Gleichung* ist von der Form $ax^3 + bx^2 + cx + d = 0$ mit $a \neq 0$. Wir können $a = 1$ annehmen. Durch die Transformation $x \mapsto x - b/3$ geht die Gleichung in die reduzierte Form $x^3 + px + q = 0$ über. Nun setzen wir $x = u + v$. Dann gilt $u^3 + v^3 + q = (3uv + p)(u + v) = 0$. Wir nehmen an, dass $u^3 + v^3 + q = 0$ und $(3uv + p)(u + v) = 0$. Letzteres gilt genau dann, wenn $3uv + p = 0$ ist. Wir müssen also das folgende Gleichungssystem lösen:

$$\left.\begin{array}{r} -(u^3 + v^3) = q \\ -p = 3uv \end{array}\right\} \Leftrightarrow \left\{\begin{array}{l} q = -(u^3 + v^3) \\ \left(-\frac{p}{3}\right)^3 = -\frac{p^3}{27} = (uv)^3 = u^3 v^3 \end{array}\right.$$

© Springer Fachmedien Wiesbaden GmbH, ein Teil von Springer Nature 2020
G. Wüstholz und C. Fuchs, *Algebra*, Springer Studium Mathematik – Bachelor,
https://doi.org/10.1007/978-3-658-31264-0_3

Aus dem Wurzelsatz von Vieta folgt, dass u^3 und v^3 Lösungen der sogenannten *quadratischen Resolvente* sind:

$$t^2 + qt - \frac{p^3}{27} = 0.$$

Für die Lösungen folgt somit

$$t_{1,2} = -\frac{q}{2} \pm \sqrt{\frac{q^2}{4} + \frac{p^3}{27}} = u^3, v^3.$$

Somit erhält man die *Lösungsformel von Cardano*:

$$x = \sqrt[3]{-\frac{q}{2} + \sqrt{\frac{q^2}{4} + \frac{p^3}{27}}} + \sqrt[3]{-\frac{q}{2} + \sqrt{\frac{q^2}{4} + \frac{p^3}{27}}}.$$

Sei also $x_1 = u + v$. Die beiden anderen Lösungen der kubischen Gleichung können leicht durch Variieren der Wurzeln gewonnen werden. Man erhält $x_{2,3} = -(u + v)/2 \pm (u - v)i\sqrt{3}/2$, wobei i die imaginäre Einheit bezeichnet. Alternativ kann man die kubische Gleichung auch durch Division mit Rest auf eine quadratische Gleichung reduzieren und diese dann lösen.

Für den Fall $D := 27q^2 + 4p^3 < 0$ ist

$$x = \sqrt[3]{-\frac{q}{2} + \sqrt{\frac{q^2}{4} + \frac{p^3}{27}}} + \sqrt[3]{-\frac{q}{2} - \sqrt{\frac{q^2}{4} + \frac{p^3}{27}}}$$

nicht in $\mathbb{R}$ definiert. Man spricht vom *Casus irreduzibilis*, worauf wir hier nicht eingehen wollen.

Quartische Gleichungen

Eine *quartische Gleichung* ist allgemein durch $ax^4 + bx^3 + cx^2 + dx + e = 0$ mit $a \neq 0$ gegeben. Wir können wieder $a = 1$ annehmen. Daher betrachten wir ab nun die quartische Gleichung $x^4 + ax^3 + bx^2 + cx + d = 0$. Setzen wir $x = y - a/4$, so ergibt sich

$$y^4 + py^2 + qy + r = 0,$$

wobei

$$p = -\frac{3}{8}a^2 + b, \qquad q = \frac{1}{8}a^3 - \frac{ab}{2} + c, \qquad r = -\frac{3}{256}a^4 + \frac{a^2 b}{16} - \frac{ac}{4} + d$$

ist. Dies ist die sogenannte *reduzierte Form* der quartischen Gleichung. Betrachte nun

$$\begin{aligned}
0 = x^4 + px^2 + qx + r &= \left(x^2 + P\right)^2 - (Qx + R)^2 \\
&= x^4 + 2Px^2 + P^2 - Q^2x^2 - 2QRx - R^2 \\
&= x^4 + \left(2P - Q^2\right)x^2 - 2QRx + P^2 - R^2.
\end{aligned}$$

Koeffizientenvergleich liefert $p = 2P - Q^2$, $q = -2QR$ und $r = P^2 - R^2$. Betrachte

$$r = P^2 - R^2 = P^2 - \frac{q^2}{4Q^2} = P^2 - \frac{q^2}{4(2P - p)}$$

bzw.

$$0 = P^2 - \frac{q^2}{4(2P - p)} - r = P^2 4(2P - p) - q^2 - r4(2P - p)$$

$$= 8P^3 - 4pP^2 - q^2 - 8rP + 4rp$$

$$= P^3 - \frac{p}{2}P^2 - rP + \frac{4rp - q^2}{8}.$$

Damit wird P durch die kubische Gleichung

$$P^3 - \frac{p}{2}P^2 - rP + \frac{rp}{2} - \frac{q^2}{8} = 0$$

festgelegt und es ergibt sich für Q und R aus den Gleichungen $Q^2 = 2P - p$ bzw. $R = -q/(2Q)$, dass

$$Q = \pm\sqrt{2P - p} \qquad R = -\frac{q}{2Q} \text{ bzw. } R = -\frac{q}{\pm 2\sqrt{2P - p}}.$$

Diese P, Q und R werden nun in die Gleichung $\left(x^2 + P\right)^2 = (Qx + R)^2$ eingesetzt und man erhält die beiden quadratischen Gleichungen

$$x^2 + P - Qx - R = x^2 - Qx + P - R = 0$$

und daher

$$x_{1,2} = \frac{Q}{2} \pm \sqrt{\frac{Q^2}{4} - P + R} = \pm\frac{\sqrt{2P - p}}{2} \pm \sqrt{\frac{2P - p}{4} + P - \frac{q}{\pm 2\sqrt{2P - p}}}$$

sowie

$$x^2 + P + Qx + R = x^2 + Qx + P + R = 0$$

und folglich

$$x_{3,4} = -\frac{Q}{2} \pm \sqrt{\frac{Q^2}{4} - P - R} = \mp\frac{\sqrt{2P - p}}{2} \pm \sqrt{\frac{2P - p}{4} - P + \frac{q}{\pm 2\sqrt{2P - p}}}.$$

Für die quartische Gleichung $x^4 + px^2 + qx + r = 0$ mit $q \neq 0$ wird also zunächst die kubische Gleichung

$$P^3 - \frac{p}{2}P^2 - rP + \frac{rp}{2} - \frac{q^2}{8} = 0$$

gelöst. Die gesuchten Lösungen sind daher unter den folgenden Zahlen zu finden:

$$x = \pm \frac{\pm\sqrt{2P-p}}{2} \pm \sqrt{\frac{2P-p}{4} - p \mp \frac{q}{2\sqrt{2P-p}}}.$$

Dies ist die *Lösungsformel von Ferrari*.

Spezielle Gleichungen höheren Grades

Abschließend seien noch drei spezielle Typen von *Gleichungen höheren Grades* im Focus.

Die Lösungen der Gleichung $x^n - 1 = 0$ sind gegeben durch

$$x = e^{\frac{2\pi i k}{n}}, \; k = 0, 1, \cdots, n-1.$$

Allgemeiner gilt für $a \in \mathbb{R}$ für die Lösungen der Gleichung $x^n - a = 0$, dass

$$x = \sqrt[n]{|a|} \cdot e^{\frac{2\pi i k}{n}}, \; k = 0, 1, \cdots, n-1.$$

Schließlich ist $x = -a$ die einzige Lösung der Gleichung

$$\sum_{k=0}^{n} \binom{n}{k} a^{n-k} x^k = (x+a)^n = 0$$

für beliebiges $n \geq 1$ and $a \in \mathbb{R}$.

Offenbar gibt es also für beliebiges n eine Gleichung n-ten Grades, deren Lösungen sofort hingeschrieben werden können. Es bleiben also Gleichungen vom Grad $n \geq 5$, für die bisher keine „allgemeine" Lösungsformel angegeben wurde. Dass dies gar nicht möglich ist, werden wir später einsehen. Zudem werden die Werkzeuge bereitgestellt, die Existenz von Lösungsformel auch für einzelne Gleichungen zu entscheiden.

I Gruppen

1 Gruppen

1.1 Grundlegende Begriffe

Im ersten Kapitel haben wir in intuitiver Weise einige Gruppen kennengelernt, die allesamt in irgendeiner Form mit der Geometrie zu tun gehabt haben. Sie ordnen sich alle dem Begriff einer abstrakten Gruppe unter, den wir nun mathematisch präzise, d. h. durch Axiome, formulieren.

Eine *Gruppe* ist ein Paar $(G, \circ)$ bestehend aus einer Menge G zusammen mit einer Abbildung

$$\circ: \quad G \times G \longrightarrow G, \quad (g, h) \longmapsto g \circ h\,,$$

auch Operation oder Verknüpfung genannt, die den folgenden Axiomen genügen möge:

(G1) $\forall g \in G \;\; \forall h \in G \;\; \forall k \in G \;\; (g \circ h) \circ k = g \circ (h \circ k)\,,$

(G2) $\exists e \in G \;\; \forall f \in G \;\; e \circ f = f\,,$

(G3) $\forall e \in G \;\; \big((\forall f \in G \;\; e \circ f = f) \;\Rightarrow\; (\forall g \in G \;\; \exists h \in G \;\; h \circ g = e) \big)\,.$

Die Gruppe G heißt *abelsch* oder *kommutativ,* falls zusätzlich noch

(G4) $\forall g \in G \;\; \forall h \in G \;\; g \circ h = h \circ g$

erfüllt ist.

Die Gruppenaxiome sind syntaktisch so formuliert, wie dies in der Prädikatenlogik üblich ist [Her]. Die Quantoren $\forall$ bzw. $\exists$ bedeuten *für alle* bzw. *es existiert.* So bedeutet das erste Axiom **(G1)** in Umgangssprache nichts anderes als: „Für alle g in G, für alle h in G, für alle k in G gilt $(g \circ h) \circ k = g \circ (h \circ k)$." Es drückt die Assoziativität der Verknüpfung aus. Ein Element e, dessen Existenz in **(G2)** gefordert wird, heißt ein *linksneutrales Element* oder eine *Linkseins.* Wir fordern in dem Axiomensystem nicht die Eindeutigkeit dieses Elements. Ein zu einem vorgegebenen linksneutralen Element e in **(G3)** postuliertes Element h wird ein *Linksinverses* von g bezüglich e genannt. Es wird auch (par abus de language, da es von e abhängt) mit g^{-1} bezeichnet. Entsprechend kann man *rechtsneutrale Elemente* oder *Rechtseinsen* bzw. *Rechtsinverse* definieren. Man muss dazu nur in

© Springer Fachmedien Wiesbaden GmbH, ein Teil von Springer Nature 2020
G. Wüstholz und C. Fuchs, *Algebra*, Springer Studium Mathematik – Bachelor,
https://doi.org/10.1007/978-3-658-31264-0_4

den entsprechenden Gruppenaxiomen „links" und „rechts" vertauschen. Die ersten Sätze, die wir aus dem Axiomensystem ableiten werden, beziehen sich auf die Eindeutigkeit der in den Axiomen postulierten Elemente.

Wir haben bei der Aufstellung der Axiome einen „minimalistischen" Zugang gewählt, wie er bereits in den klassischen Monographien von *B. L. van der Waerden* [Wae1] oder von *O. Zariski* und *P. Samuel* [ZS] zu finden ist. Dort jedoch findet man statt des Axioms **(G3)** den kürzeren Ausdruck $\forall g \in G \; \exists h \in G \; h \circ g = e$. Nimmt man ihn stattdessen, so enthält das Axiomensystem eine freie Variable, nämlich die Variable e in diesem Ausdruck, und dies darf bei einem Axiomensystem nicht sein.

Statt $g \circ h$ schreibt man oft auch $g \cdot h$ oder noch kürzer gh. Ist die Gruppe kommutativ, so verwendet man üblicherweise die Schreibweise $g + h$ anstelle von $g \circ h$; für das neutrale Element verwendet man statt e auch 1 bzw. 0 im additiven Fall.

Eine Gruppe G ist durch ihre Elemente und durch ihre *Gruppentafel* eindeutig bestimmt. Diese ist eine quadratische Matrix, deren Zeilen und Spalten durch die Gruppenelemente von G indiziert sind und deren Eintrag in der g-ten Zeile und h-ten Spalte das Element $g \circ h$ ist. Ist G kommutativ, so ist die Matrix symmetrisch. Besitzt die Gruppe unendlich viele Elemente, so besitzt die Matrix entsprechend unendlich viele Einträge.

Lässt man das Axiom **(G3)** weg und ersetzt **(G2)** durch

(G2') $\exists e \in G \;\; \forall f \in G \;\; (e \circ f = f) \wedge (f \circ e = f),$

so nennt man die so definierte algebraische Struktur ein *Monoid*. Dieses kann kommutativ sein (wie z. B. die Menge der natürlichen Zahlen mit der gewöhnlichen Addition) oder auch nicht-kommutativ. Jede Gruppe ist per definitionem ein Monoid.

Beispiel 1.1   Wir wählen eine positive ganze Zahl n aus. Die ganzen Zahlen, die nach Division mit Rest durch n den Rest r, $0 \leq r \leq n - 1$, ergeben, haben die Gestalt $r + nk$ mit $k \in \mathbb{Z}$, ihre Gesamtheit ist demnach die Menge $r + n\mathbb{Z}$. Diese Mengen, auch Restklassen modulo n genannt, bilden eine neue Menge $\mathbb{Z}/n\mathbb{Z}$. Die Addition von ganzen Zahlen induziert eine Addition auf $\mathbb{Z}/n\mathbb{Z}$: die Summe $(r + n\mathbb{Z}) + (s + n\mathbb{Z})$ von $r + n\mathbb{Z}$ und $s + n\mathbb{Z}$ ist $t + n\mathbb{Z}$, wobei $r + s = t + nu$ ist mit $0 \leq t \leq n - 1$, $u \in \mathbb{Z}$. Man erhält dadurch die Gruppe $(\mathbb{Z}/n\mathbb{Z}, +)$ der Restklassen modulo n. Abbildung 1.1 zeigt beispielsweise die Gruppentafel von $\mathbb{Z}/4\mathbb{Z}$.

Beispiel 1.2   Das multiplikative Analogon $((\mathbb{Z}/n\mathbb{Z})^{\times}, \cdot)$ dieser Gruppe besteht aus der Menge der zu n primen Restklassen, d. h. der Restklassen $r + n\mathbb{Z}$ mit zu n teilerfremdem r, wofür wir auch $(n, r) = 1$ schreiben. Hier ist die Gruppenverknüpfung die von der Multiplikation ganzer Zahlen induzierte Operation. Die Existenz der Inversen ergibt sich aus dem euklidischen Algorithmus.

+	0	1	2	3
0	0	1	2	3
1	1	2	3	0
2	2	3	0	1
3	3	0	1	2

Abbildung 1.1: Gruppentafel von $\mathbb{Z}/4\mathbb{Z}$

Beispiel 1.3 Die *symmetrische Gruppe* $\mathscr{S}_n$ der bijektiven Abbildungen, auch Permutationen genannt, der Menge $\{1, \dots, n\}$ auf sich selbst mit der Hintereinanderausführung von Abbildungen als Verknüpfung.

Beispiel 1.4 Die n-ten Einheitswurzeln $\mu_n = \{x \in \mathbb{C};\ x^n = 1\}$ bilden eine multiplikative Gruppe.

Beispiel 1.5 Die Gruppe $(\mathscr{M}_{n,m}(\mathbb{Z}), +)$ der $n \times m$-Matrizen mit ganzen Einträgen und der Matrizenaddition als Verknüpfung.

Beispiel 1.6 Die Gruppe $(\mathrm{SL}_n(\mathbb{Z}), \circ)$ der $n \times n$-Matrizen mit ganzen Einträgen und Determinante 1 mit der Matrizenmultiplikation als Verknüpfung.

Beispiel 1.7 Die Gruppe $\mathrm{GL}(V)$ der Isomorphismen eines Vektorraums auf sich selbst, insbesondere die Gruppe $\mathrm{GL}_n(K) := \mathrm{GL}(K^n)$. Oft schreibt man auch $\mathrm{SL}(n, \mathbb{Z})$ für $\mathrm{SL}_n(\mathbb{Z})$ sowie $\mathrm{GL}(n, K)$ statt $\mathrm{GL}_n(K)$.

Beispiel 1.8 Die *Diedergruppe* $(\mathbb{D}_n, \circ)$, die im dreidimensionalen euklidischen Raum in folgender Weise realisiert werden kann: ein Dieder besteht aus der Fläche eines regulären ebenen n-Ecks. Wir beschreiben sie einer Kugel ein, deren Mittelpunkt mit dem des n-Ecks übereinstimme. Es gibt dann $2n$ Kugeldrehungen, die das Dieder festhalten. Das sind die n Drehungen T^k mit Winkel $2k\pi/n$, $1 \le k \le n$, um die Achse durch den Kugelmittelpunkt senkrecht zum Dieder. Hinzu kommen die n Drehungen (Umklappungen) $\{T_1, \dots, T_n\}$ mit Winkel π um die in der Diederfläche liegenden Achsen, die den Kugelmittelpunkt mit den Eckpunkten verbinden oder die Winkelhalbierenden zweier solcher benachbarter Achsen sind. Wir haben die T_j so nummeriert, dass T_j und T_{j+1} Drehungen um benachbarte Achsen sind. Als Gruppenverknüpfung $\circ$ nehmen wir die Hintereinanderausführung von Abbildungen. Dann gilt in unserer Kurzschreibweise $T_{j+1} = TT_j$ für $1 \le j < n$ und $T_1 = TT_n$. Daraus folgt sofort die Beziehung $T_{k+1} = T^k T_1$, $0 \le k < n$. Für $k = n - 1$ erhält man $T_n = T^{n-1}T_1$ und daraus durch Multiplikation von links mit T die Identität $T_1 = TT_n = T^n T_1$. Dies führt aber sofort zu $T^n = 1$.

Dann setzen wir $\mathbb{D}_n = \{T_1, \dots, T_n, T, T^2, \dots, T^n\}$ und nehmen als Gruppenoperation die Verknüpfung dieser Drehungen. Auf diese Weise erhält man eine

Gruppe, in der die Relationen

$$T^n = 1$$
$$T_j^2 = 1 \qquad\qquad (1.1)$$
$$TT_j = T_j T^{-1}$$

gelten. Man entnimmt den Relationen, dass für $n > 2$ diese Gruppen nicht kommutativ sind. Im Fall $n = 2$ stimmt die Gruppe $\mathbb{D}_2$ mit der sogenannten *kleinschen Vierergruppe* V_4 überein. Sie ist durch zwei Elemente S, T erzeugt und wird vollständig durch die Relationen $S^2 = 1$, $T^2 = 1$, $ST = TS$ bestimmt. Daraus ersieht man, dass die Gruppe $\mathbb{D}_2$ kommutativ ist.

Es wird sich nun herausstellen, dass die etwas pedantische Unterscheidung zwischen „links" und „rechts" in der Formulierung der Gruppenaxiome überflüssig ist.

Proposition 1.9 *Jedes Linksinverse ist Rechtsinverses und umgekehrt und außerdem eindeutig bestimmt. Ebenso stimmen Linkseins und Rechtseins überein und sind eindeutig bestimmt.*

Beweis Es seien $e \in G$ eine Linkseins, $g \in G$ und $h \in G$ ein Linksinverses von g sowie k ein Linksinverses von h bezüglich e. Dann gilt

$$g \circ h = (e \circ g) \circ h = ((k \circ h) \circ g) \circ h = (k \circ (h \circ g)) \circ h$$
$$= (k \circ e) \circ h = k \circ (e \circ h) = k \circ h = e \,,$$

d. h. h ist auch ein Rechtsinverses von g. Entsprechend wird bewiesen, dass jedes Rechtsinverse auch Linksinverses ist. Weiter gilt

$$g = e \circ g = (g \circ h) \circ g = g \circ (h \circ g) = g \circ e \,,$$

weswegen jede Linkseins e eine Rechtseins ist; auf analoge Weise zeigt man, dass jede Rechtseins eine Linkseins ist. Um die Eindeutigkeit einzusehen, wählen wir h, k invers zu g bezüglich e und erhalten

$$h = e \circ h = (k \circ g) \circ h = k \circ (g \circ h) = k \circ e = k \,.$$

Sind schließlich e, e' Einselemente, so gilt $e = e' \circ e = e'$. $\square$

In Zukunft werden wir in der Regel immer die Kurzschreibweise gh für die Gruppenmultiplikation $g \circ h$ verwenden. Aus der Proposition entnehmen wir, dass es in einer Gruppe genau ein Einselement gibt und dass es zu jedem Element der Gruppe genau ein Inverses gibt. „Links" und „rechts" spielen keine Rolle.

Proposition 1.10 *Es seien g, $h \in G$.*
  (i) *Die Gleichungen $gx = h$ und $yg = h$ besitzen jeweils genau eine Lösung.*

(ii) *Aus* $gx = gx'$ *(oder alternativ aus* $xg = x'g$*) folgt* $x = x'$*, d. h. die Kürzungsregel gilt.*

Beweis Multiplikation von links bzw. rechts mit g^{-1} liefert die beiden Behauptungen. □

Wir führen schließlich für das Rechnen in einer Gruppe noch zwei nützliche Identitäten an.

Proposition 1.11 *Es gelten folgende Beziehungen:*
  (i) $(g^{-1})^{-1} = g$,
  (ii) $(gh)^{-1} = h^{-1}g^{-1}$.

Beweis Übungsaufgabe. □

Man kann leicht zeigen, dass ein Produkt von n Elementen $g_1, \ldots, g_n$ aus G unabhängig von der Klammerung ist und schreibt dafür $g_1 \circ \cdots \circ g_n$. Für $g \in G$ definieren wir induktiv

$$g^0 = e, \quad g^n = g^{n-1} \circ g,$$

sowie

$$g^{-n} = g^{-(n-1)} \circ g^{-1}.$$

Hieraus leitet man sofort die Rechenregeln $g^r \circ g^s = g^{r+s}$ und $(g^r)^s = g^{rs}$ ab.

Es sei $g \in G$. Die *Ordnung* von g ist die kleinste positive Zahl n mit $g^n = e$. Gibt es keine solche Zahl, so hat g *unendliche Ordnung*. Wir bezeichnen die Ordnung von g mit $\mathrm{ord}(g)$. Unter der *Ordnung einer Gruppe* versteht man die Anzahl ihrer Elemente. Ist die Ordnung einer Gruppe eine Primzahlpotenz p^k mit einer Primzahl p, so nennen wir G eine *p-Gruppe*. Die kleinste ganze Zahl $n \geq 1$ mit $g^n = e$ für alle $g \in G$ heißt der *Exponent* der Gruppe. Falls sie nicht existiert, so definieren wir den Exponenten der Gruppe als ∞. Dieser Fall kann eintreten, wie das Beispiel der Gruppe der ganzen Zahlen zeigt. Endliche Gruppen besitzen hingegen stets einen endlichen Exponenten, der mit der Gruppenordnung in engem Zusammenhang steht, wie wir noch sehen werden.

Bezeichnet man mit $|X|$ die Anzahl der Elemente einer Menge X, so können wir die Gruppenordnung auch durch $|G|$ ausdrücken. Schließlich ist auch $|X| = \sum_{x \in X} 1$ eine sehr gebräuchliche Bezeichnungsweise für die Anzahl der Elemente einer Menge X.

Beispiel 1.12 In der symmetrischen Gruppe $\mathscr{S}_4$ berechnen wir die Potenzen der Permutation σ, die durch $\sigma(1) = 2$, $\sigma(2) = 4$, $\sigma(3) = 3$ und $\sigma(4) = 1$ gegeben ist. Sie ist ein sogenannter Zykel, den man auch mit $\sigma = (124)$ bezeichnet; durch diese Schreibweise wird angedeutet, dass die Permutation σ die eingetragenen Elemente zyklisch vertauscht. Wir erhalten $\sigma^2(1) = 4$, $\sigma^2(2) = 1$, $\sigma^2(4) = 2$, d. h. $\sigma^2 = (142)$ und entsprechend weiter $\sigma^3 = \mathrm{id}$. Deswegen gilt $\mathrm{ord}(\sigma) = 3$.

Beispiel 1.13 Die *eulersche φ-Funktion* $\varphi(n)$ ist für $0 \neq n \in \mathbb{N}$ definiert als die Anzahl der zu n primen Restklassen, also gleich der Anzahl der r mit $0 \leq r < n$ und $(r, n) = 1$. Sie lässt sich in der oben eingeführten Bezeichnung schreiben als

$$\varphi(n) = \sum_{x \in (\mathbb{Z}/n\mathbb{Z})^{\times}} 1 \ .$$

Aus der elementaren Zahlentheorie ist bekannt, dass $\varphi(nm) = \varphi(n)\varphi(m)$ für teilerfremde n, m gilt und dass die Identitäten $\varphi(p) = p-1$ und $\varphi(p^k) = p^{k-1}\varphi(p)$ für Primzahlen p gelten. Zum Beispiel ist $(\mathbb{Z}/30\mathbb{Z})^{\times}$ die Menge der Restklassen $k + 30\mathbb{Z}$ mit $(k, 30) = 1$. Ein Repräsentantensystem dafür wird durch die Menge $\{1, 7, 11, 13, 17, 19, 23, 29\}$ gegeben. Offensichtlich gilt

$$\left| (\mathbb{Z}/30\mathbb{Z})^{\times} \right| = \varphi(30) = \varphi(2)\,\varphi(3)\,\varphi(5) = 1 \cdot 2 \cdot 4 = 8 \ .$$

Um ein Beispiel für die Berechnung der Ordnungen von Elementen zu geben, betrachten wir etwa die Restklasse 7 und erhalten $7^1 \equiv 7$, $7^2 \equiv 19$, $7^3 \equiv 13$, $7^4 \equiv 1$; demnach ergibt sich $\mathrm{ord}(7) = 4$. Analog erhält man $\mathrm{ord}(11) = 2$, $\mathrm{ord}(13) = 4$, $\mathrm{ord}(17) = 4$, $\mathrm{ord}(19) = 2$, $\mathrm{ord}(23) = 4$ sowie $\mathrm{ord}(29) = 2$. Nun ist klar, dass für alle $x \in (\mathbb{Z}/30\mathbb{Z})^{\times}$ gilt

$$x^{\varphi(30)} \equiv 1 \pmod{30} \ ;$$

andererseits haben wir gerade gesehen, dass die Ordnungen der Elemente alle Teiler von 4 sind. Daraus ersehen wir, dass in diesem Beispiel der Exponent der Gruppe gleich 4, also ein echter Teiler der Gruppenordnung ist.

Beispiel 1.14 (Satz von Euler) Ganz allgemein gilt für $0 \neq x \in (\mathbb{Z}/n\mathbb{Z})^{\times}$ immer $x^{\varphi(n)} = 1$, wie man aus der elementaren Zahlentheorie weiß. Denn wegen Proposition 1.10 (ii) induziert jedes solche x durch Linksmultiplikation eine Bijektion der Menge $(\mathbb{Z}/n\mathbb{Z})^{\times}$ auf sich selbst, sodass

$$\prod_{a \in (\mathbb{Z}/n\mathbb{Z})^{\times}} a \ = \ \prod_{a \in (\mathbb{Z}/n\mathbb{Z})^{\times}} xa \ = \ x^{\varphi(n)} \prod_{a \in (\mathbb{Z}/n\mathbb{Z})^{\times}} a \ ,$$

woraus wegen Proposition 1.10 (ii) die Behauptung folgt.

Beispiel 1.15 Die Gruppe $\mathrm{SO}(2, \mathbb{R})$ ist definiert als die Menge der 2×2-Matrizen mit reellen Einträgen, deren Zeilen orthonormal sind. Ein Element A aus $\mathrm{SO}(2, \mathbb{R})$ besitzt die Gestalt

$$\begin{pmatrix} \alpha & \beta \\ -\beta & \alpha \end{pmatrix}$$

mit $\alpha^2 + \beta^2 = 1$. Hieraus folgt sofort, dass $\alpha = \cos 2\pi\varphi$, $\beta = \sin 2\pi\varphi$ für ein $\varphi \in [0, 1)$ und

$$\mathrm{ord}(A) = \begin{cases} \infty & \text{wenn } \varphi \notin \mathbb{Q} \\ s & \text{wenn } \varphi \in \mathbb{Q}, \ \varphi = \frac{r}{s}, \ (r, s) = 1 \ . \end{cases}$$

Die Gruppe $(\mathbb{Z}/n\mathbb{Z})^{\times}$ spielt in der Kryptologie eine wichtige Rolle. Eines der wichtigsten Verfahren ist die *RSA-Kodierung*, die von Rivest, Shamir und Adleman 1977 entwickelt wurde. Es beruht darauf, dass das sogenannte endliche Exponentieren polynomial in der Zeit ist, das sogenannte endliche Logarithmieren hingegen exponentiell. Man wählt große Primzahlen p, q und setzt $n = p\,q$. Dann werden e und f so bestimmt, dass $ef \equiv 1 \pmod{\varphi(n)}$, d.h. f ein multiplikatives Inverses von e in $(\mathbb{Z}/\varphi(n)\mathbb{Z})^{\times}$ ist. Es gilt dann $ef = 1 + l\varphi(n)$ für eine ganze Zahl l. Eine Nachricht $M < n$ wird nun kodiert durch $E :\equiv M^e \pmod{n}$, die Zahlen n und e werden veröffentlicht, der Empfänger kennt f und dekodiert unter Verwendung von Beispiel 1.14 durch Exponentieren von E mit f, da

$$E^f \equiv M^{ef} \equiv M^{1+\varphi(n)l} \equiv M \pmod{n}.$$

1.2 Untergruppen und Homomorphismen

Eine nicht-leere Teilmenge $H \subseteq G$ ist eine *Untergruppe*, falls mit $g, h \in H$ auch $gh^{-1} \in H$ ist. Insbesondere ist $e \in H$ und mit h auch h^{-1} in H und daher $h \in H$ genau dann, wenn $h^{-1} \in H$. Mit $g, h \in H$ sind dann auch $gh = g(h^{-1})^{-1} \in H$. Wird $H^{-1} := \{h^{-1}; h \in H\}$ gesetzt, so erhalten wir $H = H^{-1}$ für Untergruppen von G. Eine von G verschiedene Untergruppe nennt man eine *echte Untergruppe*. Die Menge $\{e\}$, die nur aus dem neutralen Element e besteht, heißt die *triviale Untergruppe*. Wir schreiben dafür auch 1 bzw., wenn es sich um eine additive Gruppe handelt, auch 0.

Beispiel 1.16 Für $n \in \mathbb{Z}$ ist die Teilmenge $n\mathbb{Z} \subseteq \mathbb{Z}$ eine Untergruppe, und jede Untergruppe $H \subseteq \mathbb{Z}$ ist von der Form $H = n\mathbb{Z}$ für ein $n \in \mathbb{Z}$. Denn ist $H \neq \{0\}$, so gibt es ein minimales $n \in H$ mit $n > 0$. Daher gilt $n\mathbb{Z} \subseteq H$. Um die umgekehrte Inklusion einzusehen, sei $m \in H$. Dann können wir m in der Form $m = ln + r$ für ein $0 \leq r < n$ schreiben. Mit $m, n \in H$ ist dann aber auch $r = m - ln \in H$. Wegen $r < n$ und der Minimalität von n zieht dies $r = 0$, d.h. $H \subseteq n\mathbb{Z}$, nach sich. Insgesamt folgt $H = n\mathbb{Z}$.

Beispiel 1.17 Die *alternierende Gruppe* ist die Untergruppe $\mathscr{A}_n \subseteq \mathscr{S}_n$ der symmetrischen Gruppe, die aus den Elementen σ mit $\sigma \cdot \Delta = \Delta$ besteht, wobei

$$\Delta = \prod_{i<j}(X_i - X_j)$$

und

$$\sigma \cdot \Delta = \prod_{i<j}(X_{\sigma(i)} - X_{\sigma(j)})$$

gesetzt wird.

Beispiel 1.18   Es sei G eine beliebige Gruppe und g ein Element in G. Dann ist

$$\langle g \rangle = \{g^n;\, n \in \mathbb{Z}\}$$

eine Untergruppe von G, die von g erzeugte *zyklische Untergruppe*.

Beispiel 1.19   Für eine beliebige Teilmenge $S \subseteq G$ einer Gruppe G sei $S^{-1} = \{s^{-1};\, s \in S\}$. Dann ist

$$\langle S \rangle = \{s_1 \ldots s_n;\ \ s_j \in S \cup S^{-1}, n \in \mathbb{N}\}$$

eine Untergruppe; man nennt sie die *von der Menge S erzeugte Untergruppe*. Eine Gruppe G heißt *endlich erzeugt*, falls sie eine endliche Teilmenge S besitzt mit $G = \langle S \rangle$.

Beispiel 1.20   Der Durchschnitt $\bigcap_{\iota \in I} H_\iota$ einer Familie von Untergruppen $H_\iota \subseteq G$, $\iota \in I$, ist wieder eine Untergruppe.

Wir geben nun eine Beschreibung der Untergruppe $\langle S \rangle$, die oftmals sehr nützlich ist.

Lemma 1.21   *Ist $S \subseteq G$ eine beliebige Teilmenge, so ist $\langle S \rangle$ der Durchschnitt $\bigcap H$ aller Untergruppen H mit $S \subseteq H \subseteq G$.*

Beweis   Offensichtlich gilt wegen $S \subseteq H$ auch $S^{-1} \subseteq H$ und daher auch $s_1 \ldots s_n \in H$ für alle $s_1, \ldots, s_n \in S \cup S^{-1}$; daher gilt $\langle S \rangle \subseteq \bigcap H$. Umgekehrt ist $\langle S \rangle$ eine Untergruppe von G mit $S \subseteq \langle S \rangle$; daher gilt $\langle S \rangle \supseteq \bigcap H$. Insgesamt ergibt sich somit $\langle S \rangle = \bigcap H$. $\square$

Sind H, K Untergruppen einer Gruppe, so erzeugt die Menge $HK = \{hk;\ h \in H,\ k \in K\}$ eine Untergruppe $\langle HK \rangle$. Sie ist die kleinste Untergruppe, die sowohl H als auch K enthält.

Sei H eine Untergruppe einer Gruppe G. Für $g, g' \in G$ definieren wir $g \sim g'$ (mod H) falls $g^{-1}g' \in H$. Wie man leicht überprüft, handelt es sich dabei um eine Äquivalenzrelation auf G. Die Äquivalenzklassen haben die Gestalt $gH := \{gh;\ h \in H\}$ für $g \in G$. Wir nennen diese Menge eine *Linksnebenklassen* von g modulo H. Alle Linksnebenklassen sind gleich groß, denn durch $gH \to g'H$, $gh \mapsto g'h$ ist für $g, g' \in G$ jeweils eine Bijektion gegeben. Die Menge der Linksnebenklassen wird mit G/H bezeichnet; wir sprechen von der *Zerlegung in Linksnebenklassen* von G modulo H. Analog definiert man die *Rechtsnebenklassen* durch $Hg := \{hg;\ g \in G\}$ sowie die *Zerlegung in Rechtsnebenklassen*. Durch $gH \mapsto Hg^{-1}$ ist eine Bijektion zwischen der Zerlegung in Links- und der Zerlegung in Rechtsnebenklassen gegeben.

Die Anzahl der Linksnebenklassen von G nach H ist also unabhängig davon, ob Rechts- oder Linksnebenklassen gebildet werden, und heißt der *Index* von H in G; man bezeichnet ihn mit $(G : H)$. Er kann endlich oder unendlich sein. Wir bezeichnen mit $\pi\colon G \to G/H$ die Abbildung, die jedem $g \in G$ seine Linksnebenklasse zuordnet.

Satz 1.22 *Es sei G eine Gruppe, $K \subseteq H \subseteq G$ Untergruppen und $H = \bigcup_{i \in I} h_i K$ sowie $G = \bigcup_{j \in J} g_j H$ disjunkte Vereinigungen von H und G in Linksnebenklassen. Dann ist*

$$G = \bigcup_{i \in I, j \in J} g_j \, h_i \, K$$

eine disjunkte Vereinigung, und es ist

$$(G : K) = (G : H)(H : K) \, .$$

Insbesondere gilt

$$(G : 1) = (G : H)(H : 1) \, .$$

Beweis Aus $g_j h_i K = g_l h_k K$ folgt zunächst $g_j h_i K H = g_l h_k K H$, wenn von rechts mit H multipliziert wird, und daraus wegen $KH = H$ sofort $g_j H = g_l H$. Da die Zerlegung von G in Nebenklassen von H disjunkt ist, erhält man hieraus $g_j = g_l$ und durch Kürzen in der ursprünglichen Gleichung sodann $h_i K = h_k K$. Nun ist die Zerlegung von H in Nebenklassen von K disjunkt, woraus $h_i = h_k$ folgt. Die Vereinigung von G in Nebenklassen von K ist deswegen disjunkt. Damit ist auch der zweite Teil des Satzes klar. $\square$

Eine Abbildung $\varphi \colon G \to G'$ zwischen zwei Gruppen G, G' heißt *Gruppenhomomorphismus* oder kurz Homomorphismus, falls

$$\varphi(g \, h) \; = \; \varphi(g) \, \varphi(h)$$

für alle g, $h \in G$ gilt. Daraus folgt $\varphi(e) = \varphi(e \, e) = \varphi(e)\varphi(e)$ und deswegen $\varphi(e) = e$. Die Menge $\ker \varphi = \{g \in G; \; \varphi(g) = e\}$ heißt der *Kern*, die Menge $\operatorname{im} \varphi = \{\varphi(g); \; g \in G\}$ das *Bild* von φ. Weiter gilt $e = \varphi(e) = \varphi(gg^{-1}) = \varphi(g)\varphi(g^{-1})$ und somit $\varphi(g^{-1}) = \varphi(g)^{-1}$. Bijektive, d. h. injektive und surjektive Homomorphismen werden *Isomorphismen* genannt. Man schreibt $G \simeq G'$, wenn G und G' isomorph sind. Ist $G' = G$, so nennt man Homomorphismen auch *Endomorphismen* und Isomorphismen üblicherweise *Automorphismen*.

Proposition 1.23 *Der Kern und das Bild eines Gruppenhomomorphismus $\varphi \colon G \to G'$ sind Untergruppen. Die Abbildung φ ist genau dann injektiv, wenn $\ker \varphi = \{e\}$.*

Beweis Für g, $h \in \ker \varphi$ gilt $\varphi(gh^{-1}) = \varphi(g)\varphi(h^{-1}) = \varphi(g)\varphi(h)^{-1} = ee^{-1} = e$, also $gh^{-1} \in \ker \varphi$. Aus diesem Grund ist $\ker \varphi$ eine Untergruppe. Ebenso ist $\varphi(g)\varphi(h)^{-1} = \varphi(gh^{-1}) \in \operatorname{im} \varphi$, sodass auch $\operatorname{im} \varphi$ eine Untergruppe ist. Da φ ein Homomorphismus ist, ist $\varphi(g) = \varphi(h)$ gleichbedeutend mit $gh^{-1} \in \ker \varphi$, woraus der dritte Teil der Behauptung folgt. $\square$

Die Menge der Homomorphismen von einer Gruppe G in eine zweite Gruppe H bezeichnet man mit $\operatorname{Hom}(G, H)$. Sie ist i. A. keine Gruppe, außer wenn H abelsch ist. Das Produkt zweier Homomorphismen φ, ψ ist dann die Abbildung $\varphi \cdot \psi$: $g \mapsto \varphi(g)\psi(g)$ und diese ist ein Homomorphismus, da H abelsch ist.

1.3 Direkte Produkte und Summen

Das *(externe) direkte Produkt* $G_1 \times G_2$ zweier Gruppen G_1, G_2 ist die Menge der Paare (g_1, g_2), $g_1 \in G_1$, $g_2 \in G_2$, mit der komponentenweisen Multiplikation als Gruppenoperation. Man kann diese Definition sofort auf Familien von Gruppen ausdehnen: ist $(G_\iota)_{\iota \in I}$ eine beliebige Familie von Gruppen, so definieren wir ihr (externes) direktes Produkt $G = \prod_{\iota \in I} G_\iota$ indem wir als zugrunde liegende Menge das mengentheoretische Produkt[1] der Mengen G_ι nehmen und als Gruppenoperation die Multiplikation von Abbildungen, d. h. für f_1, $f_2 \in G$ ist $f_1 \circ f_2 \in G$ die Abbildung von I nach $\bigcup_{\iota \in I} G_\iota$ mit $(f_1 \circ f_2)(\iota) = f_1(\iota)f_2(\iota)$. Gilt $G_\iota = G$ für alle $\iota \in I$ mit einer Gruppe G, so ist $\prod G_\iota$ die Menge der Abbildungen von I nach G, wofür wir auch G^I schreiben.

Es sei $J \subseteq I$ eine beliebige Teilmenge. Dann gibt es einen kanonischen injektiven Homomorphismus $\nu_J \colon \prod_{\iota \in J} G_\iota \to \prod_{\iota \in I} G_\iota$. Er bildet ein f auf f_J ab mit $f_J = f$ auf J und $f_J(\iota) = e_\iota$ für $\iota \notin J$. Auch gibt es für jede Teilmenge $J \subseteq I$ eine kanonische Projektion $\pi_J \colon \prod_{\iota \in I} G_\iota \to \prod_{\iota \in J} G_\iota$, unter der $\pi_J(f)$ die Restriktion von f auf J ist. Besteht J nur aus einem Element ι, so schreiben wir π_ι statt π_J und ν_ι statt ν_J.

Die Teilmenge von $\prod_{\iota \in I} G_\iota$, die aus allen g besteht, für die $g(\iota) = e$ für fast alle $\iota \in I$ gilt, bildet ebenfalls eine Gruppe $\bigoplus_{\iota \in I} G_\iota$, die *(externe) direkte Summe* der Gruppen G_ι, $\iota \in I$. Die kanonischen Injektionen sowie die kanonischen Projektionen sind hier – wie im Fall des direkten Produkts – mit den offensichtlichen Modifikationen erklärt.

Sind $(G_\iota)_{\iota \in I}$ und $(G'_\iota)_{\iota \in I}$ Familien von Gruppen und $(\varphi_\iota \colon G_\iota \to G'_\iota)_{\iota \in I}$ eine Familie von Gruppenhomomorphismen, so erhalten wir einen Homomorphismus

$$\prod_{\iota \in I} \varphi_\iota \colon \quad \prod_{\iota \in I} G_\iota \longrightarrow \prod_{\iota \in I} G'_\iota \,,$$

das direkte Produkt der Homomorphismen φ_ι. Er induziert zwischen den direkten Summen $\bigoplus_{\iota \in I} G_\iota$ und $\bigoplus_{\iota \in I} G'_\iota$ ebenfalls einen Homomorphismus $\bigoplus_{\iota \in I} \varphi_\iota$, die direkte Summe. Zur Konstruktion des Produkthomomorphismus greifen wir zurück auf die Definition eines Produkts als die Menge der Abbildungen f bzw. g von der Indexmenge I in die Vereinigung der Gruppen G_ι bzw. G'_ι, für die $f(\iota) \in G_\iota$ bzw. $g(\iota) \in G'_\iota$ gilt. Dann ist $(\prod_{\iota \in I} \varphi_\iota)(f)$ die Abbildung, die $\iota \in I$ auf $\varphi_\iota(f(\iota))$ abbildet. Entsprechend ist die direkte Summe definiert.

---

[1]In der Mengenlehre ist das Produkt $\prod_{\iota \in I} X_\iota$ einer Familie I (I Menge) von Mengen definiert als die Menge $\{f \colon I \to \bigcup_{\iota \in I} X_\iota; \ \forall \iota \colon f(\iota) \in X_\iota\}$. Aufgrund des Auswahlaxioms ist das Produkt eine nicht-leere Menge, wenn alle X_ι nicht-leer sind. Für ein Element f aus dem Produkt schreibt man oft auch $(f_\iota)_\iota$ statt f.

Einer Familie G_ι, $\iota \in I$, von Gruppen haben wir ihr direktes Produkt $\prod_{\iota \in I} G_\iota$ und eine Familie von kanonischen Projektionen $\pi_\iota\colon \prod_{\iota \in I} G_\iota \to G_\iota$, $\iota \in I$, zugeordnet. Dieses Datum $(\prod_{\iota \in I} G_\iota, (\pi_\iota)_{\iota \in I})$ ist universell im folgenden Sinn:

Satz 1.24 (Universelle Eigenschaft des direkten Produkts) *Ist H eine Gruppe und $\varphi_\iota\colon H \to G_\iota$, $\iota \in I$, eine Familie von Homomorphismen, so gibt es genau einen Homomorphismus $\varphi\colon H \to \prod_{\iota \in I} G_\iota$ mit $\varphi_\iota = \pi_\iota \circ \varphi$.*

Beweis Wir setzen $G = \prod_{\iota \in I} G_\iota$ und definieren einen Homomorphismus $\varphi\colon H \to G$ durch $\varphi(h)(\iota) = \varphi_\iota(h)$ für $h \in H$, $\iota \in I$. Dann ist $\varphi(h) \in G$, und es gilt $\pi_\iota(\varphi(h)) = \varphi(h)(\iota) = \varphi_\iota(h)$, da die Restriktionen von $\varphi(h)$ auf die Menge $\{\iota\}$ gerade der Wert von $\varphi(h)$ in ι ist. Also gilt $\pi_\iota \circ \varphi = \varphi_\iota$.

Sind φ, ψ zwei Homomorphismen mit $\varphi_\iota = \pi_\iota \circ \varphi = \pi_\iota \circ \psi$, so folgt $\varphi(h)(\iota) = \pi_\iota(\varphi(h)) = \pi_\iota(\psi(h)) = \psi(h)(\iota)$ für alle $\iota \in I$, also $\varphi(h) = \psi(h)$. Da h ganz H durchlaufen kann, erhalten wir $\varphi = \psi$. $\qquad\square$

Ist die Indexmenge I endlich, so stimmen direkte Summe und Produkt überein. Sind alle Gruppen G_ι abelsch, so erhält man den

Satz 1.25 (Universelle Eigenschaft der direkten Summe) *Ist $\omega_\iota\colon G_\iota \to H$, $\iota \in I$, eine Familie von Homomorphismen zwischen abelschen Gruppen, so gibt es genau einen Homomorphismus $\omega\colon \bigoplus_{\iota \in I} G_\iota \to H$ mit $\omega_\iota = \omega \circ \nu_\iota$.*

Beweis Wir definieren den Homomorphismus ω als $\omega(g) = \sum_{\iota \in I} \omega_\iota(g(\iota))$, wobei die Summe sich nur über die Indizes erstreckt, für die $g(\iota) \neq e$ ist. Diese Summe ist endlich, und es gilt offensichtlich $\omega(\nu_\iota(g_\iota)) = \sum \omega_\kappa(\nu_\iota(g_\iota)(\kappa))$, d. h. $\omega \circ \nu_\iota = \omega_\iota$. Der Homomorphismus ω ist wieder eindeutig, wie man sofort verifiziert. $\qquad\square$

Sind die Gruppen G_ι alle Untergruppen einer vorgegebenen abelschen Gruppe G, so erhält man einen Homomorphismus $\nu\colon \bigoplus_{\iota \in I} G_\iota \to G$, die einem Element $f \in \bigoplus_{\iota \in I} G_\iota$ das Element $\nu(f) = \sum_{\iota \in I} f(\iota)$ zuordnet. Ist dieser Homomorphismus ein Isomorphismus, so nennen wir G die *interne direkte Summe* der Untergruppen G_ι. In diesem Fall schreiben wir $G = \bigoplus_{\iota \in I} G_\iota$. Jedes Element $g \in G$ lässt sich dann auf genau eine Weise als $g = \sum_{\iota \in I} g_\iota$ schreiben mit $g_\iota \in G_\iota$ und $g_\iota = 0$ für fast alle $\iota \in I$.

1.4 Normalteiler und Faktorgruppen

Eine Untergruppe H einer Gruppe G heißt *normal* oder auch *Normalteiler*, falls $gH = Hg$ für alle $g \in G$ gilt, d. h. falls $G = N_G(H)$ ist. Wir schreiben dann $H \lhd G$.

Proposition 1.26 *Der Kern eines Homomorphismus $\varphi\colon G \to G'$ ist ein Normalteiler.*

Beweis Wir setzen $H = \ker \varphi$. Dann ist

$$\varphi(ghg^{-1}) = \varphi(g)\varphi(h)\varphi(g^{-1}) = \varphi(g)\varphi(g)^{-1} = e'$$

für beliebiges $g \in G$, $h \in H$. Somit ist $ghg^{-1} \in H$, d.h. $gHg^{-1} \subseteq H$ für alle $g \in G$. Daher gilt $gH \subseteq Hg$. $\qquad\qquad\qquad\qquad\qquad\qquad\qquad\qquad\qquad\quad\square$

Wir beweisen nun die Umkehrung von Proposition 1.26.

Satz 1.27 *Es sei $H \subseteq G$ normal. Dann gibt es eine Gruppe G' und einen surjektiven Homomorphismus $\pi\colon G \to G'$ mit $H = \ker \pi$.*

Beweis Wir setzen $G' = \{gH;\ g \in G\}$, was nach unserer früheren Bezeichnung G/H ist. Da H Normalteiler ist, ist die Multiplikation zweier Nebenklassen gH und $g'H$ wegen

$$(gH)(g'H) = g(Hg')H = g(g'H)H = (gg')H$$

wieder eine Nebenklasse, d.h. in G'. Die Nebenklasse H ist neutrales Element von G' und die Nebenklasse $g^{-1}H$ invers zu gH. Die Abbildung $\pi\colon G \to G'$ ist definiert durch $g \mapsto gH$. Sie ist trivialerweise surjektiv, und ein Element $h \in G$ liegt genau dann im Kern dieser Abbildung, wenn $H = hH$ gilt, d.h. h in H liegt. $\qquad\qquad\qquad\qquad\qquad\qquad\qquad\qquad\qquad\qquad\qquad\qquad\quad\square$

Wir nennen die Gruppe G/H die *Faktorgruppe* von G nach der (normalen) Untergruppe H. Wie man sich sofort überlegt, steht die Menge der Untergruppen von G, die H enthalten, in Bijektion mit den Untergruppen von G/H.

Satz 1.28 *Die Gruppe G/H besitzt die folgende universelle Eigenschaft: Es sei $\varphi\colon G \to G'$ ein Gruppenhomomorphismus mit $H \subseteq \ker \varphi$. Dann existiert genau ein Homomorphismus $\varphi_*\colon G/H \to G'$, sodass das Diagramm*

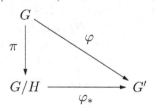

kommutativ ist, d.h. $\varphi = \varphi_* \circ \pi$ gilt. Ist insbesondere $H = \ker \varphi$, so ist φ_* injektiv.

Beweis Wir setzen $\varphi_*(gH) := \varphi(g)$. Gilt $g'H = gH$, d.h. $g' = gh$ für ein $h \in H$, so folgt unter Beachtung von $H \subseteq \ker \varphi$

$$\varphi_*(g'H) = \varphi(g') = \varphi(gh) = \varphi(g)\varphi(h) = \varphi_*(gH) \ .$$

Die Abbildung ist somit wohldefiniert, und es gilt $\varphi = \varphi_* \circ \pi$ nach Definition von φ_*. Daher ist das Diagramm kommutativ. Ebenfalls aus der Definition von φ_*

und der Normalteilereigenschaft entnimmt man sofort, dass diese Abbildung ein Homomorphismus ist, der eindeutig bestimmt ist. Ist schließlich $H = \ker \varphi$ und ist $gH \in \ker \varphi_*$, so gilt $e' = \varphi_*(gH) = \varphi(g)$, d. h. $g \in \ker \varphi = H$. Dies bedeutet, dass $gH = H$ gilt, $\ker \varphi_*$ daher nur aus dem neutralen Element der Gruppe besteht und φ_* somit injektiv ist. □

In der Situation von Satz 1.28 sagt man, dass der Homomorphismus über die Gruppe G/H *faktorisiert*.

Satz 1.29 (Erster Isomorphiesatz) *Es seien G eine Gruppe und H, K Normalteiler von G mit $K \subseteq H$. Dann ist K Normalteiler von H, und es gilt*

$$(G/K)/(H/K) \simeq G/H .$$

Beweis Als Normalteiler von G ist K a fortiori auch ein Normalteiler von H. In Satz 1.28 ersetzen wir G und G' durch G/K und G/H. Die Abbildung φ: $G/K \to G/H$ sei gegeben durch $gK \mapsto gH$. Dann ist $\varphi(gK) = H$ genau dann, wenn $gH = H$, d. h. $g \in H$. Somit ist $\ker \varphi = H/K$, und man erhält ein kommutatives Diagramm wie in loc. cit. mit injektivem φ_*: $(G/K)/(H/K) \to G/H$. Nach Konstruktion ist φ surjektiv, deswegen auch φ_* und daher φ_* ein Isomorphismus. □

Satz 1.30 (Zweiter Isomorphiesatz) *Es seien $H \subseteq G$ ein Normalteiler in der Gruppe G und $K \subseteq G$ eine Untergruppe. Dann ist $H \cap K$ normal in K, und es gilt:*

$$K/(H \cap K) \simeq HK/H .$$

Beweis Beachtet man, dass H ein Normalteiler von G ist, so gilt

$$(HK)(HK)^{-1} = (HK)(K^{-1}H^{-1}) = ((HK)K)H = (HK)H$$
$$= H(KH) = H(HK) = HK .$$

Die Menge HK ist daher eine Untergruppe von G, die H als normale Untergruppe enthält. Wir setzen nun $G := K$, $G' := HK/H$ und $H := K \cap H$ in Satz 1.28 und definieren den Homomorphismus φ: $K \to HK/H$ durch $k \mapsto kH \in HK/H$. Dann gilt $k \in \ker \varphi$ genau dann, wenn $k \in H$, also $\ker \varphi = H \cap K$. Als Kern eines Homomorphismus ist $H \cap K$ normal in K. Ein Element in HK/H besitzt die Gestalt hkH und ist wegen $hkH = Hhk = Hk = kH = \varphi(k)$ in $\operatorname{im} \varphi$. Der Homomorphismus φ ist daher surjektiv und infolgedessen die induzierte Abbildung φ_*: $K/(H \cap K) \to HK/H$ ein Isomorphismus. □

Satz 1.31 (Dritter Isomorphiesatz) *Es seien* $\varphi\colon G \to G'$ *ein Homomorphismus und* $H' \subseteq G'$ *ein Normalteiler. Dann ist* $H = \varphi^{-1}(H')$ *ein Normalteiler von* G, *und es gibt einen kanonischen injektiven Homomorphismus*

$$\varphi_*\colon\ G/H \longrightarrow G'/H' \ .$$

Ist φ *surjektiv, so ist* φ_* *ein Isomorphismus.*

Beweis   Die Komposition von φ und dem kanonischen Homomorphismus $\pi\colon G' \to$ G'/H' hat als Kern die Untergruppe H, die dann wegen Proposition 1.26 ein Normalteiler ist. Also gibt es nach Satz 1.28 eine kanonische Injektion $\varphi_*\colon G/H \to$ G'/H'. Diese Abbildung ist offensichtlich surjektiv, wenn φ surjektiv ist. $\square$

Beispiel 1.32   Wir betrachten die additive Gruppe

$$G = (\mathbb{Z}/2\mathbb{Z}) \times (\mathbb{Z}/2\mathbb{Z}) \times (\mathbb{Z}/2\mathbb{Z}) \ .$$

Darin liegen die normalen Untergruppen $H = \{0\} \times (\mathbb{Z}/2\mathbb{Z}) \times (\mathbb{Z}/2\mathbb{Z})$ und $K = (\mathbb{Z}/2\mathbb{Z}) \times (\mathbb{Z}/2\mathbb{Z}) \times \{0\}$. Es gilt $H + K = G, H \cap K = \{0\} \times (\mathbb{Z}/2\mathbb{Z}) \times \{0\}$, und G/H kann mit der Untergruppe $H^\perp = (\mathbb{Z}/2\mathbb{Z}) \times \{0\} \times \{0\}$ identifiziert werden. Diese Menge bildet nämlich ein Repräsentantensystem, das (zufälligerweise) selbst eine Gruppe ist. In derselben Weise sieht man, dass $K/(H \cap K)$ mit $(\mathbb{Z}/2\mathbb{Z}) \times \{0\} \times \{0\}$, also ebenfalls mit $H^\perp$, identifiziert werden kann. Somit sind G/H und $K/(H \cap K)$ isomorphe Gruppen, was die Aussage des zweiten Isomorphiesatzes ist.

Beispiel 1.33   Wenn man beachtet, dass die Gruppe

$$(\mathbb{Z}/2\mathbb{Z})^3 = (\mathbb{Z}/2\mathbb{Z}) \times (\mathbb{Z}/2\mathbb{Z}) \times (\mathbb{Z}/2\mathbb{Z})$$

ein Vektorraum über dem Körper $\mathbb{F}_2 = \mathbb{Z}/2\mathbb{Z}$ ist, so kann man in diesem speziellen Fall die Dimensionsformel

$$\dim(U' + U'') + \dim(U' \cap U'') = \dim U' + \dim U''$$

für Untervektorräume $U', U'' \subseteq V$ wiederfinden, die man in der linearen Algebra kennenlernt. Die Restriktion φ der Additionsabbildung $+\colon G \times G \to G$ auf den Untervektorraum $H \times K$ ergibt nämlich einen surjektiven Homomorphismus auf G mit Kern $\{(l, -l); \ l \in H \cap K\}$, der offensichtlich isomorph zu $H \cap K$ ist. Nach Satz 1.28 gilt

$$(H \times K)/\ker \varphi \simeq G \ .$$

Wenn man die aus der linearen Algebra bekannte Tatsache beachtet, dass

$$\dim V/V' = \dim V - \dim V'$$

gilt, so erhält man für die Dimensionen die Gleichung

$$\dim(H + K) = \dim G = \dim(H \times K) - \dim \ker \varphi$$
$$= \dim H + \dim K - \dim H \cap K \ .$$

Dies ist gerade besagte Dimensionsformel für die Unterräume H, K.

Sei H ein Normalteiler von G. Dann ist durch $K \mapsto \pi(K) = K/H$ eine Bijektion zwischen den Untergruppen K, die H enthalten, und den Untergruppen von G/H gegeben. Es gilt $K' \subseteq K \subseteq G$ genau dann, wenn $K'/H \subseteq K/H$. In diesem Fall ist $(K : K') = (K/H : K'/H)$. Zudem ist K' ein Normalteiler von K genau dann, wenn K'/H ein Normalteiler von K/H ist. Es gilt dann $K/K' \simeq (K/H)/(K'/H)$. Diese Aussage wird manchmal auch der *vierte Isomorphiesatz* (oder auch Korrespondenzsatz) genannt.

1.5 Zyklische Gruppen

Eine Gruppe G heißt *zyklisch*, falls es ein $g \in G$ gibt mit $\langle g \rangle = G$. Ein solches Element g nennt man ein *erzeugendes Element* von G. Aus der Definition folgt sofort, dass eine Gruppe G genau dann zyklisch ist, wenn es ein g aus G gibt, sodass der Homomorphismus $\varphi \colon \mathbb{Z} \to G$, definiert durch $m \mapsto g^m$, surjektiv ist. In diesem Fall ist G isomorph zur Gruppe $\mathbb{Z}/\ker(\varphi)$. Ist die Gruppe G zyklisch und gilt $\ker \varphi = \{e\}$, so nennt man die Gruppe *unendlich zyklisch*. In diesem Fall ist G isomorph zur Gruppe $\mathbb{Z}$. Gilt jedoch $\ker \varphi \neq \{e\}$, so ist, wie wir gesehen haben, $\ker \varphi = d\mathbb{Z}$ für eine positive ganze Zahl d, die wir die Ordnung von g genannt haben. In diesem Fall nennt man die Gruppe G eine *endliche zyklische Gruppe*. Ein Element $g \in G$ der Ordnung $\mathrm{ord}(g) = d$ erzeugt eine zyklische Untergruppe von G der Ordnung d. Offensichtlich sind zyklische Gruppen abelsch. Aus unserer Diskussion folgt, dass eine zyklische Gruppe stets isomorph zu einer der Gruppen $\mathbb{Z}/n\mathbb{Z}$ ist für ein $n \in \mathbb{N}$.

Satz 1.34 (Satz von Lagrange) *In einer endlichen Gruppe teilt die Ordnung eines Elements die Gruppenordnung. Ist die Gruppenordnung eine Primzahl, so ist die Gruppe zyklisch und wird von jedem vom neutralen Element verschiedenen Element erzeugt.*

Beweis Es sei $H = \langle g \rangle$ die von g erzeugte zyklische Untergruppe von G und d ihre Ordnung. Dann gilt aufgrund von Satz 1.22

$$\mathrm{ord}(G) = (G : 1) = (G : H)(H : 1) = (G : H) \cdot d$$

und deswegen $d \mid \mathrm{ord}(G)$. Der zweite Teil des Satzes ist klar. $\qquad \square$

Satz 1.35 *Untergruppen und homomorphe Bilder von zyklischen Gruppen sind zyklisch.*

Beweis Bilder von zyklischen Gruppen unter einem Homomorphismus sind offensichtlich zyklisch. Ist G eine zyklische Gruppe so ist sie das Bild von $\mathbb{Z}$ unter einem Homomorphismus. Das Urbild einer Untergruppe H von G ist als Untergruppe von $\mathbb{Z}$ von der Gestalt $d\mathbb{Z}$ und somit zyklisch, und deswegen ist H als homomorphes Bild einer zyklischen Gruppe ebenfalls zyklisch.   □

Ein Element g aus einer Gruppe G heißt *primitives Element*, falls die von g erzeugte Untergruppe $\langle g \rangle$ in keiner zyklischen Untergruppe von G echt enthalten ist. Dies ist offensichtlich gleichbedeutend damit, dass g eine maximale zyklische Untergruppe erzeugt.

Satz 1.36 *Es sei $G = \langle g \rangle$ eine endliche zyklische Gruppe. Dann ist $G = \langle g^r \rangle$ für alle $r \neq 0$ mit $(r, \text{ord}(g)) = 1$. Insbesondere ist die Anzahl der verschiedenen Erzeugenden von G gleich $\varphi(\text{ord}(G))$, dem Wert der eulerschen φ-Funktion.*

Beweis Es sei m die Ordnung von g^r, d. h. $(g^r)^m = e$. Dann gilt $d \mid mr$ für $d = \text{ord}(g)$. Hieraus folgt $d \mid m$ wegen $(r, d) = 1$, somit $m = d$ wegen der Minimalität von m und daher $\langle g^r \rangle = G$. Der zweite Teil der Behauptung folgt aus der Definition der eulerschen φ-Funktion.   □

1.6 Aktionen

Eine *Aktion* oder auch *Operation* einer Gruppe H auf einer Menge M ist eine Abbildung $\sigma \colon H \times M \to M$ mit

$$\sigma(g, \sigma(h, m)) = \sigma(gh, m)\,,$$
$$\sigma(e, m) = m$$

für alle $g, h \in H$ und alle $m \in M$. Eine Aktion σ definiert einen Homomorphismus $\rho \colon H \to \mathscr{S}(M)$ von H in die Permutationsgruppe $\mathscr{S}(M)$. Dieser wird gegeben durch $\rho \colon g \mapsto \rho(g)$ mit $\rho(g)(m) = \sigma(g, m)$ für $m \in M$. Wir nennen einen solchen Homomorphismus auch eine *Darstellung* der Gruppe H in der symmetrischen Gruppe $\mathscr{S}(M)$ oder kurz *symmetrische Darstellung*. Um zu verifizieren, dass ρ tatsächlich ein Homomorphismus ist, wählen wir $g, h \in H$ und erhalten für beliebiges $m \in M$ nach Definition von ρ

$$\begin{aligned}
\rho(gh)(m) &= \sigma(gh, m) \\
&= \sigma(g, \sigma(h, m)) \\
&= \sigma(g, \rho(h)(m)) \\
&= \rho(g)(\rho(h)(m)) \\
&= \big(\rho(g) \circ \rho(h)\big)(m)
\end{aligned}$$

und somit $\rho(gh) = \rho(g) \circ \rho(h)$. Umgekehrt definiert jede symmetrische Darstellung $\rho \colon H \to \mathscr{S}(M)$ von H in einer symmetrischen Gruppe $\mathscr{S}(M)$ eine Aktion von H

auf der Menge M. Diese wird durch $\sigma\colon (g,m) \mapsto \sigma(g,m) := \rho(g)(m)$ gegeben, und man schreibt kurz $g \cdot m$ oder noch kürzer gm anstelle von $\rho(g)(m)$. Es gelten die Regeln

$$g \cdot (h \cdot m) = (gh) \cdot m\,,$$
$$e \cdot m = m$$

für alle $g,\, h \in H$ und alle $m \in M$.

Beispiel 1.37   Die triviale Operation ist definiert als die Projektion $pr_2\colon H \times M \to M$ auf den zweiten Faktor, oder anders ausgedrückt durch $\rho(g) = \mathrm{id}$ für alle $g \in H$. Es gilt dann

$$g \cdot m = m$$

für alle $g \in H$ und alle $m \in M$.

Beispiel 1.38   Für jede Gruppe G erhalten wir eine Darstellung $\mathrm{ad}\colon G \to \mathrm{Aut}(G) \subseteq \mathscr{S}(G)$ in der Gruppe der Automorphismen

$$\mathrm{Aut}(G) = \{\varphi \in \mathscr{S}(G);\ \varphi \text{ ein Homomorphismus}\}\,,$$

indem wir

$$\mathrm{ad}(h)(g) = hgh^{-1},\ h, g \in G,$$

setzen. Denn es gilt für $g,\, h,\, k \in G$

$$\begin{aligned}
\mathrm{ad}(hk)(g) &= hkg(hk)^{-1} \\
&= h(kgk^{-1})h^{-1} \\
&= \mathrm{ad}(h)(\mathrm{ad}(k)(g)) \\
&= (\mathrm{ad}(h)\,\mathrm{ad}(k))(g)
\end{aligned}$$

und somit $\mathrm{ad}(hk) = \mathrm{ad}(h)\,\mathrm{ad}(k)$, d. h. ad ist ein Homomorphismus. Die Darstellung ad nennt man die *adjungierte symmetrische Darstellung*. Den Automorphismus $\mathrm{ad}(h)$ für $h \in G$ bezeichnet man auch als *Konjugation* mit h.

Man nennt den Kern von ad das *Zentrum* von G und schreibt dafür $Z(G)$. Das Bild von G unter dem Homomorphismus ad bezeichnet man mit $\mathrm{int}(G)$, und Elemente von $\mathrm{int}(G)$ heißen *innere Automorphismen*.

Beispiel 1.39   Die Linksmultiplikation mit Elementen einer Gruppe G ergibt eine symmetrische Darstellung

$$\begin{aligned}
l\colon G &\longrightarrow \mathscr{S}(G) \\
h &\longmapsto l(h)\colon g \mapsto hg
\end{aligned}$$

und somit eine Aktion von G auf sich selbst. Man beachte, dass das Bild i. A. nicht in $\mathrm{Aut}(G)$ liegt. Man nennt l die *(links-)reguläre symmetrische Darstellung*. Multipliziert man statt dessen von rechts, so erhält man i. A. keine Operation.

Anders wird es jedoch, wenn man von rechts mit dem Inversen eines Elements multipliziert. Dann wird dies eine Operation

$$r\colon G \longrightarrow \mathscr{S}(G)$$
$$h \longmapsto r(h)\colon g \mapsto gh^{-1}.$$

Die Operationen l und r kommutieren, d. h. es gilt

$$l(h)\big(r(k)(g)\big) \;=\; h(gk^{-1}) \;=\; (hg)k^{-1} \;=\; r(k)\big(l(h)(g)\big)$$

für alle g, h, $k \in G$, und man erhält eine symmetrische Darstellung reg$\colon G \times G \to \mathscr{S}(G)$, $(h,k) \mapsto \big(\mathrm{reg}(h,k)\colon g \mapsto h(gk^{-1})\big)$.

Als schönes Zwischenergebnis erhalten wir den folgenden

Satz 1.40 (Darstellungssatz von Cayley) *Jede Gruppe G ist isomorph zu einer Untergruppe einer symmetrischen Gruppe.*

Beweis Linksmultiplikation von G auf sich liefert die symmetrische Darstellung $l\colon G \to \mathscr{S}(G)$. Wir zeigen, dass dieser Homomorphismus injektiv ist. Der Kern besteht aus allen $h \in G$ für die $l(h)\colon g \mapsto hg$ die Identität auf G ist. Da $l(h)(e) = he = h = e$ gelten muss, ist der Kern trivial und daher l injektiv. Daraus folgt die Behauptung. $\qquad\qquad\square$

Beispiel 1.41 Die letzte Beobachtung im Beispiel 1.39 kann man etwas allgemeiner fassen. Wenn man Aktionen $\sigma_1\colon G_1 \times X \to X$ und $\sigma_2\colon G_2 \times X \to X$ zweier Gruppen auf einer Menge X hat, so gewinnt man daraus eine Aktion

$$S\colon (G_1 \times G_2) \times X \longrightarrow X$$

der Gruppe $G_1 \times G_2$, falls σ_1 und σ_2 kommutieren, d. h. wenn $\sigma_1(g_1, \sigma_2(g_2, x)) = \sigma_2(g_2, \sigma_1(g_1, x))$ oder kurz $g_1(g_2 x) = g_2(g_1 x)$ für alle $g_1 \in G_1$, $g_2 \in G_2$, $x \in X$ gilt. Denn dann ist

$$S((g_1, g_2), x) := \sigma_1(g_1, \sigma_2(g_2, x))$$

eine Aktion, die man *Produkt der Aktionen* σ_1 und σ_2 nennt und dafür auch $S = \sigma_1 \cdot \sigma_2$ oder $S = \sigma_1 \sigma_2$ schreibt. Umgekehrt besitzt jede Aktion $S\colon (G_1 \times G_2) \times X \to X$ die Gestalt $S = \sigma_1 \cdot \sigma_2$ für Aktionen $\sigma_i\colon G_i \times X \to X$, $i = 1, 2$. Definieren wir nämlich Homomorphismen $\nu_1\colon G_1 \times X \to G_1 \times G_2 \times X$, $(g_1, x) \mapsto (g_1, e, x)$, sowie $\nu_2\colon G_2 \times X \to G_1 \times G_2 \times X$, $(g_2, x) \mapsto (e, g_2, x)$, so erhalten wir Aktionen $\sigma_i\colon G_i \times X \to X$, indem wir $\sigma_i = S \circ \nu_i$ setzen. Da S eine Aktion ist, kommutieren σ_1 und σ_2, und wir erhalten $S = \sigma_1 \cdot \sigma_2$.

Beispiel 1.42 Auf dem Vektorraum $\mathcal{M}_{m,n}(\mathbb{C})$ operiert von links die Gruppe $\mathrm{GL}(m,\mathbb{C})$, von rechts die Gruppe $\mathrm{GL}(n,\mathbb{C})$ durch Matrizenmultiplikation. Die beiden Operationen sind demnach

$$l\colon \mathrm{GL}(m,\mathbb{C}) \times \mathcal{M}_{m,n}(\mathbb{C}) \longrightarrow \mathcal{M}_{m,n}(\mathbb{C}),$$
$$(g,A) \longmapsto l(g,A) = g \circ A$$

bzw.

$$r\colon \mathrm{GL}(n,\mathbb{C}) \times \mathcal{M}_{m,n}(\mathbb{C}) \longrightarrow \mathcal{M}_{m,n}(\mathbb{C}),$$
$$(h,A) \longmapsto r(h,A) = A \circ h^{-1}\,.$$

Daraus erhält man eine Aktion der Gruppe $\mathrm{GL}(m,\mathbb{C}) \times \mathrm{GL}(n,\mathbb{C})$ auf dem Vektorraum $\mathcal{M}_{m,n}(\mathbb{C})$, die durch

$$(\mathrm{GL}(m,\mathbb{C}) \times \mathrm{GL}(n,\mathbb{C})) \times \mathcal{M}_{m,n}(\mathbb{C}) \longrightarrow \mathcal{M}_{m,n}(\mathbb{C})$$
$$((g,h),A) \longmapsto g \circ A \circ h^{-1}$$

gegeben wird. Gilt $n = m$, so kann man diese Aktion auf die Untergruppe einschränken, die aus den Diagonalelementen (g,g), $g \in \mathrm{GL}(n,\mathbb{C})$ besteht, und erhält daraus die bereits bekannte adjungierte Aktion.

Beispiel 1.43 Die Gruppe

$$\mathrm{SL}_2(\mathbb{R}) = \left\{ \begin{pmatrix} a & b \\ c & d \end{pmatrix};\ a,b,c,d \in \mathbb{R},\ ad - bc = 1 \right\}$$

operiert auf der oberen Halbebene $\mathfrak{H} = \{z \in \mathbb{C};\ \mathrm{Im}(z) > 0\}$, wenn wir für

$$\gamma = \begin{pmatrix} a & b \\ c & d \end{pmatrix} \in \mathrm{SL}_2(\mathbb{R})$$

und $z \in \mathbb{C}$

$$\gamma \cdot z = (az + b)(cz + d)^{-1}$$

setzen. Denn es gilt

$$\mathrm{Im}(\gamma \cdot z) = \mathrm{Im}\left((az+b)(c\bar{z}+d)|cz+d|^{-2}\right)$$
$$= |cz+d|^{-2}\,\mathrm{Im}\left((az+b)(c\bar{z}+d)\right)$$
$$= |cz+d|^{-2}\,\mathrm{Im}(z)\,.$$

Die Gruppe G operiere auf der Menge M. Man nennt die Menge

$$Gm = \{gm;\ g \in G\}$$

den *Orbit*, die *Bahn* oder auch *Nebenklasse* von m unter G in M und

$$G_m = \{g \in G;\ gm = m\}$$

die *Stabilisator-Untergruppe* von m, kurz den *Stabilisator* von m. Handelt es sich um die Aktion ad, so heißt der Stabilisator von m auch der *Zentralisator* von m, wofür Z_m geschrieben wird. Allgemeiner sind der Orbit und der Stabilisator einer Teilmenge $T \subseteq M$ definiert als

$$GT = \{gt;\ g \in G,\ t \in T\}$$

sowie

$$G_T = \{g \in G;\ gT = T\}\ .$$

Im Fall der adjungierten Aktion ad der Gruppe G auf sich selbst, d. h. im Fall $H = G$ und $M = G$, spricht man vom *Normalisator* von T und schreibt hierfür auch $N_G(T)$. In dieser Situation ist schließlich der *Zentralisator* $Z_G(T)$ von T die Untergruppe

$$Z_G(T) = \{g \in G;\ \forall t \in T\ \mathrm{ad}(g)t = t\}\ .$$

Der Zentralisator $Z_G(G)$ der ganzen Gruppe G ist das *Zentrum* der Gruppe. Er besteht aus den Elementen der Gruppe, die mit allen Gruppenelementen kommutieren.

Für m, m' in M ist durch $m \sim m'$ genau dann wenn $Gm = Gm'$ eine Äquivalenzrelation auf M definiert ist. Die Äquivalenzklasse von m in M ist dann der Orbit Gm.

Proposition 1.44

(i) G_m ist eine Untergruppe von G.

(ii) Es gilt $(Gm) \cap (Gm') \neq \emptyset$ genau dann, wenn $Gm = Gm'$.

Beweis   (i) ist klar. (ii) folgt sofort aus der Tatsache, dass Gm die Äquivalenzklasse von m bezüglich der oben erwähnten Äquivalenzrelation ist.   □

Wählt man eine Menge $S \subset M$ mit $Gs \neq Gs'$ für $s \neq s'$ in S, die maximal mit dieser Eigenschaft ist, so gilt

$$M = \bigcup_{s \in S} Gs$$

und die Vereinigung ist disjunkt. Man nennt die Menge S ein *System von Repräsentanten*. Auf diese Weise erhält man eine disjunkte Zerlegung von M in Nebenklassen unter der Aktion von G. Die Menge der Nebenklassen bezeichnet man üblicherweise mit M/G, obwohl bei einer Aktion von links die Bezeichnung $G\backslash M$ die richtigere wäre.

Beispiel 1.45 Es sei $H \subseteq G$ eine Untergruppe, die durch Rechtsmultiplikation $r \colon h \mapsto r(h)$ auf G operiere (siehe Beispiel 1.39). Dann sind die Bahnen gH die Linksnebenklassen von G modulo H. Entsprechend erhalten wir durch Linksmultiplikation die Rechtsnebenklassen.

Beispiel 1.46 Es sei $S^1 = \{z \in \mathbb{C};\ |z| = 1\} \subset \mathbb{C}$ der Einheitskreis in der komplexen Ebene. Für $\xi \in \mathbb{R}$ definieren wir die bijektive Abbildung

$$D = D_\xi : S^1 \to S^1,\, z \mapsto e^{2\pi\xi i}z$$

des Einheitskreises S^1 auf sich selbst, die nach Definition in $\mathscr{S}(S^1)$ liegt, der Gruppe der bijektiven Abbildungen des Einheitskreises in sich selbst. Gilt für eine positive ganze Zahl n die Beziehung $D^n = 1$, d. h. $e^{2n\pi\xi i} = 1$, so zieht dies $\xi \in \mathbb{Q}$ nach sich. In diesem Fall ist die Ordnung von D der Nenner in der reduzierten Darstellung der rationalen Zahl ξ. Für $\xi \notin \mathbb{Q}$ gilt hingegen $\operatorname{ord}(D) = \infty$. Die von D erzeugte Untergruppe G der Automorphismengruppe des Einheitskreises besitzt demnach unendliche Orbits genau dann, wenn ξ irrational ist. Diese liegen dicht im Einheitskreis für die gewöhnliche Topologie. Ist ξ hingegen rational, so sind die Orbits endlich und Eckpunkte von regulären n-Ecken.

Die Abbildung $\xi \mapsto D_\xi$ ist ein Homomorphismus von $\mathbb{R}$ nach $\mathscr{S}(S^1)$, dessen Kern gleich $\mathbb{Z}$ ist. Somit erhält man eine (symmetrische) Darstellung $\mathscr{D} \colon \mathbb{R}/\mathbb{Z} \to \mathscr{S}(S^1)$ der Gruppe $\mathbb{R}/\mathbb{Z}$ mit $\mathscr{D}(\xi + \mathbb{Z}) = D_\xi$.

Beispiel 1.47 Operiert die Gruppe $G = \mathrm{GL}(n, \mathbb{C})$ auf dem Vektorraum $\mathscr{M} = \mathscr{M}_{n,n}(\mathbb{C})$, vermöge der adjungierten Aktion ad, und ist $\mathscr{J}$ ein Repräsentantensystem für die jordanschen Normalformen, so liefert der bekannte Satz über die jordansche Normalform aus der linearen Algebra eine disjunkte Zerlegung

$$\mathscr{M}_{n,n}(\mathbb{C}) = \bigcup_{J \in \mathscr{J}} \mathrm{GL}(n, \mathbb{C})J$$

von $\mathscr{M}$ in Nebenklassen, in diesem Fall *Konjugationsklassen* genannt.

Beispiel 1.48 Die Gruppe $\Gamma = \mathrm{SL}(2, \mathbb{Z}) \subseteq \mathrm{SL}(2, \mathbb{R})$ operiert auf der oberen Halbebene $\mathfrak{H}$. In diesem Fall können wir, wie in Abbildung 1.2 gezeigt, eine Menge S von Repräsentanten wählen.

Mit anderen Worten: wir setzen

$$\mathscr{F} = \left\{\tau \in \mathfrak{H};\ -\tfrac{1}{2} \le \operatorname{Re}(\tau) \le \tfrac{1}{2},\ |\tau| \ge 1\right\}$$

und erhalten einen *Fundamentalbereich*. Diese Teilmenge $\mathscr{F} \subseteq \mathfrak{H}$ enthält für jeden Orbit ein Element, und zwei Elemente in $\mathscr{F}$ liegen genau dann in demselben Orbit, wenn sie dem Rand von $\mathscr{F}$ angehören. Ihr topologisches Inneres ist das Innere einer Repräsentantenmenge. Um eine vollständige Repräsentantenmenge zu erhalten, muss man noch Teile des Randes hinzunehmen.

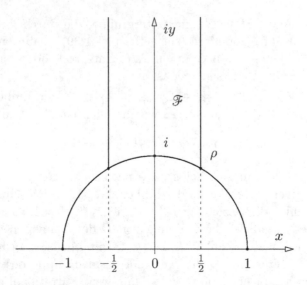

Abbildung 1.2: Fundamentalbereich $(\mathrm{SL}(2,\mathbb{Z}))$

Beispiel 1.49   Für $\tau = x + iy \in \mathfrak{H}$ ist $\Lambda(\tau) = \mathbb{Z} + \mathbb{Z}\tau = \{k + l\tau;\ k, l \in \mathbb{Z}\}$ ein Gitter, das auf $\mathbb{C}$ vermöge $z \mapsto z + \lambda$, $\lambda \in \Lambda(\tau)$, operiert.

Der in Abbildung 1.3 schraffierte Bereich $\mathscr{F} = \{\xi + \eta\tau;\ \xi, \eta \in [0, 1)\}$ ist offensichtlich ein Repräsentantensystem.

Wir beenden den Abschnitt mit folgendem

Satz 1.50 (Lemma von Burnside)   *Die endliche Gruppe G operiere auf der endlichen Menge M. Dann gilt:*

$$|G| \cdot |M/G| = \sum_{g \in G} \#M^g,$$

wobei $M^g = \{m \in M;\ gm = m\}$.

Beweis   Zweifaches Abzählen der Menge $\{(g, m) \in G \times M;\ gm = m\}$ liefert

$$\sum_{g \in G} |\{m \in M;\ gm = m\}| = \sum_{m \in M} \{g \in G;\ gm = m\}| = \sum_{m \in M} |G_m|.$$

Sei $S \subset M$ ein System von Repräsentanten und $t = |S| = |M/G|$. Wir erhalten

$$\sum_{m \in M} |G_m| = \sum_{s \in S} \sum_{m \in Gs} |G_m| = \sum_{s \in S} \sum_{m \in Gs} \frac{|G|}{|Gm|} = \sum_{s \in S} |G| = |G| \cdot t = |G| \cdot |M/G|,$$

wobei wir $|Gm| = (G : G_m) = |G|/|G_m|$ verwendet haben, was in Proposition 2.1 bewiesen wird.   □

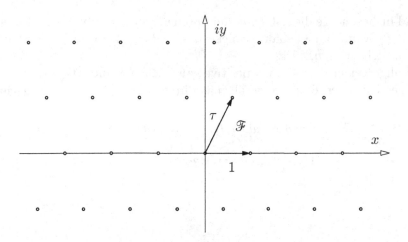

Abbildung 1.3: Fundamentalbereich (Gitter)

Dieser nützliche Satz wird in der Kombinatorik verwendet, um die Anzahl von Konfigurationen zu bestimmen.

1.7 Anhang: Der euklidische Algorithmus

In diesem Anhang geben wir eine kurze Beschreibung des *euklidischen Algorithmus*. Dieser Algorithmus ist einer der grundlegendsten Algorithmen in der Mathematik und für heutige praktische Anwendungen von größter Bedeutung. Es geht bei ihm darum, den größten gemeinsamen Teiler (m, n) zweier positiver ganzen Zahlen m und n zu bestimmen. Er basiert auf der Division mit Rest: sind a, b zwei positive ganze Zahlen, so gibt es ganze Zahlen u, v mit $b = ua + v$, $0 \leq v \leq a - 1$. Man definiert nun induktiv nicht-negative ganze Zahlen m_i, n_i durch $m_0 = m$, $n_0 = n$ und schreibt für $i \geq 0$

$$n_i = u_{i+1} m_i + v_{i+1} \,,$$
$$0 \leq v_{i+1} \leq m_i - 1 \,,$$

falls $m_i \neq 0$ und setzt $n_{i+1} = m_i$, $m_{i+1} = v_{i+1}$. Dieses Verfahren bricht ab, sobald $m_e = 0$ ist, dies tritt nach endlich vielen Schritten ein. Die Zahl n_e ist dann gleich dem größten gemeinsamen Teiler (m, n) von n und m. In der Tat, ist d ein Teiler von (m, n), so teilt d sowohl n als auch m und dann induktiv alle m_i, n_i, d. h. schließlich n_e. Ist umgekehrt d ein Teiler von n_e, so teilt d rekursiv alle m_i, n_i und damit auch (m, n). Ebenfalls rekursiv gewinnt man aus dem Algorithmus ganze Zahlen k, l derart, dass

$$(n, m) = k\,m + l\,n$$

gilt. Sind insbesondere die Zahlen n und m teilerfremd, so gibt es eine Darstellung $1 = km + ln$, woraus man sofort schließt, dass k das multiplikative Inverse von m modulo n, d. h. in $\mathbb{Z}/n\mathbb{Z}$, ist.

Sind allgemeiner $m_1, \ldots, m_r$ positive ganze Zahlen und ist $(m_1, \ldots, m_r)$ ihr größter gemeinsamer Teiler, so erhält man durch Induktion sofort das nachfolgende Lemma.

Lemma 1.51   *Es gibt ganze Zahlen $l_1, \ldots, l_r$ mit*

$$(m_1, \ldots, m_r) = l_1 m_1 + \cdots + l_r m_r \, .$$

Übungsaufgaben

zu Abschnitt 1.1

1. Stelle die Gruppentafel für $\mathbb{D}_4$ auf.
2. Zeige, dass $SL_n(\mathbb{Z})$ eine Gruppe ist, und gib ein Beispiel an, das zeigt, dass diese Gruppe für $n > 1$ nicht kommutativ ist.
3. Finde in $SL_n(\mathbb{Z})$ Elemente der Ordnung 2.
4. Zeige, dass $SL_2(\mathbb{Z}/3\mathbb{Z})$ eine Gruppe bezüglich der Matrizenmultiplikation bildet. Bestimme die Elemente der Ordnung 2.
5. Zeige, dass eine Gruppe G, in der alle Elemente die Ordnung höchstens 2 besitzen, abelsch ist. Kann man daraus schließen, dass die Elemente der Ordnung 2 in einer Gruppe kommutieren?
6. Wie viele Elemente der Ordnung 2 gibt es in $\mathscr{S}_n$?
7. Was ist die kleinste Ordnung einer nicht abelschen Gruppe? Gib ein Beispiel an.
8. Bestimme die Ordnung der Gruppe $GL_n(\mathbb{Z}/p\mathbb{Z})$ für Primzahlen p.
9. Stelle die Gruppentafel für $\mathbb{D}_3$ auf. Gilt $\mathbb{D}_3 \simeq \mathscr{S}_3$?
10. Zeige, dass die Matrizen

$$\left\{ \begin{pmatrix} 1 & 0 \\ 0 & 1 \end{pmatrix}, \begin{pmatrix} 1 & 0 \\ 0 & 2 \end{pmatrix}, \begin{pmatrix} 2 & 0 \\ 0 & 1 \end{pmatrix}, \begin{pmatrix} 2 & 0 \\ 0 & 2 \end{pmatrix} \right\}$$

mit Einträgen aus $\mathbb{Z}/3\mathbb{Z}$ eine Untergruppe U von $GL_2(\mathbb{Z}/3\mathbb{Z})$ bilden. Gilt $U \simeq \mathbb{Z}/4\mathbb{Z}$?

zu Abschnitt 1.2

11. Zeige, dass in einer Gruppe für $g \in G$, $m, n \in \mathbb{Z}$ gilt:
$$g^m \circ g^n = g^{(m+n)}, \quad (g^m)^n = g^{mn}.$$
12. Gibt es eine Gruppe, die Vereinigung zweier echter Untergruppen ist?
13. Es seien H_i, $i \in I$, Untergruppen von G mit der Eigenschaft, dass für alle $i, j \in I$ ein $k \in I$ existiert mit $H_i \cup H_j \subseteq H_k$. Zeige, dass dann $H := \bigcup_{i \in I} H_i$ eine Untergruppe von G ist.
14. Es seien p, q Primzahlen. Bestimme alle Homomorphismen von $\mathbb{Z}/p\mathbb{Z}$ nach $\mathbb{Z}/q\mathbb{Z}$. Gib auch die Homomorphismen von $\mathbb{Z}/2\mathbb{Z}$ nach $\mathbb{Z}/4\mathbb{Z}$ an.
15. Bestimme einen Isomorphismus zwischen $(\mathbb{Q}^+, \cdot)$, den positiven rationalen Zahlen bezüglich Multiplikation, und $(\mathbb{Z}[X], +)$, den Polynomen in einer Unbestimmten bezüglich Addition. Hinweis: Verwende die eindeutige Primfaktorzerlegung in $\mathbb{Z}$.

zu Abschnitt 1.3

16. Die abelsche Gruppe G sei die interne direkte Summe der Untergruppen G_ι, $\iota \in I$. Zeige, dass jedes $g \in G$ sich auf genau eine Weise als $g = \sum_{\iota \in I} g_\iota$ schreiben lässt mit $g_\iota \in G_\iota$ und $g_\iota = 0$ für fast alle $\iota \in I$.

17. Beweise, dass $G_1 \times G_2$ genau dann abelsch ist, wenn G_1 und G_2 es sind.

18. Lässt sich $\mathscr{S}_3$ als direktes Produkt zweier Untergruppen schreiben?

19. Man zeige, dass $\mathbb{Z}/mn\mathbb{Z} \simeq \mathbb{Z}/m\mathbb{Z} \times \mathbb{Z}/n\mathbb{Z}$, falls $(m,n) = 1$, dass aber $\mathbb{Z}/p^2\mathbb{Z} \not\simeq \mathbb{Z}/p\mathbb{Z} \times \mathbb{Z}/p\mathbb{Z}$.

20. Bestimme das Zentrum der Gruppen $\mathrm{GL}_n(\mathbb{R})$, von $\mathscr{S}_4$, sowie den Zentralisator von $\sigma = (234)$ in $\mathscr{S}_5$.

zu Abschnitt 1.6

21. Es seien $\varphi_i\colon G_i \to G_i'$, $i \in I$, Homomorphismen. Bestimme den Kern von $\prod_{i \in I} \varphi_i$.

22. Bestimme das Zentrum der symmetrischen Gruppe $\mathscr{S}_3$.

23. Es seien N, H Gruppen, $\rho\colon H \to \mathrm{Aut}(N)$ ein Homomorphismus, $G = N \times H$ das mengentheoretische Produkt von N und H. Zeige, dass die Verknüpfung $(n_1, h_1)(n_2, h_2) = (n_1\rho(h_1)(n_2), h_1 h_2)$ eine Gruppenoperation liefert. Die Gruppe, die man auf diese Weise erhält, heißt das *semidirekte Produkt* $N \rtimes H$ von N und H bezüglich ρ.

24. Beschreibe die Zerlegung in Bahnen von $X = \mathbb{R}^3$ bezüglich der Aktion $(A, x) \mapsto Ax$ von $G = \mathrm{SO}(3)$ auf X. Wie sicht der Stabilisator des ersten kanonischen Basisvektors e_1 aus?

25. Die multiplikative Gruppe $(\mathbb{R}^\times, \cdot)$ operiere auf $\mathbb{R}^2$ vermöge $(t, (x,y)) \mapsto (tx, y/t)$. Beschreibe die Bahnen dieser Aktion sowie die zugehörigen Stabilisatoren.

zu Abschnitt 1.4

26. Zeige, dass es eine Bijektion zwischen den Untergruppen einer Gruppe G, die einen Normalteiler H enthalten, und der Menge der Untergruppen von G/H gibt.

27. Ist U eine Untergruppe vom Index 2 einer Gruppe G, dann ist U Normalteiler von G und es gilt: $G/U \simeq \mathbb{Z}/2\mathbb{Z}$.

28. $\mathrm{SL}_n(K)$ ist ein Normalteiler von $\mathrm{GL}_n(K)$, und die resultierende Faktorgruppe ist isomorph zur multiplikativen Gruppe $K^\times$ von K. Zeige, dass $\mathrm{GL}_n(K)$ das semidirekte Produkt dieser beiden Gruppen ist.

29. Es sei $H \subset G$ eine Untergruppe vom Index 2. Zeige, dass es einen surjektiven Homomorphismus von G nach $\mathbb{Z}/2\mathbb{Z}$ gibt. Hinweis: H operiert auf G durch Linksmultiplikation. Stelle eine Gruppentafel für die Bahnen auf; zeige dazu, dass $B^{-1} = B$ für jede Bahn gilt.

30. Weise nach, dass die inneren Automorphismen $\mathrm{int}(G)$ von G einen Normalteiler in $\mathrm{Aut}(G)$ bilden.

31. Zeige, dass $Z(G)$ ein Normalteiler von G ist und $G/Z(G) \simeq \mathrm{int}(G)$ gilt.

32. Für eine Gruppe G gelte $\mathrm{Aut}(G) = \langle \varphi \rangle$ für ein $\varphi \in \mathrm{Aut}(G)$. Zeige, dass G abelsch ist.

33. Es sei H die von

$$I = \begin{pmatrix} i & 0 \\ 0 & -i \end{pmatrix} \quad \text{und} \quad J = \begin{pmatrix} 0 & 1 \\ -1 & 0 \end{pmatrix}$$

in $\mathrm{GL}_2(\mathbb{C})$ erzeugte Untergruppe. Gib eine explizite Beschreibung von H an und bestimme alle Normalteiler $N \lhd H$ sowie die zugehörigen Faktorgruppen.

34. Sei G eine Gruppe, H ein Normalteiler in G und K ein Normalteiler in H. Ist dann auch K ein Normalteiler in G? Mit anderen Worten: Ist die Relation $\lhd$ transitiv?

35. Betrachte in der multiplikativen Gruppe $\mathbb{C}^\times$ der von Null verschiedenen komplexen Zahlen die Gruppe μ_n der n-ten Einheitswurzeln. Zeige, dass $\mathbb{C}^\times / \mu_n \simeq \mathbb{C}^\times$.

36. Sei G eine endliche Gruppe mit der Eigenschaft, dass jede Untergruppe von G normal ist. Folgere daraus, dass je zwei Elemente teilerfremder Ordnung miteinander kommutieren.

37. Für die endliche Gruppe G existiere ein $n > 1$, sodass für alle $x, y \in G$ die Gleichung $(xy)^n = x^n y^n$ erfüllt ist. Zeige, dass $G_n := \{z \in G; \ z^n = 1\}$ und $G^n := \{x^n; \ x \in G\}$ normal in G sind und dass $|G^n| = (G : G_n)$ gilt.

38. Seien H und K Untergruppen von G. Wir setzen $X = \{hk; \ h \in H, k \in K\}$ und betrachten die davon erzeuge Untergruppe $\langle X \rangle$ von G. Beweise, dass $X = \langle X \rangle$, falls H oder K ein Normalteiler von G ist. Gilt die Umkehrung, wenn man $\langle X \rangle = G$ voraussetzt?

39. Es sei H eine Untergruppe einer Gruppe G. Zeige, dass der Zentralisator $Z_G(H)$ von H in G ein Normalteiler des Normalisators $N_G(H)$ von H in G ist und dass $\mathrm{ad}(N_G(H)) \subseteq \mathrm{Aut}(H)$ ist. Schließe daraus, dass $N_G(H)/Z_G(H)$ isomorph zu einer Untergruppe von $\mathrm{Aut}(H)$ ist.

zu Abschnitt 1.5

40. Der Quotient einer Gruppe G nach ihrem Zentrum sei zyklisch. Zeige, dass G abelsch ist.

41. Sei G eine Gruppe mit der Eigenschaft, dass der Durchschnitt aller nicht-trivialen Untergruppen von G verschieden von $\{e\}$ ist. Schließe, dass jedes Element von G endliche Ordnung hat.

zu Abschnitt 1.7

42. Beweise Lemma 1.51.

43. Überprüfe, ob folgendes C-Programm den euklidischen Algorithmus beschreibt.

```
int ggT(int a, int b)
{
        int tmp;
        while(b!=0) {
                tmp=a%b;
                a=b;
                b=tmp;
        }
        return a;
}
```

2 Die Sätze von Sylow

Es sei G eine endliche Gruppe und H eine Untergruppe. Nach dem Satz von Lagrange (Satz 1.34) teilt die Ordnung von H die Ordnung von G. In diesem Kapitel werden wir versuchen, die Struktur von endlichen Gruppen zu verstehen. Die sogenannten Sylow-Sätze sind hierfür ein wichtiges Hilfsmittel. In einem ersten Schritt werden wir sehen, dass für jede Primzahl p und für jeden Teiler von $|G|$ der Gestalt p^k eine Untergruppe der Ordnung p^k existiert. Dieses Resultat ist zuerst von L. Sylow (1832–1918) bewiesen worden.

2.1 Die Klassengleichung

Es seien M eine endliche Menge, G eine endliche Gruppe, die auf der Menge M operiert, $s \in M$, und $|Gs|$ die Kardinalität der Bahn Gs.

Proposition 2.1 *Es gilt*

$$|Gs| = (G : G_s) \, .$$

Insbesondere ist die Länge der Bahn Gs ein Teiler der Gruppenordnung.

Beweis Die Abbildung $gG_s \mapsto gs$ von G/G_s nach Gs ist wohldefiniert und eine Bijektion. Denn sie ist trivialerweise surjektiv; gilt $g\,s = h\,s$, so folgt $g^{-1}h\,s = s$, d. h. $g^{-1}h \in G_s$, also $g\,G_s = h\,G_s$, woraus die Injektivität folgt. $\qquad\square$

Wir nennen die Gleichung in Proposition 2.1 die *Bahngleichung*. Die endliche Menge M ist die disjunkte Vereinigung endlich vieler Orbits, d. h. $M = \bigcup_{i=1}^{n} G\,s_i$ für Elemente $s_i \in M$, und aufgrund von Proposition 2.1 gilt die *Orbitzerlegungsformel*

$$|M| = \sum_{i=1}^{n} (G : G_{s_i}) \tag{2.1}$$

unabhängig von der Wahl des Repräsentantensystems. Ein Punkt $m \in M$ heißt *Fixpunkt* für die Aktion von G auf M, wenn $gm = m$ für alle $g \in G$ ist. Die Menge $M^G = \{m \in M;\ gm = m \text{ für alle } g \in G\}$ heißt *Fixpunktmenge*; sie besteht aus allen Elementen von M deren Bahn Gm einelementig ist. Die Orbitzerlegungsformel lässt sich dann in der Form

$$|M| = |M^G| + \sum (G : G_s) \tag{2.2}$$

schreiben, wobei die Summation sich über ein Repräsentantensystem S erstreckt. Es gilt der folgende

Satz 2.2 (Fixpunktsatz) *Sei G eine endliche p-Gruppe, welche auf der endlichen Menge M operiert. Dann gilt $|M| \equiv |M^G| \pmod{p}$. Insbesondere ist M^G nichtleer, falls $|M|$ teilerfremd zu p ist.*

© Springer Fachmedien Wiesbaden GmbH, ein Teil von Springer Nature 2020
G. Wüstholz und C. Fuchs, *Algebra*, Springer Studium Mathematik – Bachelor,
https://doi.org/10.1007/978-3-658-31264-0_5

Beweis   Wir gehen von (2.2) aus und beachten, dass $Gs = \{s\}$ für $s \in S \backslash M^G$ gilt. Für $s \in S$ ist $|Gs| = (G : G_s)$ somit ein echter Teiler von $|G|$ ist, ist $(G : G_s)$ eine echte Potenz von p. Aus (2.2) folgt nun sofort die Behauptung.   □

Wir betrachten nun die Situation, in der eine Gruppe G auf sich selbst durch *Konjugation* operiert. In diesem Fall ist die Bahn $Gg = \mathrm{ad}(G)(g)$ die *Konjugationsklasse* von g. Die Gruppe $Z(G)$ ist als Kern des Homomorphismus ad ein Normalteiler von G, und ein Element $g \in G$ liegt genau dann in $Z(G)$, wenn G der Zentralisator Z_g von g ist. Ist G eine endliche Gruppe und S ein Repräsentantensystem für die unterschiedlichen Konjugationsklassen von G, so enthält dieses das Zentrum und 2.1 schreibt sich als die *Klassengleichung*

$$|G| = \sum_{s \in S}(G : Z_s) = |Z(G)| + \sum_{s \in S \smallsetminus Z(G)} (G : Z_s) \,.$$

Diese wird eine wichtige Rolle in der Theorie der Sylowgruppen spielen.

2.2 Exponenten

In Abschnitt 1.1 hatten wir den Exponenten einer Gruppe definiert. Er ist, wenn er endlich ist, offensichtlich das kleinste gemeinsame Vielfache der Ordnungen der Elemente der Gruppe. Wir werden nun den früher angedeuteten Zusammenhang mit der Ordnung der Gruppe aufklären.

Satz 2.3   *Der Exponent einer endlichen Gruppe G ist ein Teiler der Ordnung* $|G|$.

Beweis   Nach dem Satz von Lagrange (1.34) teilt die Ordnung jedes Elements $g \in G$ die Gruppenordnung $|G|$ und darum gilt dasselbe auch für deren kleinstes gemeinsames Vielfache, den Exponenten von G.   □

Satz 2.4   *Die Gruppenordnung einer endlichen abelschen Gruppe G teilt eine Potenz des Exponenten von G.*

Beweis   Ist G zyklisch, so ist ihre Ordnung gleich ihrem Exponenten und nichts mehr zu beweisen. Andernfalls führen wir den Beweis durch Induktion über die Gruppenordnung. Als Induktionsbeginn nehmen wir die triviale Gruppe. Hier ist die Aussage des Satzes evident, sodass wir annehmen können, dass er für Gruppen bewiesen ist, deren Ordnung kleiner ist als die von G. Wir wählen dann ein Element $1 \neq b \in G$. Division mit Rest (siehe Abschnitt 1.7) zeigt, dass der Exponent der von b erzeugten zyklischen Gruppe $1 \subset H \subset G$ und der Exponent von G/H den Exponenten von G teilen. Nach Induktionsvoraussetzung teilt daher die Gruppenordnung von H ebenso wie die von G/H, also auch ihr Produkt, eine Potenz des Exponenten von G. Da aber das Produkt dieser beiden Ordnungen nach Satz 1.22 gleich $|G|$ ist, folgt die Behauptung.   □

Satz 2.5 (Cauchy) *Eine endliche abelsche Gruppe besitzt eine Untergruppe der Ordnung p für jeden Primteiler p ihrer Ordnung.*

Beweis Die Primzahl p teilt die Ordnung und wegen Satz 2.4 auch den Exponenten. Deswegen gibt es ein Element g der Gruppe, dessen Ordnung von p geteilt wird. Also gilt $\mathrm{ord}(g) = pk$ für ein $k \in \mathbb{N}$, und dann ist p die Ordnung der zyklischen Untergruppe $H = \langle g^k \rangle$. $\qquad\square$

2.3 p-Sylow-Untergruppen

Es sei p eine Primzahl. Eine endliche Gruppe G heißt p-*Gruppe*, wenn ihre Ordnung eine Potenz von p ist. Eine Untergruppe H einer endlichen Gruppe G heißt eine p-*Sylow-Untergruppe* von G, wenn H eine p-Gruppe ist und $|H|$ die größte Potenz von p ist, die die Ordnung von G teilt. Im folgenden sei G eine endliche Gruppe.

Satz 2.6 (Sylow) *Es sei p eine Primzahl und p^k für ein $k \in \mathbb{N}$ ein Teiler von $|G|$. Dann besitzt G eine Untergruppe der Ordnung p^k. Insbesondere hat G eine p-Sylow-Untergruppe.*

Beweis Der Beweis des Satzes wird mittels Induktion nach der Ordnung von G geführt. Teilt p die Ordnung des Zentrums, so folgt nach Satz 2.5, dass dieses eine Untergruppe H der Ordnung p besitzt. Als Untergruppe des Zentrums ist H ein Normalteiler in G. Dann teilt p^{k-1} die Ordnung $(G : H)$ der Quotientengruppe G/H, die nach Induktion eine Untergruppe K der Ordnung p^{k-1} besitzt. Deren Urbild L in G unter der Projektionsabbildung von G nach G/H besitzt wegen Satz 1.22 offensichtlich die Ordnung $|L| = p^k$.

Wir nehmen nun an, dass p die Ordnung des Zentrums nicht teilt. Die Klassengleichung für G lautet

$$|G| \;=\; |Z(G)| \;+\; \sum_{g \in S \setminus Z(G)} (G : Z_g)\,.$$

Da p die Gruppenordnung teilt, gibt es wenigstens ein $g \in S \setminus Z(G)$, sodass der Index $(G : Z_g)$ von p nicht geteilt wird. Da g nicht im Zentrum liegt, ist dieser außerdem größer als eins. Wegen $(G : 1) = (G : Z_g)(Z_g : 1)$ teilt p^k die Ordnung von Z_g. Nach Induktion besitzt die echte Untergruppe Z_g, also auch G selbst, eine Untergruppe der Ordnung p^k. $\qquad\square$

Zwei Untergruppen H, H' von G heißen *konjugiert* in G, wenn es ein $g \in G$ gibt mit $\mathrm{ad}(g)(H) = gHg^{-1} = H'$. Die Gruppe G operiert durch Konjugation auf der Menge ihrer Untergruppen: mit einer Untergruppe H von G ist auch $\mathrm{ad}(g)(H) = gHg^{-1}$ eine Untergruppe.

Satz 2.7 (Sylow) *Es sei p ein Primteiler der Ordnung der endlichen Gruppe G.*

(i) *Jede p-Untergruppe von G ist in einer p-Sylow-Untergruppe enthalten.*

(ii) *Alle p-Sylow-Untergruppen von G sind konjugiert zueinander.*

(iii) *Die Ordnung von G wird durch die Anzahl der p-Sylow-Untergruppen geteilt. Diese ist $\equiv 1 \pmod{p}$.*

Beweis Sei H eine p-Sylow-Untergruppe und H' eine beliebige p-Untergruppe von G. Wir betrachten die Aktion von H' auf G/H gegeben durch Linksmultiplikation $gH \mapsto h'gH$. Da H' eine p-Gruppe und $|G/H|$ teilerfremd zu p ist, existiert nach dem Fixpunktsatz 2.2 ein $gH \in G/H$ mit $h'gH = gH$ für alle $h' \in H'$. Daraus folgt $g^{-1}h'gH = H$ und somit $g^{-1}h'g \in H$ für alle $h' \in H'$. Das bedeutet $H' \subseteq gHg^{-1}$, womit (i) gezeigt ist. Ist H' selbst eine p-Sylow-Untergruppe so folgt aus Kardinalitätsgründen sofort $H' = gHg^{-1}$, womit auch (ii) gezeigt ist.

Sei $\mathscr{S}_p$ die Menge der p-Sylow-Untergruppen von G und $H \in \mathscr{S}_p$. Die Gruppe H operiert auf $\mathscr{S}_p$ durch Konjugation, denn mit H ist auch $\mathrm{ad}(g)(H) = gHg^{-1}$ in $\mathscr{S}_p$ eine Sylow-Untergruppe. Es sei $\mathscr{S}_p(H) = \{gHg^{-1} \, ; \; g \in G\}$ die Konjugationsklasse der Untergruppe $H \in \mathscr{S}_p$ mit Stabilisator $N_G(H)$. Aus (ii) folgt $\mathscr{S}_p(H) = \mathscr{S}_p$. Proposition 2.1 entnehmen wir, dass

$$(G : N_G(H)) = |\mathscr{S}_p(H)| = |\mathscr{S}_p|. \tag{2.3}$$

Somit ist $|\mathscr{S}_p|$ ein Teiler von $|G|$. Zudem gibt es ein Repräsentantensystem $S \subseteq \mathscr{S}_p(H)$ mit

$$\mathscr{S}_p = \bigcup_{K \in S} \mathrm{ad}(H)(K)$$

und demnach

$$|\mathscr{S}_p| = \sum_{K \in S} |\mathrm{ad}(H)(K)| .$$

Wiederum aufgrund von Proposition 2.1 ist die Länge $|\mathrm{ad}(H)(K)|$ eines jeden Orbits ein Teiler der Ordnung von H und deswegen von der Gestalt p^l. Es gilt $l = 0$ genau dann, wenn K die p-Sylow-Untergruppe H normalisiert, was genau für $H = K$ der Fall ist. Die Orbitzerlegungsformel für die Operation von H auf $\mathscr{S}_p(H)$ nimmt demnach die Gestalt

$$|\mathscr{S}_p| = 1 + \sum p^l$$

an mit Exponenten $l > 0$. Dies zusammen mit (2.3) führt sofort zur dritten Behauptung.   □

Übungsaufgaben

1. Zum Beweis von Satz 2.4 hatten wir stillschweigend vorausgesetzt, dass der Exponent des Bildes einer abelschen Gruppe G den Exponenten von G teilt. Beweise dies.

2. Es sei G eine endliche Gruppe, $N \subseteq G$ eine normale Untergruppe und $P \subseteq N$ eine Sylow-Untergruppe. Zeige, dass $G = N_G(P)\, N$.

3. Es sei p eine Primzahl. Finde eine Gruppe mit genau $1 + p$ p-Sylow-Untergruppen.

4. Zeige, dass alle endlichen p-Gruppen ein nicht-triviales Zentrum besitzen.

5. Beweise, dass alle p-Gruppen der Ordnung p^2 abelsch sind.

6. Bestimme alle Normalteiler einer Gruppe G der Ordnung 15 und folgere daraus, dass G zyklisch sein muss.

7. Das vorige Beispiel lässt sich auf Gruppen G der Ordnung pq mit p, q prim verallgemeinern: (i) Ist $p < q$, so hat G eine normale q-Sylow-Untergruppe. (ii) Ist $p < q$ und $p \nmid q - 1$, so ist G zyklisch.

8. Es sei G eine endliche abelsche Gruppe und p^n die höchste Potenz von p, die in $|G|$ aufgeht. Zeige, dass die p-Sylow-Untergruppe $G(p)$ von G für $m \geq n + 1$ isomorph zu G/G^{p^m} ist, wobei G^{p^m} das Bild von G unter der Abbildung $g \mapsto g^{p^m}$ ist.

3 Der Satz von Jordan-Hölder

Ein wichtiges Hilfsmittel zur Behandlung und zur Klassifikation von Gruppen sind sogenannte Normalreihen. Sie waren ein ganz entscheidendes Konzept für die bahnbrechenden Erfolge von Galois in der Behandlung von Körpern und für die Frage nach der Auflösbarkeit von Gleichungen durch Radikale im 19. Jahrhundert. Heute spielen die Konzepte, die wir in diesem Kapitel bereitstellen werden, u. a. auch in der Theorie der Lie-Gruppen und der algebraischen Gruppen eine wesentliche Rolle.

Eine endliche Folge von Untergruppen

$$\mathcal{G}\colon\ G = G_0 \supset G_1 \supset \ldots \supset G_m = \{1\}$$

heißt *Normalreihe,* wenn G_{i+1} ein Normalteiler in G_i ist. Die Quotientengruppen G_i/G_{i+1} heißen Faktoren der Normalreihe. Jede Gruppe besitzt eine triviale Normalreihe $G = G_0 \supset G_1 = \{1\}$. Diese ist allerdings sehr grob, sodass uns u. a. die Frage nach Verfeinerungen dieser oder überhaupt von Normalreihen beschäftigen wird. Gruppen, die lediglich die triviale Normalreihe besitzen, nehmen in der Klassifikation von Gruppen eine besondere Stellung ein. Neben der Frage nach Verfeinerungen werden uns auch Eigenschaften der Faktoren selbst beschäftigen, insbesondere im Hinblick auf die später zu behandelnde Galois-Theorie.

3.1 Auflösbare und einfache Gruppen

Eine Gruppe heißt *auflösbar*, falls sie eine Normalreihe besitzt, deren Faktoren alle abelsch sind. Eine Gruppe $G \neq \{1\}$ heißt *einfach,* wenn G und $\{1\}$ ihre einzigen Normalteiler sind.

Beispiel 3.1 Es gibt zahllose Beispiele für einfache Gruppen. Einige hiervon geben wir an, ohne weitere Details auszuführen:

(a) Gruppen, deren Ordnung eine Primzahl ist, sind offensichtlich einfach.

(b) Die Gruppe $SL(n, \mathbb{R})$ besitzt als Normalteiler das Zentrum $Z(SL(n, \mathbb{R}))$, welches durch $SL(n, \mathbb{R}) \cap \mathbb{R}E = \{E, (-1)^{n-1}E\}$, E die Einheitsmatrix, gegeben wird. Der Quotient $PSL(n, \mathbb{R}) = SL(n, \mathbb{R})/Z(SL(n, \mathbb{R}))$, $n \geq 1$, ist für $n \geq 2$ eine einfache Gruppe.

(c) Die alternierenden Gruppen $\mathcal{A}_n$ sind für $n \geq 5$ einfach (siehe Satz 4.4).

(d) Es sei q Potenz einer Primzahl p, $\mathbb{F}_q$ der Körper mit q Elementen sowie $n > 2$ oder $n = 2$, falls $q > 3$. Dann ist $PSL(n, \mathbb{F}_q) = SL(n, \mathbb{F}_q)/Z(SL(n, \mathbb{F}_q))$ eine einfache Gruppe.

(e) Darüber hinaus gibt es die 26 sogenannten *sporadischen* endlichen einfachen Gruppen [Car]. Hierzu gehören die Mathieu-Gruppen, die Fischer-Gruppen, das Monster und das Baby-Monster.

© Springer Fachmedien Wiesbaden GmbH, ein Teil von Springer Nature 2020
G. Wüstholz und C. Fuchs, *Algebra*, Springer Studium Mathematik – Bachelor,
https://doi.org/10.1007/978-3-658-31264-0_6

Wir haben bereits gesehen, dass die Gruppen in (a) keine echten Untergruppen besitzen. Die Gruppen aus (b) sind Beispiele für *kontinuierliche* einfache Gruppen. Ende der Siebziger Jahre des letzten Jahrhunderts ist die *Klassifikation der endlichen einfachen Gruppen* abgeschlossen worden. Die Liste dieser Gruppen besteht aus Familien in der Art von (a), (c) und (d) sowie den sporadischen einfachen Gruppen (siehe (e)). Wir werden eine der Mathieu-Gruppen, die Gruppe M_{11}, in einer Übung kennenlernen. Sie ist das einfachste Beispiel einer sporadischen einfachen Gruppe. Auf die Einfachheit der Gruppen $\mathscr{A}_n$, $n \geq 5$, werden wir später eingehen (siehe Satz 4.6).

Aus den einfachen endlichen Gruppen kann man die endlichen Gruppen durch sogenannte Gruppenerweiterung konstruieren. Dazu betrachtet man eine Sequenz von Gruppen und Homomorphismen

$$1 \longrightarrow G' \xrightarrow{i'} G \xrightarrow{i''} G'' \longrightarrow 1.$$

Sie heißt eine *kurze exakte Sequenz* (von Gruppen), wenn i' injektiv ist, i'' surjektiv und $\ker i'' = \operatorname{im} i'$. Offensichtlich ist dann das Bild von G' unter i' ein Normalteiler von G, und es gilt $G'' \simeq G/\ker i'' = G/\operatorname{im} i'$. Die Gruppe G wird dann auch eine *Gruppenerweiterung* oder kurz *Erweiterung* von G'' durch G' genannt. In der Regel gibt es viele Erweiterungen von G'' durch G'. Zum Beispiel besitzt das Produkt $G' \times G''$ der beiden Gruppen diese Eigenschaft. Jedoch kann die Menge der Erweiterungen von G'' durch G' klassifiziert werden und wird in gewissen Fällen durch sogenannte Kohomologiegruppen beschrieben [Se2].

Beispiel 3.2 Wir führen einige Beispiele von auflösbaren Gruppen an:
  (a) Abelsche Gruppen sind auflösbar.
  (b) Endliche p-Gruppen sind auflösbar.
  (c) Ist K ein Körper, so ist die Gruppe $\operatorname{Tr}(n,K) \subseteq \operatorname{GL}(n,K)$ der oberen Dreiecksmatrizen in $\operatorname{GL}(n,K)$ auflösbar.
  (d) Untergruppen auflösbarer Gruppen sind auflösbar.
  (e) Erweiterungen auflösbarer Gruppen sind auflösbar.
  (f) Homomorphe Bilder auflösbarer Gruppen sind auflösbar.

Der Nachweis von (a)–(f) ist nicht schwierig. Es gilt auch eine Umkehrung von (e), nämlich dass auflösbare Gruppen sich als sukzessive Erweiterungen von abelschen Gruppen durch abelsche Gruppen darstellen lassen. Ein einfaches Beispiel ist das folgende.

Beispiel 3.3 Für die Gruppe $\mathscr{S}_3$ erhalten wir eine exakte Sequenz

$$1 \longrightarrow \mathscr{A}_3 \longrightarrow \mathscr{S}_3 \longrightarrow \mu_2 \longrightarrow 1\,,$$

wobei $\mathscr{S}_3 \to \mu_2$ die Signaturabbildung der Permutation ist. Ihr Kern ist die alternierende Gruppe $\mathscr{A}_3$. Sowohl der Kern als auch das Bild sind abelsche Gruppen von Primzahlordnung 3 bzw. 2, und es handelt sich hier um eine (nicht-abelsche) Erweiterung der einfachen Gruppe μ_2 durch die einfache Gruppe $\mathcal{A}_3 \simeq \mathbb{Z}/3\mathbb{Z}$, die offensichtlich auflösbar ist.

3.2 Verfeinerung von Normalreihen

Zwei Normalreihen

$$\mathcal{G}: \quad G = G_0 \supset \ldots \supset G_r = \{1\} \tag{3.1}$$

und

$$\mathcal{G}': \quad G = G_0' \supset \ldots \supset G_s' = \{1\} \tag{3.2}$$

heißen *isomorph,* und man schreibt $\mathcal{G} \simeq \mathcal{G}'$, wenn die Folge der Faktoren $\overline{G}_i = G_i/G_{i+1}$ von $\mathcal{G}$ mit der Folge der Faktoren $\overline{G}_{i'}' = G_{i'}'/G_{i'+1}'$ von $\mathcal{G}'$ bis auf Isomorphismen übereinstimmen, d. h. wenn $r = s$ gilt und es eine Bijektion

$$\sigma \colon \{0, \ldots, r-1\} \longrightarrow \{0, \ldots, r-1\}$$

gibt, sodass $\overline{G}_i' \simeq \overline{G}_{\sigma(i)}$. Die Normalreihe $G = G_0' \supset \ldots \supset G_s' = \{1\}$ heißt eine *Verfeinerung* von $G = G_0 \supset \ldots \supset G_r = \{1\}$, falls es für alle $i \in \{1, \ldots, r\}$ ein $\nu(i) \in \{1, \ldots, s\}$ gibt, sodass $G_i = G_{\nu(i)}'$. Man erhält jede Verfeinerung der Normalreihe $G = G_0 \supset \ldots \supset G_r = \{1\}$ durch Einfügen endlich vieler Gruppen. Sind $\mathcal{G}$ und $\mathcal{G}'$ Normalreihen einer Gruppe G, so schreibt man $\mathcal{G}' \geq \mathcal{G}$ oder auch $\mathcal{G} \leq \mathcal{G}'$, falls es eine zu $\mathcal{G}'$ isomorphe Verfeinerung von $\mathcal{G}$ gibt. Man überlegt sich leicht, dass dies auf der Menge der Normalreihen von G eine Ordnungsrelation liefert, also transitiv ist, d. h. dass $\mathcal{G}'' \geq \mathcal{G}'$ und $\mathcal{G}' \geq \mathcal{G}$ sofort $\mathcal{G}'' \geq \mathcal{G}$ nach sich zieht (siehe Übungsaufgaben). Ein Beispiel für eine Normalreihe haben wir in Beispiel 3.3 gegeben.

Satz 3.4 (Schreier) *Je zwei Normalreihen einer Gruppe G besitzen isomorphe Verfeinerungen.*

Der Satz von Schreier ist offensichtlich äquivalent mit der Aussage, dass es zu je zwei Normalreihen $\mathcal{G}$ und $\mathcal{G}'$ eine Normalreihe $\mathcal{H}$ gibt mit $\mathcal{G} \leq \mathcal{H}$ und $\mathcal{G}' \leq \mathcal{H}$. Eine wichtige Konsequenz aus diesem Resultat ist der Satz von Jordan-Hölder über Kompositionsreihen. Eine Normalreihe $G = G_0 \supset \ldots \supset G_r = \{1\}$ heißt *Kompositionsreihe* von G der *Länge* r, wenn alle Faktoren der Reihe einfache Gruppen sind. In diesem Fall lässt sie sich nicht mehr echt verfeinern.

Satz 3.5 (Jordan-Hölder) *Je zwei Kompositionsreihen von G sind isomorph.*

Beweis Die Kompositionsreihen besitzen nach Satz 3.4 isomorphe Verfeinerungen, die jedoch nicht echt sein können. Daraus ergibt sich sofort der Satz. □

Der Satz von Jordan-Hölder besagt, dass die Länge einer Kompositionsreihe nur von G, nicht aber von der Kompositionsreihe abhängt. Man nennt sie die *Länge der Gruppe G* und schreibt dafür $l(G)$. Die in einer Kompositionsreihe auftretenden Faktoren und die zugehörigen Multiplizitäten hängen ebenfalls nur von der Gruppe G und nicht von der Wahl der Kompositionsreihe ab.

Für den Beweis von Satz 3.4 benötigen wir ein Lemma:

Lemma 3.6 *Wenn $\mathcal{G}$ und $\mathcal{G}'$ isomorphe Normalreihen sind, so gibt es zu jeder Verfeinerung der ersten eine zu dieser isomorphe Verfeinerung der zweiten.*

Beweis Es genügt offensichtlich, das Lemma in dem Fall zu beweisen, dass die Verfeinerung $\mathcal{F}$ durch Einfügen eines einzigen Normalteilers $G_{i+1} \subseteq N \subseteq G_i$ erhalten wird. Dann kann man den allgemeinen Fall induktiv beweisen. Da die Normalreihen $\mathcal{G}$ und $\mathcal{G}'$ isomorph sind, gibt es ein j mit

$$N/G_{i+1} \subseteq G_i/G_{i+1} \simeq G'_j/G'_{j+1} \; .$$

Der Untergruppe N/G_{i+1} entspricht eine Untergruppe von G'_j/G'_{j+1}, deren Urbild in G'_j eine Untergruppe N' ist mit $N/G_{i+1} \simeq N'/G'_{j+1}$. Sie ist normal in G'_j und definiert eine Verfeinerung von $\mathcal{G}'$ mit den gewünschten Eigenschaften. □

Sind $\mathcal{G}$, $\mathcal{G}'$, $\mathcal{F}$ Normalreihen mit $\mathcal{G} \simeq \mathcal{G}'$ und $\mathcal{F} \geq \mathcal{G}$, so gilt aufgrund von Lemma 3.6 auch $\mathcal{F} \geq \mathcal{G}'$. Dies ist ein spezieller Fall der Transitivität der Ordnungsrelation. Offensichtlich folgt das Lemma sogar aus der (nicht bewiesenen) Transitivität.

Beweis von Satz 3.4 Es seien $\mathcal{G}$ sowie $\mathcal{G}'$ wie in (3.1) und (3.2). Wir führen den Beweis durch Induktion nach s. Für $s = 1$ oder $r = 1$ ist die Behauptung des Satzes offensichtlich richtig, denn man kann jeweils die andere Reihe als gemeinsame Verfeinerung nehmen. Wir behandeln nun den Fall $s = 2$ und führen Induktion über r durch, wobei wir nun auch $r \geq 2$ annehmen können. Wir setzen dazu $P = G_1 G'_1$ und $D = G_1 \cap G'_1$ und erhalten Normalreihen der Gestalt

$$
\begin{aligned}
\mathcal{P}: \quad & P \supseteq G_1 \supseteq D \supseteq \{1\} \\
\mathcal{P}': \quad & P \supseteq G'_1 \supseteq D \supseteq \{1\} \\
\mathcal{N}: \quad & P \supseteq G_1 \supset \ldots \supset G_r = \{1\} \; .
\end{aligned}
$$

Denn P ist eine Gruppe, da G_1 und G'_1 normal in G sind. Sie sind dann auch normal in P. Ist $g \in G_1$, so gilt trivialerweise $gDg^{-1} \subseteq gG_1 g^{-1} = G_1$ und aber auch $gDg^{-1} \subseteq gG'_1 g^{-1} \subseteq G'_1$, da G'_1 normal ist. Es folgt $gDg^{-1} \subseteq G_1 \cap G'_1 = D$, sodass D normal in G_1 ist. Ebenso findet man, dass D normal in G'_1 ist.

Da nach den Isomorphiesätzen $P/G_1 \simeq G'_1/D$ und $P/G'_1 \simeq G_1/D$ gilt, sind die Reihen $\mathcal{P}$ und $\mathcal{P}'$ isomorph. Wir betrachten nun die Normalreihen von G_1

der Längen ≤ 2 und $r-1$, die man aus den Reihen $\mathcal{P}$ und $\mathcal{N}$ erhält, indem man erst mit G_1 beginnt. Nach Induktionsvoraussetzung findet man isomorphe Verfeinerungen dieser Reihen und, wenn man diese durch P ergänzt, eine Normalreihe $\mathcal{F}$ von P mit

$$\mathcal{F} \geq \mathcal{P}, \quad \mathcal{F} \geq \mathcal{N}.$$

Nach der Bemerkung im Anschluss an Lemma 3.6, angewandt auf $\mathcal{P}$, $\mathcal{P}'$ und $\mathcal{F}$, gilt auch $\mathcal{F} \geq \mathcal{P}'$. Werden $\mathcal{F}$, $\mathcal{N}$, $\mathcal{P}'$ durch $G = G_0 = G_0'$ ergänzt, so erhalten wir Normalreihen $\mathcal{F}_1 \geq \mathcal{N}_1 \geq \mathcal{G}$ und $\mathcal{F}_1 \geq \mathcal{P}_1' \geq \mathcal{G}'$ von G, d. h. die Behauptung $\mathcal{F}_1 \geq \mathcal{G}, \mathcal{G}'$ für $s = 2$.

Wir kommen nun zu dem Induktionsschritt von $s-1$ nach s. Dazu betrachten wir die Reihe

$$\mathcal{G}_0': G \supset G_1' \supset \{1\}.$$

Nach Induktionsvoraussetzung für $s = 2$ angewandt auf $\mathcal{G}_0'$ und $\mathcal{G}$ gibt es eine Verfeinerung $\mathcal{G}'' \geq \mathcal{G}_0'$ mit $\mathcal{G}'' \geq \mathcal{G}$. Diese habe die Gestalt

$$\mathcal{G}'': G \supset \ldots \supset G_1' \supset \ldots \supset \{1\}.$$

Die Reststücke

$$\mathcal{R}'': G_1' \supset \ldots \supset \{1\}, \quad \mathcal{R}': G_1' \supset \ldots \supset G_s' = \{1\}$$

von $\mathcal{G}''$, $\mathcal{G}'$ besitzen nach Induktionsvoraussetzung für $s-1$ isomorphe Verfeinerungen, die sich durch das Anfangsstück von $\mathcal{G}''$ zu isomorphen Verfeinerungen von $\mathcal{G}''$ und $\mathcal{G}'$ ergänzen lassen. Daher existiert ein $\mathcal{F}$ mit $\mathcal{F} \geq \mathcal{G}'$ sowie $\mathcal{F} \geq \mathcal{G}'' \geq \mathcal{G}$. Dies war zu beweisen. $\qquad\qquad\qquad\qquad\qquad\qquad\qquad\qquad\qquad\qquad$ □

Soweit haben wir uns nicht mit der Frage beschäftigt, ob eine Gruppe G überhaupt eine Kompositionsreihe besitzt. Im Allgemeinen ist dies nicht der Fall. Besitzt die Gruppe eine Kompositionsreihe, so besagt dies, dass man sie schrittweise aus Erweiterungen von Gruppen durch einfache Gruppen erhält. Ist die Gruppe endlich, so besitzt sie immer eine Kompositionsreihe, und die Kompositionsfaktoren sind einfache endliche Gruppen. Dies fassen wir im folgenden Satz zusammen.

Satz 3.7 *Eine endliche Gruppe G besitzt eine Kompositionsreihe, deren Faktoren einfache Gruppen sind. Ist die Gruppe sogar auflösbar, so sind die Faktoren zyklische Gruppen von Primzahlordnung.*

Beweis   Eine Gruppe besitzt immer eine Normalreihe. Diese kann wegen der Endlichkeit der Gruppe G so lange verfeinert werden, bis eine Kompositionsreihe vorliegt. Die Faktoren sind dann einfache Gruppen. Sind diese noch dazu abelsch, so müssen sie zyklisch sein und Primzahlordnung besitzen. $\qquad\qquad\qquad\qquad\qquad$ □

Übungsaufgaben

zu Abschnitt 3.1

1. Zeige, dass endliche p-Gruppen auflösbar sind.
2. Zeige, dass $\mathscr{S}_n \simeq \mathscr{A}_n \rtimes \mu_2$ für alle $n \geq 2$. (Für das semidirekte Produkt siehe Übungsaufgabe 23 zu Abschnitt 1.6.)
3. Zeige, dass in einer exakten Sequenz $1 \to G' \to G \to G'' \to 1$ die Gruppe G genau dann auflösbar ist, wenn sowohl G' als auch G'' auflösbar sind.
4. Zeige, dass Untergruppen auflösbarer Gruppen auflösbar sind.
5. Es sei H ein Normalteiler einer Gruppe G. Zeige, dass G auflösbar ist, falls H und G/H es sind.

zu Abschnitt 3.2

6. Zeige, dass die Ordnungsrelation bei Normalreihen transitiv ist.
7. Bestimme eine Erweiterung der Gruppe μ_2 durch die Gruppe μ_n, $n \geq 3$, die kein Produkt ist, d. h. die Form $\mu_n \times \mu_2$ besitzt.
8. Bestimme in der Diedergruppe $\mathbb{D}_{12}$ eine Kompositionsreihe.
9. Kann eine unendliche zyklische Gruppe (z. B. $\mathbb{Z}$) eine Kompositionsreihe besitzen?
10. Beweise, dass alle endlichen p-Gruppen G auflösbar sind. Wie sehen die Faktoren einer Kompositionsreihe von G aus?
11. Für a, $b \in G$ definiert $[a,b] := aba^{-1}b^{-1}$ den Kommutator von a und b. Sind U, V Untergruppen von G, so sei $[U,V]$ die von den Kommutatoren $[u,v]$, $u \in U$, $v \in V$, erzeugte Untergruppe. Zeige, dass eine Untergruppe N von G genau dann normal ist, wenn $[G,N] \subseteq N$.

    Setzt man $G_1 := G$ und definiert rekursiv $G_i := [G_{i-1}, G]$, so heißt G nilpotent, falls ein $k \in \mathbb{N}$ existiert mit $G_k = \{e\}$. Zeige, dass $G_{i-1} \supseteq G_i$ für alle i. Was folgt daraus für nilpotente Gruppen?
12. Zeige, dass die Matrizen der Form

$$\begin{pmatrix} 1 & a & b \\ 0 & 1 & c \\ 0 & 0 & 1 \end{pmatrix}$$

mit a, b, $c \in \mathbb{Z}/3\mathbb{Z}$ eine Gruppe G bilden, in der jedes Element die Ordnung 3 besitzt. Bestimme $Z(G)$ und gib eine Kompositionsreihe für G an.

4 Symmetrie

4.1 Permutationsgruppen

Im ersten Kapitel haben wir Transformationsgruppen eingeführt und in diesem Zusammenhang die *symmetrische Gruppe* $\mathscr{S}_n$. Dies war die Menge der bijektiven Abbildungen der Menge $X_n = \{1, \ldots, n\}$ in sich selbst. Für jedes $m \in X_n$ bildet die Menge der $\sigma \in \mathscr{S}_n$, die m festhalten, eine zur symmetrischen Gruppe $\mathscr{S}_{n-1}$ isomorphe Gruppe. Deswegen ist die Ordnung von $\mathscr{S}_n$ gleich $n|\mathscr{S}_{n-1}|$, also $n!$. Die Elemente einer Permutationsgruppe heißen *Permutationen*. Die von einem $\sigma \in \mathscr{S}_n$ erzeugte Untergruppe $\langle \sigma \rangle$ operiert auf der Menge X_n und zerlegt diese in eine Vereinigung disjunkter Bahnen der Gestalt $\langle \sigma \rangle x = \{x, \sigma(x), \ldots, \sigma^{l-1}(x)\}$, deren Kardinalität l die Länge der Bahn heißt. Jeder solchen Bahn kann man ein Element τ aus $\mathscr{S}_n$ zuordnen, das auf der Bahn gleich σ ist und sonst gleich der Identität, m. a. W. es gilt $\tau(\sigma^{j-1}(x)) = \sigma^j(x)$ für $1 \le j < l$ sowie $\tau(\sigma^{(l-1)}(x)) = x$ und $\tau(y) = y$, $y \notin \langle \sigma \rangle x$. Gilt $\tau \ne \mathrm{id}$, so nennt man τ einen *Zykel*. Dies legt nahe, ganz allgemein eine Permutation $\tau \in \mathscr{S}_n$ einen Zykel zu nennen, wenn es in der Zerlegung in Orbits unter der von τ erzeugten zyklischen Untergruppe genau einen Orbit gibt, der nicht nur aus einem einzigen Element besteht. Die Länge dieser Bahn heißt die *Länge des Zykels*. Ein Zykel ν der Länge l bestimmt demnach eine Teilmenge $T = \{t_1, \ldots, t_l\}$ von X_n mit $\nu(t_i) = t_{i+1}$ für $1 \le i \le l-1$, $\nu(t_l) = t_1$ und $\nu(t) = t$ für $t \notin T$. Wir bezeichnen ihn dann mit $\nu = (t_1\ t_2\ \ldots\ t_l)$. Es gilt offensichtlich $(t_1\ t_2\ \ldots\ t_l) = (t_2\ t_3\ \ldots\ t_l\ t_1) = \ldots = (t_l\ t_1\ \ldots\ t_{l-1})$. Meistens wählt man diejenige Darstellung, bei der das Anfangsglied minimal ist.

Offensichtlich kommutieren je zwei Zykel, bei denen diese Bahnen disjunkt sind, und ebenfalls klar ist, dass sich jede Permutation σ als Produkt

$$\sigma = \tau_1 \tau_2 \cdots \tau_k \tag{4.1}$$

von Zykeln schreiben lässt; die τ_j entsprechen den Bahnen in der Orbitzerlegung von X_n bezüglich der Gruppe $\langle \sigma \rangle$, die nicht nur aus einem einzigen Element bestehen. Zykel $\tau_{k,l}$ der Länge zwei, die zwei Elemente k, l vertauschen, sonst aber die Identität sind, heißen *Transpositionen*. Ihre Ordnung ist zwei.

Satz 4.1 *Jeder Zykel und damit auch jede Permutation kann als Produkt von Transpositionen geschrieben werden.*

Beweis Wir müssen lediglich zeigen, dass jeder Zykel ein Produkt von Transpositionen ist. Die dem Zykel σ der Länge l zugeordnete Bahn besitzt die Gestalt $\{m, \sigma(m), \ldots, \sigma^{l-1}(m)\}$. Man überprüft sofort, indem man die linke und die rechte Seite für alle $x \in X_n$ auswertet, dass

$$\sigma = \tau_{m,\sigma(m)} \tau_{\sigma(m),\sigma^2(m)} \cdots \tau_{\sigma^{l-2}(m),\sigma^{l-1}(m)}$$

© Springer Fachmedien Wiesbaden GmbH, ein Teil von Springer Nature 2020
G. Wüstholz und C. Fuchs, *Algebra*, Springer Studium Mathematik – Bachelor,
https://doi.org/10.1007/978-3-658-31264-0_7

gilt. Also ist σ ein Produkt von Transpositionen. $\qquad\qquad\qquad\square$

Ist $\sigma = (m\ \sigma(m)\ \cdots\ \sigma^{l-1}(m))$ ein Zykel und $\tau \in \mathscr{S}_n$ eine Permutation, so gilt

$$\tau\sigma\tau^{-1} = (\tau(m)\ \tau(\sigma(m))\ \cdots\ \tau(\sigma^{l-1}(m)))\,.$$

Dies nachzuprüfen überlassen wir dem Leser (siehe Übungsaufgaben). Insbesondere bleibt die Länge des Zykels bei Konjugation erhalten.

Jeder Zerlegung von X_n als disjunkte Vereinigung von Orbits der Gestalt $\langle \sigma \rangle\, x$ entspricht eine Zerlegung oder *Partition*

$$n = n_1 + \cdots + n_k$$

der Zahl n. Die Zahlen n_j, $1 \le j \le k$, sind die Längen der Bahnen. Wir ordnen eine Partition $(n_1, \ldots, n_k)$ von n immer so an, dass $n_1 \le \ldots \le n_k$ gilt. Sind $\tau \in \mathscr{S}_n$ und $\sigma = \tau_1\tau_2\cdots\tau_k$ wie in (4.1), so gilt

$$\tau\sigma\tau^{-1} = \tau\tau_1\tau^{-1}\tau\tau_2\tau^{-1}\cdots\tau\tau_k\tau^{-1}\,.$$

Daraus folgt, dass die einer Permutation zugeordnete Partition von n sich innerhalb einer Konjugationsklasse nicht ändert. Das bedeutet, dass jeder Konjugationsklasse in $\mathscr{S}_n$ eine Partition von n entspricht. Besitzen σ und

$$\sigma' = \tau_1'\tau_2'\cdots\tau_k'$$

dieselbe Partition, so können wir eine Permutation $\tau \in \mathscr{S}_n$ finden, sodass $\sigma' = \tau\sigma\tau^{-1}$ gilt. Dann ist klar, dass jeder Partition genau eine Konjugationsklasse zugeordnet ist und somit diese Zuordnung injektiv ist. Zur Definition von τ wählen wir zu jedem Faktor $\rho = (m\rho(m)\cdots\rho^{l-1}(m))$ von σ einen Faktor $\rho' = (m'\rho'(m')\cdots(\rho')^{l-1}(m'))$ von σ' derselben Länge und bestimmen $\tau \in \mathscr{S}_n$, sodass $\tau(\rho^j(m)) = (\rho')^j(m')$ für $j = 0,\ 1,\ \ldots,\ l-1$ gilt. Dann besteht die gewünschte Beziehung zwischen σ und σ'. Denn es gilt für $i = 0,\ 1,\ \ldots,\ l-1$ und alle ρ

$$\begin{aligned}(\tau\rho)(\rho^i(m)) &= (\tau\rho^{i+1})(m) = (\rho')^{i+1}(m') =\\ &= \rho'((\rho')^i(m')) = \rho'((\tau\rho^i)(m)) = (\rho'\tau)(\rho^i(m))\,.\end{aligned}$$

Die Surjektivität der Zuordnung ist offensichtlich, und wir erhalten den folgenden

Satz 4.2 *Die Konjugationsklassen in $\mathscr{S}_n$ entsprechen genau den Partitionen von n.*

Wir definieren nun einen Homomorphismus ε von $\mathscr{S}_n$ nach μ_2. Dieser ordne einer Transposition τ das Element -1 zu. Da aufgrund des Satzes 4.1 jede Permutation σ ein Produkt $\tau_1 \cdots \tau_k$ von Transpositionen ist, können wir die Abbildung durch $\varepsilon(\sigma) = \varepsilon(\tau_1) \cdots \varepsilon(\tau_k) = (-1)^k$ zu einem Homomorphismus auf die Permutationsgruppe fortsetzen. Man überlegt sich leicht, dass die Abbildung unabhängig von der Darstellung von σ als Produkt von Transpositionen ist und dass sich tatsächlich ein Homomorphismus ergibt. Sein Kern, die *alternierende Gruppe* $\mathscr{A}_n$, ist ein Normalteiler in der symmetrischen Gruppe. Sie spielt eine große Rolle in der Galois-Theorie.

Wir beweisen nun, dass die Gruppe $\mathscr{S}_5$ nicht auflösbar ist. Für eine Gruppe G bezeichne $[G, G]$ die von den *Kommutatoren* $[a, b] = aba^{-1}b^{-1}$, $a, b \in G$, erzeugte Untergruppe, die Kommutator-Untergruppe von G. Sie ist invariant unter Automorphismen der Gruppe G und ein Normalteiler von G.

Lemma 4.3   *Für einen Normalteiler $H \subseteq G$ ist G/H genau dann abelsch, wenn $H \supseteq [G, G]$.*

Beweis   Es gilt $ab = [a, b]ba$ und daher

$$\pi(a)\pi(b) = \pi([a, b]ba) = \pi([a, b])\pi(b)\pi(a) \,,$$

wenn $\pi \colon G \to G/H$ die kanonische Projektion ist. Daher ist G/H genau dann abelsch, wenn $\pi([a, b]) = 1$, d.h. $[G, G] \subseteq H$. $\square$

Satz 4.4 $\mathscr{A}_5$ *ist einfach und nicht abelsch.*

Beweis   Die Gruppe $\mathscr{A}_5$ operiert auf sich selbst durch Konjugation, sie stabilisiert Normalteiler und besitzt 5 Konjugationsklassen der Ordnungen 1, 20, 15, 12, 12 (siehe 4.2.4); insbesondere ist sie nicht abelsch. Jeder Normalteiler N lässt sich deswegen darstellen als disjunkte Vereinigung von Konjugationsklassen. Die Orbitzerlegungsformel ergibt dann

$$|N| = 1 + 20a + 15b + 12c + 12d \,, \quad a, b, c, d \in \{0, 1\} \,.$$

Diese diophantische Gleichung besitzt nur die Lösungen $(0, 0, 0, 0)$, $(1, 1, 1, 1)$, die den Fällen $N = \{1\}$, $N = \mathscr{A}_5$ entsprechen. Deswegen gibt es keinen nicht-trivialen echten Normalteiler in $\mathscr{A}_5$. $\square$

Wegen $\varepsilon([a, b]) = 1$ ist $[\mathscr{S}_5, \mathscr{S}_5] \subseteq \mathscr{A}_5$. Da $\mathscr{A}_5$ nicht abelsch und einfach ist, gilt sogar $[\mathscr{S}_5, \mathscr{S}_5] = \mathscr{A}_5$.

Korollar 4.5 $\mathscr{S}_5$ *ist nicht auflösbar.*

Satz 4.4 und das Korollar 4.5 sind Spezialfälle des folgenden

Satz 4.6   *Ist $n \geq 5$, so ist die symmetrische Gruppe $\mathscr{S}_n$ nicht auflösbar und die alternierende Gruppe $\mathscr{A}_n$ einfach.*

Beweis   Der erste Teil des Satzes folgt aus der Tatsache, dass Untergruppen auflösbarer Gruppen auflösbar sind (siehe Übungsaufgaben zu Abschnitt 3.1). Für
den Beweis der zweiten Aussage verweisen wir auf die Literatur [Hum].   □

4.2 Beispiele

In diesem Abschnitt besprechen wir die Permutationsgruppen $\mathscr{S}_3$, $\mathscr{S}_4$ und die
alternierenden Gruppen $\mathscr{A}_4$, $\mathscr{A}_5$ vom rein gruppentheoretischen Standpunkt. Wir
interessieren uns für die Untergruppen und die Kompositionsreihen. Dabei grei-
fen wir auf die sylowschen Sätze zurück. Wir erhalten dadurch schöne einfache
Beispiele für unsere bisher entwickelte Theorie.

4.2.1 Die Gruppe $\mathscr{S}_3$

Wir beginnen mit der Gruppe $\mathscr{S}_3$. Sie hat die Ordnung 6 und besitzt somit 2-
und 3-Sylow-Untergruppen. Die Liste der nicht-trivialen Gruppenelemente wird
gegeben durch:

Ordnung 2: $u = (12)$, $v = (23)$, $w = (13)$;
Ordnung 3: $x = (123)$, $x^2 = (132)$.

Sie genügen den Relationen $srs = r^{-1}$, wenn r ein Element der Ordnung 3 und
s ein Element der Ordnung 2 ist. Hieraus folgt, dass die von einem Element
der Ordnung drei erzeugte Untergruppe ein Normalteiler ist. Sie stimmt mit der
Gruppe $\mathscr{A}_3$ überein. Die Kompositionsreihe besitzt dann die folgende Gestalt:

$$\{1\} \lhd \mathscr{A}_3 \lhd \mathscr{S}_3 \; .$$

Daraus erkennt man, dass die Gruppe $\mathscr{S}_3$ eine Diedergruppe ist und zwar gleich
$\mathbb{D}_3$. Sie ist offensichtlich auflösbar.

4.2.2 Die Gruppe $\mathscr{A}_4$

Der nächste Fall ist die alternierende Gruppe $\mathscr{A}_4$. Sie besitzt die Ordnung 12 und
daher 2-Sylow-Untergruppen bzw. 3-Sylow-Untergruppen der Ordnung 4 und 3.
Hier sieht die Liste der Gruppenelemente wie folgt aus:

Ordnung 2: $t = (12)(34)$, $u = (13)(24)$, $v = (14)(23)$;
Ordnung 3: $w = (123)$, $x = (124)$, $y = (134)$, $z = (234)$, w^2, x^2, y^2, z^2.

Diese Elemente genügen der Relation $wtw^{-1} = v$ und den sich daraus durch
zyklische Vertauschung von t, u und v ergebenden Relationen. Die Menge $V_4 =
\{1, t, u, v\}$, die kleinsche Vierergruppe (siehe Beispiel 1.8), ist ein Normalteiler,
der die von w erzeugte Untergruppe H nur im neutralen Element schneidet. Die
Relationen zeigen, dass $\mathscr{A}_4$ das semidirekte Produkt (siehe Übungsaufgabe 23 zu
Abschnitt 1.6 sowie Abschnitt 6.3) dieser beiden Untergruppen ist. Insbesondere
ist die Untergruppe H nicht normal. Nach Satz 2.7 gibt es entweder eine oder drei

2-Sylow-Untergruppen bzw. eine oder vier 3-Sylow-Untergruppen. Da V_4 normal und H nicht normal ist, gibt es genau eine 2-Sylow-Untergruppe und vier 3-Sylow-Untergruppen. Eine Kompositionsreihe der Gruppe $\mathscr{A}_4$ ist z. B. die Reihe

$$\{1\} \lhd N \lhd V_4 \lhd \mathscr{A}_4 \,,$$

wenn wir mit N eine der zyklischen Untergruppen von V_4 der Ordnung zwei bezeichnen.

4.2.3 Die Gruppe $\mathscr{S}_4$

Im Fall der Gruppe $\mathscr{S}_4$ erhält man die Ordnung 24, und wiederum gibt es 2- und 3-Sylow-Untergruppen. Zu den Elementen von $\mathscr{A}_4$ kommen noch folgende Elemente hinzu:

Ordnung 2: (12), (13), (14), (23), (24), (34);
Ordnung 4: (1234), (1243), (1324), (1342), (1423), (1432).

Ist K die Gruppe der Permutationen, die das Element 4 festlassen und N eine der Untergruppen wie in 4.2.2, so sieht man, dass die Gruppe $\mathscr{S}_4$ das semidirekte Produkt (loc. cit.) der beiden Gruppen N und K ist. Die Zahl der 3-Sylow-Untergruppen bleibt gleich wie im vorhergehenden Fall. Die Kompositionsreihe von $\mathscr{A}_4$ ergänzt sich zu einer von $\mathscr{S}_4$ durch die Hinzunahme von $\mathscr{S}_4$ und besitzt also die Gestalt

$$\{1\} \lhd N \lhd V_4 \lhd \mathscr{A}_4 \lhd \mathscr{S}_4$$

mit abelschen Faktoren; sie ist deswegen auflösbar.

4.2.4 Die Gruppe $\mathscr{A}_5$

Es bleibt noch der Fall der alternierenden Gruppe $\mathscr{A}_5$. Sie besitzt die Ordnung 60, und nach den Sylow-Sätzen gibt es daher 2-, 3- und 5-Sylow-Untergruppen, deren Anzahl kongruent 1 modulo 2, 3 bzw. 5 ist. Ihre Elemente sind

Ordnung 2:   die 15 Konjugierten von (12)(34);
Ordnung 3:   die 20 Konjugierten von (123);
Ordnung 5:   die je 12 Konjugierten von $s = (12345)$, $s^2 = (13524)$.

Die Gruppe $\mathscr{A}_5$ besitzt keine nicht-trivialen Normalteiler, da sie einfach ist.

Übungsaufgaben

1. Ist $\nu = (t_1 \, t_2 \, \ldots \, t_l)$ ein Zykel, so gilt für alle $\tau \in \mathscr{S}_n$
$$\tau \nu \tau^{-1} = (\tau(t_1) \, \tau(t_2) \, \cdots \, \tau(t_l)).$$

2. Es seien $k_1, \ldots, k_d \in \{1, \ldots, n\}$. Dann existiert ein $\sigma \in \mathscr{S}_n$ mit
$$k_{\sigma(1)} \leq k_{\sigma(2)} \leq \cdots \leq k_{\sigma(d)}.$$

3. Finde einen injektiven Homomorphismus von $\mathscr{S}_n$ nach $\mathscr{A}_{2n}$.

4. Zeige, dass $\mathscr{A}_n$ für $n \geq 3$ durch alle 3-Zyklen erzeugt wird. Zeige, dass $\mathscr{S}_n$ von 2 Elementen erzeugt werden kann. Bestimme $[\mathscr{S}_3, \mathscr{S}_3]$, $[\mathscr{S}_4, \mathscr{S}_4]$ und allgemein $[\mathscr{S}_n, \mathscr{S}_n]$. Zeige, dass $\mathscr{A}_n$ die einzige Untergruppe vom Index 2 in $\mathscr{S}_n$ ist.

5. In einer endlichen Gruppe G sei k die Anzahl der Konjugierten von $g \in G$ und m diejenige der Konjugierten von g^n. Zeige, dass m ein Teiler von k sein muss.

6. Der Satz von Cayley. Man zeige, dass jede Gruppe G isomorph zu einer Untergruppe einer Permutationsgruppe ist. Hinweis: G operiert auf sich selbst. Zeige, dass jede endliche Gruppe G der Ordnung n in $\mathrm{GL}_n(\mathbb{Z}/p\mathbb{Z})$ eingebettet werden kann.

7. Zeige, dass das Zentrum von $\mathscr{S}_n$ für $n \geq 3$ nur aus $\{\mathrm{id}\}$ besteht.

8. Beweise, dass für $n \geq 5$ je zwei Dreierzyklen in $\mathscr{A}_n$ konjugiert sind.

9. *Mathieu-Gruppen für Feinschmecker und Liebhaber*
   (a) Es sei Γ die von den Elementen $\omega = (123)(456)(789)$ und $\pi = (147)(258)(369)$ in $\mathscr{S}_9$ erzeuge Untergruppe. Zeige, dass $\Gamma \simeq C_3 \times C_3$.
   (b) Zeige, dass die von den Permutation $\sigma = (2437)(5698)$ und $\tau = (2539)(4876)$ erzeugte Untergruppe Δ von $\mathscr{S}_9$ isomorph zur Quaternionengruppe ist.
   (c) Es sei $M_9 = \Gamma \Delta$. Zeige, dass M_9 eine Gruppe ist.
   (d) Zeige, dass die Gruppe Γ transitiv auf der Menge $X_9 = \{1, \ldots, 9\}$ operiert, d.h. dass der Orbit Γ_i gleich X_9 ist für alle $i \in X_9$.
   (e) Berechne den Stabilisator $(M_9)_1$ von 1 in M_9.
   (f) Zeige, dass die Menge der Doppelnebenklassen $(\Delta \backslash M_9)/\Delta$ aus genau zwei Elementen besteht.
   (g) Die Permutation $\rho = (1\,10)(4\,5)(6\,8)(7\,9)$ erzeugt zusammen mit M_9 eine Untergruppe von $\mathscr{S}_{10}$. Es sei $X_{10} = \{1, \ldots, 10\}$. Zeige, dass
      (1) $M_{10} = M_9 \cup M_9 \rho M_9$,
      (2) $M_{10} x = X_{10}$ für alle $x \in X_{10}$, d.h. dass M_{10} transitiv auf X_{10} operiert,
      (3) M_9 der Stabilisator von 10 ist,
      (4) $|M_{10}| = 720$.
   (h) Zusammen mit der Permutation $\nu = (4\,7)(5\,8)(6\,9)(10\,11)$ erzeugt die Gruppe M_{10} eine Untergruppe M_{11} von $\mathscr{S}_{11}$. Zeige, dass M_{11} folgende Eigenschaften besitzt:

(1) $M_{11} = M_{10} \cup M_{10}\nu M_{10}$,

(2) $M_{11}x = X_{11}$ für alle $x \in X_{11} = \{1, \ldots, 11\}$

(3) M_{10} ist der Stabilisator von 11.

(4) $|M_{11}| = 7920$.

(i) Zeige, dass M_{11} nicht abelsch ist und dass jeder nicht-triviale echte Normalteiler N von M_{11} transitiv auf X_{11} operiert.

(j) Es sei N ein Normalteiler von M_{11}. Zeige, dass $(M_{11} : N) = 5$ gilt. Hinweis: Man bestimme die Anzahl der 11-Sylow-Untergruppen von N, indem man M_{11} auf der Menge der 11-Sylow-Untergruppen durch Konjugation operieren lässt und den Normalisator einer festen 11-Sylow-Untergruppe bestimmt. Dazu verwendet man Übung 39 zu Abschnitt 1.4.

(k) Zeige, dass $N \supseteq \langle \omega, \pi \rangle$ und folgere daraus $\langle \omega\rho\pi^2\rho^{-1} \rangle \subseteq N$. Bestimme die Ordnung dieser zyklischen Untergruppe und zeige, dass M_{11} einfach ist.

5 Platonische Körper

In diesem Kapitel werden wir darlegen, wie abstrakte Gruppentheorie, elementare Geometrie und Kombinatorik in wunderbarer Weise zusammenspielen. Ein besonders schönes Beispiel hierfür sind die von dem griechischen Philosophen Platon gefundenen Körper. Es gibt genau fünf solche platonische Körper, was sehr überraschend ist. Dies werden wir mit Hilfe einer einfachen, jedoch fundamentalen kombinatorischen Formel nachweisen. Sie zeichnen sich durch eine überraschende Vielfalt von Symmetrien aus, die wir ebenfalls bestimmen werden. Vieles, was außerdem noch verborgen ist, können wir hier nicht aufdecken und müssen auf die einschlägige Literatur hierzu verweisen [Kl]. Jedoch werden wir immer wieder in späteren Kapiteln Spuren dieser Körper finden.

5.1 Polytope und Polyeder

Ein *konvexes Polytop* im $\mathbb{R}^n$ ist die konvexe Hülle einer endlichen nicht-leeren Menge $\Phi \subset \mathbb{R}^n$. Seine Punkte haben die Gestalt $\sum_{s \in \Phi} \lambda(s)s$ mit $\lambda(s) \geq 0$ für alle $s \in \Phi$ und $\sum_{s \in \Phi} \lambda(s) = 1$; insbesondere ist ein konvexes Polytop eine beschränkte Menge. Einfache Beispiele sind Prismen und Pyramiden. Konvexe Polytope besitzen interessante kombinatorische Eigenschaften. Einer der grundlegenden Sätze ist der *eulersche Polyedersatz*, der die Dimension $n = 3$ betrifft. Hier nennt man ein konvexes Polytop ein konvexes Polyeder. Die Anzahl der Ecken des Polyeders $\mathscr{P}$ bezeichnen wir mit E, mit K die Anzahl der Kanten sowie mit F die Anzahl der Flächen.

Satz 5.1 (Eulerscher Polyedersatz) *Für jedes Polyeder gilt*

$$E - K + F = 2 \, .$$

Die linke Seite dieser Gleichung nennt man die *Euler-Charakteristik* $\chi(\mathscr{P})$ von $\mathscr{P}$. Sie ist eine wichtige topologische Invariante.

Der Beweis dieses Satzes ist sehr einfach. Er beruht darauf, dass man die Kanten des Polyeders von einem hinreichend allgemein gewählten Punkt innerhalb des Polyeders auf eine Kugeloberfläche projiziert, die das ganze Polyeder umfasst. Die Bilder der Kanten auf der Kugeloberfläche bilden einen zusammenhängenden Graphen, dessen Ecken-, Kanten- und Flächenzahl mit den entsprechenden Größen des Polyeders übereinstimmen. Man verifiziert nun die Formel für zusammenhängende Graphen Γ auf der 2-Sphäre.

Beweis des eulerschen Polyedersatzes   Besteht der Graph nur aus einem Punkt, so ist die Formel trivialerweise richtig. Entfernt man von dem gegebenen Graphen Γ eine gemeinsame Kante zweier benachbarter Flächen, so ändert sich die Zahl

G. Wüstholz und C. Fuchs, *Algebra*, Springer Studium Mathematik – Bachelor,
https://doi.org/10.1007/978-3-658-31264-0_8

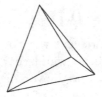

Abbildung 5.1: Tetraeder

der Flächen und der Kanten um je -1, die Euler-Charakteristik des so entstandenen zusammenhängenden Graphen Γ jedoch nicht. Gibt es keine solche Kante, so entfernt man eine Kante, die den Graph zusammenhängend lässt. Dadurch wird gleichzeitig eine Ecke weggenommen, und wiederum bleibt die Euler-Charakteristik unverändert. Die Formel folgt nun durch Rekursion.   □

Wir bestimmen jetzt die möglichen *regulären* oder auch *regelmäßigen Polyeder*. Das sind solche Polyeder, deren Flächen allesamt kongruente n-Ecke sind. Es ist dafür zweckmäßig, das *Schläfli-Symbol* $\{p, q\}$ einzuführen: ein Polyeder besitzt das Schläfli-Symbol $\{p, q\}$, wenn an einer Ecke q regelmäßige p-Ecke zusammenstoßen. Werden nun an jeder Fläche die Kanten gezählt, so erhält man insgesamt pF Kanten. Da benachbarte Flächen eine gemeinsame Kante besitzen, hat man die Kanten doppelt gezählt. Zählt man an jeder Ecke die Kanten, so ergeben sich insgesamt qE Kanten, die ebenfalls doppelt gezählt sind. Man findet daher

$$qE = 2K = pF \,.$$

Nennt man diesen Wert t, berechnet hieraus E, F, K und setzt das Ergebnis in die eulersche Formel ein, so findet man für ihn nach kurzer elementarer Rechnung

$$t = 4pq/(2p + 2q - pq) \,.$$

Die ganze Zahl t ist positiv. Deswegen gilt

$$(p - 2)(q - 2) < 4 \,.$$

Aus geometrischen Gründen muss zudem noch $p > 2$ und $q > 2$ gelten. Es ergeben sich für die Schläfli-Symbole hieraus nur die Möglichkeiten

$$\{3, 3\}, \ \{4, 3\}, \ \{3, 4\}, \ \{5, 3\}, \ \{3, 5\} \,.$$

Sie entsprechen dem *Tetraeder, Würfel, Oktaeder, Dodekaeder* und dem *Ikosaeder*.

Dies sind die sogenannten *platonischen Körper*, die von Platon bestimmt worden waren und in seine philosophischen Überlegungen eingingen. Sie zeichnen sich durch schöne Symmetrieeigenschaften aus, die wir in den nächsten Abschnitten

Abbildung 5.2: Würfel, Oktaeder

Abbildung 5.3: Dodekaeder, Ikosaeder

beschreiben werden. Wir bemerken noch an dieser Stelle, dass man eine Dualität feststellen kann, die zustande kommt, wenn man in den Schläfli-Symbolen p und q vertauscht. Dadurch geht formal der Würfel in das Oktaeder und das Dodekaeder in das Ikosaeder über und umgekehrt. Das Tetraeder ist selbstdual.

Alle platonischen Körper können einer 2-Sphäre einbeschrieben werden, sodass die Ecken auf der Sphäre zu liegen kommen. Dadurch können ihre Symmetrien Σ als die Untergruppe der orthogonalen Gruppe $O(3)$ definiert werden, die die Menge der Ecken festhält, also als Stabilisator der Eckenmenge. Es handelt sich dabei um endliche *Isometriegruppen*, also um Gruppen längenerhaltender affiner Transformationen im euklidischen Raum. Die Symmetrien besitzen als Untergruppen die Drehgruppen $\Sigma^+ = \Sigma \cap SO(3)$, die vollständig klassifiziert sind. Es gilt nämlich der folgende Satz [Neu], den wir ohne Beweis angeben:

Satz 5.2 *Die einzigen endlichen Drehgruppen im dreidimensionalen euklidischen Raum sind die zyklischen Gruppen μ_n, $n = 0, 1, 2, \ldots$, die Diedergruppen $\mathbb{D}_n$, $n = 2, 3, \ldots$, die Tetraedergruppe $\mathscr{A}_4$, die Oktaedergruppe $\mathscr{S}_4$ und die Ikosaedergruppe $\mathscr{A}_5$.*

Hieraus wird klar, dass die platonischen Körper und ihre Symmetrien eine besondere Stellung einnehmen. Dies ist einer der Gründe, weswegen wir sie nun etwas eingehender studieren wollen.

Projiziert man vom Zentrum der 2-Sphäre aus die Schwerpunkte der Flächen eines platonischen Körpers auf die Oberfläche der Sphäre, so bilden die Projektionspunkte die Ecken eines platonischen Körpers. Dadurch wird auf geometrische

Weise eine Dualität auf der Menge der platonischen Körper definiert, die mit der bereits beschriebenen Dualität übereinstimmt.

5.2 Das Tetraeder

Die Symmetriegruppe Σ_{tetra} des Tetraeders ist isomorph zur symmetrischen Gruppe $\mathscr{S}_4$. Denn sie operiert auf dem Tetraeder als Permutationsgruppe der Menge der vier Diagonalen d_1, d_2, d_3, d_4, die den Schwerpunkt einer Fläche mit der gegenüberliegenden Ecke verbindet. Diese Aktion entspricht einer Darstellung ρ: $\Sigma_{\text{tetra}} \to \mathscr{S}_4$ der Gruppe Σ_{tetra} in der Gruppe $\mathscr{S}_4$. Diese Darstellung ist *volltreu*, d. h. surjektiv und injektiv.

Zur Beschreibung von Σ_{tetra} nummeriert man die Ecken mit den Zahlen 1, 2, 3, 4. Durch jede Ecke mit der Nummer i und den Schwerpunkt der gegenüberliegenden Fläche wird eindeutig eine Drehachse d_i bestimmt ($i = 1, 2, 3, 4$). Die Mittelpunkte je zweier gegenüberliegender Kanten bestimmen drei weitere Symmetrieachsen m_i. Diese werden so nummeriert, dass die Achse m_i durch den Mittelpunkt der Kante von 1 nach $i+1$ geht ($i = 1, 2, 3$). Schließlich gibt es noch sechs Symmetrieebenen, die von dem Mittelpunkt der Kante durch die Ecken i, j und der gegenüberliegenden Kante eindeutig festgelegt werden. Sie definieren Spiegelungen ε_{12}, ε_{13}, ε_{14}, ε_{23}, ε_{24}, ε_{34}. Diese bewirken Transpositionen (ij) auf der Menge der Ecken und somit auf der Menge der durch sie bestimmten Drehachsen. Auf diese Weise entsprechen sie Elementen der Gruppe $\mathscr{S}_4$. Diese wird von Transpositionen erzeugt, weswegen die Spiegelungen ε_{ij} die Symmetriegruppe Σ_{tetra} des Tetraeders erzeugen. Wir bestimmen nun noch die Drehgruppe des Tetraeders.

Die Drehachsen d_i bestimmen Drehungen S_i um den Winkel $2\pi/3$, somit vier Untergruppen $\Delta_i = \{I, S_i, S_i^2\}$ der Ordnung 3, und die Achsen m_i Drehungen S_i^* um den Winkel π, also insgesamt drei Untergruppen Δ_i^* der Ordnung 2. Die Drehungen permutieren die Drehachsen d_i, und man erhält so

$$S_1 = (234), \quad S_2 = (134), \quad S_3 = (124), \quad S_4 = (123)$$

sowie

$$S_1^* = (12)(34), \quad S_2^* = (13)(24), \quad S_3^* = (14)(23) \ .$$

Setzen wir $t = S_1^*$, $u = S_2^*$, $v = S_3^*$ sowie $w = S_4$, so ergeben sich die Relationen

$$wtw^{-1} = v, \quad wuw^{-1} = t, \quad wvw^{-1} = u \ .$$

Setzen wir noch $K = \{1, w, w^2\}$ und $H = \{1, t, u, v\}$, so verifiziert man sofort, dass H ein Normalteiler von $\mathscr{A}_4$ ist und dass $H \cap K = \{1\}$ und deswegen $\mathscr{A}_4 = HK = \{h \cdot k; \ h \in H, \ k \in K\}$ gilt. Die Drehgruppe des Tetraeders Σ_{tetra}^+ ist daher isomorph zur alternierenden Gruppe $\mathscr{A}_4$.

5.3 Der Würfel und das Oktaeder

Die Symmetrien des Würfels stimmen mit denen des dazu dualen Oktaeders überein. Denn eine orthogonale Transformation, die die Ecken festhält, fixiert auch die Flächen und damit deren Schwerpunkte. Diese bilden die Ecken des dualen Oktaeders, der ebenfalls festgehalten wird. Dies bedeutet, dass wir nur die Symmetrien des Würfel zu beschreiben brauchen, um die des Oktaeders zu kennen.

Eine Symmetrie des Würfels bildet die Menge $\{d_1, d_2, d_3, d_4\}$ seiner Diagonalen auf sich selbst ab, weswegen man die volle Symmetriegruppe des Würfels als eine Untergruppe der Gruppe $\mathscr{S}_4 \times \mathbb{Z}/2\mathbb{Z}$ realisieren kann. Die Drehachsen sind die sechs Geraden durch sich diametral gegenüberliegende Kanten, die vier Diagonalen sowie die drei Geraden durch die Schwerpunkte sich diametral gegenüberliegender Flächen. Die dazu gehörenden Drehgruppen besitzen die Ordnung 2, 3 und 4. Jedes Paar sich diametral gegenüberliegender Kanten bestimmt in eindeutiger Weise ein Paar von Diagonalen (d_i, d_j), sodass die Drehung um die durch die Kanten bestimmte Drehachse $d_{(ij)}$ diese Diagonalen vertauschen, die restlichen, in einer zur Drehachse orthogonalen Ebene liegenden Diagonalen hingegen insgesamt festhalten. So operiert diese Drehung auf der Menge der Diagonalen als Transposition. Da diese die symmetrische Gruppe $\mathscr{S}_4$ erzeugen, ist die von den Drehungen um die Drehachsen $d_{(ij)}$ erzeugte Untergruppe der Symmetriegruppe des Würfels isomorph zur $\mathscr{S}_4$.

Wählt man eine Ecke des Würfels aus, so bestimmen die Diagonalen der anliegenden Flächen, die die Ecke nicht enthalten, zusammen mit der diametral gegenüberliegenden Ecke ein Tetraeder, das Gegentetraeder. So entspricht jede Diagonale des Würfels in eindeutiger Weise einem Paar bestehend aus Tetraeder und Gegentetraeder. Dementsprechend gibt es vier solche Paare. Diese werden durch die Symmetrien untereinander permutiert.

5.4 Das Dodekaeder und das Ikosaeder

Ikosaeder und Dodekaeder sind, wie Würfel und Oktaeder, duale platonische Körper, weswegen auch ihre Symmetriegruppen übereinstimmen. Wir beschränken uns daher auf einen der beiden und wählen für unsere Diskussion der Tradition folgend das Ikosaeder. Die Rolle des Tetraeders und Gegentetraeders wird in dem vorliegenden Fall von dem Oktaeder gespielt. Man kann nämlich einem Ikosaeder insgesamt fünf Oktaeder einbeschreiben. Diese werden durch die Drehungen des Ikosaeders permutiert. Hieraus wird deutlich, dass die Drehgruppe des Ikosaeders mit einer Untergruppe der $\mathscr{S}_5$ identifiziert werden kann. Wie beim Würfel definieren die 12 Ecken insgesamt sechs, die 30 Kanten insgesamt fünfzehn und die 20 Flächen zusammen zehn Drehachsen. Die assoziierten Drehgruppen haben die Ordnung 5, 2 bzw. 3. Man erhält daher insgesamt

$$6 \cdot (5-1) + 15 \cdot (2-1) + 10 \cdot (3-1) + 1 = 60$$

paarweise verschiedene Drehungen, die das Ikosaeder festhalten. Dies ist gerade die Ordnung der Gruppe $\mathscr{A}_5$.

Man kann dies auch so sehen: Die 30 Kanten zerfallen in fünf paarweise disjunkte Gruppen mit je sechs Kanten, deren Mitten die Ecken eines Oktaeders bilden. Es gibt je eine Drehung der Ordnung 2 in den drei Untergruppen der Ordnung 4 des Würfels und daher auch des Oktaeders. Dazu kommen vier Drehachsen von Drehungen der Ordnung 3 beim Oktaeder, also insgesamt acht Drehungen dieser Ordnung. Diese halten die Gesamtheit der sechs definierenden Kanten des Oktaeders fest und somit auch deren konvexe Hülle, das Ikosaeder. Zusammen mit der Identität finden wir zwölf Drehungen des Ikosaeders, die ein einbeschriebenes Oktaeder festhalten. Die Oktaeder werden durch die Drehungen der Ordnung 5 in einander übergeführt. Das ergibt zusammen 60 Drehungen, die Anzahl der Elemente der $\mathscr{A}_5$. Daraus erkennt man, dass die Symmetriegruppe des Ikosaeders die $\mathscr{A}_5$ ist.

6 Universelle Konstruktionen

In der Algebra gibt es eine ganze Reihe von immer wiederkehrenden Konstruktionen, die wir nun kurz vorstellen werden. Da Gruppen die einfachsten interessanten algebraischen Strukturen sind, bietet es sich an, für diese modellhaft einige besonders interessante Konstruktionen vorzuführen.

6.1 Produkte und Koprodukte von Mengen

In Abschnitt 1.3 hatten wir Produkte und direkte Summen von Familien von Gruppen eingeführt. Wir kommen in diesem und im nächsten Abschnitt noch einmal kurz darauf zurück, um den Kontrast zu dem Koprodukt herzustellen, dessen Einführung im Mittelpunkt dieser beiden Abschnitte steht.

Sei I eine Indexmenge. Ein *direktes Produkt* einer Familie von Mengen $\{X_\iota\}_{\iota \in I}$ ist eine Menge X zusammen mit eine Familie von Abbildungen $p_\iota\colon X \to X_\iota$ mit der folgenden universellen Eigenschaft: für jede Menge Y und jede Familie von Abbildungen $q_\iota\colon Y \to X_\iota$, gibt es genau eine Abbildung $q\colon Y \to X$, sodass $q_\iota = q \circ p_\iota$ gilt.

Um die Existenz eines direkten Produkts nachzuweisen, betrachtet man die Menge $\prod_{\iota \in I} X_\iota$ der Abbildungen $x\colon I \to \bigcup_{\iota \in I} X_\iota$ mit $x(\iota) \in X_\iota$ zusammen mit den Abbildungen $p_\lambda\colon \prod_{\iota \in I} X_\iota \to X_\lambda$, $x \mapsto x(\lambda)$ für $\lambda \in I$. Diese Daten besitzen die gewünschte universelle Eigenschaft. Denn sind die Menge Y und Abbildungen $q_\iota\colon Y \to X_\iota$ vorgegeben, so besitzt die Abbildung $q\colon Y \to \prod_{\iota \in I} X_\iota$, die einem $y \in Y$ das Element $q(y)\colon \iota \mapsto q_\iota(y)$ zuordnet, die gewünschten Eigenschaften.

Dual zum Produkt von Mengen ist ihr *Koprodukt*. Darunter versteht man eine Menge X zusammen mit Abbildungen $\kappa_\iota\colon X_\iota \to X$ dergestalt, dass es für alle Mengen Y und alle Familien von Abbildungen $\mu_\iota\colon X_\iota \to Y$ genau eine Abbildung $\mu\colon X \to Y$ gibt mit $\mu_\iota = \mu \circ \kappa_\iota$.

Auch die Existenz von Koprodukten von Mengen ist einfach zu bestätigen. Denn wir brauchen nur die disjunkte Vereinigung $\coprod_{\iota \in I} X_\iota$ der Mengen X_ι zu nehmen, d. h. die Vereinigung der paarweise disjunkten Mengen $\{\iota\} \times X_\iota$, und als Abbildungen die natürlichen Injektionen $\kappa_\lambda\colon X_\lambda \hookrightarrow \coprod_{\iota \in I} X_\iota$, die einem $x \in X_\lambda$ das Paar (λ, x) zuordnet. Zum Nachweis der universellen Eigenschaft gehen wir von einer Menge Y und von Abbildungen $\mu_\lambda\colon X_\lambda \to Y$ aus und definieren die Abbildung $\mu\colon \coprod_{\iota \in I} X_\iota \to Y$ durch $(\lambda, x) \mapsto \mu_\lambda(x)$, die offensichtlich die gewünschten Eigenschaften besitzt.

Satz 6.1 *Produkt und Koprodukt sind bis auf Isomorphismen eindeutig bestimmt.*

Beweis   Sind X zusammen mit den Abbildungen $p_\iota\colon X \to X_\iota$, $\iota \in I$, sowie Y zusammen mit den Abbildungen $q_\iota\colon Y \to X_\iota$, $\iota \in I$, zwei Produkte, so gibt es wegen der universellen Eigenschaft des Produkts genau eine Abbildung $p\colon X \to Y$

© Springer Fachmedien Wiesbaden GmbH, ein Teil von Springer Nature 2020
G. Wüstholz und C. Fuchs, *Algebra*, Springer Studium Mathematik – Bachelor,
https://doi.org/10.1007/978-3-658-31264-0_9

und genau eine Abbildung $q\colon Y \to X$, sodass $p_\iota = q_\iota \circ p$ und $q_\iota = p_\iota \circ q$. Dann ist $q \circ p\colon X \to X$ eine Abbildung mit der Eigenschaft $p_\iota \circ (q \circ p) = (p_\iota \circ q) \circ p = q_\iota \circ p = p_\iota$. Dieselbe Eigenschaft besitzt auch id_X. Da X ein Produkt ist, sind solche Abbildungen eindeutig bestimmt, sodass, $\mathrm{id}_X = q \circ p$. Auf dieselbe Weise zeigt man, dass, $\mathrm{id}_Y = p \circ q$. Daher ist p und damit auch q ein Isomorphismus. Auf ähnliche Weise geht man bei Koprodukten vor.   □

Besitzen die auftretenden Mengen eine zusätzliche Struktur, die von den Abbildungen respektiert wird, z. B. Gruppen oder Ringe, so bleibt der Satz auch für solche Strukturen richtig, und die Isomorphismen respektieren die Struktur.

6.2 Produkte und Koprodukte von Gruppen

Handelt es sich bei den Mengen um Gruppen $\{G_\iota\}_{\iota \in \mathrm{I}}$, so sind Produkte wie bei Mengen definiert, nur dass man zusätzlich verlangt, dass das Produkt von Gruppen eine Gruppe ist und alle Abbildungen Gruppenhomomorphismen sind. Hierzu versieht man das mengentheoretische Produkt $\prod_{\iota \in \mathrm{I}} G_\iota$ von Gruppen mit einer Gruppenstruktur, bei der das Produkt zweier Gruppenelemente g_1, g_2 die Abbildung $g_1 g_2\colon \iota \mapsto g_1(\iota) g_2(\iota)$ ist und das Einselement die Abbildung $e\colon \iota \mapsto e_\iota$, wenn e_ι das Einselement in der Gruppe G_ι ist. Die in der universellen Eigenschaft des Produkts vorkommende Abbildung q ist dann offensichtlich ein Gruppenhomomorphismus.

Bei den Koprodukten ist die Sachlage nicht ganz so einfach, da man nicht das mengentheoretische Koprodukt der Gruppen G_ι nehmen kann. Es besitzt i. A. keine Gruppenstruktur.

Ein *Koprodukt von Gruppen* G_ι ist eine Gruppe G zusammen mit Homomorphismen $\nu_\iota\colon G_\iota \to G$ mit folgender universeller Eigenschaft: Ist H eine Gruppe und ist $\mu_\iota\colon G_\iota \to H$ eine Familie von Homomorphismen, so gibt es genau einen Homomorphismus $\mu\colon G \to H$, sodass $\mu_\iota = \mu \circ \nu_\iota$ gilt. Seine Konstruktion ist nicht ganz einfach. Für jedes $n \geq 0$ und jedes Intervall $\mathrm{I}_n := [0, n)$ betrachten wir die Menge Γ_n der Abbildungen $\gamma\colon \mathrm{I}_n \to \coprod_{\iota \in \mathrm{I}} G_\iota$ und setzen $\Gamma = \bigcup_n \Gamma_n$. Man beachte, dass Γ_0 aus genau einem Element ε besteht, dessen Definitionsbereich die leere Menge ist.

Sind γ_1, γ_2 in Γ_{n_1} bzw. Γ_{n_2}, so definieren wir das Produkt $\gamma_1 * \gamma_2$ als die Abbildung in $\Gamma_{n_1 + n_2}$, die ι das Element $\gamma_1(\iota)$ für $\iota < n_1$ und $\gamma_2(\iota - n_1)$ für $\iota \geq n_1$ zuordnet. Aus der Definition des Produkts entnimmt man sofort, dass das Produkt assoziativ ist und dass sich jedes $\gamma \in \Gamma_n$ als ein Produkt $\gamma_0 * \cdots * \gamma_{n-1}$ von Elementen in Γ_1 schreiben lässt. Dies bedeutet, dass Γ die Gesamtheit der endlichen Produkte von Elementen in Γ_1 ist. Jedes k und jedes $u \in G_\lambda$ definiert eine Abbildung $T(k, u)$ von Γ nach Γ: Einem $\gamma \in \Gamma_n$ wird dabei das Element $T(k, u)\gamma \in \Gamma_{n+1}$ zugeordnet, das $\iota < k$ auf $\gamma(\iota)$, k auf (λ, u) und $\iota > k$ auf $\gamma(\iota - 1)$ abbildet. Liegen u und v in derselben Gruppe, so nennen wir $T(k, uv)\gamma$ und

$T(k, u)(T(k, v)\gamma)$ äquivalent ebenso wie γ und $T(k, e_\iota)\gamma$, wenn e_ι das Einselement in der Gruppe G_ι bezeichnet und ι die Indexmenge I durchläuft.

Die kleinste Äquivalenzrelation, die dadurch bestimmt wird, zerlegt die Menge Γ in Äquivalenzklassen. Jede Klasse schneidet Γ_n in höchstens einem Element, und es gibt eine kleinste Zahl n, sodass der Durchschnitt der Äquivalenzklasse mit Γ_n nicht leer und dann auch eindeutig bestimmt ist. Die eben eingeführte Multiplikation ist verträglich mit dieser Relation, sodass die Äquivalenzklassen eine Gruppe G bilden. Das neutrale Element ist die Äquivalenzklasse e von ε. Ist $g \in G$ und $\gamma \in \Gamma_n$ ein Repräsentant von g, so definieren wir γ^{-1} durch $\gamma^{-1}(\iota) = \gamma(n - 1 - \iota)^{-1}$. Dann sind $\gamma * \gamma^{-1}$ und ε äquivalent, sodass für die Klassen g von γ und g^{-1} von γ^{-1} die Beziehung $g * g^{-1} = e$ besteht. Daher ist g^{-1} das Inverse von g.

Nun müssen wir noch die Abbildungen $\nu_\iota \colon G_\iota \to G$ angeben, die ja Bestandteil der Daten für ein Koprodukt sind. Wir betrachten hierzu für $\iota \in I$ und $u \in G_\iota$ die Abbildung $\gamma_u \colon 0 \mapsto (\iota, u)$. Sie liegt in Γ_1, und ihre Äquivalenzklasse in G sei $\nu_\iota(u)$. Wir erhalten so für jedes ι einen Homomorphismus $\nu_\iota \colon G_\iota \to G$, der u das Element $\nu_\iota(u)$ zuordnet. Die Familie von Abbildungen ν_ι besitzt dann die gewünschten Eigenschaften. Es ist klar, dass die Homomorphismen ν_ι injektiv sind. Aufgrund der universellen Eigenschaft des Koprodukts von Mengen induziert die Familie von Homomorphismen $\nu_\iota \colon G_\iota \to G$ eine kanonische Abbildung $\nu \colon \coprod_\iota G_\iota \to G$. Es gilt $\nu \circ \kappa_\iota = \nu_\iota$.

Wir hatten uns überlegt, dass es für jedes $\gamma \in \Gamma$ genau ein äquivalentes Produkt $\gamma_1 * \cdots * \gamma_n$ mit $\gamma_j \in \Gamma_1$ und mit minimalem n gibt. Gehen wir zu den Äquivalenzklassen über, so bedeutet dies aber, dass sich jedes $g \in G$ auf genau eine Weise schreiben lässt als ein Produkt $g_1 * \cdots * g_n$ mit g_i im Bild von $\coprod G_\iota$ unter ν und mit minimalem n. Insbesondere wird G von den Äquivalenzklassen der Elemente aus Γ_1 und folglich von den Gruppen $\nu_\iota(G_\iota)$, $\iota \in I$, erzeugt.

Es sei H eine weitere Gruppe und es seien $\mu_\iota \colon G_\iota \to H$ Homomorphismen. Da die Elemente $g = \nu_\iota(u)$ die Gruppe G erzeugen, können wir $\mu(g) = \mu_\iota(u)$ setzen und dann die Abbildung zu einem Homomorphismus fortsetzen.

Die beiden Konstruktionen zeigen, dass Produkt und Koprodukt existieren. Die Eindeutigkeit der Homomorphismen q bzw. μ sind offensichtlich. Sowohl das Produkt als auch das Koprodukt ist daher bis auf Isomorphie eindeutig bestimmt. Statt G schreiben wir auch $*_{\iota \in I} G_\iota$ und nennen diese Gruppe das *freie Produkt der Gruppen* G_ι, $\iota \in I$. Darin gelten die Kürzungsregeln

$$g * h = gh \,,$$

falls g, h im Bild von ν_ι liegen und gh das Produkt von g und h in $\nu_\iota(G_\iota)$ ist. Schreibt man daher $g \in G$ als $g_1 * \cdots * g_n$ mit $g_j \in \nu(\coprod_\iota G_\iota)$ und minimalem n, so liegen je zwei benachbarte Faktoren in Bildern verschiedener ν_ι.

Sind G_ι, $\iota \in I$, und H_κ, $\kappa \in K$ zwei Familien von Gruppen, so nennen wir eine Abbildung $\alpha\colon \coprod_{\iota \in I} G_\iota \to \coprod_{\kappa \in K} H_\kappa$ *zulässig*, falls es eine Abbildung $\sigma\colon I \to K$ gibt, sodass für alle $\iota \in I$ die Restriktion von α auf $\nu_\iota(G_\iota)$ einen Homomorphismus $\alpha_\iota\colon G_\iota \to H_{\sigma(\iota)}$ induziert. Es gilt dann $\alpha \circ \nu_\iota = \mu_{\sigma(\iota)} \circ \alpha_\iota$. Wir setzen $G := *_{\iota \in I} G_\iota$ sowie $H = *_{\kappa \in K} H_\kappa$. Eine zulässige Abbildung α induziert dann aufgrund der universellen Eigenschaft des freien Produkts einen Gruppenhomomorphismus $\alpha_*\colon G \to H$ mit $\alpha_* \circ \nu = \mu \circ \alpha$. Dabei ist ν die zu G und μ die zu H gehörige Abbildung. Der Homomorphismus α_* ist durch α eindeutig bestimmt, da letzterer ihn auf den Erzeugenden von G festlegt.

Satz 6.2 *Der Homomorphismus α_* ist genau dann injektiv, wenn α und σ injektiv sind. Ist α surjektiv, so auch α_*.*

Beweis Sei α injektiv und seien g und h zwei Elemente aus G mit $\alpha_*(g) = \alpha_*(h)$. Diese besitzen, wie wir gesehen haben, Darstellungen der Gestalt $g = g_1 * \cdots * g_n$ und $h = h_1 * \cdots * h_m$, die eindeutig sind, wenn n und m als minimal vorausgesetzt werden. Wenn wir darauf α_* anwenden, so ergeben sich zwei Darstellungen von $\alpha_*(g)$ als Produkt von n bzw. m Elementen aus dem Bild der ν_ι. Da σ injektiv ist, bleiben diese Darstellungen minimal.

Wegen der Eindeutigkeit der Darstellung von $\alpha_*(g)$ als Produkt von Elementen aus dem Bild von ν gilt nun $\alpha_*(g_i) = \alpha_*(h_i)$ für alle i, d. h. insbesondere $m = n$. Die Injektivität von α und ν zieht dann $g_i = h_i$ für alle i und deswegen auch $g = h$ nach sich. Ist umgekehrt α_* injektiv und $\alpha(g) = \alpha(h)$ für Elemente g, h in $\coprod_\iota G_\iota$, so erhalten wir gemäß Definition von α_* die Beziehung $\alpha_*(\nu(g)) = \mu(\alpha(g)) = \mu(\alpha(h)) = \alpha_*(\nu(h))$ und daraus aufgrund der Injektivität von α_* und ν sofort $g = h$. Also ist auch α injektiv.

Wenn hingegen α surjektiv ist und wenn $h \in H$ vorgegeben ist, so schreiben wir h auf eindeutige Weise als $h = h_1 * \cdots * h_n$ mit minimalem n. Aufgrund der Surjektivität von α gibt es $g_1, \ldots, g_n$ im Bild von ν mit $h_j = \alpha(g_j)$. Setzen wir $g = g_1 * \cdots * g_n$, so erhalten wir $h = \alpha_*(g_1) * \cdots * \alpha_*(g_n) = \alpha_*(g)$. Dies zeigt, dass auch α_* surjektiv ist. $\qquad\square$

6.3 Semidirekte Produkte

In Abschnitt 1.3 haben wir aus einer Familie von Gruppen eine neue Gruppe, das direkte Produkt, konstruiert. Man kann auch umgekehrt von einer Gruppe ausgehen und diese in ein Produkt von Untergruppen zu zerlegen versuchen. In einem speziellen Fall haben wir das mit der internen direkten Summe bereits getan.

Es seien H und N Untergruppen mit

$$H \subseteq N_G(N), \quad N \cap H = 1 . \tag{6.1}$$

Dann ist $NH = \{nh;\ n \in N,\ h \in H\}$ eine Untergruppe von G, die man das *interne semidirekte Produkt* der Untergruppen N und H in G nennt und wofür man auch $N \rtimes H$ schreibt. Um nachzuweisen, dass es sich auch tatsächlich um eine Untergruppe handelt, beachtet man, dass für $n_1 h_1,\ n_2 h_2 \in NH$ wegen (6.1)

$$(n_1 h_1)(n_2 h_2)^{-1} = (n_1 h_1)(h_2^{-1} n_2^{-1}) = n_1 (h_1 h_2^{-1}) n_2^{-1} \in NH$$

gilt. Die Untergruppe N ist normal in NH, denn es gilt

$$gNg^{-1} = nhNh^{-1}n^{-1} \subseteq N$$

für $g = nh \in NH$ wiederum wegen (6.1).

Ist allgemeiner G_i, $1 \le i \le n$, eine endliche Familie von Untergruppen einer Gruppe G mit

$$G_k \subseteq N_G(G_{k+1} \cdots G_n)\,, \tag{6.2}$$

$$(G_1 \cdots G_k) \cap G_{k+1} = 1 \quad (1 \le k \le n-1)\,, \tag{6.3}$$

so ist $G_1 \cdots G_n$ eine Untergruppe von G; sie heißt das *interne semidirekte Produkt* der Untergruppen G_i von G und sie wird mit $G_1 \rtimes \cdots \rtimes G_n$ bezeichnet. Denn wegen (6.2) gilt

$$\begin{aligned}
g_1 \cdots g_n (h_1 \cdots h_n)^{-1} &= g_1 \cdots g_n h_n^{-1} \cdots h_1^{-1} \\
&\in g_1 \cdots g_{n-2} G_{n-1} G_n G_{n-1} h_{n-2}^{-1} \cdots h_1^{-1} \\
&\subseteq g_1 \cdots g_{n-2} G_{n-1} G_n h_{n-2}^{-1} \cdots h_1^{-1}
\end{aligned}$$

für $g_i,\ h_i \in G_i$, $1 \le i \le n$, und man findet nach endlich vielen Schritten

$$g_1 \cdots g_n (h_1 \cdots h_n)^{-1} \in G_1 \cdots G_n\,.$$

Setzt man $G^{(k-1)} = G_k \cdots G_n$, $1 \le k \le n$, so erhält man eine Normalreihe

$$G^{(0)} \supseteq G^{(1)} \supseteq \ldots \supseteq G^{(n-1)} \supseteq 1\,, \tag{6.4}$$

was man wie oben verifiziert. Ist die Untergruppe $G_1 \cdots G_n$ die ganze Gruppe, so nennen wir G das *interne semidirekte Produkt* der Untergruppen. Es gibt in diesem Fall eine kanonische Bijektion $\kappa\colon G_1 \times \cdots \times G_n \to G_1 \cdots G_n$, die $(g_1, \ldots, g_n)$ auf $g_1 \cdots g_n$ abbildet.

Gilt nämlich

$$g_1 \cdots g_n = h_1 \cdots h_n$$

mit $g_i,\ h_i \in G_i$, so ist $g_n h_n^{-1}$ sowohl in G_n als auch in $G_1 \cdots G_{n-1}$ und somit wegen (6.3) gleich 1, d.h. $g_n = h_n$. Auf diese Weise findet man induktiv $g_i = h_i$

für alle i, sodass die Darstellung eines Gruppenelements als Produkt eindeutig ist. In diesem Fall kommutiert auch jedes Element aus G_k mit jedem Element aus G_{k+1}, wie wir bereits gesehen haben.

Die Bijektion ist i. A. kein Homomorphismus. Ist dies doch der Fall, so nennt man G das *interne direkte Produkt* der Untergruppen $G_1, \ldots, G_n$, die dann paarweise elementweise kommutieren und insbesondere auch Normalteiler sind. Sind umgekehrt alle Untergruppen G_j des semidirekten Produkts Normalteiler, so ist κ ein Homomorphismus und das interne semidirekte Produkt stimmt mit dem direkten Produkt überein. Denn dann ist die Kommutatoruntergruppe $[G_k, G_{k+1}]$, d. h. die von allen Kommutatoren $[g, h] = ghg^{-1}h^{-1}$, $g \in G_k$, $h \in G_{k+1}$, erzeugte Untergruppe, sowohl in G_k also auch in G_{k+1}, somit auch in $(G_1 \cdots G_k) \cap G_{k+1} = 1$ enthalten und deswegen trivial. Dies bedeutet, dass G_k und G_{k+1} für alle $k = 1$, $\ldots, n-1$ kommutieren, was bewirkt, dass die fragliche Abbildung ein Homomorphismus ist. Zusammen erhalten wir so den

Satz 6.3   *Die Gruppe G sei das semidirekte Produkt der Untergruppen $G_1, \ldots, G_n$.*

(i) *Jedes Element aus G lässt sich auf genau eine Weise als Produkt $g_1 \cdots g_n$ von Elementen $g_j \in G_j$ schreiben.*

(ii) *Die Gruppe G ist genau dann ein internes direktes Produkt, wenn für alle $k = 1, 2, \ldots, n-1$ jedes Element aus G_k mit jedem Element aus G_{k+1} vertauscht.*

Im kommutativen Fall, wo die Verknüpfung üblicherweise additiv geschrieben wird, stimmen internes semidirektes und internes direktes Produkt überein; wir schreiben dafür $G_1 \oplus \cdots \oplus G_n$ und nennen die Gruppe die *direkte Summe* der Untergruppen G_i von G.

Eine Untergruppe $H \neq 1$ von G wird ein *direkter Faktor* genannt, wenn es eine Untergruppe K von G gibt, sodass $G = HK$ das interne direkte Produkt der Untergruppen H und K ist. Besitzt jede Untergruppe $\neq \{1\}$ einen direkten Faktor, so nennt man die Gruppe *vollständig reduzibel.*

Satz 6.4   *Eine Gruppe endlicher Länge ist vollständig reduzibel genau dann, wenn sie ein internes direktes Produkt von einfachen Untergruppen ist.*

Beweis   Es sei G vollständig reduzibel. Wir beweisen durch Induktion, dass G ein Produkt von einfachen Untergruppen ist, was unmittelbar klar ist, falls G einfach ist. Andernfalls gibt es eine nicht triviale echte Untergruppe G'. Diese besitzt nach Voraussetzung einen direkten Faktor G''. Beide Faktoren sind nach Induktionsvoraussetzung direkte Produkte einfacher Gruppen, daher auch ihr Produkt G.

Ist umgekehrt $G = G_1 \cdots G_n$ ein direktes Produkt einfacher Gruppen, so setzen wir $G^{(k)} = G_1 \cdots G_{n-k}$, $0 \le k \le n-1$. Dies sind Normalteiler von G, und es gilt $G^{(k)} = G^{(k+1)} \cdot G_{n-k}$. Ist $H \subseteq G$ eine Untergruppe, so auch $HG^{(k+1)}$ und wegen der Einfachheit von G_{n-k} ist der Durchschnitt $HG^{(k+1)} \cap G_{n-k}$ entweder die triviale Untergruppe oder aber gleich G_{n-k}. Im ersten Fall ist

$$HG^{(k)} = (HG^{(k+1)}) \cdot G_{n-k} = (HG^{(k+1)}) \times G_{n-k}$$

direkt, im zweiten Fall gilt $G_{n-k} \subseteq HG^{(k+1)}$ und somit

$$HG^{(k)} = (HG^{(k+1)}) \cdot G_{n-k} = HG^{(k+1)} .$$

Beginnend mit $k=0$ erhalten wir induktiv eine Untergruppe $H' \subseteq G$, die sich aus den Faktoren G_j zusammensetzt, für deren Index der erste Fall eintritt, und die direkter Faktor von H ist. $\qquad\square$

Sind zwei Gruppen G_1, G_2 und eine Darstellung $\rho \colon G_2 \to \mathrm{Aut}(G_1)$ in die Gruppe der Automorphismen der Gruppe G_1 gegeben, so kann man das *verschränkte Produkt* oder auch *semidirekte Produkt* $G_1 \rtimes_\rho G_2$ der beiden Gruppen bilden. Dieses ist als Menge das Produkt $G_1 \times G_2$ der beiden Gruppen, jedoch werden Elemente (g_1, g_2), (h_1, h_2) gemäß der Vorschrift

$$(g_1, g_2) \circ (h_1, h_2) = (g_1 \rho(g_2)(h_1), g_2 h_2) \tag{6.5}$$

multipliziert. G_1 kann mittels der kanonischen Injektion $g_1 \mapsto (g_1, 1)$ als Untergruppe von $G_1 \rtimes_\rho G_2$ angesehen werden. Das Produktzeichen $\rtimes$ deutet an, dass die Gruppenverknüpfung auf dem linken Faktor G_1 verschränkt ist; dieser Faktor ist ein Normalteiler. Sehr oft operiert die eine Gruppe durch innere Automorphismen auf der anderen, und in diesem Fall schreiben wir einfach $G_1 \rtimes G_2$. Dann nimmt das Produkt die Gestalt

$$(g_1, g_2) \circ (h_1, h_2) = (g_1(g_2 h_1 g_2^{-1}), g_2 h_2)$$

an und auch G_2 kann via $g_2 \mapsto (1, g_2)$ als Untergruppe von $G_1 \rtimes_\rho G_2$ aufgefasst werden.

Beispiel 6.5   Die Diedergruppe $\mathbb{D}_n$ enthält als Untergruppen die Gruppen μ_2 und μ_n der zweiten bzw. n-ten Einheitswurzeln. Die Abbildung $\rho \colon \mu_2 \to \mathrm{Aut}(\mu_n)$, $-1 \mapsto (\rho(-1) \colon \zeta \mapsto \zeta^{-1})$ definiert eine Darstellung von μ_2 in $\mathrm{Aut}(\mu_n)$, also ein semidirektes Produkt $\mu_n \rtimes \mu_2$. Dieses ist isomorph zur Diedergruppe und infolgedessen die Diedergruppe das semidirekte Produkt dieser beiden Untergruppen.

Allgemein nennt man eine Gruppe G das semidirekte Produkt der Gruppen G' und G'', falls G eine Erweiterung

$$1 \longrightarrow G' \overset{\iota'}{\longrightarrow} G \overset{\iota''}{\longrightarrow} G'' \longrightarrow 1$$

der Gruppen G' und G'' ist und die kurze exakte Sequenz spaltet; dies besagt, dass es einen Homomorphismus $\sigma\colon G'' \to G$ gibt mit $\iota'' \circ \sigma = \mathrm{id}$. Man überlegt sich sofort, dass diese Definition mit der vorhergehenden kompatibel ist.

6.4 Limites und Kolimites

Sei I eine Indexmenge und $\leq$ eine Ordnungsrelation auf I (siehe Kapitel 8.5). Die geordnete Menge I heißt *gerichtet* falls für alle $\iota, \kappa \in$ I ein $\lambda \in$ I existiert mit $\iota \leq \lambda$ und $\kappa \leq \lambda$ existiert. Sei $\{G_\iota\}_{\iota \in I}$ eine Familie von Gruppen. Zu jedem Paar (ι, κ) mit $\iota \leq \kappa$ sei ein Homomorphismus $\varphi_{\iota\kappa}\colon G_\iota \to G_\kappa$ gegeben, sodass für alle $\iota \leq \kappa \leq \lambda$ die Identität $\varphi_{\kappa\lambda} \circ \varphi_{\iota\kappa} = \varphi_{\iota\lambda}$ und für alle ι die Identität $\varphi_{\iota\iota} = \mathrm{id}_{G_\iota}$ besteht. Die Familie $(\varphi_{\iota\kappa}\colon G_\iota \to G_\kappa)$ heißt eine *direkte Familie von Homomorphismen*. Ein Paar bestehend aus einer Familie von Gruppen sowie einer direkten Familie von Homomorphismen nennt man ein *direktes System*. Ein (*direkter* oder *injektiver*) *Limes* eines direkten Systems $(\{G_\iota\}_{\iota \in I}, (\varphi_{\iota\kappa}))$ ist eine Gruppe G zusammen mit einer Familie von Homomorphismen $\varphi_\iota\colon G_\iota \to G$ für $\iota \in$ I mit folgenden Eigenschaften:

(i) $\varphi_\kappa \circ \varphi_{\iota\kappa} = \varphi_\iota$ für alle $\iota, \kappa \in$ I mit $\iota \leq \kappa$,

(ii) für jede Gruppe G' und Familie $\varphi'_\iota\colon G'_\iota \to G'$ von Homomorphismen gibt es genau einen Homomorphismus $\varphi\colon G \to G'$ mit $\varphi \circ \varphi_\iota = \varphi'_\iota$ für alle $\iota \subset$ I (universelle Eigenschaft).

Wir schreiben

$$G = \varinjlim G_\iota.$$

Analog definiert man ein *inverses System* und den *Kolimes* (bzw. *inversen Limes* oder *projektiven Limes*), indem man alle Pfeile umkehrt. Wir schreiben

$$G = \varprojlim G_\iota$$

für den Kolimes. Es gilt der folgender

Satz 6.6   *Limites und Kolimites sind bis auf Isomorphie eindeutig bestimmt.*

Beweis   Sind G zusammen mit den Homomorphismen $\varphi_\iota\colon G_\iota \to G$ für $\iota \in$ I und G' zusammen mit $\varphi'\colon G_\iota \to G'$ ein Limes. Dann gibt es wegen der universellen Eigenschaft des Limes eindeutig bestimmte Homomorphismen $\varphi\colon G \to G'$ und $\varphi'\colon G' \to G$ mit $\varphi \circ \varphi_\iota = \varphi'_\iota$ und $\varphi' \circ \varphi'_\iota = \varphi_\iota$ für alle $\iota \in$ I. Somit ist $\varphi' \circ \varphi\colon G \to G$ ein Homomorphismus mit der Eigenschaft $(\varphi' \circ \varphi) \circ \varphi_\iota = \varphi' \circ (\varphi \circ \varphi_\iota) = \varphi' \circ \varphi'_\iota = \varphi_\iota$. Dieselbe Eigenschaft besitzt id_G. Da G ein Limes ist, sind solche Abbildungen eindeutig bestimmt, sodass $\mathrm{id}_G = \varphi' \circ \varphi$. Auf dieselbe Weise zeigt man, dass $\mathrm{id}_{G'} = \varphi \circ \varphi'$. Daher ist φ und damit auch φ' ein Isomorphimsus. Auf ähnliche Weise geht man bei Kolimiten vor. $\square$

Der Limes existiert für jedes direkte System $(\{G_\iota\}_{\iota\in I}, (\varphi_{\iota\kappa}))$ von Gruppen. Sei dazu zunächst G' die disjunkte Vereinigung $\coprod_{\iota\in I} G_\iota$ (siehe 6.1). Es gibt dann natürliche Injektionen $\varphi'_\iota\colon G_\iota \to G'$. Wir definieren $G = \bigcup_\iota \varphi'_\iota(G_\iota)$. Sei $g, h \in G$. Dann gilt $g = \varphi'_\iota(g_\iota)$ und $h = \varphi'_\kappa(h_\kappa)$ für ein $g_\iota \in G_\iota$ und ein $h_\kappa \in G_\kappa$. Wir wählen ein $\lambda \in I$ mit $\lambda \leq \iota, \kappa$ und setzen $g_\lambda = \varphi_{\lambda\iota}(g_\iota)$ und $h_\lambda = \varphi_{\lambda\kappa}(h_\kappa)$. Dann existiert das Produkt $g_\lambda h_\lambda$ und wir setzen $gh = \varphi'_\lambda(g_\lambda h_\lambda) \in G$. Die so definierte Operation auf G ist wohldefiniert und macht G zu einer Gruppe. Die Abbildungen $\varphi_\iota = \varphi'_\iota\colon G_\iota \to G$ sind Homomorphismen und es lässt sich nun leicht zeigen, dass dies der gesuchte direkte Limes ist.

Zudem existiert der Kolimes für jedes beliebige indirekte System von Gruppen. Sei dazu G' das direkte Produkt und definiere G als die Untergruppe bestehend aus alle Elementen $g \in G'$ mit $\varphi_{\iota\kappa}(g(\iota)) = g(\kappa)$ für alle $\iota, \kappa \in I$ mit $\iota \leq \kappa$. Dann ist G zusammen mit den kanonischen Projektionen (eingeschränkt auf G) $G \to G_\iota$ der Kolimes.

Wir nennen eine Gruppe G, die Kolimes endlicher Gruppe ist, eine *proendliche Gruppe*.

Beispiel 6.7   Sei p eine Primzahl und $G_\iota = \mathbb{Z}/p^\iota\mathbb{Z}$. Weiter sei $I = \mathbb{Z}$ mit der natürlichen Ordnung sowie $\varphi_{\iota\kappa}$ die kanonische Projektion, welche $x + p^\kappa\mathbb{Z}$ auf $x + p^\iota\mathbb{Z}$ abbildet. Dann ist der Kolimes der Ring $\mathbb{Z}_p$ der *ganzen p-adischen Zahlen*. Es handelt sich, wie man leicht zeigt, um einen Integritätsbereich. Der Quotientenkörper $\mathbb{Q}_p$ heißt der *Körper der p-adischen Zahlen*.

Weitere Bespiele sind durch das Produkt und das Koprodukt von Gruppen gegeben.

6.5 Freie Gruppen

In Beispiel 1.19 haben wir Gruppen definiert, die von einer Teilmenge einer vorgegebenen Gruppe erzeugt werden. Ihre Elemente sind endliche Ausdrücke in den Elementen der Teilmenge. Oft ist es so, dass zwischen den erzeugenden Elementen Relationen bestehen. Beispielsweise kann der Fall eintreten, dass zwei solche Elemente s, t kommutieren. Dann sind diese beiden Elemente nicht völlig unabhängig, sondern es besteht zwischen ihnen eine Relation, nämlich

$$st = ts\,.$$

Oder es kann sein, dass das Element s endliche Ordnung n besitzt. Dann gilt offenbar die Relation

$$s^n = 1\,.$$

In der Tat werden Gruppen in der Praxis in den meisten Fällen dadurch gegeben, dass man Erzeugende der Gruppe und Relationen zwischen ihnen angibt. Freie Gruppen sind solche Gruppen, bei denen außer den Relationen, die durch die

Gruppenaxiome gegeben werden, keine weiteren Relationen zwischen den Erzeugern bestehen. Das soll nun formalisiert werden.

Für eine Menge S betrachten wir Paare (G, f) bestehend aus einer Gruppe G und einer Abbildung $f\colon S \to G$ mit der Eigenschaft, dass $f(S)$ die Gruppe G erzeugt. Es gilt dann $\langle f(S)\rangle = G$ in der Notation von Beispiel 1.19. Eine Gruppe G zusammen mit einer Abbildung $f\colon S \to G$ heißt *freie Gruppe über S* oder auch *freie Gruppe erzeugt von S*, wenn das Paar (G, f) die folgende *universelle Eigenschaft* besitzt: Ist $f'\colon S \to G'$ eine beliebige Abbildung in eine Gruppe G', so gibt es einen eindeutig bestimmten Homomorphismus $\varphi\colon G \to G'$ mit $\varphi \circ f = f'$.

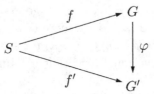

Wir nennen S ein *freies Erzeugendensystem* für G, die Elemente von S *freie Erzeugende*. Sind G, G' zusammen mit Abbildungen $f\colon S \to G$, $f'\colon S \to G'$ Gruppen mit dieser universellen Eigenschaft, so gibt es einen Isomorphismus $\Phi\colon G \to G'$ mit $\Phi \circ f = f'$. Dieser ist eindeutig bestimmt.

Lemma 6.8 *Ist (G, f) eine freie Gruppe, so ist f injektiv.*

Beweis   Wir wählen $s \in S$ und betrachten die Abbildung $f'\colon S \to \mathbb{Z}/2\mathbb{Z}$ mit $f'(s) = 1$ und $f'(s') = 0$ für $s' \neq s$. Dann gibt es nach Definition der freien Gruppe genau einen Homomorphismus $\varphi\colon G \to \mathbb{Z}/2\mathbb{Z}$ mit $f' = \varphi \circ f$. Gibt es ein $s' \neq s$ in S, so folgt wegen $\varphi(f(s)) = f'(s) = 1 \neq 0 = f'(s') = \varphi(f(s'))$ zunächst $f(s) \neq f(s')$ und daraus die Injektivität von f. $\qquad\square$

Aufgrund von Lemma 6.8 kann die Menge S mit ihrem Bild in G identifiziert und die Injektion f unterschlagen werden, was wir in Zukunft tun wollen. Die bis auf Isomorphie eindeutig bestimmte freie Gruppe zu S, die im nachfolgenden Satz konstruiert wird, bezeichnen wir dann mit $F(S)$. Eine Gruppe G heißt *frei*, falls sie isomorph zur Gruppe $F(S)$ ist, und *endlich erzeugt*, wenn S eine endliche Menge ist. Man nennt $|S|$ den *Rang* der freien Gruppe.

Satz 6.9 *Für jede Menge S existiert eine über S freie Gruppe $F(S)$, und diese ist bis auf Isomorphie eindeutig bestimmt.*

Beweis   Die Permutationsgruppe einer additiven zyklischen Gruppe G enthält die Abbildung $u\colon g \mapsto g+1$, $g \in G$, die eine multiplikative zyklische Untergruppe der Permutationsgruppe erzeugt. Ist die Gruppe G unendlich, so auch die Gruppe $\langle u\rangle$. Wir haben so ein Modell für eine multiplikative unendliche zyklische Gruppe konstruiert.

Um die Existenz von freien Gruppen nachzuweisen, wählen wir eine multiplikative unendlich zyklische Gruppe $\langle u \rangle$. Ist eine Menge S gegeben und $s \in S$, so macht die Abbildung $(s, u^m)(s, u^n) = (s, u^{m+n})$ aus der Menge $\{s\} \times \langle u \rangle$ eine unendlich zyklische Gruppe mit dem erzeugenden Element $u_s = (s, u)$ und dem Einselement $1_s = (s, \mathrm{id}_{\mathbb{Z}})$. Bezeichnen wir mit $F(S)$ das freie Produkt $\ast_{s \in S} \langle u_s \rangle$ der Gruppen $\langle u_s \rangle$ und mit $f \colon S \to F(S)$ die Hintereinanderschaltung der kanonischen Injektion $i \colon s \mapsto u_s \in \coprod_{s \in S} \langle u_s \rangle$ mit der Abbildung $\nu \colon \coprod_{s \in S} \langle u_s \rangle \to \ast_{s \in S} \langle u_s \rangle$, so ist $(F(S), f)$ die gesuchte freie Gruppe. Denn für jede Abbildung $g \colon S \to H$ von S in eine Gruppe H gibt es eine Abbildung $\mu \colon \coprod_{s \in S} \langle u_s \rangle \to H$ mit $g = \mu \circ i$. Sie bildet u_s auf $g(s)$ ab. Aufgrund der universellen Eigenschaft des Koprodukts der Gruppen $\langle u_s \rangle$ gibt es nun genau einen Homomorphismus $\mu_\ast \colon \ast_{s \in S} \langle u_s \rangle \to H$, sodass, $\mu = \mu_\ast \circ \nu$. Daraus ergibt sich wegen $g = \mu \circ i = \mu_\ast \circ \nu \circ i = \mu_\ast \circ f$ die universelle Eigenschaft für freie Gruppen. $\qquad \square$

Sind $f \colon S \to F(S)$, $g \colon T \to F(T)$ freie Gruppen und ist $\alpha \colon S \to T$ eine Abbildung, so gibt es genau einen Homomorphismus $F(\alpha) \colon F(S) \to F(T)$ mit $F(\alpha) \circ f = g \circ \alpha$. Dies folgt direkt aus der Definition einer freien Gruppe, angewandt auf $(f, G) = (f, F(S))$, $(f', G') = (g \circ \alpha, F(T))$. Die Zuordnung F, die jeder Menge S die freie Gruppe $F(S)$ und jeder Abbildung $\alpha \colon S \to T$ den Homomorphismus $F(\alpha) \colon F(S) \to F(T)$ zuordnet, besitzt die folgenden Eigenschaften:

1. $F(\alpha \circ \beta) = F(\alpha) \circ F(\beta)$,

2. $F(\mathrm{id}_S) = \mathrm{id}_{F(S)}$.

Hier sind id_S und $\mathrm{id}_{F(S)}$ die Identitäten auf S und $F(S)$. Man nennt eine Zuordnung mit dieser Eigenschaft einen *Funktor*. In der Mathematik begegnet man Funktoren auf Schritt und Tritt.

Zwei konzeptionell wichtige Eigenschaften des Funktors F wollen wir noch in folgendem Satz zusammenfassen.

Satz 6.10 *Eine Abbildung $\alpha \colon S \to T$ ist genau dann injektiv, wenn $F(\alpha) \colon F(S) \to F(T)$ injektiv ist. Ist sie surjektiv, so auch $F(\alpha)$.*

Beweis Ist $\alpha \colon S \to T$ injektiv, so wählen wir eine Abbildung $\beta \colon T \to S$, sodass $\beta \circ \alpha = \mathrm{id}_S$. Ist sie surjektiv, so wählen wir eine Abbildung β, sodass $\alpha \circ \beta = \mathrm{id}_T$. Es gilt dann

$$F(\beta) \circ F(\alpha) = F(\beta \circ \alpha) = F(\mathrm{id}_S) = \mathrm{id}_{F(S)}$$

sowie

$$F(\alpha) \circ F(\beta) = F(\alpha \circ \beta) = F(\mathrm{id}_T) = \mathrm{id}_{F(T)} .$$

Da $\mathrm{id}_{F(S)}$ injektiv ist, ist $F(\alpha)$ injektiv im ersten Fall. Da $\mathrm{id}_{F(T)}$ surjektiv ist, ist $F(\alpha)$ surjektiv im zweiten Fall. Ist umgekehrt $F(\alpha)$ injektiv, so ist $F(\alpha) \circ f = g \circ \alpha$ injektiv wegen 6.8, dann aber auch α wegen der Injektivität von g (loc. cit.). $\qquad \square$

Satz 6.11 *Jede Gruppe ist Bild einer freien Gruppe. Ist die Gruppe endlich erzeugt, so kann man erreichen, dass die freie Gruppe ebenfalls endlich erzeugt ist.*

Beweis   Es sei G eine Gruppe, $(f, F(G))$ die durch die Menge G definierte freie Gruppe und $f' \colon G \to G$ die Identität. Dann gibt es nach Definition einer freien Gruppe genau einen Homomorphismus $\varphi \colon F(G) \to G$ mit $\varphi \circ f = f'$. Dieser ist offensichtlich surjektiv und die Gruppe G das Bild der freien Gruppe $F(G)$. Ist G erzeugt von der endlichen Menge S, so ist G das Bild der freien Gruppe $F(S)$. $\square$

6.6 Beispiele

Man kann die Elemente einer freien Gruppe $F(S)$ als Wörter im *Alphabet* $S \cup S^{-1}$ auffassen, wobei die Elemente von S^{-1} die Gestalt s^{-1} mit $s \in S$ besitzen. Ist beispielsweise $S = \{a, b, c\}$, so sind Wörter Ausdrücke der Gestalt $w = ababa^{-1}aa^{-1}ca^{-1}bb^{-1}ccb$. Wörter werden addiert, indem sie einfach hintereinander geschrieben werden. Daraus wird klar, dass das leere Wort $\emptyset$ das neutrale Element sein muss.

In freien Gruppen besteht ein gewisses minimales System von Relationen: es gelten z. B. die Kürzungsregeln $a^{-1}a = \emptyset$ für $a \in S \cup S^{-1}$. Wendet man diese Relationen an, so schreibt sich das Wort w als $w = ababa^{-1}ca^{-1}ccb$. Ferner schreibt man der Einfachheit halber, und nur ihretwegen, z. B. das Wort $aaaaa$ als a^5, das Wort $bcbcbc$ als $(bc)^3$. Unser Beispielwort w liest sich dann als $(ab)^2(a^{-1}c)^2cb$. Kürzer geht es i. A. nicht.

Es wäre möglich, die Theorie der freien Gruppen ausgehend von dieser Auffassungsweise zu entwickeln. Jedoch halten wir den gewählten Zugang für wesentlich kürzer und konzeptionell eleganter. Hingegen ist der kurz angedeutete Ansatz in der Praxis gelegentlich einfacher zu handhaben.

Freie Gruppen werden benötigt, um Gruppen mit gewissen Eigenschaften zu konstruieren. Diese Eigenschaften treten in der Regel als Relationen auf, die Elemente einer Gruppe erfüllen sollen. Eine der ersten Gruppen dieser Bauart, die wir kennengelernt haben, war die Diedergruppe $\mathbb{D}_n$ (siehe 1.8), wo die Relationen (1.1) zum Tragen kommen. Aus Satz 6.11 folgt, dass sie das Bild einer freien Gruppe ist. Diesen Sachverhalt können wir nun explizit angeben. Es sei S eine Menge mit den Elementen s und t, und N_R der kleinste Normalteiler in $F(S)$, der

$$t^n, \ s^2, \ (st)^2$$

enthält. Dann ist

$$\mathbb{D}_n \simeq F(S)/N_R \ .$$

Um dies einzusehen, wenden wir die universelle Eigenschaft auf die Abbildung $f' \colon S \to \mathbb{D}_n, \ t \mapsto T, \ t^k s \mapsto T_{k+1}, \ 0 \leq k < n$, an. Der zugehörige Homomorphismus

$\varphi\colon F(S) \to \mathbb{D}_n$ faktorisiert über die Untergruppe N_R und liefert den gewünschten Isomorphismus.

Ein weiteres Beispiel betrifft die Gruppe $\mathrm{PSL}_2(\mathbb{Z}) = SL_2(\mathbb{Z})/\{\pm 1\}$. Diese Gruppe wird erzeugt von den Bildern σ, τ in $\mathrm{PSL}_2(\mathbb{Z})$ der Elemente

$$\begin{pmatrix} 0 & -1 \\ 1 & 0 \end{pmatrix}, \quad \begin{pmatrix} 1 & 1 \\ 0 & 1 \end{pmatrix},$$

deren Produkt gleich

$$\begin{pmatrix} 0 & -1 \\ 1 & 1 \end{pmatrix}$$

ist und in $\mathrm{PSL}_2(\mathbb{Z})$ das Element $\sigma\tau$ definiert. Diese Elemente genügen den Relationen

$$\sigma^2 = 1, \quad (\sigma\tau)^3 = 1.$$

Wie vorhin betrachten wir eine Menge $S = \{s, t\}$ mit zwei Elementen und die zugehörige freie Gruppe $F(S)$. Darin sei N_R der kleinste Normalteiler, der s^2, $(st)^3$ enthält. Dann [Se1] ist $F(S)/N_R \simeq \mathrm{PSL}_2(\mathbb{Z})$. Es ist klar, dass die Gruppen μ_2 und μ_3 der zweiten bzw. dritten Einheitswurzeln Untergruppen der Gruppe $\mathrm{PSL}_2(\mathbb{Z})$ sind.

Als letztes Beispiel definieren wir die *verallgemeinerten Quaternionengruppen* $Q(m, n, r, s)$, $m, n \geq 0$, $r, s \in \mathbb{Z}$. Diese Gruppen sind von zwei Elementen a, b erzeugt, die den Relationen

$$a^m = 1, \quad b^n = a^r, \quad bab^{-1} = a^s$$

genügen. Die Gruppen $Q(m, n, r, s)$ können wieder als Quotient einer freien Gruppe $F(S)$, erzeugt von einer Menge $S = \{u, v\}$ mit zwei Elementen nach dem kleinsten Normalteiler, geschrieben werden, der die Elemente

$$u^m, \quad v^n u^{-r}, \quad vuv^{-1}u^{-s}$$

enthält. Die Gruppe $Q = Q(4, 2, 2, -1)$ ist die Quaternionengruppe, die Gruppe $Q(n, 2, 0, -1)$ die Diedergruppe $\mathbb{D}_n$.

Übungsaufgaben

zu Abschnitt 6.3

1. Zeige, dass durch Gleichung (6.5) tatsächlich eine Gruppe definiert wird.
2. Zeige, dass für $g_1 \in G_1$, $g_2 \in G_2$ in $G_1 \times_\rho G_2$ gilt $g_2 g_1 = \rho(g_2)(g_1)g_2$.
3. Berechne das zu einem $g \in G_1 \rtimes G_2$ gehörende g^{-1}.
4. Zeige, dass ein internes semidirektes Produkt $N \rtimes H$ zweier Untergruppen N, H eine Darstellung $\rho\colon H \to \mathrm{Aut}(N)$ definiert.
5. Zeige, dass ein internes semidirektes Produkt $N \rtimes_\rho H$ zweier Untergruppen N, H genau dann ein internes direktes Produkt ist, wenn die Darstellung trivial ist.
6. Man beweise, dass eine abelsche Gruppe A genau dann die direkte Summe $A = A_1 \oplus \cdots \oplus A_n$ der Untergruppen $A_1, \ldots, A_n$ ist, wenn

$$A = A_1 + \cdots + A_n, \quad A_j \cap \bigoplus_{i<j} A_i = \{0\}$$

   gilt.
7. Es seien N, H Gruppen, $\rho\colon H \to \mathrm{Aut}(N)$ ein Homomorphismus und $G = N \times H$ das mengentheoretische Produkt von N und H. Zeige, dass die Verknüpfung $(n_1, h_1)(n_2, h_2) = (n_1\rho(h_1)(n_2), h_1 h_2)$ eine Gruppenoperation definiert, die G zum semidirekten Produkt aus N und H macht.
8. Bestimme alle möglichen semidirekten Produkte der Gruppen $\mathbb{Z}/2\mathbb{Z}$ und $\mathbb{Z}/3\mathbb{Z}$, in denen $\mathbb{Z}/3\mathbb{Z}$ normal ist. Wie sehen diejenigen aus, in denen $\mathbb{Z}/2\mathbb{Z}$ der Normalteiler ist? Was passiert, wenn man $\mathbb{Z}/3\mathbb{Z}$ und $\mathbb{Z}/2\mathbb{Z}$ durch $\mathbb{Z}/p\mathbb{Z}$ bzw. $\mathbb{Z}/q\mathbb{Z}$ ersetzt mit p, q prim?
9. Verfiziere alle Details für die Existenz des direkten Limes eines beliebigen direkten Systems von Gruppen. Zeige insbesondere, dass die auf G definierte Operation wohldefiniert und eine Gruppenoperation ist.
10. Zeige, dass der Kolimes eines direkten Systems von einfachen Gruppen entweder die triviale Gruppe oder eine einfache Gruppe ist.
11. Seien I, J gerichtete Mengen. Auf $I \times J$ definieren wir $(i,j) \leq (i',j') \Leftrightarrow i \leq i'$ und $j \leq j'$. Sei G_{ij} eine Familie von abelschen Gruppen zusammen mit einer gerichteten Familie von Homomorphismen (jeweils zur Indexmenge $I \times J$). Zeige, dass die iterieren Limiten existieren und kanonisch isomorph sind. Formuliere und beweise eine analoge Aussage für Kolimiten.

zu Abschnitt 6.6

9. Zeige, dass für $d = (m, r(s-1), s^n - 1)$ die Gruppe $Q(m, n, r, s)$ die Ordnung dn hat, wenn $m, r(s-1), s^n - 1$ nicht alle gleich Null sind.

10. Zeige, dass sich in einer verallgemeinerten Quaternionengruppe jedes Element w eindeutig in der Form $w = u^i v^j$ mit $0 \leq i \leq d - 1$, $0 \leq j \leq n - 1$ schreiben lässt.

11. Zeige, dass $\mathbb{D}_4$ nicht isomorph zu $\mathcal{Q}$ ist.

12. Bestimme die Quadrupel (m', n', r', s'), für die $Q(m', n', r', s') \simeq Q(m, n, r, s)$ ist.

7 Endlich erzeugte abelsche Gruppen

In diesem Kapitel bestimmen wir vollständig die Struktur einer endlich erzeugten abelschen Gruppe. Sie wird sich darstellen als eine direkte Summe einer freien abelschen Gruppe und von zyklischen Gruppen, deren Ordnung die Potenz einer Primzahl ist.

7.1 Freie abelsche Gruppen

Verlangt man in der Definition einer freien Gruppe zusätzlich, dass alle auftretenden Gruppen abelsch sind, so erhält man die *freien abelschen Gruppen*. Wir schreiben dann $A(S)$ statt $F(S)$. In diesem Fall lässt sich – wie wir gleich sehen werden – jedes Element von $A(S)$ eindeutig darstellen als eine Linearkombination von endlich vielen Elementen von S mit ganzrationalen Koeffizienten. Die freie abelsche Gruppe $A(S)$ werden wir als Bild der freien Gruppe $F(S)$ erkennen. Die einzigen Relationen sind von der Gestalt

$$st = ts\,, \quad s,t \in S.$$

Um daher die freie abelsche Gruppe zu konstruieren, betrachten wir in der freien Gruppe $F(S)$ die Kommutatoruntergruppe $[F(S), F(S)]$ von $F(S)$. Wir setzen

$$A(S) = F(S)/[F(S), F(S)]\,.$$

Diese Gruppe ist per constructionem kommutativ. Denn ist π die kanonische Projektion von $F(S)$ nach $A(S)$, so gilt offensichtlich

$$[\pi(g), \pi(h)] = \pi(g)\pi(h)\pi(g)^{-1}\pi(h)^{-1} = \pi([g,h]) = 1\,,$$

d. h. $\pi(g)$ und $\pi(h)$ kommutieren. Jedes Element von $A(S)$ ist aber von der Gestalt $\pi(g)$.

Satz 7.1 *Die Gruppe $A(S)$ zusammen mit der injektiven Abbildung $g\colon S \to A(S)$, die von der Abbildung $f\colon S \to F(S)$ induziert wird, ist eine freie abelsche Gruppe über der Menge S.*

Beweis Es sei A eine abelsche Gruppe und $f'\colon S \to A$ eine Abbildung. Wir müssen einen Homomorphismus $\psi\colon A(S) \to A$ konstruieren mit $\psi \circ g = f'$. Da $F(S)$ eine freie Gruppe ist, gibt es zu der Abbildung f' einen Homomorphismus $\varphi\colon F(S) \to A$ mit der gewünschten Eigenschaft. Da die Gruppe A abelsch ist, enthält der Kern der Abbildung φ die Kommutatoruntergruppe $[F(S), F(S)]$ und faktorisiert daher über die Gruppe $A(S)$. Dies ist die gewünschte Abbildung ψ. Die Injektivität von g ist klar. $\square$

© Springer Fachmedien Wiesbaden GmbH, ein Teil von Springer Nature 2020
G. Wüstholz und C. Fuchs, *Algebra*, Springer Studium Mathematik – Bachelor,
https://doi.org/10.1007/978-3-658-31264-0_10

Wie wir dies bei den freien Gruppen getan haben, können wir S mit seinem Bild identifizieren und die injektive Abbildung g unterschlagen. Eine Abbildung α: $S \to T$ bestimmt einen Homomorphismus $F(\alpha)$ zwischen den zugehörigen freien Gruppen, und dieser induziert einen Homomorphismus $A(\alpha)$: $A(S) \to A(T)$ zwischen den entsprechenden freien abelschen Gruppen.

Die freien abelschen Gruppen können sehr einfach beschrieben werden. Dazu betrachten wir die Gruppe $\mathbb{Z}^S = \{\delta: S \to \mathbb{Z}\}$ und darin die Untergruppe $\mathbb{Z}\langle S \rangle$ der $\delta: S \to \mathbb{Z}$ mit endlichem Träger, d. h. mit der Eigenschaft, dass $\delta(s) = 0$ für fast alle $s \in S$. Bezeichnen wir mit δ_s für $s \in S$ diejenige Funktion, die für s den Wert 1 und sonst den Wert 0 annimmt, so sind die Elemente von $\mathbb{Z}\langle S \rangle$ die endlichen Linearkombinationen $\sum_{s \in S} n_s \delta_s$ mit $n_s \in \mathbb{Z}$. Die Zuordnung $s \mapsto \gamma(s) := \delta_s$ definiert eine Abbildung $\gamma: S \to \mathbb{Z}\langle S \rangle$ und damit ein Paar $(\mathbb{Z}\langle S \rangle, \gamma)$ von der in der Definition einer freien abelschen Gruppe geforderten Art.

Satz 7.2 *Die Gruppe $\mathbb{Z}\langle S \rangle$ zusammen mit der Abbildung $\gamma: S \to \mathbb{Z}\langle S \rangle$ ist isomorph zur freien abelschen Gruppe $A(S)$.*

Beweis Wir müssen lediglich zeigen, dass $\mathbb{Z}\langle S \rangle$ die universelle Eigenschaft besitzt. Es sei daher $g': S \to A$ eine Abbildung von S in eine abelsche Gruppe. Wir definieren dann einen Homomorphismus $\varphi: \mathbb{Z}\langle S \rangle \to A$, indem wir $\varphi(\delta_s) := g'(s)$ setzen und linear fortsetzen. Die Abbildung φ besitzt offensichtlich die geforderten Eigenschaften. □

Im nächsten Lemma und im nachfolgenden Satz benötigt man in den Beweisen das Auswahlaxiom bzw. die transfinite Induktion, zwei Begriffe aus der Mengenlehre. Man kann dies vermeiden, wenn man sich auf endliche Mengen S beschränkt.

Lemma 7.3 *Es sei A eine abelsche Gruppe, $\psi: A \to A(S)$ ein surjektiver Homomorphismus und $B = \ker \psi$. Dann gibt es eine Untergruppe $C \subseteq A$, sodass $A = B \oplus C$ und ψ einen Isomorphismus $\psi': C \xrightarrow{\sim} A(S)$ induziert. Insbesondere folgt, dass $A \simeq B \oplus A(S)$ ist.*

Beweis Wegen der Surjektivität von ψ können wir eine Abbildung $f': S \to A$ mit $\psi \circ f' = f$ finden, wo f die Injektion von S nach $A(S)$ bezeichnet. Aufgrund der universellen Eigenschaft der freien abelschen Gruppe existiert ein Homomorphismus $\varphi: A(S) \to A$ mit $\varphi \circ f = f'$. Daraus folgt $\varphi \circ \psi \circ f' = \varphi \circ f = f'$ sowie $\psi \circ \varphi \circ f = \psi \circ f' = f$. Dies bedeutet, dass $\varphi \circ \psi|_{f'(S)} = \mathrm{id}_{f'(S)}$ sowie $\psi \circ \varphi|_{f(S)} = \mathrm{id}_{f(S)}$. Setzen wir $C = \varphi(A(S))$ und beachten wir, dass φ und ψ Homomorphismen sind, so gelten diese Identitäten sogar auf den von $f(S)$ und $f'(S)$ erzeugten Gruppen $A(S)$ und C, weswegen die letzte Behauptung bewiesen ist. Zum Beweis der ersten Behauptung definieren wir einen Homomorphismus $\iota: B \times C \to A$, indem wir für $a = (b, c) \in B \times C$ setzen $\iota(a) = b + c$. Ist $a \in \ker \iota$, so gilt $b + c = 0$, d. h. $c = -b \in B \cap C = \{0\}$ und somit

$a = 0$, d. h. ι ist injektiv. Ist $a \in A$, so setzen wir $b = a - \varphi(\psi(a))$. Dann gilt $\psi(b) = \psi(a) - \psi(\varphi(\psi(a))) = \psi(a) - \psi(a) = 0$, d. h. $b \in B$, und somit ist $a = b + c = \iota(b, c)$ mit $c \in C$ und ι surjektiv. $\qquad\square$

Satz 7.4 *Es sei (A, g) mit $g\colon S \to A$ eine freie abelsche Gruppe. Dann ist $|S|$ eindeutig bestimmt. Ist B eine Untergruppe einer über S endlich erzeugten freien abelschen Gruppe, so ist B von der Gestalt $A(T)$, d. h. frei abelsch, mit $|T| \le |S|$.*

Beweis Wegen Satz 7.2 können wir $A = \mathbb{Z}\langle S \rangle$ schreiben. Dann ist $A/2A$ ein Vektorraum über $\mathbb{Z}/2\mathbb{Z}$. Dieser Vektorraum besitzt die Basis $\lambda_s = \pi \circ \delta_s$, wobei $\pi\colon \mathbb{Z} \to \mathbb{Z}/2\mathbb{Z}$ die natürliche Projektion ist, und daher hat er die Dimension $|S|$. Da die Dimension eines Vektorraums eindeutig bestimmt ist, ist $|S|$ eindeutig bestimmt.

Den Beweis der zweiten Aussage führen wir durch Induktion über die Anzahl der Elemente von S. Ist $|S| = 1$ und $H \subseteq \mathbb{Z}$ eine Untergruppe, so ist $H = 0$ oder $H = a\mathbb{Z}$ für ein $a \ne 0$. In beiden Fällen ist dann die Aussage des Satzes richtig. Um den Induktionsschritt durchzuführen, wählen wir eine disjunkte Zerlegung von S in zwei nicht-leere Mengen S' und S'' mit $|S'| < |S|$ und $|S''| < |S|$. Die Inklusion von S' in S führt aufgrund von Satz 6.10 zu einer Injektion $\nu\colon A(S') \to A(S)$. Wir wählen eine Surjektion $\pi\colon A(S) \to A(S'')$ mit $\pi|_{S'} = 0$ und erhalten eine exakte Sequenz von freien abelschen Gruppen $0 \longrightarrow A(S') \overset{\nu}{\longrightarrow} A(S) \overset{\pi}{\longrightarrow} A(S'') \longrightarrow 0$. Ist $B \subseteq A(S)$ eine Untergruppe, so ist $B'' = \pi(B)$ nach Induktionsvoraussetzung von der Form $A(T'')$ für eine Menge T'' mit $|T''| \le |S''|$ und $B' = A(\nu)^{-1}(B)$ von der Gestalt $A(T')$ mit $|T'| \le |S'|$. Nach Lemma 7.3 folgt nun

$$B \simeq A(T') \oplus A(T'') \simeq A(T)$$

für die disjunkte Vereinigung T von T' und T''. $\qquad\square$

Die Anzahl der freien Erzeuger von A heißt der *Rang* von A, der nach Satz 7.4 eindeutig bestimmt ist.

Korollar 7.5 *Der Rang einer freien Gruppe G ist eindeutig bestimmt.*

Beweis Wir schreiben die Gruppe G in der Form $F(S)$ für eine Menge S und setzen $A(S) = F(S)/[F(S), F(S)]$. Dies ist eine freie abelsche Gruppe mit eindeutig bestimmtem Rang. Daher ist $|S|$ und somit auch der Rang von G eindeutig bestimmt. $\qquad\square$

7.2 Torsion in Gruppen

Elemente einer Gruppe G, die endliche Ordnung haben, heißen *Torsionselemente*. Ist g ein Torsionselement, so existiert demnach eine kleinste positive ganze Zahl n

mit $g^n = 1$, wenn die Verknüpfung multiplikativ, bzw. $ng = 0$, wenn die Verknüpfung additiv geschrieben wird. Im Allgemeinen ist die Menge der Torsionselemente G_t keine Untergruppe, wie das zweite Beispiel $\mathrm{PSL}_2(\mathbb{Z})$ in 6.6 zeigt. Besteht eine Gruppe nur aus Torsionselementen, so nennen wir sie eine *Torsionsgruppe*. Besitzt sie keine solchen Elemente, so heißt sie *torsionsfrei*.

Lemma 7.6   *Für eine abelsche Gruppe A ist A_t eine Untergruppe.*

Beweis   Das Element a habe die Ordnung $m \in \mathbb{N}$ und das Element b die Ordnung $n \in \mathbb{N}$. Dann ist die Ordnung von $a + b$ das kleinste gemeinsame Vielfache von n, m. $\square$

Eine Teilmenge $B \subseteq A$ einer abelschen Gruppe A heißt *linear unabhängig*, falls es keine nicht-triviale Relation der Gestalt

$$n_1\, b_1 + \cdots + n_k\, b_k = 0$$

mit $b_1, \ldots, b_k \in B$ und ganzen Koeffizienten $n_1, \ldots, n_k$ gibt.

Lemma 7.7   *Die von einer linear unabhängigen Teilmenge B erzeugte Untergruppe $\langle B \rangle$ einer abelschen Gruppe A ist isomorph zu $\mathbb{Z}\langle B \rangle$ und insbesondere frei.*

Beweis   Die Inklusionen von B in $\langle B \rangle$ und $\mathbb{Z}\langle B \rangle$ induzieren aufgrund der universellen Eigenschaft von $\mathbb{Z}\langle B \rangle$ einen Homomorphismus von $\mathbb{Z}\langle B \rangle$ auf $\langle B \rangle$. Wegen der linearen Unabhängigkeit von B ist dieser injektiv und daher ein Isomorphismus. $\square$

Satz 7.8   *Eine endlich erzeugte torsionsfreie abelsche Gruppe ist frei.*

Beweis   Wir wählen in einem endlichen Erzeugendensystem der abelschen Gruppe A eine maximale linear unabhängige Teilmenge B. Die von B erzeugte Untergruppe A_0 ist dann wegen Lemma 7.7 frei und A/A_0 eine endlich erzeugte, somit endliche Torsionsgruppe. Es sei e ein Exponent dieser Gruppe. Die Multiplikation mit e definiert einen Homomorphismus φ von A nach A_0. Dieser ist injektiv, da A als torsionsfrei vorausgesetzt war. Das Bild von φ ist als Untergruppe der freien Gruppe A_0 nach Satz 7.4 frei und somit auch A. $\square$

Wir können nun eine erste grobe Zerlegung endlich erzeugter abelscher Gruppen angeben.

Satz 7.9   *Eine endlich erzeugte abelsche Gruppe A zerfällt in die direkte Summe*

$$A = A_0 \oplus A_t$$

einer endlich erzeugten und freien Untergruppe A_0 und einer endlichen Torsionsuntergruppe A_t.

Beweis   Mit der Faktorgruppe $A_0 = A/A_t$, die ebenfalls endlich erzeugt ist, können wir eine kurze exakte Sequenz

$$0 \longrightarrow A_t \xrightarrow{\ i\ } A \xrightarrow{\ p\ } A_0 \longrightarrow 0$$

von Gruppen bilden. Die Gruppe A_0 ist torsionsfrei; denn ist $a' = p(a)$ ein Torsionselement in A_0, so gibt es ein $n \in \mathbb{N}$ mit $0 = na' = p(na)$. Es folgt $na \in A_t = \ker p$ und somit existiert ein $m \in \mathbb{N}$ mit $mna = m(na) = 0$. Infolgedessen gilt $a \in A_t = \ker p$, d. h. $a' = 0$. Daher ist A_0 torsionsfrei und nach Satz 7.8 frei. Die behauptete Zerlegung ergibt sich nun aus Lemma 7.3.   □

7.3 Struktur endlicher abelscher Gruppen

In diesem Abschnitt werden wir die Struktur von endlichen abelschen Gruppen A bestimmen. Es sei $A(p)$ die zur Primzahl p gehörende p-Sylow-Untergruppe von A. Diese ist eindeutig bestimmt, da A abelsch ist, und für fast alle p ist sie die triviale Gruppe.

Satz 7.10   *A ist direkte Summe der Gruppen $A(p)$, wobei p alle Primzahlen durchläuft. Es gilt also*

$$A = \bigoplus A(p) \ .$$

Beweis   Es ist klar, dass A die direkte Summe der Sylow-Untergruppen enthält, denn der Durchschnitt einer p-Sylow-Untergruppe und einer p'-Sylow-Untergruppe für $p \neq p'$ ist die triviale Gruppe. Deswegen brauchen wir nur zu zeigen, dass jedes Element $a \in A$ auch in der direkten Summe liegt. Es sei $|A| = p_1^{e_1} \cdots p_n^{e_n}$ die Primzahlzerlegung von $|A|$ und $q_i = |A|/p_i^{e_i}$, $i = 1, \ldots, n$. Nach 1.51 existieren ganze Zahlen $l_1, \ldots, l_n$ mit $1 = l_1 q_1 + \cdots + l_n q_n$. Das Element $a_i = q_i a$ liegt in $A(p_i)$, und es gilt $a = l_1 a_1 + \cdots + l_n a_n$. Daher liegt a tatsächlich in der direkten Summe.   □

Wir halten nun eine Primzahl p fest und untersuchen die Struktur abelscher p-Gruppen. Elemente $b_1, \ldots, b_r$ einer solchen Gruppe heißen eine *Basis,* wenn jedes Element der Gruppe sich auf genau eine Weise als

$$n_1 b_1 + \cdots + n_r b_r, \quad 0 \le n_j < \operatorname{ord} b_j,$$

schreiben lässt. Die Gruppe ist dann die direkte Summe der zyklischen Untergruppen $\langle b_j \rangle$. Ist umgekehrt die Gruppe eine direkte Summe von zyklischen Gruppen, so bilden Erzeugende dieser zyklischen Gruppen eine Basis der Gruppe. Der nachfolgende Satz besagt, dass eine abelsche p-Gruppe stets eine Basis besitzt.

Satz 7.11 *Eine abelsche p-Gruppe A ist isomorph zu einer direkten Summe*

$$(\mathbb{Z}/p^{r_1}\mathbb{Z}) \oplus (\mathbb{Z}/p^{r_2}\mathbb{Z}) \oplus \cdots \oplus (\mathbb{Z}/p^{r_n}\mathbb{Z})$$

zyklischer Gruppen mit $r_1 \geq r_2 \geq \ldots \geq r_n$. *Das n-Tupel* $(r_1, \ldots, r_n)$ *ist durch A eindeutig bestimmt.*

Beweis Die Untergruppen $p^j A$, $j = 0, 1, 2, \ldots$ bilden eine absteigende Folge von Untergruppen, die bei einem gewissen $n \geq 0$ abbricht. Wir zeigen induktiv, dass der Satz für $p^j A$ richtig ist, wenn er für $p^{j+1} A$ gültig ist. Dann gilt er für alle $p^j A$, insbesondere für A.

Trivialerweise ist der Satz für $p^n A = \{0\}$ richtig, sodass wir annehmen können, er gelte für die Gruppe pA. Multiplikation mit p ergibt einen Homomorphismus $a \mapsto pa$ von A nach A mit Bild pA. Die Untergruppe pA besitzt nach Induktionsvoraussetzung eine Basis b_1, b_2, $\ldots$, b_m und lässt sich deswegen als direkte Summe

$$pA = \bigoplus_{i=1}^{m} \langle b_i \rangle$$

schreiben. Nun wählen wir Elemente $a_i \in A$ mit $b_i = pa_i$, $1 \leq i \leq m$. Die von den zyklischen Gruppen $\langle a_i \rangle$ erzeugte Untergruppe A' von A ist eine direkte Summe, da es sonst ein l mit $1 \leq l < m$ gäbe mit

$$\langle a_{l+1} \rangle \cap (\langle a_1 \rangle + \cdots + \langle a_l \rangle) \neq \{0\}$$

(siehe Übungsaufgabe 6 zu Abschnitt 6.3). Dies führte zu einer Relation der Gestalt

$$s_{l+1} a_{l+1} = s_1 a_1 + \cdots + s_l a_l \tag{7.1}$$

mit nicht sämtlich verschwindenden ganzrationalen Koeffizienten.

Man kann annehmen, dass diese nicht alle durch p teilbar sind. Sonst bestünde eine entsprechende Relation zwischen den b_i, was nicht möglich ist. Multiplikation der Relation (7.1) mit p führte zu einer Relation zwischen den b_i mit nicht sämtlich verschwindenden Koeffizienten und die Zerlegung von pA wäre dann nicht direkt. Somit ist A' eine direkte Summe.

Ist $A' \neq A$, so gibt es ein Element $a \in A$, das nicht in A' liegt. Es gilt dann einerseits $b := pa \in pA$, andererseits $b = \sum s_i b_i = \sum s_i pa_i = p \sum s_i a_i = pa'$ für ein $a' \in A'$ aufgrund der Zerlegung von pA. Also liegt $c = a - a'$ nicht in A' und besitzt die Ordnung p. Es gilt daher $\langle c \rangle \cap A' = (0)$, und deswegen ist die Summe von $\langle c \rangle$ und A' direkt. Ist $A = A' \oplus \langle c \rangle$, so sind wir fertig. Andernfalls erhält man nach endlich vielen Wiederholungen des letzten Schritts die gewünschte direkte Zerlegung.

Die Eindeutigkeit von $(r_1, \ldots, r_n)$ ergibt sich aus dem Beweis für ihre Existenz. Ist nämlich $(s_1, \ldots, s_l)$ das zu pA gehörige eindeutig bestimmte l-Tupel und ist m die Dimension des Vektorraums A/pA über $\mathbb{F}_p$, so ist $r_j = s_j + 1$, $1 \leq j \leq l$ und $r_j = 1$, $l + 1 \leq j \leq l + m = n$ und damit eindeutig bestimmt.   □

Dieser Satz ist eine spezielle Form des Elementarteilersatzes aus der Theorie der Moduln über Hauptidealringen. Die Zerlegung ergibt eine „Basis" für die Gruppe A, indem man für jeden der zyklischen Faktoren $\mathbb{Z}/p^{r_j}\mathbb{Z}$ ein erzeugendes Element $b_j \in A$ wählt. Dann lässt sich jedes $a \in A$ eindeutig als „Linearkombination"

$$a = s_1 b_1 + \cdots + s_n b_n$$

mit $s_j \in \mathbb{Z}/p^{r_j}\mathbb{Z}$ schreiben.

Übungsaufgaben

zu Abschnitt 7.1

1. Sei A eine Untergruppe der abelschen Gruppe G. Zeige, dass A genau dann ein direkter Summand von G ist, wenn es einen Homomorphismus $p\colon G \to A$ gibt mit $p(a) = a$ für alle $a \in A$.

zu Abschnitt 7.2

2. Beweise, dass $A = \prod_p \mathbb{Z}/p\mathbb{Z}$ eine abelsche Gruppe ist, deren Torsionsuntergruppe A_t kein direkter Summand von A ist. Dazu kann man so vorgehen:

    (a) Zeige zunächst, dass kein $x = (x_p)$ in A existiert, das durch jede Primzahl p teilbar ist. (Dabei heißt $x \in A$ durch t teilbar, falls ein $y \in A$ existiert mit $ty = x$.)

    (b) Zeige, dass A/A_t ein Element ungleich 0 enthält, das durch jedes p teilbar ist, und konstruiere daraus einen Widerspruch zur Annahme $(A/A_t) \oplus A_t \simeq A$.

zu Abschnitt 7.3

3. Sei G eine endliche abelsche Gruppe und p^n die höchste Potenz der Primzahl p, die in $|G|$ aufgeht. Zeige, dass die p-Sylow-Untergruppe $G(p)$ von G für $m \geq n + 1$ isomorph zu G/G^{p^m} ist, wobei G^{p^m} das Bild von G unter der Abbildung $g \mapsto g^{p^m}$ ist.

4. Zeige, dass für Primzahlen p, q die Gruppe $(\mathbb{Z}/p\mathbb{Z}) \times (\mathbb{Z}/q\mathbb{Z})$ genau dann zyklisch ist, wenn $p \neq q$ gilt. Benutze dies, um zu zeigen, dass eine endliche abelsche Gruppe A genau dann zyklisch ist, wenn sie keine Untergruppe der Gestalt $(\mathbb{Z}/p\mathbb{Z}) \times (\mathbb{Z}/p\mathbb{Z})$ besitzt.

5. Klassifiziere alle abelschen Gruppen der Ordnung 360. Welche sind zyklisch?

6. Zeige, dass für jeden Teiler d der Ordnung einer endlichen abelschen Gruppe G eine Untergruppe der Ordnung d in G existiert.

7. Finde ein Beispiel dafür, dass die Aussage der vorigen Übung im Allgemeinen nicht richtig ist, wenn G nicht abelsch ist.

II Ringtheorie

8 Ringe

8.1 Grundlagen

In diesem Kapitel beginnen wir mit der Theorie von Ringen, die nach den Gruppen nächste wichtige algebraische Struktur mit vielfältigen Anwendungen in den verschiedensten mathematischen Theorien. Wie bei den Gruppen sind die Grundlage der Theorie die Axiome eines Ringes, die wir nun formulieren.

Ein *Ring* ist eine Menge R mit Operationen

$$+ : R \times R \to R$$

und

$$\cdot : R \times R \to R \,,$$

die folgende Eigenschaften besitzen:

(R1) R zusammen mit $+$ ist eine abelsche Gruppe,

(R2) $\forall x \in R \;\; \forall y \in R \;\; \forall z \in R: \;\; x \cdot (y \cdot z) = (x \cdot y) \cdot z \,,$

(R3) $\forall x \in R \;\; \forall y \in R \;\; \forall z \in R: \;\; (x+y) \cdot z = x \cdot z + y \cdot z, \quad z \cdot (x+y) = z \cdot x + z \cdot y \,.$

Gilt außerdem noch

(R4) $\exists 1 \in R \;\; \forall r \in R: \; 1 \cdot r = r = r \cdot 1 \,,$

so nennt man das Element 1 ein Einselement und den Ring einen Ring mit 1 oder *unitären* Ring. Falls zusätzlich noch

(R5) $\forall s \in R \;\; \forall r \in R: \; s \cdot r = r \cdot s \,,$

erfüllt ist, so erhält man einen *kommutativen* Ring.

Axiom **(R2)** in Definition 8.1 besagt, dass die Verknüpfung $\cdot$ assoziativ ist, und **(R3)**, dass die Verknüpfungen $+, \cdot$ distributiv sind. Wie bei Gruppen zeigt man, dass aus **(R4)** die Eindeutigkeit des Einselements folgt.

In Ringen gelten die üblichen Rechenregeln. Zum Beispiel ist

$$0 \cdot x = x \cdot 0 = 0$$

© Springer Fachmedien Wiesbaden GmbH, ein Teil von Springer Nature 2020
G. Wüstholz und C. Fuchs, *Algebra*, Springer Studium Mathematik – Bachelor,
https://doi.org/10.1007/978-3-658-31264-0_11

für alle $x \in R$; denn wir haben beispielsweise $0 \cdot x = (0+0) \cdot x = 0 \cdot x + 0 \cdot x$, d. h. $0 \cdot x = 0$. Weiter gilt für alle $x, y \in R$

$$(-x) \cdot y = -(x \cdot y) \ ;$$

dies folgt aus der Beziehung $(-x) \cdot y + x \cdot y = (-x + x) \cdot y = 0 \cdot y = 0$. Wegen $(-x) \cdot (-y) + (-(x \cdot y)) = (-x) \cdot (-y) + (-x) \cdot y = (-x) \cdot (-y + y) = 0$ erhält man außerdem

$$(-x) \cdot (-y) = x \cdot y$$

und deswegen auch

$$(-1) \cdot x = x \cdot (-1) = -x \ .$$

Mittels einer einfachen Rechnung verifiziert man schließlich die Gleichung

$$\left(\sum_{i=1}^{n} x_i \right) \cdot \left(\sum_{j=1}^{m} y_j \right) = \sum_{i=1}^{n} \sum_{j=1}^{m} x_i \cdot y_j \ ,$$

das allgemeine Distributivgesetz.

Ein Element x eines Ringes R mit Eins heißt eine *Einheit* von R, falls es ein $y \in R$ mit $x \cdot y = y \cdot x = 1$ gibt, und wir schreiben dann $y = x^{-1}$. Die Menge der Einheiten des Ringes R bezeichnen wir mit $R^{\times}$; sie bildet eine multiplikative Gruppe. Gilt in einem Ring $R^{\times} = R \smallsetminus \{0\}$, so nennt man den Ring einen *Schiefkörper*. Ein kommutativer Schiefkörper wird kurz *Körper* genannt.

Beispiel 8.1

(a) Die triviale Gruppe $\{0\}$ ist ein Ring. Man definiert ein Produkt durch $0 \cdot 0 = 0$. Diesen Ring nennt man den *Nullring*. Er ist unitär.

(b) Der Ring $\mathbb{Z}$ der ganzen Zahlen ist ein kommutativer Ring mit $\mathbb{Z}^{\times} = \{\pm 1\}$.

(c) Die Restklassengruppen $\mathbb{Z}/m\mathbb{Z}$, $m \in \mathbb{N}$, sind kommutative Ringe, in denen die Multiplikation zweier Restklassen durch

$$(a + m\mathbb{Z})(b + m\mathbb{Z}) := a \cdot b + m\mathbb{Z}$$

gegeben wird. (Man überlege sich, dass diese wohldefiniert ist).

(d) Die Menge $\mathcal{M}_{n \times n}(R)$ der $n \times n$-Matrizen mit Einträgen in R bildet einen Ring. Die Addition und die Multiplikation sind die Addition bzw. Multiplikation von Matrizen.

Beispiel 8.2

(a) G sei eine abelsche Gruppe. Die Endomorphismen

$$\operatorname{End}(G) = \{\varphi \colon G \to G; \ \forall g \ \forall h \colon \varphi(g + h) = \varphi(g) + \varphi(h)\}$$

von G bilden einen Ring, bei dem die Multiplikation zweier Endomorphismen φ_1, φ_2 die Hintereinanderausführung $\varphi_1 \circ \varphi_2$ der Endomorphismen ist und die Addition durch

$$(\varphi_1 + \varphi_2)(g) = \varphi_1(g) + \varphi_2(g)$$

gegeben ist.

(b) Ist M eine Menge und R ein Ring, so ist die Menge R^M der Abbildungen von M nach R ein Ring mit

$$\begin{aligned} (f + g)(x) &= f(x) + g(x)\,, \\ (f \cdot g)(x) &= f(x)\,g(x)\,. \end{aligned}$$

(c) In der Analysis betrachtet man Ringe von Funktionen der Form

$$C^k(U) = \{f\colon U \to \mathbb{R};\ f \text{ ist } k\text{-mal stetig differenzierbar}\}\,,$$

wobei $U \subseteq \mathbb{R}^n$ eine offene Teilmenge ist.

Beispiel 8.3 Ist G eine (multiplikative) Gruppe, so bezeichnen wir mit $A(G)$ die freie abelsche Gruppe, die durch die Menge $S = G$ definiert wird. Ihre Elemente können in der Gestalt $\sum n_g\, g$ geschrieben werden, wobei g die Gruppe durchläuft und die Koeffizienten n_g ganz und fast alle gleich Null sind. Man definiert eine Multiplikation auf $A(G)$, indem man

$$\left(\sum l_h\, h\right) \cdot \left(\sum m_k\, k\right) = \sum n_g\, g$$

mit

$$n_g = \sum_{hk=g} l_h m_k$$

setzt, und erhält dadurch einen unitären Ring. Dieser ist allerdings nicht kommutativ, außer wenn die Gruppe G es ist. Man nennt ihn den *Gruppenring* oder auch die *Gruppenalgebra* von G über $\mathbb{Z}$. Lässt man statt ganzer Koeffizienten allgemeiner Koeffizienten in einem beliebigen unitären Ring R zu, so erhält man den Gruppenring $R(G)$ von G über R. Er kann auf dieselbe Weise konstruiert werden wie die freien abelschen Gruppen $\mathbb{Z}\langle G\rangle$, indem überall $\mathbb{Z}$ durch R ersetzt wird.

8.2 Unterringe und Homomorphismen

Eine additive Untergruppe $R' \subseteq R$ eines Ringes R heißt *Unterring* von R, falls sie abgeschlossen bezüglich der Multiplikation ist. Falls R unitär ist, verlangen wir zusätzlich $1 \in R'$. So bilden die ganzen Zahlen beispielsweise einen Unterring der rationalen Zahlen oder die Diagonalmatrizen einen solchen im Matrizenring

$\mathcal{M}_{n \times n}(R)$. Ebenso bilden für $1 \leq i \leq n$ die Mengen R_i der Matrizen in $\mathcal{M}_{n \times n}(R)$, deren Einträge außer in der i-ten Spalte alle gleich Null sind, einen Unterring, der aber nicht unitär ist. Man erhält so Unterringe, die eine Produktzerlegung von $\mathcal{M}_{n \times n}(R)$ ergeben, wie wir gleich sehen werden. Ein weiteres Beispiel für einen Unterring ist das Zentrum $Z(R) = \{r \in R;\ \forall\, s \in R\colon rs = s\,r\}$ von R.

Ein *Ringhomomorphismus* zwischen zwei Ringen R, S ist eine Abbildung $\varphi\colon R \to S$ mit

$$\varphi(r + s) = \varphi(r) + \varphi(s)$$

und

$$\varphi(r \cdot s) = \varphi(r) \cdot \varphi(s)$$

für alle $r,\, s \in R$, sowie

$$\varphi(1) = 1,$$

falls R und S unitär sind. Das Urbild $\varphi^{-1}(0) \subseteq R$ eines Homomorphismus heißt der *Kern* von φ. Ein Ringhomomorphismus φ heißt ein *Isomorphismus,* wenn die Abbildung φ invertierbar ist; dann ist auch die Abbildung φ^{-1} ein Ringhomomorphismus. Das Bild $\varphi(R) \subseteq S$ eines Homomorphismus ist ein Unterring.

Ist $\Sigma \subseteq R$ eine beliebige Teilmenge eines unitären Ringes mit $1 \in \Sigma$, so bezeichnet man mit $R[\Sigma]$ den kleinsten Unterring von R, der Σ enthält. Wir nennen ihn den von der *Teilmenge Σ erzeugten Ring.* Für $\Sigma = \{1\}$ erhält man den kleinstmöglichen unitären Unterring $\mathbb{P}$ von R, den *Primring.* Da jeder unitäre Ring mit dem Einselement auch die von ihm erzeugte additive zyklische Untergruppe umfasst, enthält er ein homomorphes Bild von $\mathbb{Z}$, d. h. den Nullring, den Ring $\mathbb{Z}/n\mathbb{Z}$ oder $\mathbb{Z}$. Enthält er den Nullring, so ist er wegen **(R4)** gleich diesem. Insgesamt erhalten wir daher den

Satz 8.4 *Jeder unitäre Ring $R \neq 0$ enthält einen Unterring $\mathbb{P}$, der entweder zu $\mathbb{Z}$ oder zu $\mathbb{Z}/n\mathbb{Z}$ isomorph ist.*

Mit Hilfe des Primringes definiert man nun die *Charakteristik* eines unitären Ringes $R \neq 0$ durch

$$\operatorname{char}(R) = \begin{cases} 0 & \text{wenn } \mathbb{P} = \mathbb{Z}\,, \\ n & \text{wenn } \mathbb{P} = \mathbb{Z}/n\mathbb{Z}\,. \end{cases}$$

Es sei p eine Primzahl und R ein kommutativer Ring der Charakteristik p. Wir definieren die Abbildung $\operatorname{Frob}_p\colon R \to R$ durch $\operatorname{Frob}_p(x) = x^p$, $x \in R$. Nach dem Satz von Lagrange gilt $\operatorname{Frob}_p(x) = x$ für alle $x \in \mathbb{P}$.

Lemma 8.5 *Für alle m mit $1 \leq m \leq p-1$ gilt $p \,|\, \binom{p}{m}$.*

Beweis   Wir führen Induktion über m durch. Für $m = 1$ ist die Aussage wegen $\binom{p}{m} = p$ klar. Es sei also $\binom{p}{m} \in p\mathbb{Z}$ für $m < p - 1$. Es gilt nach Induktionsvoraussetzung

$$(m + 1)\binom{p}{m + 1} = (p - m)\binom{p}{m} \in p\mathbb{Z}$$

und wegen $(m + 1, p) = 1$ folgt $\binom{p}{m+1} \in p\mathbb{Z}$.   □

Die Abbildung Frob$_p$ ist ein Ringhomomorphismus, denn es gilt

$$(xy)^p = x^p y^p$$

sowie

$$(x + y)^p = \sum_{m=0}^{p} \binom{p}{m} x^m y^{p-m} = x^p + y^p$$

wegen Lemma 8.5. Der Homomorphismus Frob$_p$ heißt *Frobenius-Homomorphismus*. Er spielt in der Galois-Theorie eine sehr wichtige Rolle.

8.3 Produkte von Ringen

Von nun an nehmen wir an, dass sämtliche Ringe unitär und vom Nullring verschieden sind.

Das mengentheoretische Produkt (siehe 6.1) $R = R_1 \times \cdots \times R_n$ von (unitären) Ringen $R_1, \ldots, R_n$ kann mit einer Ringstruktur versehen werden. Seine Elemente sind Abbildungen r von der Menge $\{1, \ldots, n\}$ in die disjunkte Vereinigung der R_i mit $r_i := r(i) \in R_i$, und die Summe bzw. das Produkt zweier Elemente r, s ist einfach die Summe bzw. das Produkt der Abbildungen, d. h. gegeben durch $(r + s)(i) := r(i) + s(i)$ bzw. $(rs)(i) := r(i)s(i)$. Etwas konkreter, aber weniger elegant, kann man r und s in der Form $(r_1, \ldots, r_n)$, $(s_1, \ldots, s_n)$ schreiben, die dann addiert bzw. multipliziert werden, indem die Komponenten addiert bzw. multipliziert werden. Es gibt kanonische Injektionen der Ringe R_i nach R. Diese ordnen einem $r_i \in R_i$ das n-Tupel zu, dessen Koordinaten gleich r_i an der i-ten Stelle und sonst überall gleich Null sind. Sind alle R_i unitär, schreibt man e_i für das Bild in R von $1 \in R_i$ und setzt man $1 = (1, \ldots, 1)$, so wird R ebenfalls ein unitärer Ring. Es gilt

$$\begin{aligned} 1 &= e_1 + \cdots + e_n, \\ e_j^2 &= e_j, \quad e_j e_k = 0, \quad j \neq k. \end{aligned} \tag{8.1}$$

Da das Einselement im Zentrum eines Ringes liegt und die einzige von Null verschiedene Komponente von e_j das Einselement von R_j ist, sind alle e_j im Zentrum von R enthalten.

Wir nennen ein Element $e \neq 0$ eines Ringes R ein *idempotentes* Element, falls $e^2 = e$ gilt, und ein *zentrales idempotentes* Element, falls es im Zentrum des

Ringes liegt. Idempotente Elemente e, f mit $ef = 0 = fe$ heißen *orthogonal*. Die Darstellung $1 = e_1 + \cdots + e_n$ von vorhin liefert somit eine Zerlegung der Eins als Summe von paarweise orthogonalen zentralen Idempotenten.

Kann man umgekehrt in einem unitären Ring R das Einselement wie in 8.1 als Summe von paarweise orthogonalen zentralen Idempotenten schreiben, so ergibt sich eine Zerlegung des Ringes als Produkt von unitären Unterringen. Dazu definieren wir $R_j = Re_j$, $j = 1, 2, \ldots, n$, und erhalten Unterringe von R mit Einselementen e_j, da die e_j paarweise orthogonale Idempotente im Zentrum von R sind. Die Abbildung

$$\iota: \quad \begin{array}{ccc} \prod R_j & \longrightarrow & R\,, \\ (r_1, \ldots, r_n) & \longmapsto & r_1 + \cdots + r_n \end{array}$$

ist ein Ringhomomorphismus. Da sich jedes $r \in R$ schreiben lässt als

$$r = r \cdot 1 = re_1 + \cdots + re_n = \iota(re_1, \ldots, re_n)\,,$$

ist er surjektiv. Nun beachten wir, dass $R_j e_k = 0$ für $k \neq j$ gilt und dass e_j das Einselement in R_j ist. Ist $r_1 + \cdots + r_n = 0$, so folgt daher $0 = (r_1 + \cdots + r_n)e_j = r_j e_j = r_j$ wegen **(R4)**, sodass ι auch injektiv ist. Wir fassen dies in einem Satz zusammen.

Satz 8.6 *In einem unitären Ring R sind folgende Aussagen äquivalent:*
  (i) *R ist direktes Produkt von unitären Ringen $R_1, \ldots, R_n$,*
  (ii) *das Einselement von R lässt sich als Summe von paarweise orthogonalen zentralen Idempotenten schreiben.*

Beispiel 8.7 In dem Ring $R = \mathcal{M}_{2,2}(\mathbb{Z}/2\mathbb{Z})$ mit Einselement $1 = \left(\begin{smallmatrix} 1 & 0 \\ 0 & 1 \end{smallmatrix}\right)$ liefern die Elemente $e = \left(\begin{smallmatrix} 1 & 0 \\ 0 & 0 \end{smallmatrix}\right)$ und $f = \left(\begin{smallmatrix} 0 & 0 \\ 0 & 1 \end{smallmatrix}\right)$ eine Zerlegung der 1 der Gestalt $1 = e + f$ in paarweise orthogonale Idempotente. Diese sind jedoch nicht zentral, wie ein Test mit der Matrix $\left(\begin{smallmatrix} 0 & 1 \\ 1 & 0 \end{smallmatrix}\right)$ zeigt. Daher sind die abelschen Gruppen $I = Re$ und $J = Rf$ keine Ringe, aber es gilt $R = I \oplus J$. Allerdings ist offensichtlich $RI \subseteq RI$ und $RJ \subseteq RJ$, und das bedeutet, dass I und J Linksideale sind. Was das ist, werden wir gleich sehen.

8.4 Ideale und Faktorenringe

Eine additive Untergruppe $I \subseteq R$ eines Ringes R heißt *Linksideal*, falls $R \cdot I \subseteq I$ gilt, *Rechtsideal*, falls $I \cdot R \subseteq I$, und *zweiseitiges Ideal*, falls die Untergruppe sowohl Links- als auch Rechtsideal ist. Hier sind $R \cdot I$ und $I \cdot R$ die Mengen der Produkte.

Linksideale, Rechtsideale und zweiseitige Ideale nennen wir kurz auch Ideale, falls der Kontext es nicht ratsam erscheinen lässt, eine Spezifizierung vorzunehmen. Zum Beispiel ist der Kern eines Ringhomomorphismus $\varphi \colon R \to R'$

ein zweiseitiges Ideal. Ebenso ist für ein beliebiges Element $a \in R$ die Menge $Ra = \{ra;\ r \in R\}$ ein Links-, $aR = \{ar;\ r \in R\}$ ein Rechtsideal in R. Mit (a) wird üblicherweise das von a erzeugte zweiseitige Ideal RaR bezeichnet, d. h. das kleinste zweiseitige Ideal, das a enthält. Man nennt solche Ideale *Hauptideale*, genauer Links-Hauptideale, Rechts-Hauptideale bzw. zweiseitige Hauptideale. Im Allgemeinen ist nicht jedes Ideal ein Hauptideal. Die Frage, wann dies der Fall ist und wann nicht, ist ein interessantes mathematisches Problem, das wir später noch einmal aufgreifen werden.

Ist $I \subseteq R$ ein Ideal in R, so ist I a fortiori eine additive Untergruppe der abelschen Gruppe R, wenn man die multiplikative Struktur von R vergisst. Demzufolge bildet die Menge $R/I := \{r + I;\ r \in R\}$ eine Gruppe, die Quotientengruppe. Es stellt sich sofort die Frage, ob diese Quotientengruppe sogar ein Ring ist. Man sieht ziemlich leicht, dass dies nicht immer so ist, da der Ring nicht notwendigerweise kommutativ ist. Dies verhindert i. A., dass die Multiplikation von R auf der Quotientengruppe R/I eine multiplikative Struktur induziert. Ist I aber ein zweiseitiges Ideal, so ist dies doch der Fall, wie der folgende Satz zeigt.

Satz 8.8 *Es sei $I \subseteq R$ ein zweiseitiges Ideal. Dann ist R/I ein Ring und die Quotientenabbildung $\pi\colon R \to R/I$, $r \mapsto r + I$ ein Ringhomomorphismus.*

Beweis Die Addition von Restklassen macht R/I zu einer abelschen Gruppe, wie wir bereits gesehen haben. Wir definieren eine Multiplikation auf R/I, indem wir $(r + I) \cdot (r' + I) = rr' + I$ setzen. Es muss gezeigt werden, dass diese Verknüpfung wohldefiniert, d. h. unabhängig von der Wahl der Repräsentanten r, r' ist. Sind s, s' weitere Repräsentanten der Restklassen $r + I$, $r' + I$, so gilt $t = r - s$, $t' = r' - s' \in I$. Beachtet man, dass I zweiseitig ist, so folgt daraus

$$
\begin{aligned}
rr' + I &= (s + t)(s' + t') + I \\
&= ss' + ts' + st' + tt' + I \\
&= ss' + I
\end{aligned}
$$

und deswegen die Unabhängigkeit von der Wahl des Repräsentanten. Zusammen mit dieser Multiplikation ist R/I offensichtlich ein Ring und die Restklassenabbildung $\pi : r \mapsto r + I$ ein Homomorphismus.   □

Man nennt den so definierten Ring R/I den *Faktorring* von R nach dem (zweiseitigen) Ideal I. Der Faktorring wird auch manchmal als Quotientenring bezeichnet, was wir hier aber nicht tun, um eine Verwechslung mit dem Quotientenring aus dem späteren Kapitel über Lokalisierung (siehe Kapitel 9) zu vermeiden. Dem Faktorring ist man im Prinzip schon bei der Konstruktion des Restklassenringes $\mathbb{Z}/n\mathbb{Z}$ begegnet. Er besitzt die folgende universelle Eigenschaft:

Satz 8.9 *Es sei $I \subseteq R$ ein zweiseitiges Ideal und $\varphi\colon R \to R'$ ein Ringhomo-*

morphismus mit $I \subseteq \ker \varphi$. Dann gibt es einen eindeutigen Homomorphismus φ_*:
$R/I \to R'$ mit $\varphi = \varphi_* \circ \pi$, d. h. folgendes Diagramm wird kommutativ:

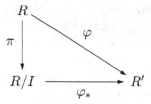

Beweis Um die Kommutativität des Diagramms zu erzwingen, müssen wir notwendigerweise die Abbildung φ_* als $\varphi_*(r + I) := \varphi(r)$ definieren. Da $I \subseteq \ker \varphi$ gilt, wissen wir, dass φ_* ein wohldefinierter Gruppenhomomorphismus von R/I nach R' ist. Es bleibt zu zeigen, dass φ_* ein Ringhomomorphismus ist. Da I ein zweiseitiges Ideal ist, ergibt sich dies aber direkt aus der Definition der Abbildung. □

Folglich induziert ein Ringhomomorphismus $\varphi \colon R \to R'$ einen Ringisomorphismus

$$R/\ker \varphi \simeq \operatorname{im} \varphi \,.$$

Für surjektive Homomorphismen steht die Menge der Ideale von R' in Bijektion mit der Menge der Ideale von R, die den Kern von φ enthalten.

Sind $I, J \subseteq R$ Linksideale in R, so überlegt man sich sofort, dass der Durchschnitt $I \cap J$ sowie die Summe $I + J := \{a + b;\ a \in I, b \in J\}$ die gleiche Eigenschaft besitzt. Analoges gilt für Rechtsideale. Ist I ein Links- und J ein Rechtsideal, so ist das Produkt

$$IJ := \Big\{ \sum_{i=1}^{n} a_i b_i;\ a_i \in I,\ b_i \in J,\ n \in \mathbb{N} \Big\}$$

ein zweiseitiges Ideal. Wir halten fest, dass für Ideale $I, J_1, J_2 \subseteq R$ wie oben das Produkt

$$I(J_1 + J_2) = IJ_1 + IJ_2$$

distributiv ist und

$$IJ \subseteq I \cap J$$

für Linksideale I und Rechtsideale J gilt. Wenn I und J zweiseitige Ideale sind, dann ist dies eine Inklusion von zweiseitigen Idealen.

Wir erwähnen noch, dass jedes Ideal des Faktorrings R/I von der Form J/I für ein eindeutig bestimmtes Ideal J mit $I \subseteq J \subseteq R$ ist. Genauer gilt: Ist $I \subseteq R$ ein zweiseitiges Ideal in einem Ring R, dann ist durch $J \mapsto J/I = \{a + I;\ a \in J\}$ eine inklusionserhaltende Bijektion zwischen den I enthaltenden Idealen von R und den Idealen von R/I gegeben. Die Umkehrabbildung lässt sich durch $J' \mapsto \{a;\ a + I \in J'\} = \{a;\ a + I = b + I \text{ für ein } b \in J'\}$ angeben.

8.5 Ideale in kommutativen Ringen

Von nun an nehmen wir an, dass alle Ringe kommutativ sind. Wir merken jedoch an, dass vieles von dem, was wir im folgenden behandeln, auch für nichtkommutative Ringe definiert und gültig ist.

Ein Ideal $\mathscr{P} \subset R$ wird *Primideal* genannt, wenn für alle $r, s \in R$ aus $rs \in \mathscr{P}$ folgt, dass $r \in \mathscr{P}$ oder $s \in \mathscr{P}$. Primideale verallgemeinern den Begriff einer Primzahl, denn ein Hauptideal $p\mathbb{Z}$ in $\mathbb{Z}$ ist genau dann ein Primideal, wenn $p = 0$ gilt oder wenn p eine Primzahl ist. Eine positive ganze Zahl m teilt eine positive ganze Zahl n genau dann, wenn das Ideal $n\mathbb{Z}$ in dem Ideal $m\mathbb{Z}$ enthalten ist. Der Begriff *Teilbarkeit* in $\mathbb{Z}$ entspricht bei Idealen demnach dem Begriff *Inklusion*, d. h. es gilt $m \mid n$ genau dann, wenn $n\mathbb{Z} \subseteq m\mathbb{Z}$. Ist R ein beliebiger Ring und sind $I, J \subseteq R$ Ideale, nennen wir in Analogie I einen Teiler von J und schreiben dafür $I \mid J$ genau dann, wenn $I \supseteq J$.

Ein Element $0 \neq x \in R$ heißt *Nullteiler*, wenn es ein $0 \neq y \in R$ gibt mit $xy = 0$, und es wird *nilpotent* genannt, wenn es eine ganze Zahl $n > 0$ gibt mit $x^n = 0$. Ein Ring ohne Nullteiler, in dem $1 \neq 0$ gilt, heißt *Integritätsbereich* oder auch *nullteilerfrei*.

Beispiel 8.10

(a) Im Ring $\mathbb{Z}/6\mathbb{Z}$ sind die Restklassen von 2 und 3 Nullteiler, jedoch nicht nilpotent, da keine Potenz von ihnen durch 6 geteilt wird. In $\mathbb{Z}/8\mathbb{Z}$ ist die Restklasse von 2 ebenso wie die von 4 ein nilpotenter Nullteiler.

(b) Im Ring $C^k(U)$ gibt es Nullteiler, z. B. wenn die offene Menge U nicht zusammenhängend ist. Sind in diesem Fall V, V' Zusammenhangskomponenten von U, so enthält $C^k(U)$ die Ringe $C^k(V), C^k(V')$ als Unterringe, wenn man ihre Elemente durch Null auf den Komplementen von V, V' in U fortsetzt. Es gilt dann $fg = 0$ für $0 \neq f \in C^k(V)$ und $0 \neq g \in C^k(V')$, d. h. alle Elemente von $C^k(V)$ bzw. $C^k(V')$ sind Nullteiler.

Satz 8.11 *Ein Ideal $\mathscr{P} \subset R$ ist genau dann ein Primideal, wenn $R/\mathscr{P}$ ein Integritätsbereich ist.*

Beweis Der Quotientenring $R/\mathscr{P}$ ist genau dann ein Integritätsbereich, wenn aus $(r + \mathscr{P})(s + \mathscr{P}) = \mathscr{P}$, d. h. $rs \in \mathscr{P}$, folgt $r + \mathscr{P} = \mathscr{P}$ oder $s + \mathscr{P} = \mathscr{P}$, also $r \in \mathscr{P}$ oder $s \in \mathscr{P}$. Dies ist jedoch äquivalent dazu, dass $\mathscr{P}$ ein Primideal ist. $\square$

Wir nennen ein Ideal $\mathcal{Q}$ ein *Primärideal*, falls in $R/\mathcal{Q}$ alle Nullteiler nilpotent sind. Ein Ideal $\mathcal{M} \subset R$ heißt *maximales Ideal*, falls für alle Ideale $I \subseteq R$ mit $\mathcal{M} \subseteq I$ gilt $I = \mathcal{M}$ oder $I = R$. Wir haben einen Ring R einen Körper genannt, wenn $R^{\times} = R \setminus \{0\}$. Man schließt sofort, dass es in einem Körper keine vom Nullideal und vom Ring selbst verschiedenen, d. h. nicht-triviale Ideale gibt. Denn ist R ein Körper, $I \neq (0)$ ein Ideal in R und $r \neq 0$ ein Element von I, so liegt auch $1 = rr^{-1}$ in I. Also gilt $(1) = R \subseteq I$, d. h. $R = I$. Es gilt auch die Umkehrung:

ist $r \neq 0$ ein Element von R, so folgt $(r) \neq (0)$ und daher $(r) = R$. Deswegen gilt $1 \in (r)$, d. h. es existiert ein $s \in R$ mit $rs = 1$, und daraus folgt $r \in R^\times$ für alle $0 \neq r \in R$. Dies bedeutet, dass R ein Körper ist. Beachtet man noch, dass die Menge der Ideale eines Quotientenringes R/I in Bijektion mit der Menge der Ideale von R steht, die I enthalten, so ergibt sich sofort der folgende Satz:

Satz 8.12

(i) *Ein Ring ist genau dann ein Körper, wenn er keine echten nicht-trivialen Ideale besitzt.*

(ii) *In einem Ring R ist ein Ideal $\mathcal{M}$ genau dann maximal, wenn $R/\mathcal{M}$ ein Körper ist.*

Aus dem Satz folgern wir, dass maximale Ideale insbesondere auch Primideale sind.

Beispiel 8.13

(a) Im Ring der ganzen Zahlen haben Ideale die Gestalt $m\mathbb{Z}$, Primideale sind die Ideale $\{0\}$ und $p\mathbb{Z}$ für Primzahlen p, Primärideale solche der Gestalt $p^n\mathbb{Z}$, $n > 0$.

(b) Die maximalen Ideale sind die Primideale $p\mathbb{Z}$ für Primzahlen p. Insbesondere sind die Quotientenringe $\mathbb{Z}/p\mathbb{Z}$ endliche Körper, die wir auch mit $\mathbb{F}_p$ bezeichnen.

Es stellt sich nun die Frage, ob es überhaupt maximale Ideale gibt. Die Antwort wird durch das sogenannte *zornsche Lemma* gegeben. Dieses ist eine Konsequenz eines fundamentalen Axioms aus der axiomatischen Mengenlehre. Um das zornsche Lemma formulieren zu können, müssen wir kurz etwas ausholen.

Es sei M eine Menge. Eine Teilmenge $\mathcal{R} \subseteq M \times M$ heißt eine *Relation*. Zwei Elemente $k, l \in M$ stehen miteinander in Relation und man schreibt $k\mathcal{R}l$, wenn $(k, l) \in \mathcal{R}$ gilt. Eine Relation wird eine *Ordnungsrelation* oder kurz *Ordnung* genannt, falls für alle $r, s, t \in M$ gilt

(i) $r\mathcal{R}r$,

(ii) $r\mathcal{R}s$ und $s\mathcal{R}r$ impliziert $r = s$,

(iii) aus $r\mathcal{R}s$ und $s\mathcal{R}t$ folgt $r\mathcal{R}t$.

Man schreibt kurz $r \leq s$ statt $r\mathcal{R}s$ und nennt eine Menge, auf der eine Ordnungsrelation definiert ist, eine *geordnete Menge*. Eine geordnete Menge M heißt *total geordnet*, wenn für je zwei Elemente $r, s \in M$ gilt $r \leq s$ oder $s \leq r$. Ist $S \subseteq M$ eine Teilmenge, so nennt man ein Element $m \in M$ eine *obere Schranke* von S, falls für alle $s \in S$ gilt $s \leq m$. Ein Element $m \in M$ wird *maximal* genannt, falls für alle $r \in M$ mit $m \leq r$ gilt $r = m$. Über die Existenz von maximalen Elementen gibt das zornsche Lemma Auskunft [CoP].

Satz 8.14 (Zornsches Lemma) *Es sei M eine nicht-leere geordnete Menge mit Ordnungsrelation $\leq$, in der jede total geordnete Teilmenge eine obere Schranke besitzt. Dann existiert in M ein maximales Element.*

Damit beweisen wir nun die Existenz von maximalen Idealen.

Satz 8.15   *Jedes Ideal $I \subset R$ ist in einem maximalen Ideal enthalten.*

Beweis   Die Relation $\subseteq$ definiert eine Ordnung $\leq$ auf der Menge M der echten Ideale von R, die I umfassen. Dazu setzt man $J \leq J'$ genau dann, wenn $J \subseteq J'$ gilt. Es sei $\mathcal{T}$ eine total geordnete Teilmenge der Menge. Dann ist

$$\mathcal{J} = \bigcup_{J \in \mathcal{T}} J$$

in M (siehe Übungsaufgaben) und eine obere Schranke. Nach dem Lemma von Zorn besitzt die Menge M ein maximales Element, das dann ein maximales Ideal ist. $\square$

Wir kommen zum Schluss noch einmal auf die Charakteristik eines Ringes zurück.

Satz 8.16   *Ist der Ring R unitär und nullteilerfrei, so ist seine Charakteristik entweder 0 oder eine Primzahl.*

Beweis   Sei $n \neq 0$ die Charakteristik von R. Dann ist $\mathbb{Z}/n\mathbb{Z}$ isomorph zum Primring, der in R enthalten ist. Da R nullteilerfrei ist, ist der Primring nullteilerfrei und daher n eine Primzahl. $\square$

8.6 Der chinesische Restsatz

Ein Ideal $I \subseteq R$ in einem kommutativen Ring R definiert eine Kongruenzrelation, die ein Beispiel für eine Äquivalenzrelation darstellt: zwei Elemente $r, s \in R$ heißen kongruent modulo I und man schreibt dafür $r \equiv s \pmod{I}$, falls $r - s \in I$. Das Ideal I nennt man den Modul. Ein bereits bekanntes Beispiel ist der Fall $R = \mathbb{Z}$, $I = m\mathbb{Z} \subseteq \mathbb{Z}$. Dann bedeutet $r \equiv s \pmod{m}$, dass r und s den gleichen Rest bei der Division durch m haben.

Der *chinesische Restsatz,* den wir nun formulieren und beweisen wollen, ist ein wichtiges technisches Hilfsmittel in der Ringtheorie. Er beinhaltet, dass man unter gewissen Bedingungen anstelle einer Kongruenz vorteilhafterweise ein System von simultanen Kongruenzen lösen kann. In seiner einfachsten Form wurde er von dem Chinesen Sun Tsu etwa 350 n. Chr. entdeckt. Der chinesische Restsatz ist von fundamentaler Bedeutung für praktische Berechnungen mit Hochleistungscomputern. Denn Berechnungen in Computern laufen darauf hinaus, in Ringen der Gestalt $\mathbb{Z}/m\mathbb{Z}$ zu rechnen, wobei m eine große ganze Zahl, der Modul, ist.

Der chinesische Restsatz gestattet es in vielen Fällen, diesen großen Modul durch ein System von vielen kleineren Moduln zu ersetzen. Dies macht Berechnungen wesentlich schneller. Für eine Diskussion dieses Aspekts verweisen wir auf die Literatur [Gra].

Satz 8.17 (Chinesischer Restsatz) R *sei ein kommutativer Ring,* $x_1, \ldots, x_n$ *Elemente aus* R *und* $I_1, I_2, \ldots, I_n$ *seien Ideale mit* $I_i + I_j = R$ *für* $i \neq j$. *Dann gibt es ein* $x \in R$ *mit*

$$x \equiv x_i \pmod{I_i}$$

für $1 \leq i \leq n$.

Beweis Wir halten ein i mit $1 \leq i \leq n$ fest. Da nach Voraussetzung $I_i + I_j = R$ für $i \neq j$ gilt, gibt es Elemente $a_i \in I_i$, $b_j \in I_j$ mit $a_i + b_j = 1$ für $j \neq i$ und $1 \leq j \leq n$. Deswegen gilt

$$1 = \prod_{j \neq i}(a_i + b_j) \in I_i + \prod_{j \neq i} I_j.$$

Daraus erhalten wir eine Darstellung der Eins in der Form $1 = y_i + z_i$ mit $y_i \in I_i$, $z_i \in \prod_{j \neq i} I_j$, sodass

$$z_i \equiv 1 \pmod{I_i},$$
$$z_i \equiv 0 \pmod{I_j}, \quad j \neq i \,.$$

Das Element

$$x = x_1 z_1 + x_2 z_2 + \cdots + x_n z_n$$

ist eine Lösung des vorgegebenen Systems von Kongruenzen. $\square$

Aus dem chinesischen Restsatz erhalten wir sofort das folgende

Korollar 8.18 *Sind* $I_1, I_2, \ldots, I_n \subseteq R$ *Ideale in einem Ring* R *mit* $I_i + I_j = R$ *für* $i \neq j$, *so gibt es einen kanonischen Isomorphismus*

$$R/(I_1 \cap I_2 \cap \cdots \cap I_n) \simeq R/I_1 \times R/I_2 \times \cdots \times R/I_n \,.$$

Beweis Die Abbildung, die einem Element $x \in R$ seine Reste $x_i \pmod{I_i}$ zuordnet, ist ein Homomorphismus von R in das direkte Produkt der Ringe $R_i = R/I_i$, der nach dem Satz surjektiv ist. Ihr Kern besteht offensichtlich aus der Menge der x, für die $x \equiv 0 \pmod{I_i}$ für alle i ist, d. h. für die $x \in I_1 \cap I_2 \cap \ldots \cap I_n$ gilt. $\square$

Im einfachsten Fall sind $R = \mathbb{Z}$ und $m_1, m_2, \ldots, m_n$ paarweise teilerfremde natürliche Zahlen mit $m = m_1 m_2 \cdots m_n$. Dann gilt

$$\mathbb{Z}/m\mathbb{Z} \simeq (\mathbb{Z}/m_1\mathbb{Z}) \times (\mathbb{Z}/m_2\mathbb{Z}) \times \cdots \times (\mathbb{Z}/m_n\mathbb{Z}) \,.$$

Ist insbesondere

$$m = \prod_i p_i^{r_i}$$

die Zerlegung von m in das Produkt von Potenzen der verschiedenen Primteiler, so erhalten wir einen Ringisomorphismus

$$\mathbb{Z}/m\mathbb{Z} \simeq \prod_i \mathbb{Z}/p_i^{r_i}\mathbb{Z} \,.$$

Beispiel 8.19 Wir schließen diesen Abschnitt mit einem kleinen Beispiel. Dazu wählen wir $m_1 = 2$, $m_2 = 3$, $m_3 = 5$, sodass $m = 30$ und $\mathbb{Z}/30\mathbb{Z} \simeq (\mathbb{Z}/2\mathbb{Z}) \times (\mathbb{Z}/3\mathbb{Z}) \times (\mathbb{Z}/5\mathbb{Z})$. Es gilt dann

$$17 = (1,2,2), \quad 29 = (1,2,4)$$

und

$$17 \cdot 29 = (1,2,2) \cdot (1,2,4) = (1,1,3) \,,$$

jeweils modulo den entsprechenden Moduln gerechnet. Man sieht daraus, dass das Multiplizieren völlig trivial wird, wenn man in dem Produkt von Ringen $(\mathbb{Z}/2\mathbb{Z}) \times (\mathbb{Z}/3\mathbb{Z}) \times (\mathbb{Z}/5\mathbb{Z})$ rechnet. Jedoch erhält man bei dieser Wahl der Moduln Probleme mit dem „Zurückrechnen" von $(1,1,3)$ nach $493 = 17 \cdot 29$, denn diese Zahl ist nur modulo 30 bestimmt. Man kann dieses Problem dadurch beheben, dass man statt 30 etwa die Zahl $2310 = 2 \cdot 3 \cdot 5 \cdot 7 \cdot 11$ als Modul nimmt und dann eine Darstellung der Form

$$17 = (1,2,2,3,6), \quad 29 = (1,2,4,1,7)$$

findet, sowie

$$17 \cdot 29 = (1,2,2,3,6) \cdot (1,2,4,1,7) = (1,1,3,3,9) \,.$$

Wählt man den kleinsten positiven Repräsentanten des Produkts in $\mathbb{Z}/2310\,\mathbb{Z}$, so findet man eben gerade 493, und das ist die gesuchte Zahl. Dies liegt daran, dass beide Faktoren 17 und 29 kleiner als die Quadratwurzel von 2310 sind, und so ihr Produkt kleiner als 2310 ist. Damit entspricht dem Produkt $(1,2,2,3,6) \cdot (1,2,4,1,7) = (1,1,3,3,9)$ genau sein kleinster positiver Repräsentant in $\mathbb{Z}$.

Übungsaufgaben

zu Abschnitt 8.1

1. In einem Ring $(R, +, \cdot)$ mit 1 definieren wir neue Operationen $\oplus$ und $\odot$ durch $x \oplus y = x + y + 1$ und $x \odot y = xy + x + y$. Zeige, dass dadurch eine neue Ringstruktur auf R festgelegt wird und dass $(R, \oplus, \odot) \simeq (R, +, \cdot)$ gilt.

2. Ein Ring R heißt boolescher Ring, falls für alle $x \in R$ gilt $x^2 = x$. Folgere aus dieser Eigenschaft, dass jeder boolesche Ring kommutativ ist. Zeige für $|R| < \infty$, dass R zu einem Produkt von Kopien von $\mathbb{Z}/2\mathbb{Z}$ isomorph ist.

zu Abschnitt 8.2

3. Beweise, dass jeder Ring R mit 1 in den Endomorphismenring einer additiven abelschen Gruppe eingebettet werden kann. Hinweis: Jeder Ring ist insbesondere selbst eine Gruppe!

4. Sei $\psi \colon R \to S$ eine bijektive Abbildung zwischen Ringen. Beweise, dass ψ genau dann ein Ringhomomorphismus ist, wenn ψ^{-1} einer ist.

5. Bestimme alle Homomorphismen von $(\mathbb{Z}, +, \cdot)$ und von $((\mathbb{Z}/6\mathbb{Z})^n, +, \cdot)$ in sich, d. h. bestimme $\mathrm{End}(\mathbb{Z})$ sowie $\mathrm{End}((\mathbb{Z}/6\mathbb{Z})^n)$.

zu Abschnitt 8.3

6. Gib eine nicht weiter zerlegbare Zerlegung von $\mathbb{Z}/m\mathbb{Z}$ in Unterringe an. Bestimme $(\mathbb{Z}/m\mathbb{Z})^\times$.

7. Sei R_i für $1 \le i \le n$ die Menge der Matrizen in $\mathcal{M}_{n \times n}(R)$, die nur in der i-ten Spalte von Null verschiedene Einträge besitzen. Zeige, dass R_i ein Unterring ist. Ist er unitär?

8. Man zeige, dass der Matrizenring $\mathcal{M}_{n \times n}(R)$ ein Produkt der Ringe R_i ist, indem man eine Zerlegung der Eins in Idempotente angebe.

9. Bestimme ein System paarweise orthogonaler idempotenter Elemente im Gruppenring $\mathbb{R}[\mathbb{Z}/2\mathbb{Z}]$. Zeige, dass dieser isomorph zu $\mathbb{R} \times \mathbb{R}$ ist.

10. Zeige, dass ein kommutativer Ring R mit 1 sich genau dann in ein Produkt $S \times T$ mit $S \ne 0 \ne T$ zerlegen lässt, falls es in R ein von 0 und 1 verschiedenes idempotentes Element e gibt. Hinweis: Zeige $R \simeq Re \times R(1 - e)$.

zu Abschnitt 8.5

11. Es sei $\mathscr{I}$ eine bezüglich der Inklusion total geordnete Menge von Idealen. Zeige, dass $\bigcup_{I \in \mathscr{I}} I$ ein Ideal ist.

12. In der Definition eines Primideals können $r, s \in R$ durch Ideale $\mathscr{R}, \mathscr{S}$ ersetzt werden, d. h. $\mathscr{P} \subset R$ ist ein Primideal genau dann, wenn $\mathscr{P} | \mathscr{R}\mathscr{S}$ impliziert, dass $\mathscr{P} | \mathscr{R}$ oder $\mathscr{P} | \mathscr{S}$.

13. Sei X ein topologischer Raum mit endlich vielen Zusammenhangskomponenten. Gib eine Produktzerlegung des Raumes der stetigen reellwertigen Funktionen auf X an.

14. Sei R ein kommutativer Ring mit 1 und I ein Primideal von R, sodass R/I endlich ist. Folgere, dass I ein maximales Ideal ist.

15. Beweise unter Benutzung des vorigen Beispiels, dass $\mathbb{Z}/n\mathbb{Z}$ genau dann ein Körper ist, wenn n prim ist.

16. Es sei R ein kommutativer Ring. Das Radikal eines Ideals I ist als

$$\sqrt{I} := \{r \in R; \exists n \in \mathbb{N} : r^n \in I\}$$

definiert. Weise folgende Behauptungen nach:
(a) $\sqrt{I}$ ist ein Ideal, das I enthält.
(b) $\sqrt{IJ} = \sqrt{I \cap J} = \sqrt{I} \cap \sqrt{J}$ für Ideale I, J von R.
(c) Es gilt $\varphi^{-1}(\sqrt{L}) = \sqrt{\varphi^{-1}(L)}$, wenn L ein Ideal in S ist und $\varphi \colon R \to S$ ein Ringhomomorphismus.

17. Zeige, dass in einem booleschen Ring jedes Primideal maximal ist.

18. Es sei R die Menge der stetigen Funktionen $f \colon [0,1] \to \mathbb{R}$.
(a) Zeige, dass die punktweise Addition und Multiplikation R zu einem kommutativen Ring mit 1 machen. Hat R Nullteiler?
(b) R besitzt überabzählbar viele maximale Ideale. Hinweis: Für alle $x \in [0,1]$ ist die Menge $I_x = \{f \in R;\ f(x) = 0\}$ ein maximales Ideal in R.

19. Sei R ein kommutativer Ring mit Eins. $x \in R$ heißt nilpotent, falls $x^n = 0$ für ein $n \geq 1$. Zeige, dass die Menge N der nilpotenten Elemente von R ein Ideal bildet und dass R/N außer 0 keine nilpotenten Elemente enthält. Beweise, dass N im Durchschnitt aller Primideale von R enthalten ist.

20. Im Polynomring $\mathbb{Z}[X]$ seien für $n \geq 1$ die Ideale $I_n = (X^n)$, $J_n = (2, X^n)$ sowie $I^* = (X^2 + 2)$ gegeben.
(a) Zeige, dass I_n ein Primärideal ist.
(b) Zeige: $\sqrt{J_n}$ ist ein Primideal. J_1 ist ein maximales Ideal aber kein Hauptideal. I^* ist ein Primideal.
(c) Für welche Primzahlen p ist das Bild $\pi(I^*)$ von I^* unter der Projektion $\pi \colon \mathbb{Z}[X] \to \mathbb{Z}[X]/p\mathbb{Z}[X]$ ein Primideal?

21. Zeige, dass im Ring $\mathbb{Z}$ der ganzen Zahlen die Primärideale genau die Ideale (p^n) mit p prim und $n \in \mathbb{N}$ sind. Schließe aus der Eindeutigkeit der Primfaktorzerlegung, dass in $\mathbb{Z}$ jedes Ideal ein Durchschnitt von Primäridealen ist.

22. Sei R ein kommutativer Ring mit Eins und A ein Ideal, das in der Vereinigung $P_1 \cup \ldots \cup P_n$ endlich vieler Primideale von R enthalten ist. Zeige, dass ein i, $1 \leq i \leq n$, mit $A \subset P_i$ existiert. Hinweis: Zeige, dass man sonst $A \cap P_j \not\subseteq \bigcup_{i \neq j} P_i$ annehmen kann. Wähle nun für jedes j ein a_j in $(A \cap P_j) \setminus (\bigcup_{i \neq j} P_i)$ und betrachte das Element $a_1 + a_2 \cdots a_n$.

zu Abschnitt 8.4

23. Bestimme alle Rechts-, Links- und beidseitigen Ideale von $\mathcal{M}_{n \times n}(\mathbb{R})$ und zeige,

dass das Ideal $\{0\} \subset \mathcal{M}_{n \times n}(\mathbb{R})$ maximal ist, $\mathcal{M}_{n \times n}(\mathbb{R})$ aber für alle $n > 1$ Nullteiler besitzt.

24. Bestimme alle homomorphen Bilder von $(\mathbb{Z}/n\mathbb{Z}, +, \cdot)$. Hinweis: Zeige, dass alle Untergruppen von $\mathbb{Z}/n\mathbb{Z}$ gleichzeitig auch alle Ideale im entsprechenden Ring sind, und wende den Homomorphiesatz an.

zu Abschnitt 8.6

25. Wir betrachten die Ideale $I_1 = (6\mathbb{Z})$ und $I_2 = (4\mathbb{Z})$ im Ring $R = \mathbb{Z}$. Ist die kanonische Abbildung $\theta \colon R/(I_1 \cap I_2) \to R/I_1 \times R/I_2$ ein Isomorphismus?

26. Seien R ein Ring und $I_1, \ldots, I_n$ Ideale in R mit $I_i + I_j = R$ für $i \neq j$. Zeige mittels Induktion die Gültigkeit von

$$I_1 \cap \ldots \cap I_n = I_1 \cdots I_n.$$

27. Leo isst alle 5 Tage, Robert alle 7 Tage und Philipp alle 11 Tage Pizza. Leo und Philipp aßen ihre erste Pizza heuer am 3. Januar, Robert einen Tag später. Wann können (oder konnten) sie alle drei zusammen in diesem Jahr Pizza bestellen?

9 Lokalisierung

In diesem Kapitel führen wir eine Konstruktion ein, mit der man u. a. den Quotientenkörper eines Integritätsbereichs konstruieren kann. Im Spezialfall, dass der Integritätsbereich der Ring der ganzen rationalen Zahlen ist, erhält man damit den Körper der rationalen Zahlen.

9.1 Lokalisierung von Ringen

Eine Teilmenge $S \subseteq R$ eines kommutativen Ringes R heißt *multiplikative Teilmenge,* wenn die folgenden Bedingungen erfüllt sind:

  (i) $1 \in S$,

 (ii) $\forall a \in S \; \forall b \in S: \; ab \in S$.

Wir betrachten die Relation $\sim$ auf der Menge $R \times S$, bei der $(r, s) \sim (r', s')$ genau dann gilt, wenn es ein $t \in S$ gibt mit $t(rs' - r's) = 0$.

Proposition 9.1   *Die Relation $\sim$ ist eine Äquivalenzrelation.*

Beweis   Die Reflexivität und die Symmetrie sind klar. Für die Transitivität ist zu zeigen, dass aus $(r, s) \sim (r', s')$ und $(r', s') \sim (r'', s'')$ folgt $(r, s) \sim (r'', s'')$. Die Voraussetzung bedeutet, dass es Elemente $t', t'' \in S$ gibt mit $0 = t'(rs' - r's)$ und $0 = t''(r's'' - r''s')$. Dann gilt mit $t = t't''s' \in S$ jedoch

$$
\begin{aligned}
t \, (rs'' - r''s) &= t't''s' \, (rs'' - r''s) \\
&= t't'' \left((rs's'' - r'ss'') + (r'ss'' - r''s's) \right) \\
&= t'(rs' - r's)s''t'' + t''(r's'' - r''s')st' \\
&= 0 \, .
\end{aligned}
$$

            $\square$

Man bezeichnet mit $S^{-1}R$ die Menge der Äquivalenzklassen bezüglich dieser Relation und schreibt r/s für die Klasse von (r, s). Wir definieren eine Addition und eine Multiplikation in $S^{-1}R$ durch

$$
\begin{aligned}
r/s + r'/s' &= (rs' + r's)/(ss') \, , \\
r/s \cdot r'/s' &= rr'/(ss')
\end{aligned}
$$

und eine Abbildung von R nach $S^{-1}R$ durch $i_S \colon r \mapsto r/1$.

Satz 9.2

  (i) *Die Menge $S^{-1}R$ ist ein kommutativer Ring mit Nullelement $0/1$ und Einselement $1/1$.*

 (ii) *Die Abbildung i_S ist ein Ringhomomorphismus mit $i_S(S) \subseteq (S^{-1}R)^\times$. Ihr Kern besteht aus der Menge der $r \in R$, für die es ein $s \in S$ gibt mit $rs = 0$.*

© Springer Fachmedien Wiesbaden GmbH, ein Teil von Springer Nature 2020
G. Wüstholz und C. Fuchs, *Algebra*, Springer Studium Mathematik – Bachelor,
https://doi.org/10.1007/978-3-658-31264-0_12

Beweis Um (i) zu beweisen, zeigen wir, dass die Addition und Multiplikation wohldefiniert sind. Dann rechnet man sofort nach, dass $S^{-1}R$ ein kommutativer Ring ist. Es sei also $u/s = u'/s'$ und $v/t = v'/t'$. Dann gibt es Elemente $\sigma, \tau \in S$ mit

$$0 = \sigma\left(us' - su'\right),$$
$$0 = \tau\left(vt' - v't\right).$$

Wir beschränken uns im folgenden auf die Addition. Dazu multiplizieren wir die erste Gleichung mit $\tau t t'$, die zweite mit $\sigma s s'$ und addieren die so erhaltenen Gleichungen. Es ergibt sich

$$\sigma\tau\left(s't'\left(ut + vs\right) - st\left(u't' + v's'\right)\right) = 0.$$

Es gilt also offensichtlich $u/s + v/t = u'/s' + v'/t'$, woraus die Unabhängigkeit der Addition von der Wahl der Repräsentanten folgt.

Die Abbildung i_S ist offenbar ein Homomorphismus. Wenn $s \in S$ ist, dann ist $1/s$ das Inverse von $i_S(s) = s/1$ in $S^{-1}R$. Weiter ist $\ker i_S = \{r;\ r/1 = 0/1\}$. Demnach liegt r genau dann in $\ker i_S$, wenn es ein $s \in S$ gibt mit $rs = 0$. Daraus folgt nun (ii). $\qquad\square$

Aus dem Satz lesen wir ab, dass der Homomorphismus i_S genau dann injektiv ist, wenn S weder 0 noch Nullteiler enthält. Man nennt den Ring $S^{-1}R$ die *Lokalisierung* von R bezüglich S oder auch *Quotientenring* von R bezüglich S. Aus der Definition der Äquivalenzrelation entnimmt man, dass für $t \in S$ immer $(r, s) \sim (tr, ts)$ gilt. Daraus folgt die Kürzungsregel $(tr)/(ts) = r/s$.

Beispiel 9.3

(a) Gilt $0 \in S$, so ist $S^{-1}R = \{0\}$ der Nullring. In diesem Fall stimmen das Einselement und das Nullelement überein.

(b) Für ein Primideal $\mathscr{P} \subset R$ ist $S = R \smallsetminus \mathscr{P}$ multiplikativ und $S^{-1}R =: R_\mathscr{P}$ heißt *lokaler Ring* von R an der Stelle $\mathscr{P}$.

(c) Im Fall $S = R^\times$ ist $i_S \colon R \to S^{-1}R$ ein Isomorphismus, denn $r/s = i_S(rs^{-1})$.

(d) Setzt man $S = \mathbb{Z} \smallsetminus \{0\}$ im Fall $R = \mathbb{Z}$, so ist $S^{-1}R = \mathbb{Q}$.

(e) Es sei p eine Primzahl. Dann ist $(p) = p\mathbb{Z}$ ein Primideal und $\mathbb{Z}_{(p)}$ der durch $\mathbb{Z}_{(p)} = \{r/s;\ r, s \in \mathbb{Z},\ (r, s) = 1 = (p, s)\}$ definierte Unterring von $\mathbb{Q}$.

Das Beispiel 9.3 (d) kann leicht verallgemeinert werden. Wir betrachten dazu einen beliebigen Integritätsbereich R und setzen $S = R \smallsetminus \{0\}$. Dann ist $S^{-1}R$ ein Körper mit $R \subseteq S^{-1}R$. Dieser Körper heißt der *Quotientenkörper* von R.

Satz 9.4 (Universelle Eigenschaft der Lokalisierung) *Ist $S \subseteq R$ eine multiplikative Menge und $\varphi \colon R \to R'$ ein Homomorphismus mit $\varphi(S) \subseteq (R')^\times$, so gibt es einen eindeutig bestimmten Homomorphismus $\varphi_S \colon S^{-1}R \to R'$ mit $\varphi_S \circ i_S = \varphi$, sodass folgendes Diagramm kommutiert:*

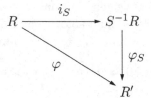

Beweis   Um ein kommutatives Diagramm zu erhalten, muss notwendigerweise

$$\varphi_S(r/s) = \varphi(r)\,\varphi(s)^{-1} =: \varphi(r)/\varphi(s)$$

gelten, woraus auch die Eindeutigkeit folgt. Wir müssen noch zeigen, dass durch die so definierte Abbildung ein wohlbestimmter Homomorphismus φ_S festgelegt ist. Es sei also $r_1/s_1 = r_2/s_2$. Dann gibt es ein $s \in S$ mit

$$s(r_1 s_2 - r_2 s_1) = 0\,,$$

also auch

$$\varphi(s)\,(\varphi(r_1)\,\varphi(s_2) - \varphi(r_2)\,\varphi(s_1)) = 0\,.$$

Da $\varphi(s)$ nach Voraussetzung invertierbar ist, folgt

$$\varphi(r_1)\,\varphi(s_2) - \varphi(r_2)\,\varphi(s_1) = 0\,,$$

und deswegen $\varphi(r_1)/\varphi(s_1) = \varphi(r_2)/\varphi(s_2)$. Somit ist die Abbildung φ_S wohldefiniert und offensichtlich auch ein Homomorphismus.   □

9.2 Ideale und Lokalisierung

Ist S eine multiplikative Menge und $I \subseteq R$ ein Ideal, dann ist

$$S^{-1}I = \{a/s \in S^{-1}R;\ a \in I\}$$

ein Ideal in $S^{-1}R$. Um dies zu sehen, wählen wir $a_1, a_2 \in I$ und $s_1, s_2 \in S$, erhalten $a_1/s_1 + a_2/s_2 = (s_2 a_1 + s_1 a_2)/(s_1 s_2) \in S^{-1}I$ und sehen so, dass $S^{-1}I$ eine additive Untergruppe ist. Ebenso gilt $(S^{-1}R)(S^{-1}I) \subseteq S^{-1}I$, und die definierenden Eigenschaften eines Ideals sind nachgewiesen.

Satz 9.5   *Für Ideale $I_1, I_2 \subseteq R$ gilt*
(i) $S^{-1}(I_1 + I_2) = S^{-1}I_1 + S^{-1}I_2\,,$
(ii) $S^{-1}(I_1 I_2) = (S^{-1}I_1)(S^{-1}I_2)\,,$
(iii) $S^{-1}(I_1 \cap I_2) = (S^{-1}I_1) \cap (S^{-1}I_2)\,.$

Beweis Wir beschränken uns auf den Beweis von (i) und überlassen (ii) und (iii) dem Leser zur Übung. Sind $a_i \in I_i$ und s, s_1, $s_2 \in S$, so ist

$$(a_1 + a_2)/s \in S^{-1}(I_1 + I_2)$$

und wegen $(a_1 + a_2)/s = a_1/s + a_2/s$ auch in $S^{-1}I_1 + S^{-1}I_2$. Ist umgekehrt

$$a_1/s_1 + a_2/s_2 \in S^{-1}I_1 + S^{-1}I_2 \, ,$$

so ist
$$\begin{aligned} a_1/s_1 + a_2/s_2 &= (a_1 s_2)/(s_1 s_2) + (a_2 s_1)/(s_1 s_2) \\ &= (a_1 s_2 + a_2 s_1)/(s_1 s_2) \end{aligned}$$

in $S^{-1}(I_1 + I_2)$. □

Übungsaufgaben

1. Es sei $I \subseteq R$ ein Ideal und $S \subseteq R$ eine multiplikative Menge. Zeige, dass

$$S^{-1}R/(S^{-1}I) \simeq ((S+I)/I)^{-1}(R/I)$$

   gilt.

2. Zeige, dass $S^{-1}I = S^{-1}R$ genau dann gilt, wenn $S \cap I \neq \emptyset$.

3. Beweise, dass der Homomorphismus i_S die Menge der Ideale in R, die mit S einen leeren Durchschnitt besitzen, umkehrbar eindeutig auf die Menge der Ideale in $S^{-1}R$ abbildet.

10 Hauptidealringe und faktorielle Ringe

Ein Ideal $I \subseteq R$ in einem kommutativen Ring R heißt *Hauptideal,* wenn $I = aR$ für ein $a \in R$. Ist jedes Ideal in R ein Hauptideal, heißt der Ring R ein *Hauptidealring.* Wir haben gesehen, dass in $\mathbb{Z}$ alle Ideale von der Gestalt $m\mathbb{Z}$ für ein $m \in \mathbb{N}$ sind, also ist $\mathbb{Z}$ ein Hauptidealring.

Es seien a, b Elemente eines Integritätsbereichs R. Wir nennen a einen *Teiler* von b oder sagen a *teilt* b und schreiben hierfür $a \mid b$, falls es ein r in R gibt mit $b = ra$. Ein Element $d \in R$ mit $d \mid a$ und $d \mid b$ heißt *gemeinsamer Teiler* von a und b. Ein gemeinsamer Teiler von a und b heißt *größter gemeinsamer Teiler* von a und b, falls er von jedem gemeinsamen Teiler von a und b geteilt wird. Wir schreiben dafür $\mathrm{ggT}(a, b)$ oder kurz (a, b). Ist R ein Hauptidealring und sind a, b in R, so ist das Ideal $aR + bR$ ein Hauptideal und somit von der Gestalt dR. Offenbar gilt dann $d = (a, b)$ und somit $aR + bR = (a, b)R$. Insbesondere existiert in Hauptidealringen, die Integritätsbereiche sind, immer der größte gemeinsame Teiler von zwei Elementen. Er ist bis auf ein Element in $R^\times$, eine *Einheit,* eindeutig bestimmt.

10.1 Faktorielle Ringe

Es sei R ein Integritätsbereich. Ein Element $0 \neq a \in R$ heißt *irreduzibel,* wenn a keine Einheit ist und wenn aus $a = bc$ folgt, dass b oder c eine Einheit ist. Aus der Definition ergibt sich sofort, dass mit einem irreduziblen Element a auch das Element εa irreduzibel ist, wenn ε eine beliebige Einheit ist. Man nennt allgemein zwei Elemente a, b eines Ringes *assoziiert,* falls sie sich nur um eine Einheit des Ringes unterscheiden, d. h. falls $b = \varepsilon a$ für eine Einheit ε gilt. Ist das von a erzeugte Hauptideal $(a) = aR$ ein Primideal, so nennen wir a ein *Primelement.* Primelemente sind irreduzibel. Denn ist a ein Primelement und $a = bc$, so teilt das Primideal (a) das Ideal $(bc) = (b)(c)$ und somit ohne Einschränkung der Allgemeinheit das Ideal (b), d. h. es gilt $b = ra$ für ein $r \in R$. Also ist $a = (rc)a$, und da R ein Integritätsbereich ist, gilt $rc = 1$ und deswegen $c \in R^\times$. Wir werden noch sehen, dass die Umkehrung nicht immer gilt.

Beispiel 10.1 Die positiven irreduziblen Elemente in $\mathbb{Z}$ sind die Primzahlen $p \in \mathbb{N}$.

Eine wichtige Eigenschaft des Ringes der ganzen Zahlen ist, dass jede Zahl eine bis auf Einheiten eindeutige Primfaktorzerlegung besitzt. Die direkte Verallgemeinerung von $\mathbb{Z}$ sind die sogenannten *faktoriellen Ringe,* in denen jedes von 0 und von einer Einheit verschiedene Element in ein Produkt von Primelementen

© Springer Fachmedien Wiesbaden GmbH, ein Teil von Springer Nature 2020
G. Wüstholz und C. Fuchs, *Algebra,* Springer Studium Mathematik – Bachelor,
https://doi.org/10.1007/978-3-658-31264-0_13

zerlegt werden kann. Die auftretenden Primelemente heißen Primfaktoren. In solchen Ringen ist die Primfaktorzerlegung bis auf Einheiten eindeutig. Sind nämlich in einem beliebigen Integritätsbereich

$$a = \pi_1 \cdots \pi_n = \pi_1' \cdots \pi_m'$$

zwei Darstellungen von a als ein Produkt von Primelementen, so gilt $n = m$ und bis auf die Reihenfolge und auf Einheiten, dass $\pi_i = \pi_i'$. Denn das Produkt $\pi_1' \cdots \pi_m'$ ist durch π_1 teilbar, und nach einer geeigneten Umnummerierung können wir schließen, dass das Ideal $\pi_1'R$ durch $\pi_1 R$ teilbar ist. Dies bedeutet, dass $\pi_1' = \varepsilon \pi_1$ und wegen der Irreduzibilität von π_1', dass ε eine Einheit ist. Daraus folgt $\pi_1 \pi_2 \cdots \pi_n = \varepsilon \, \pi_1 \pi_2' \cdots \pi_m'$ und deswegen $\pi_2 \cdots \pi_n = \varepsilon \, \pi_2' \cdots \pi_m'$. Die Behauptung ergibt sich nun durch Induktion. Dies zeigt, dass die Primfaktorzerlegung eindeutig ist, falls sie überhaupt existiert. Dies ist nicht immer der Fall.

Man sagt, dass ein Element $a \in R$ eine *Faktorisierung in irreduzible Faktoren* besitzt, wenn es irreduzible Elemente p_i und eine Einheit ε in R gibt mit $a = \varepsilon \prod_{i=1}^k p_i$. Man nennt eine Faktorisierung in irreduzible Elemente eine *eindeutige Faktorisierung in irreduzible Faktoren*, falls für jede weitere Faktorisierung $a = \delta \prod_{i=1}^l q_i$ in eine Einheit δ und in irreduzible Elemente q_i bis auf eine Permutation der Indizes und bis auf Einheiten $q_i = p_i$ gilt.

Satz 10.2 *In einem Integritätsbereich, in dem jedes von 0 und von einer Einheit verschiedene Element eine Faktorisierung in irreduzible Faktoren besitzt, ist die Faktorisierung genau dann eindeutig, wenn irreduzible Elemente prim sind.*

Beweis Die Notwendigkeit haben wir bereits eingesehen: sind irreduzible Elemente prim, so ist der Ring faktoriell nach Voraussetzung und die Faktorisierung ist eindeutig. Umgekehrt sei p ein irreduzibles Element aus R und $ab \in (p)$, d. h. $ab = rp$ für ein $r \in R$. Die Eindeutigkeit der Zerlegung in irreduzible Faktoren zeigt, dass $a \in (p)$ oder $b \in (p)$ gilt, d. h. dass p prim ist. $\square$

Satz 10.3 *In einem nullteilerfreien Hauptidealring gilt die eindeutige Faktorisierung in irreduzible Faktoren. Er ist somit faktoriell.*

Beweis Wir zeigen zuerst die Existenz der Zerlegung in irreduzible Elemente. Es sei S die Menge der Hauptideale $\{(a); \; a \in R\}$, für die das Element a keine Zerlegung als Produkt von irreduziblen Faktoren besitzt. Sie ist mittels der Inklusionsrelation geordnet. Ist die Menge S nicht leer, so besitzt sie ein maximales Element (a). Andernfalls gäbe es für jedes $(a_i) \in S$ ein $(a_{i+1}) \in S$ mit $(a_i) \subset (a_{i+1})$ und somit eine Kette von Hauptidealen, die nicht abbricht. Die Vereinigung der Ideale (a_i) ist ein Hauptideal (d), und somit liegt d in (a_n) für hinreichend großes n. Also gilt $(a_n) \subseteq (d) \subseteq (a_n)$, d. h. $(d) = (a_n)$, d. h. die Kette bricht ab, und das ist ein Widerspruch. Da das Element a nicht irreduzibel sein kann, gibt es eine Zerlegung $a = bc$ mit $(a) \subset (b)$ und $(a) \subset (c)$. Aus der Maximalität von (a) folgt, dass sich sowohl b als auch c als Produkt von irreduziblen Elementen schreiben lassen, somit auch $a = bc$. Daher ist die Menge S leer und die Existenz nachgewiesen.

Um den zweiten Teil des Satzes zu beweisen, zeigen wir, dass irreduzible Elemente prim sind und wählen dazu ein irreduzibles Element p mit $p \mid ab$. Falls p nicht a teilt, so sind a, p wegen der Irreduzibilität von p teilerfremd und daher gilt $(a, p)R = R$. Man erhält hieraus $1 = au + pv$ mit $u, v \in R$. Multiplikation mit b ergibt $b = abu + pbv$, und da p nach Wahl ein Teiler von ab ist, folgt $p \mid b$. Deswegen ist p prim. Nach Satz 10.2 ist der Ring R faktoriell. $\qquad\square$

Beispiel 10.4 Der Ring

$$\mathbb{Z}[i] = \{m + ni;\ m, n \in \mathbb{Z}\} \subset \mathbb{C}$$

ist ein Unterring der komplexen Zahlen und wird Ring der ganzen *gaussschen Zahlen* genannt. Die Gruppe der Einheiten von $\mathbb{Z}[i]$ ist $\mathbb{Z}[i]^\times = \{1, -1, i, -i\}$, wie wir noch sehen werden. Wir werden uns auch überlegen, dass $\mathbb{Z}[i]$ ein Hauptidealring, also insbesondere faktoriell ist, und die irreduziblen Elemente dieses Ringes bestimmen. Zum Beispiel hat die Primzahl $2 \in \mathbb{Z}$ die Zerlegung

$$2 = (1 + i)(1 - i)\ .$$

Beide Faktoren sind keine Einheiten, also ist 2 nicht irreduzibel und damit auch nicht prim. Jedoch ist $(1 + i)$ irreduzibel in $\mathbb{Z}[i]$ und zu $(1 - i)$ assoziiert: $1 + i = i(1 - i)$.

Beispiel 10.5 Ein anderer Ring ist der Ring

$$\mathbb{Z}[\sqrt{-5}] = \{m + n\sqrt{-5};\ m, n \in \mathbb{Z}\} \subset \mathbb{C}\ .$$

Seine Einheiten sind $\mu_2 = \{1, -1\}$. Die Elemente

$$2,\ 3,\ 1 + \sqrt{-5},\ 1 - \sqrt{-5}$$

sind irreduzibel, jedoch sind

$$6 = 2 \cdot 3 = (1 + \sqrt{-5})(1 - \sqrt{-5})$$

zwei verschiedene Faktorisierungen von 6 in irreduzible Faktoren. Der Ring $\mathbb{Z}[\sqrt{-5}]$ ist daher nicht faktoriell.

10.2 Euklidische Ringe

Eine Funktion

$$\nu\colon R \smallsetminus \{0\} \longrightarrow \mathbb{N}$$

nennen wir eine *euklidische Normfunktion* auf einem Integritätsbereich R, falls es für alle m, $n \in R$ mit $m \neq 0$ Elemente q, $r \in R$ gibt mit

$$n = qm + r \text{ und } \nu(r) < \nu(m) \text{ oder } r = 0 \,.$$

Ein Integritätsbereich mit einer euklidischen Normfunktion heißt *euklidischer Ring*.

Beispiel 10.6 $\mathbb{Z}$ ist ein euklidischer Ring mit dem Absolutbetrag als Normfunktion, d. h. für $m \in \mathbb{Z}$ ist $\nu(m) = |m|$.

Beispiel 10.7   Es sei $\mathbb{Z}[i] = \{a + ib;\ a,b \in \mathbb{Z}\}$ der Ring der ganzen gaussschen Zahlen. Dann setzen wir $\nu(a+ib) = a^2 + b^2$. Dies ist eine euklidische Normfunktion auf $\mathbb{Z}[i]$. Es gibt in diesem Fall zu vorgegebenen α, $\beta \in \mathbb{Z}[i]$ mit $\beta \neq 0$ Elemente γ, $\rho \in \mathbb{Z}[i]$ mit

$$\alpha = \gamma\beta + \rho$$

und $\nu(\rho) \leq \nu(\beta)/2$. Denn wir schreiben $\alpha/\beta = \xi + i\eta$ mit $\xi, \eta \in \mathbb{Q}$. Dann existieren $k, l \in \mathbb{Z}$ mit $\xi - k$, $\eta - l \in [-1/2, 1/2]$, also $|\xi + i\eta - (k + il)| \leq 1/2$. Wir setzen nun $\gamma = k + il$ und $\rho = \alpha - \gamma\beta$ und die Behauptung folgt nach kleiner Rechnung.

In einem euklidischen Ring gibt es offenbar einen euklidischen Algorithmus, der ganz analog zu dem bereits beschriebenen funktioniert und diesen lediglich formalisiert. Eine sofortige Konsequenz hiervon ist die folgende

Satz 10.8   *Euklidische Ringe sind Hauptidealringe und insbesondere faktoriell.*

Als Anwendung des Satzes erhält man sofort die oben aufgestellte Behauptung, dass der Ring $\mathbb{Z}[i]$ faktoriell ist.

Übungsaufgaben

zu Abschnitt 10.2

1. Zeige, dass im Ring $\mathbb{Z}[i]$ das Element $1 + i$ irreduzibel ist.
2. Es sei R ein euklidischer Ring mit einer Normfunktion ν, die zusätzlich $\max\{\nu(a), \nu(b)\} \leq \nu(a, b)$ erfüllt. Zeige, dass genau dann $\nu(\varepsilon) = \nu(1)$ gilt, wenn ε eine Einheit ist.
3. Beweise, dass ein Teiler b von a in einem euklidischen Ring genau dann echt ist, wenn $\nu(b) < \nu(a)$ gilt.

11 Quadratische Zahlringe

Es sei m eine quadratfreie ganze Zahl und

$$\mathbb{Q}(\sqrt{m}) := \{r + s\sqrt{m}; \ r, s \in \mathbb{Q}\} \ .$$

Man verifiziert sofort, dass dies ein Körper ist, ein sogenannter *quadratischer Zahlkörper*. Je nachdem, ob m positiv oder negativ ist, nennt man ihn *reell-quadratisch* oder *imaginär-quadratisch*. Diese ersten Beispiele von sogenannten algebraischen Zahlkörpern wollen wir in diesem Abschnitt etwas näher untersuchen.

11.1 Zahlringe

In $\mathbb{Q}(\sqrt{m})$ bestimmen wir nun das Analogon $\mathcal{O}_m$ der ganzen rationalen Zahlen $\mathbb{Z}$. Für $\xi = r + s\sqrt{m}$ setzen wir $\bar{\xi} = r - s\sqrt{m}$. Die *Norm* von ξ ist die rationale Zahl

$$N(\xi) := \xi\bar{\xi} = r^2 - ms^2$$

und ihre *Spur* die rationale Zahl

$$\mathrm{Tr}(\xi) = \xi + \bar{\xi} = 2r \ .$$

Das Minimalpolynom von ξ ist das Polynom

$$(X - \xi)(X - \bar{\xi}) = X^2 - \mathrm{Tr}(\xi)X + N(\xi) \ .$$

Wir nennen die Zahl ξ *ganz,* wenn

$$\mathrm{Tr}(\xi), \ N(\xi) \in \mathbb{Z}$$

gilt, was gleichbedeutend damit ist, dass $2r$ und $r^2 - ms^2$ ganze Zahlen sind. Schreiben wir $r = a/c$ und $s = b/c$ mit teilerfremden a, b, c, so erhält man

$$c \mid 2a \ , \quad c^2 \mid a^2 - mb^2 \ .$$

Setzt man $d = (a, c)$, so ergibt sich daraus $d \mid b$, also $d \mid (a, b, c) = 1$. Deswegen ist $(a, c) = 1$ und somit $c = 1, 2$. Insgesamt erhält man, dass

$$\mathcal{O}_m = \{\xi = \tfrac{u + v\sqrt{m}}{2}; \ u, v \in \mathbb{Z}, \ u^2 - mv^2 \equiv 0 \pmod{4}\} \ .$$

Um die Lösungen der Kongruenz $u^2 - mv^2 \equiv 0 \pmod 4$ zu bestimmen, unterscheidet man die Fälle $m \equiv 2, 3 \pmod 4$ und $m \equiv 1 \pmod 4$. Im ersten Fall führt dies zu den Kongruenzen $u^2 - 2v^2 \equiv 0 \pmod 4$ bzw. $u^2 + v^2 \equiv 0 \pmod 4$. Diese besitzen nur die trivialen Lösungen $u \equiv 0 \equiv v \pmod 2$. Im zweiten Fall

© Springer Fachmedien Wiesbaden GmbH, ein Teil von Springer Nature 2020
G. Wüstholz und C. Fuchs, *Algebra*, Springer Studium Mathematik – Bachelor,
https://doi.org/10.1007/978-3-658-31264-0_14

erhält man die Kongruenz $u^2 - v^2 \equiv 0 \pmod 4$, die äquivalent zu $u \equiv v \pmod 2$ ist, deren Lösungen die Gestalt $u = v + 2w$ mit $w \in \mathbb{Z}$ annehmen. Daher gilt

$$\xi = \tfrac{1}{2}(v + 2w + v\sqrt{m}) = w + v\tfrac{1+\sqrt{m}}{2}.$$

Dies führt zum folgenden

Satz 11.1 *Ist $m \equiv 2, 3 \pmod 4$, so haben die ganzen Zahlen $\mathcal{O}_m$ die Gestalt $a + b\sqrt{m}$ mit $a, b \in \mathbb{Z}$. Ist hingegen $m \equiv 1 \pmod 4$, so haben sie die Form $a + b(1 + \sqrt{m})/2$. Insbesondere bilden sie einen Unterring von $\mathbb{Q}(\sqrt{m})$.*

Setzen wir $\omega = \sqrt{m}$, falls $m \equiv 1 \pmod 4$ und gleich $\tfrac{1}{2}(1 + \sqrt{m})$, falls $m \equiv 2, 3 \pmod 4$, so bildet 1, ω eine Basis für $\mathcal{O}_m$, und wir definieren dann die *Diskriminante* von $\mathbb{Q}(\sqrt{m})$ als

$$d = \det{}^2 \begin{pmatrix} 1 & \omega \\ 1 & \omega' \end{pmatrix},$$

worin ω' aus ω dadurch hervorgeht, dass $\sqrt{m}$ durch $-\sqrt{m}$ ersetzt wird. Es gilt offenbar $d = m$ für $m \equiv 1 \pmod 4$ und $d = 4m$, falls $m \equiv 2, 3 \pmod 4$.

Es ist nicht bekannt, welche quadratischen Zahlringe faktoriell sind. Aber wir haben auch gesehen, dass insbesondere euklidische Zahlringe diese Eigenschaft besitzen. Diese können bestimmt werden. Es gilt nämlich der folgende

Satz 11.2 *Die reell-quadratischen Zahlringe $\mathcal{O}_m$ sind norm-euklidisch für*

$$m = 2, 3, 5, 7, 11, 19, 21, 29, 33, 37, 41, 57, 73,$$

die imaginär-quadratischen für

$$m = -11, -7, -3, -2, -1.$$

Der Beweis ist zu umfangreich, als dass wir ihn hier geben wollen. Wir bemerken aber, dass wir den Fall $m = -1$ in Beispiel 10.7 behandelt haben.

11.2 Einheiten

Es ist nicht so einfach, die Gruppe der Einheiten in einem quadratischen Zahlring zu bestimmen. Wir wissen, dass $\xi = \tfrac{1}{2}(a + b\sqrt{m})$ in der Gruppe der Einheiten $U_m = \mathcal{O}_m^\times$ von $\mathcal{O}_m$ ist, wenn es ein ξ' in $\mathcal{O}_m$ gibt mit $\xi\xi' = 1$. Die Normfunktion $N \colon \mathbb{Q}(\sqrt{m})^\times \to \mathbb{Q}^\times$, die einem Element ξ seine Norm $N(\xi) = \xi\bar{\xi}$ zuordnet, ist ein Homomorphismus von multiplikativen Gruppen. Die Einheiten von $\mathcal{O}_m$ sind dann gerade die Elemente mit $N(\xi) = \pm 1$, denn ist $\xi \in U_m$ und gilt $\xi\xi' = 1$, so folgt $1 = N(\xi\xi') = N(\xi)N(\xi')$ und somit, dass $N(\xi) = \pm 1$. Sie bilden deswegen eine abelsche Gruppe. Wir sehen, dass die Einheiten in Bijektion mit den ganzzahligen Lösungen der diophantischen Gleichung

$$a^2 - mb^2 = \pm 4 \,,$$

der berühmten *pellschen Gleichung,* stehen. Wir erhalten den folgenden

Satz 11.3   *Die Abbildung* $(u,v) \mapsto \frac{1}{2}(u + v\sqrt{m})$ *stellt eine Bijektion zwischen der Menge* $\left\{(u,v) \in \mathbb{Z}^2 \,; u^2 - mv^2 = \pm 4\right\}$ *und der Gruppe* U_m *her.*

Die Struktur der Einheitengruppe U_m von $\mathcal{O}_m$ ist wohlbekannt und ergibt sich zum Beispiel aus dem berühmten *dirichletschen Einheitensatz,* der besagt, dass die Einheitengruppe des Ringes der ganzen Zahlen eines Zahlkörpers endlich erzeugt ist. In unserem Fall handelt es sich um den Körper $\mathbb{Q}(\sqrt{m})$ und dann ist der Rang der endlich erzeugten abelschen Gruppe U_m entweder 0 oder 1. Ihre Torsionsuntergruppe bezeichnen wir mit $\boldsymbol{\mu}(\mathbb{Q}(\sqrt{m}))$. Aus dem Hauptsatz über endlich erzeugte abelsche Gruppen ergibt sich nun der

Satz 11.4   *Für die Einheitengruppe* U_m *von* $\mathcal{O}_m$ *gilt*

$$U_m \simeq \begin{cases} \mathbb{Z} \times \boldsymbol{\mu}(\mathbb{Q}(\sqrt{m})) & \textit{falls } m > 0 \,, \\ \boldsymbol{\mu}(\mathbb{Q}(\sqrt{m})) & \textit{falls } m < 0 \,. \end{cases}$$

Für den Beweis des dirichletschen Einheitensatzes verweisen wir auf [Ko]. Es ist sehr einfach, den Torsionsanteil $\boldsymbol{\mu}(\mathbb{Q}(\sqrt{m}))$ dieser Gruppe zu bestimmen. Wir schreiben dazu μ_n für die Gruppe der n-ten Einheitswurzeln, d.h. für die komplexen Lösungen der Gleichung $X^n - 1 = 0$.

Satz 11.5   *Ist* $m < 0$, *so gilt*

$$\boldsymbol{\mu}(\mathbb{Q}(\sqrt{m})) \simeq \begin{cases} \mu_6 & \textit{falls } m = -3 \,, \\ \mu_4 & \textit{falls } m = -1 \,, \\ \mu_2 & \textit{sonst.} \end{cases}$$

Im Fall $m > 0$ *gilt immer:*

$$\boldsymbol{\mu}(\mathbb{Q}(\sqrt{m})) \simeq \mu_2 \,.$$

Beweis   Die Behauptungen ergeben sich, indem man die pellsche Gleichung löst. Im Fall $m \leq -5$ besitzt die pellsche Gleichung nur die trivialen Lösungen $a = \pm 2$, $b = 0$ und in den Fällen $m = -1, -2, -3$, die zu den Körpern $\mathbb{Q}(\sqrt{-1})$, $\mathbb{Q}(\sqrt{-2})$, $\mathbb{Q}(\sqrt{-3})$ gehören, die angegebenen. Ist hingegen $m \geq 0$, so handelt es sich um reelle Körper, deren einzige Einheitswurzeln die Zahlen ± 1 sind.   □

Das schwierige Problem, das bleibt, ist das Auffinden von Einheiten, die keine Torsionselemente sind. Wie man aus dem dirichletschen Einheitensatz sieht, taucht dieses Problem nur im reellquadratischen Fall auf und ist äquivalent dazu, die Lösungen der pellschen Gleichung zu finden.

Wir erwähnen noch, dass sich im Gegensatz zu den ganzzahligen Lösungen die rationalen Lösungen der pellschen Gleichung $x^2 - my^2 = \pm 4$ leicht angeben lassen. Dazu sei $P = (x_0, y_0)$ eine fest gewählte rationale Lösung (z.B. eine ganzzahlige Lösung, die wir eben berechnet haben). Dann ist die Menge der rationalen Lösungen gegeben durch

$$\{(x_0, y_0) - 2/(t^2 - m)(t^2 x_0 - mt y_0, t x_0 - m y_0); \ t \in \mathbb{Q} \backslash \{\pm \sqrt{m}\} \cup \{(-x_0, y_0)\}.$$

Zum Beweis müssen lediglich alle Gerade durch P mit rationaler Steigung betrachtet und mit der Kurve $x^2 - my^2 = \pm 4$ geschnitten werden.

11.3 Die pellsche Gleichung

Wir diskutieren nun eine Methode, mit der man die Lösungen der pellschen Gleichung finden kann. Sie benutzt die Theorie der Kettenbrüche. Jedoch benötigen wir für unsere Zwecke so wenig Theorie, dass wir sie kurz bereitstellen können.

Man erhält die Kettenbruchentwicklung einer reellen Zahl, indem man den euklidischen Algorithmus auf beliebige reelle Zahlen ausweitet. Bezeichnen wir wie üblich mit $[\xi]$ die größte ganze Zahl, die kleiner oder gleich ξ ist, so setzen wir $\xi_0 = \xi$, $x_0 = [\xi]$ und definieren für $n = 0, 1, 2, \ldots$ induktiv reelle Zahlen ξ_n und ganze Zahlen x_n durch

$$\begin{aligned} x_n &= [\xi_n] \\ \xi_n &= x_n + \xi_{n+1}^{-1}, \end{aligned} \tag{11.1}$$

falls $x_n \neq \xi_n$ gilt. Dies nennt man den *Kettenbruchalgorithmus* und schreibt dann

$$\xi = [x_0, x_1, x_2, \ldots].$$

Offensichtlich gilt immer $x_n > 0$ für $n \geq 1$. Der Algorithmus kann abbrechen oder auch nicht. Offensichtlich bricht er genau dann ab, wenn ξ rational ist. Man findet jedenfalls eine Darstellung einer reellen Zahl ξ in der Form

$$\xi = x_0 + \cfrac{1}{x_1 + \cfrac{1}{x_2 + \cfrac{1}{x_3 + \cdots}}}.$$

Aus (11.1) ersieht man sofort, dass die Kettenbruchentwicklung von ξ_n für $n = 0, 1, 2, \ldots$ durch

$$\xi_n = [x_n, x_{n+1}, \ldots]$$

gegeben ist. Man nennt x_n den *n-ten Teilnenner* und ξ_n den *n-ten vollständigen Quotienten* des Kettenbruchs. Auf der anderen Seite ist

$$r_n = \frac{p_n}{q_n} = [x_0, \ldots, x_n]$$

eine rationale Zahl, der *n-te Näherungsbruch* für den Kettenbruch $[x_0, x_1, \ldots]$.

Als nächstes untersuchen wir, was die Kettenbruchentwicklung von ξ mit der Zahl ξ selbst zu tun hat. Als ersten Satz geben wir eine Rekursion für die Näherungsbrüche an.

Satz 11.6   *Für die Näherungsbrüche* $[x_0, x_1, \ldots, x_n] = \frac{p_n}{q_n}$ *mit* $(p_n, q_n) = 1$ *gelten die Rekursionen*

$$p_0 = x_0, \quad p_1 = x_0 x_1 + 1, \quad p_n = x_n p_{n-1} + p_{n-2},$$
$$q_0 = 1, \quad\quad q_1 = x_1, \quad\quad\quad q_n = x_n q_{n-1} + q_{n-2},$$

für $n \geq 2$.

Beweis   Wir führen den Beweis durch vollständige Induktion nach n. Für $n = 0$ ist $\frac{p_0}{q_0} = \frac{x_0}{1} = [x_0]$ und $(p_0, q_0) = (x_0, 1) = 1$. Für $n = 1$ ist $\frac{p_1}{q_1} = \frac{x_0 x_1 + 1}{x_1} = [x_0, x_1]$ und $(p_1, q_1) = (x_0 x_1 + 1, x_0) = (1, x_0) = 1$. Schließlich ist für $n = 2$

$$\frac{p_2}{q_2} = \frac{x_2 p_1 + p_0}{x_2 q_1 + q_0} = \frac{x_2(x_1 x_0 + 1) + x_0}{x_1 x_2 + 1} = x_0 + \frac{x_2}{x_1 x_2 + 1} = [x_0, x_1, x_2]$$

und $(p_2, q_2) = (x_0(x_1 x_2 + 1) + x_2, x_1 x_2 + 1) = (x_2, x_1 x_2 + 1) = (x_2, 1) = 1$. Sei nun die Behauptung für alle Näherungsbrüche der Länge $< n$ richtig, wobei nun $n \geq 3$. Betrachten wir $\frac{p'_n}{q'_n} = [x_1, \ldots, x_n]$ mit $(p'_n, q'_n) = 1$. Die Zahl $\frac{p'_n}{q'_n}$ ist Näherungsbruch der Länge $n - 1$, also gilt nach Induktionsvoraussetzung

$$p'_n = x_n p'_{n-1} + p'_{n-2}, q'_n = x_n q'_{n-1} + q'_{n-2}.$$

Sei weiter $\frac{p_n}{q_n} = [x_0, \ldots, x_n]$. Damit folgt $\frac{p_n}{q_n} = x_0 + \frac{1}{[x_1, \ldots, x_n]} = \frac{x_0 p'_n + q'_n}{p'_n}$. Dieser letzte Bruch ist gekürzt, da $(p'_n, q'_n) = 1$ nach Induktionsvoraussetzung. Weil gefordert ist, dass $\frac{p_n}{q_n}$ auch gekürzt ist, gilt

$$p_n = x_0 p'_n + q'_n, q_n = p'_n.$$

Diese Relationen gelten auch für $n - 1$ und $n - 2$ nach Induktionsvoraussetzung. Nun ist

$$p_n = x_0 p'_n + q'_n = x_0(x_n p'_{n-1} + q'_{n-1}) + x_n q'_{n-1} + q'_{n-2}$$
$$= x_n(x_0 p'_{n-1} + q'_{n-1}) + x_0 p'_{n-2} + q'_{n-2}$$
$$= x_n p_{n-1} + p_{n-2}.$$

Ebenso gilt $q_n = p'_n = x_n p'_{n-1} + p'_{n-2} = x_n q_{n-1} + q_{n-2}$. Somit ist der Satz bewiesen. $\square$

Es sei nun $\xi = [x_0, x_1, \ldots, x_l, \overline{x_{l+1}, \ldots, x_{l+k}}]$ der periodische Kettenbruch von $\sqrt{m}$ und $\eta = \xi_l = [\overline{x_{l+1}, \ldots, x_{l+k}}]$ der assoziierte rein periodische Kettenbruch, den wir in der Form $[\overline{y_0, \ldots, y_{k-1}}]$ mit $y_j \geq 1$ schreiben. Der Kettenbruchalgorithmus hierfür hat die Gestalt

$$\eta_n = y_n + \eta_{n+1}^{-1} \, ,$$

wobei die Glieder η_n entsprechend der ξ_n definiert sind. Für $r = 0, \ldots, k-1$ und $m \geq 0$ gilt $\eta_{km+r} = [\overline{y_r, \ldots, y_{k-1}, y_0, \ldots, y_{r-1}}]$ und somit

$$\eta_{km+r} = \eta_r \, .$$

Aus dem Kettenbruchalgorithmus erhalten wir mit

$$A_n = \begin{pmatrix} y_n & 1 \\ 1 & 0 \end{pmatrix} \in \mathrm{GL}_2(\mathbb{Z})$$

für $n = 1, 2, \ldots$ die als gebrochen linear geschriebene wichtige Beziehung

$$\eta_r = \frac{y_r \eta_{r+1} + 1}{\eta_{r+1}} = A_r \eta_{r+1} \tag{11.2}$$

und daraus $\eta_r = A_r \cdots A_{r+k-1} \eta_r$. Wegen der Periodizität der Kettenbruchentwicklung ist $A_m = A_n$ für $m \equiv n \pmod{k}$ und deswegen $A_r \cdots A_{r+k-1} = A_r \cdots A_k A_1 \cdots A_{r-1}$. Wir setzen $P_r = A_r \cdots A_{r+k-1}$ für $0 \leq r \leq k-1$ und schreiben die obige Beziehung (11.2) in der Form

$$\eta_r = P_r \, \eta_r \, .$$

Es gilt $A_{r+k} = A_r$ für alle r und deswegen $P_{r+1} = A_{r+1}^{-1} P_r A_{r+1}$. Hieraus schließen wir, dass $\mathrm{Tr}(P_r)$ unabhängig von r ist. Außerdem erhalten wir $\det(P_r) = (-1)^k$. Mit einem Proportionalitätsfaktor $\varepsilon \in \mathcal{O}_m$ gilt nun

$$P_r \begin{pmatrix} \eta_r \\ 1 \end{pmatrix} = \varepsilon \begin{pmatrix} \eta_r \\ 1 \end{pmatrix} \, .$$

Um diesen zu finden, müssen wir die charakteristische Gleichung

$$\det(\varepsilon \, \mathrm{id} - P_r) = \varepsilon^2 - \mathrm{Tr}(P_r)\varepsilon + \det(P_r) = 0$$

lösen. Die Koeffizienten dieser Gleichung sind, wie wir gesehen haben, unabhängig von r, sodass die Gleichung die Form

$$\varepsilon^2 - a\varepsilon + (-1)^k = 0 \tag{11.3}$$

mit von r unabhängigem a annimmt. Dies zeigt, dass ε ganz ist und wegen $N(\varepsilon) =$ $\det(P) = (-1)^k$ sogar eine Einheit ist. Die Diskriminante der Gleichung (11.3) ist gleich $a^2 - (-1)^k 4$ und genau dann ein Quadrat, wenn $a = 2$ und $k \equiv 0 \pmod 2$. Ist $k \geq 2$ so ist $a = \operatorname{Tr}(P_r) \geq 3$, wie man sofort nachrechnet, da der entstehende Ausdruck nur positive Summanden beinhaltet. Aus diesem Grunde erhalten wir eine irrationale Einheit. Diese erzeugt zusammen mit -1 eine Untergruppe der Einheitengruppe von endlichem Index.

Man kann beweisen [Has], dass man im Fall $d = 4m$ oder im Fall $d = m$ und $d \equiv 1 \pmod 8$ die volle Einheitengruppe, und sonst eine Untergruppe vom Index 3 erhält.

Beispiel 11.7 Als Beispiel betrachten wir den Körper $\mathbb{Q}(\sqrt{2})$. Die Kettenbruchentwicklung der Quadratwurzel $\sqrt{2}$ ist $[1, 2, 2, \ldots] = [1, \overline{2}]$, deswegen gilt $\eta = [\overline{2}]$ und

$$P = \begin{pmatrix} 2 & 1 \\ 1 & 0 \end{pmatrix}.$$

Dann erhalten wir $\operatorname{Tr}(P) = 2$, $\det(P) = -1$ und somit die Gleichung

$$\varepsilon^2 - 2\varepsilon - 1 = 0.$$

Die Lösungen dieser Gleichung sind $1 \pm \sqrt{2}$ offensichtlich Einheiten. Es gilt hier $m = 2$, sodass $d = 4m$ folgt. Deswegen erhält man in diesem Fall die volle Einheitengruppe.

Beispiel 11.8 Ein weiteres Beispiel ist der Ring $\mathbb{Q}(\sqrt{5})$, der ganz eng mit dem goldenen Schnitt verknüpft und daher besonders ausgezeichnet ist. Dies erkennt man auch u. a. an der Kettenbruchentwicklung $[\overline{1}]$ der *Fundamentaleinheit* $\frac{1+\sqrt{5}}{2}$, also der kleinsten Einheit > 1, die zusammen mit -1 die Einheitengruppe erzeugt. Dies ist sozusagen der kleinstmögliche Kettenbruch. Betrachten wir die Kettenbruchentwicklung $[2, \overline{4}]$ von $\sqrt{5}$, so wird $k = 1$ und

$$P = \begin{pmatrix} 4 & 1 \\ 1 & 0 \end{pmatrix}.$$

Die charakteristische Gleichung ist

$$\varepsilon^2 - 4\varepsilon - 1 = 0$$

mit den Wurzeln $2 \pm \sqrt{5} = \left(\frac{1 \pm \sqrt{5}}{2}\right)^3$. Man sieht hieraus, dass unser Verfahren nicht immer die volle Einheitengruppe liefert.

11.4 Der Euler-Lagrangesche Satz

Wir haben in 11.3 gesehen, dass Einheiten in einem reell-quadratischen Zahlkörper eine periodische Kettenbruchentwiclung besitzen. Wir zeigen in diesem Abschnitt, dass dies kein Zufall ist.

Der erste Schritt ist der Satz von Euler.

Satz 11.9 (Euler) *Ist die Kettenbruchentwicklung von $\xi \in \mathbb{R}^+ \backslash \mathbb{Q}$ periodisch, dann muss ξ algebraisch über $\mathbb{Q}$ vom Grad 2 sein.*

Beweis Sei $\xi = [x_0, x_1, \ldots]$ ein unendlicher periodischer Kettenbruch und η der assoziierte periodische Kettenbruck. Es genügt zu zeigen, dass η Nullstelle eines quadratischen Polynomes mit Koeffizienten in $\mathbb{Z}$ ist. Aus (11.2) folgt, dass

$$\eta = \eta_0 = A_0 \eta_1 = \cdots = A_0 \cdots A_{k-1} \eta_0,$$

sodass $\eta = P_0 \eta$ folgt, wobei wieder

$$A_0 \cdots A_{k-1} = P_0 := \begin{pmatrix} a & b \\ c & d \end{pmatrix} \in \mathrm{GL}_2(\mathbb{Z})$$

gesetzt wurde. Dies ist äquivalent zur Gleichung

$$c\eta^2 + (d - a)\eta - b = 0$$

und somit ist η algebraisch vom Grad 2. Weiter gilt $\xi = P_{r-1}\eta$, was $\eta = P_{r-1}^{-1}\xi =: Q\xi$ zur Folge hat. Daher ist ξ Nullstelle einer Gleichung

$$c(Q\xi)^2 + (d - a)Q\xi - b = 0.$$

Multipliziert man die Gleichung mit einem gemeinsamen Nenner, so ergibt sich eine quadratische Gleichung über $\mathbb{Z}$ mit ξ als Lösung. $\square$

Wir nennen $\xi \in \mathbb{R}^+$ mit $[\mathbb{Q}(\xi) : \mathbb{Q}] = 2$ eine *quadratische Irrationalität* und zeigen nun umgekehrt, dass eine quadratische Irrationalität eine periodische Kettenbruchentwicklung besitzt.

Satz 11.10 (Lagrange) *Eine quadratische Irrationalität besitzt eine periodische Kettenbruchentwicklung.*

Beweis Sei ξ irrational und angenommen es gebe $a, b, c \in \mathbb{Z}$ mit $a\xi^2 + b\xi + c = 0$. Wir können $a > 0$ annehmen und definieren die quadratische Form $f(X, Y) := aX^2 + bXY + cY^2$. Für sie gilt

$$\begin{aligned} 0 = f(\xi, 1) &= f(P_{n-1}\xi_n, 1) = f(p_{n-1}\xi_n + p_{n-2}, q_{n-1}\xi_n + q_{n-2}) \\ &= f(p_{n-1}, q_{n-1})\xi_n^2 + (2ap_{n-1}p_{n-2} + b(p_{n-2}q_{n-1} + p_{n-1}q_{n-2}) \\ &\quad + 2cq_{n-1}q_{n-2})\xi_n + f(p_{n-2}, q_{n-2}). \end{aligned}$$

Die Identität $\xi = P_{n-1}\xi_n$ folgt dabei wieder aus (11.2), was auch ohne Periodizität richtig ist. Den letzten Ausdruck nennen wir $a_n\xi_n^2 + b_n\xi_n + c_n$. Setzen wir weiter $f_n(X, Y) := a_nX^2 + b_nXY + c_nY^2$, so ist

$$(f \circ P_{n-1})(X, Y) := f(p_{n-1}X + p_{n-2}Y, q_{n-1}X + q_{n-2}Y) = f_n(X, Y)$$

und $f_n(\xi_n, 1) = 0$. Da $(\xi, 1)$ eine Nullstelle von $f_0 = f$ ist, können wir $f(X, 1) = a(\xi - X)(\eta - X)$ für ein $\eta \in \mathbb{C}$ schreiben. Somit

$$a_n = f_0(p_{n-1}, q_{n-1}) = q_{n-1}^2 f_0 \left(\frac{p_{n-1}}{q_{n-1}}, 1 \right) = a_0 q_{n-1}^2 \left(\xi - \frac{p_{n-1}}{q_{n-1}} \right) \left(\eta - \frac{p_{n-1}}{q_{n-1}} \right).$$

Damit kann man $|a_n|$ nach oben abschätzen:

$$|a_n| \leq a_0 q_{n-1}^2 \left| \xi - \frac{p_{n-1}}{q_{n-1}} \right| \left(|\eta - \xi| + \left| \xi - \frac{p_{n-1}}{q_{n-1}} \right| \right)$$

$$\leq a_0 \frac{q_{n-1}^2}{q_{n-1} q_n} \left(|\eta - \xi| + \frac{1}{q_{n-1} q_n} \right)$$

$$\leq a_0 (|\eta - \xi| + 1) =: C.$$

Analog zeigt man auch $|c_n| \leq C$. Wir betrachten nun $\delta_n := b_n^2 - 4 a_n c_n$. Durch Nachrechnen zeigt man $\delta_n = \delta_0$. Daher erhalten wir $b_n^2 \leq |\delta_0| + 4C^2$, also ist auch $|b_n|$ beschränkt. Da $a_n, b_n, c_n \in \mathbb{Z}$ für alle $n \in \mathbb{N}$, bedeutet dies, dass nur endlich viele quadratische Funktionen $f_n(X, 1)$ existieren, die jeweils höchstens je zwei Lösungen haben können. Alle $\xi_n, n \in \mathbb{N}$ sind aber Lösungen von den Gleichungen $f_n(X, 1) = 0, n \in \mathbb{N}$. Deshalb existieren $k, l \in \mathbb{N}, k \neq l$ mit $\xi_k = \xi_l$ und somit besitzt ξ eine periodische Kettenbruchentwicklung. $\square$

11.5 Primelemente im gaussschen Zahlring

Es ist nicht schwierig, die Primelemente $\pi = a + bi$ im Ring der ganzen *gaussschen Zahlen* $\mathbb{Z}[i] = \{m + ni;\ m, n \in \mathbb{Z}\} \subset \mathbb{Q}(i)$ zu bestimmen. Die Normfunktion N macht, wie wir gesehen haben, $\mathbb{Z}[i]$ zu einem euklidischen, also insbesondere auch faktoriellen Ring. Dort sind die irreduziblen Elemente π sogar Primelemente, d. h. $\pi \mid \alpha\beta$ impliziert $\pi \mid \alpha$ oder $\pi \mid \beta$, für alle $0 \neq \alpha, \beta \in \mathbb{Z}[i]$. Ihre Norm besitzt die Gestalt $N(\pi) = \pi\bar{\pi} = a^2 + b^2$. Der folgende Satz macht nun eine Aussage über die Primelemente im Ring der gaussschen Zahlen.

Satz 11.11   *Rationale Primzahlen $p \in \mathbb{Z}$ bleiben entweder Primelemente in $\mathbb{Z}[i]$ oder zerfallen in ein Produkt $p = \pm \pi\bar{\pi}$ von konjugierten Primelementen π, $\bar{\pi} \in \mathbb{Z}[i]$. Umgekehrt teilt jedes Primelement $\pi \in \mathbb{Z}[i]$ eine eindeutig bestimmte Primzahl $p \in \mathbb{Z}$.*

Beweis   Für ein Primelement $\pi \in \mathbb{Z}[i]$ gilt $\pi \mid N(\pi) = \pi \cdot \bar{\pi} \in \mathbb{Z}$. Da $N(\pi) \neq \pm 1$ ist, teilt π eine rationale Primzahl p. Teilt π eine weitere Primzahl q, so auch das Ideal $(p, q) = (1)$ und somit ist π eine Einheit, was ein Widerspruch ist. Daher ist die zu π gehörige Primzahl p eindeutig bestimmt.

Ist p nicht prim in $\mathbb{Z}[i]$, so können wir p in der Form $\pm\pi\pi'$ für ein $\pi' \in \mathbb{Z}[i]$ schreiben, woraus $N(\pi)N(\pi') = p^2$ folgt. Da weder $N(\pi') = \pm 1$ noch $N(\pi) = \pm 1$

gilt, bleibt nur noch $\pm p = N(\pi) = \pi\bar{\pi}$ übrig. Damit ist der Satz vollständig bewiesen. □

Wir nennen eine ungerade rationale Primzahl p *träge* in $\mathbb{Z}[i]$, falls sie auch in $\mathbb{Z}[i]$ ein Primelement ist, andernfalls *zerfällt* die Primzahl p in $\mathbb{Z}[i]$ in ein Produkt zweier konjugierter Primelemente und lässt sich deswegen als Summe von zwei Quadraten schreiben. Dies motiviert den folgenden auf Euler und Fermat zurückgehenden

Satz 11.12 *Eine ungerade Primzahl ist genau dann eine Summe von zwei Quadraten, wenn sie kongruent 1 (mod 4) ist.*

Beweis Es bleibt nur noch zu zeigen, dass eine Primzahl $p \equiv 1$ (mod 4) eine Summe von zwei Quadraten ist. Dazu setzen wir $r = (p-1)/4$ und beachten, dass die Gruppe $\mathbb{F}_p^\times$ zyklisch der Ordnung $p-1$ ist. Ist g ein erzeugendes Element dieser Gruppe, so setzen wir $h = g^r$. Dann gilt $h^2 = -1$, also ist -1 ein Quadrat in der Gruppe. Es gibt dann ganze Zahlen a, b mit $0 < a < p$ und $-1 = a^2 + bp$. Wir setzen $\alpha = a + i$ und erhalten $N(\alpha) = a^2 + 1 = bp$. Dann gibt es aber einen Primfaktor π von α mit $p = N(\pi)$, und p ist eine Summe von zwei Quadraten. □

Für die Primzahl 2 gilt $2 = (1+i)(1-i)$. Wegen $i(1-i) = i+1$ sind $1+i$ und $1-i$ assoziiert, d. h. es gilt $2 = -i(1+i)^2$. Da i eine Einheit ist, kann die Primzahl 2 in $\mathbb{Z}[i]$ somit bis auf eine Einheit als Quadrat eines Primelements geschrieben werden. Man nennt die Primzahl 2 dann *verzweigt*. Beachtet man, dass eine ungerade Primzahl p stets kongruent 1 oder 3 (mod 4) ist, Quadrate stets kongruent 0 oder 1 (mod 4) sind, so ergibt sich nun insgesamt der folgende

Satz 11.13 *Eine ungerade Primzahl $p \in \mathbb{Z}$ ist in $\mathbb{Z}[i]$ genau dann träge, wenn $p \equiv 3$ (mod 4); sie zerfällt genau dann in nicht assoziierte Primelemente, wenn $p \equiv 1$ (mod 4). Die Primzahl 2 zerfällt in $\mathbb{Z}[i]$ in der Form $2 = -i(1+i)^2$.*

Beispiel 11.14 Wir erhalten aus dem Satz ganz leicht eine Liste von Primelementen in $\mathbb{Z}[i]$. Zum Beispiel weist man mühelos nach, dass die Elemente

$$(1+i), \; 3, \; (1+2i), \; (1-2i), \; 7, \; 11, \; (3+2i), \; (3-2i), \; (4+i), \; (4-i), \; 19, \; \dots$$

allesamt Primelemente sind.

Übungsaufgaben

1. Zeige, dass es keine Einheiten $1 < \omega < 1 + \sqrt{2}$ in $\mathbb{Q}(\sqrt{2})$ gibt.
2. Sei $\xi \in \mathbb{R}^{+}\backslash\mathbb{Q}$ und p_n/q_n der n-te Näherungsbruch der Kettenbruchentwicklung von ξ. Zeige, dass für alle $n \geq 1$ stets $q_n \geq 2^{(n-1)/2}$.
3. Sei $\xi \in \mathbb{R}^{+}\backslash\mathbb{Q}$ und p_n/q_n der n-te Näherungsbruch der Kettenbruchentwicklung von ξ. Zeige, dass

$$\left|\xi - \frac{p_n}{q_n}\right| > \frac{1}{q_n(q_{n+1} + q_n)} \geq \frac{1}{2q_n q_{n+1}}$$

   für alle $n \in \mathbb{N}$ ist. (Hinweis: Zeige, dass die Folge $b_j := (jp_{k-1}+p_{k-2})/(jq_{k-1}+ q_{k-2})$ für $j = 0, 1, \ldots, k$ monoton wachsend für gerades k bzw. monoton fallend für ungerades k ist. Verwende weiter, dass für $a/b < c/d, b, d > 0$ stets $a/b < (a + c)/(b + d) < c/d$ gilt.)
4. Berechne die Kettenbruchentwicklung des Goldenen Schnittes $\lambda := (1+\sqrt{5})/2$. Wie lauten die Näherungsbrüche?
5. Zeige für den Näherungsbruch p_n/q_n der Kettenbruchentwicklung des Goldenen Schnittes, dass für jedes $C > \sqrt{5}$ die Ungleichung

$$\left|\lambda - \frac{p_n}{q_n}\right| < \frac{1}{Cq_n^2}$$

   nur für endlich viele $n \in \mathbb{N}$ gültig ist.
6. Beweise, dass $\delta_n := b_n^2 - 4a_n c_n = \delta_0$ für die im Beweis des Satzes von Lagrange auftretenden Grössen ist.
7. Berechne die Fundamentaleinheit im Körper $\mathbb{Q}(\sqrt{3})$.
8. Zeige, dass in $\mathbb{Z}[i] \smallsetminus \mathbb{Z}$ die Norm einer Primzahl eine Primzahl in $\mathbb{Z}$ ist.

12 Polynomringe

12.1 Polynome

Es sei R ein unitärer kommutativer Ring. Wir betrachten die Menge $\Gamma(\mathbb{N}, R)$ der Abbildungen $f: \mathbb{N} \to R$ mit endlichem Träger $\operatorname{supp}(f) = \{n \in \mathbb{N};\ f(n) \neq 0\}$. Diese können addiert und mit Ringelementen von links multipliziert werden, indem man $(f + g)(n) = f(n) + g(n)$ und $(rf)(n) = rf(n)$ für $r \in R$ setzt. Es gilt offensichtlich $(r + s)f = rf + sf$ und $r(sf) = (rs)f$, d. h. die Multiplikation ist distributiv und assoziativ von links. Außerdem gilt $1f = f$ sowie $r(f + g) = rf + rg$. Man kann aber auch zwei solche Abbildungen miteinander multiplizieren. Dazu bildet man ihr Konvolutionsprodukt, ein R-bilineares und assoziatives Produkt auf der Menge dieser Abbildungen, das $f, g \in \Gamma(\mathbb{N}, R)$ die Abbildung $f * g \in \Gamma(\mathbb{N}, R)$ zuordnet, die durch

$$(f * g)(n) := \sum_{k+l=n} f(k)\, g(l)$$

gegeben ist. Das Konvolutionsprodukt ist offensichtlich kommutativ, und so wird $\Gamma(\mathbb{N}, R)$ zu einer kommutativen R-Algebra (siehe auch 22.1). Jedes $f \in \Gamma(\mathbb{N}, R)$ lässt sich auf genau eine Weise als endliche Linearkombination $f = \sum f(n)\delta_n$ der Abbildungen $\delta_n \in \Gamma(\mathbb{N}, R)$ schreiben, die für n den Wert 1, sonst aber den Wert 0 annimmt. Das Element δ_0 ist offensichtlich ein Einselement der Algebra. Definiert man induktiv für $k \in \mathbb{N}$ Potenzen δ_1^k von δ_1, indem man $\delta_1^0 = \delta_0$ und $\delta_1^k = (\delta_1^{k-1}) * \delta_1$ für $k \geq 1$ setzt, so gilt $\delta_k = \delta_1^k$ und daher

$$f = \sum f(k)\, \delta_1^k\ .$$

Wir nennen die Abbildungen f *Polynome* und die Algebra $\Gamma(\mathbb{N}, R)$ einen *Polynomring* oder auch eine *Polynomalgebra* in δ_1 über dem Ring R und bezeichnen sie mit $R[\delta_1]$. Schreiben wir noch X statt δ_1, so erhalten wir die wohlbekannte Schreibweise $R[X]$ für einen Polynomring in einer *Variablen* oder *Unbestimmten*. Für f schreiben wir auch $f(X)$ und nennen die f_k seine *Koeffizienten*. Diese sind bis auf endlich viele alle gleich 0. Ein Polynom $f \neq 0$ kann so immer in der Form

$$f = f_0 X^d + f_1 X^{d-1} + \cdots + f_{d-1} X + f_d$$

dargestellt werden mit $f_i := f(d - i)$ und $f_0 \neq 0$. Dann nennt man d den Grad von f und schreibt dafür $\deg(f)$. Den Koeffizienten $\ell(f) := f_0$ nennt man *Leitkoeffizient* oder auch *führenden Koeffizienten* und f_d den konstanten Term.

Bemerkung: Wir haben diese scheinbar umständliche Art, einen Polynomring einzuführen, deswegen gewählt, weil der Begriff „Variable" oder „Unbestimmte" zu

© Springer Fachmedien Wiesbaden GmbH, ein Teil von Springer Nature 2020
G. Wüstholz und C. Fuchs, *Algebra*, Springer Studium Mathematik – Bachelor,
https://doi.org/10.1007/978-3-658-31264-0_15

vage ist. Unser Zugang präzisiert diese Begriffe, die wir salopperweise in Zukunft
dennoch auch benützen werden, wohlwissend was korrekterweise dahintersteckt.

12.2 Polynome in mehreren Variablen

Auf prinzipiell dieselbe Art können auch Polynomringe in mehreren Variablen
eingeführt werden. Wir erinnern zunächst daran, dass $\mathbb{N}^d$ die Menge der Abbildungen $\varepsilon\colon \{1, 2, \ldots, d\} \to \mathbb{N}$ ist. Je zwei Elemente der Menge können wiederum
addiert und mit ganzen Zahlen multipliziert werden. So wird $\mathbb{N}^d$ zusammen mit
der Addition ein sogenanntes additives *Monoid*. Oft identifiziert man ein $\varepsilon \in \mathbb{N}^d$
auch mit dem d-Tupel seiner Werte, also mit $(\varepsilon(1), \ldots, \varepsilon(d))$. Mit ε_i für $i = 1$, 2,
$\ldots, d$ bezeichnen wir das Element, das einem $j \neq i$ die 0 und $j = i$ die 1 zuordnet.
So kann ein ε in $\mathbb{N}^d$ auf eindeutige Weise als Linearkombination

$$\varepsilon = \sum \varepsilon(i)\, \varepsilon_i \,,$$

mit nicht-negativen ganzen Koeffizienten in den „Basiselementen" ε_i geschrieben
werden. Wir bezeichnen nun mit $\Gamma(\mathbb{N}^d, R)$ die Menge der Abbildungen $f\colon \mathbb{N}^d \to R$
mit endlichem Träger $\operatorname{supp}(f)$ und mit δ_ε das Elemente, das für $\varepsilon \in \mathbb{N}^d$ den Wert
1 und sonst den Wert 0 besitzt. Statt δ_{ε_i} schreiben wir auch kurz δ_i. Jedes f lässt
sich wie oben auf genau eine Weise in der Form

$$f = \sum f(\varepsilon)\, \delta_\varepsilon$$

darstellen, wobei ε die Menge $\mathbb{N}^d$ durchläuft. Man nennt $f(\varepsilon)$ den *Koeffizienten*
von δ_ε. Wie vorhin definieren wir die Konvolution $f * g$ von f, $g \in \Gamma(\mathbb{N}^d, R)$ durch
die Gleichung

$$(f * g)(\varepsilon) = \sum_{\varepsilon_1 + \varepsilon_2 = \varepsilon} f(\varepsilon_1)\, g(\varepsilon_2) \,,$$

und Potenzen f^k induktiv durch $f^{k-1} * f$. Drücken wir ε durch die Basiselemente
ε_i aus, so ergibt eine einfache Rechnung, dass δ_ε und $\delta_1^{\varepsilon(1)} * \cdots * \delta_d^{\varepsilon(d)}$ übereinstimmen und wir so

$$\delta_\varepsilon = \delta_1^{\varepsilon(1)} * \cdots * \delta_d^{\varepsilon(d)}$$

erhalten, also insgesamt

$$f = \sum f(\varepsilon)\, \delta_1^{\varepsilon(1)} * \cdots * \delta_d^{\varepsilon(d)} \,.$$

Auf diese Weise erhalten wir die Polynomalgebra $R[\delta_1, \ldots, \delta_d]$ in d Variablen über
R. Schreiben wir noch fg statt $f * g$ und X_i statt δ_i, so findet sich die wohlbekannte
Form

$$\sum f(\varepsilon)\, X_1^{\varepsilon(1)} \cdots X_d^{\varepsilon(d)}$$

eines Polynoms in den Variablen $X_1, \ldots, X_d$ wieder. Wir erhalten so einen Polynomring $R[X_1, \ldots, X_d]$ über R in d Variablen. Ausdrücke $M_\varepsilon = X_1^{\varepsilon(1)} \cdots X_d^{\varepsilon(d)}$ mit $\varepsilon \in \mathbb{N}^d$ nennt man *Monome* und

$$\deg(f) := \sup_{\varepsilon \in \operatorname{supp}(f)} \big(\varepsilon(1) + \cdots + \varepsilon(d) \big)$$

den *Grad* von f falls $f \neq 0$. Wir setzen schließlich $\deg(0) = -\infty$ und erhalten so eine Funktion $\deg \colon \Gamma(\mathbb{N}^d, R) \to \mathbb{N} \cup \{-\infty\}$ mit

$$\deg(fg) \leq \deg(f) + \deg(g)$$

und

$$\deg(f + g) \leq \sup \{\deg(f), \deg(g)\} .$$

Eine solche Funktion nennt man eine *nicht-archimedische Bewertung*. Besitzen in einem Polynom f alle mit von 0 verschiedenem Koeffizient vorkommenden Monome den gleichen Grad $\deg(f)$, so nennen wir das Polynom *homogen*.

Ein Ringhomomorphismus $\varphi \colon R \to S$ induziert immer einen Ringhomomorphismus $\varphi_* \colon \Gamma(\mathbb{N}^d, R) \to \Gamma(\mathbb{N}^d, S)$, $f \mapsto \varphi \circ f$, mit $\varphi_*(\delta_\varepsilon) = \delta_\varepsilon$ und so einen Homomorphismus $\varphi_* \colon R[X_1, \ldots, X_d] \to S[X_1, \ldots, X_d]$, der die Monome festhält.

Polynomringe besitzen die folgende universelle Eigenschaft und sind dadurch bis auf Isomorphie eindeutig charakterisiert:

Satz 12.1 *Es seien R und S unitäre kommutative Ringe, $\varphi \colon R \to S$ ein Homomorphismus und $\xi \colon \{1, \ldots, d\} \to S$ eine Abbildung. Dann gibt es genau einen Homomorphismus $\varphi_\xi \colon R[\delta_1, \ldots, \delta_d] \to S$ mit $\varphi_\xi|_R = \varphi$ und $\varphi_\xi(\delta_j) = \xi(j)$ ($1 \leq j \leq d$).*

Beweis   Es sei $f = \sum f(\varepsilon) \, \delta_1^{\varepsilon(1)} \cdots \delta_d^{\varepsilon(d)}$. Dann setzen wir

$$\varphi_\xi(f) = \sum \varphi(f(\varepsilon)) \, \xi(1)^{\varepsilon(1)} \cdots \xi(d)^{\varepsilon(d)} .$$

Hierdurch wird in eindeutiger Weise ein Homomorphismus festgelegt, der die gewünschten Eigenschaften besitzt.   □

Den so definierten Homomorphismus nennen wir den zum Paar (φ, ξ) gehörigen Auswertungshomomorphismus.

Beispiel 12.2 Ist $R \subseteq S$ und φ die Inklusionsabbildung und schreiben wir $\xi_j := \xi(j)$, $1 \leq j \leq d$, so ordnet der Homomorphismus φ_ξ dem Polynom f seinen Wert in $(\xi_1, \ldots, \xi_d)$ zu, d.h. es gilt $\varphi_\xi(f) = f(\xi_1, \ldots, \xi_d)$ im üblichen Sinn. Ist $I \subset R$ ein Ideal und $\varphi = \pi \colon R \to R/I = R'$, sowie $S = (R/I)[\delta_1, \ldots, \delta_d]$ und $\xi \colon j \mapsto \delta_j$, so ist $\varphi_\xi = \varphi_*$ und $\varphi_\xi(f)$ das Polynom in S, das man aus f erhält, indem man die Koeffizienten $f(\varepsilon)$ durch ihre Restklassen in R/I ersetzt. Man nennt

$\varphi_\xi(f)$ die *Reduktion* von f modulo I. Ein weiteres Beispiel ist der Fall, wo φ ein Endomorphismus von R, $S = R[\delta_1, \ldots, \delta_d]$ die Polynomalgebra und ξ wiederum die Abbildung $j \mapsto \delta_j$ ist. Dann ist wiederum $\varphi_\xi = \varphi_*$ und $\varphi_\xi(f)$ das Polynom

$$f^\varphi = \sum \varphi(f(\varepsilon)) \, \delta_1^{\varepsilon(1)} \cdots \delta_d^{\varepsilon(d)} \ .$$

Dabei sind die Koeffizienten von f ersetzt durch ihre Bilder unter φ.

Wir gehen noch einen Schritt weiter und bilden Polynomringe in einer beliebigen Anzahl von Unbestimmten. Sei dazu S eine beliebige Menge und $\mathbb{N}\langle S \rangle$ die Menge der Abbildungen $\delta : S \to \mathbb{N}$ mit endlichem Träger. Diese bilden mit $(\delta_1 + \delta_2)(s) = \delta_1(s) + \delta_2(s)$ ein additives Monoid (es wird analog zur freien abelschen Gruppe gebildet und ist das *freie kommutative Monoid*, welches von S erzeugt wird). Nun definieren wir den Polynomring $R[S]$ als die Menge aller Abbildungen $\Gamma(\mathbb{N}\langle S \rangle, R)$ mit endlichem Träger ausgestattet mit der Abbildungssumme als Addition und der Konvolution als Multiplikation. Es folgt, dass wir jedes Elemente $f \in R[S]$ in der Form

$$f = \sum f(\varepsilon) \prod_{s \in S} \delta_s^{\varepsilon(s)}$$

schreiben können, wobei $\delta_s(s') = 0$ für $s' \in S$ mit $s' \neq s$ und $\delta_s(s) = 1$ und somit fast alle Faktoren des Produkts gleich 1 sind. Satz 12.1 kann auch analog für den Polynomring $R[S]$ formuliert und bewiesen werden. Wir halten noch fest, dass somit jeder Polynomring $R[X_1, \ldots, X_d]$ als Unterring von $R[S]$ aufgefasst werden kann. Dies kann man auch aus Sicht von Limites von abelschen Gruppen beleuchten. Wir starten mit der Menge S, welche mit der mengentheoretischen Inklusion geordnet ist und eine gerichtete Menge bildet. Durch die kanonischen Einbettungen sind Homomorphismen gegeben bezüglich denen wir die abelsche Gruppe $R[S]$ als Limes von Polynomringen $R[U]$ mit $U \subseteq S$ schreiben können. Die multiplikative Struktur ergibt sich auf natürliche Weise aus der multiplikativen Strukturen der einzelnen Teile.

12.3 Auswerten von Polynomen

Sehr oft fasst man Polynome in beispielsweise einer Variablen über einem Ring R als Funktionen von R nach R auf, indem man die Variable X als die Funktion $X(r) = r$ für $r \in R$ ansieht. Diese Sichtweise ist aber sehr problematisch. Denn ist p eine Primzahl, so zeigen das Beispiel $R = \mathbb{F}_p$ und das Polynom $f = X^p - X \neq 0$, dass die Funktionen f und 0 auf $\mathbb{F}_p$ übereinstimmen, also f als Funktion gesehen die Nullfunktion ist. Dieses Phänomen ist sicherlich nicht erwünscht. Dennoch kann jedem Polynom eine polynomiale Funktion zugeordnet werden, und man erhält so einen Homomorphismus von dem Polynomring $R[X_1, \ldots, X_d]$ in die Algebra der Funktionen auf R^d mit Werten in R. Der Kern dieses Homomorphismus ist, wie wir gerade gesehen haben, ein manchmal nicht-triviales Ideal. Dies tritt z. B. dann ein, wenn der Ring R ein endlicher Körper ist. Ist q die Anzahl der Elemente des Körpers, so wird es von Polynomen vom Typ $X_j^{\,q} - X_j$ erzeugt.

Es sei etwas allgemeiner S ebenfalls ein kommutativer unitärer Ring, der R enthält und $\xi\colon \{1,\ldots,d\} \to S$ eine Abbildung. Aufgrund von Satz 12.1 mit $\varphi = \mathrm{id}$ wie im Beispiel 12.2 erhalten wir einen Homomorphismus $\varphi_\xi\colon R[X_1,\ldots,X_d] \to S$, die *Auswertungs- oder Evaluationsabbildung*, die für $i = 1$, 2, $\ldots$, d der Variablen X_i das Ringelement $\xi(i) \in S$ zuordnet. Dies läuft darauf hinaus, dass man für die Variablen Elemente aus S einsetzt. Der Kern eines solchen Homomorphismus ist ein Ideal, das von der Wahl von ξ abhängt. Wir nennen diesen Vorgang das *Auswerten eines Polynoms* an der Stelle $\xi\,(= (\xi_1,\ldots,\xi_d))$. Indem man $f \in R[X_1,\ldots,X_d]$ an allen möglichen Stellen auswertet, erhält man eine Funktion $F\colon S^d \to S$, $\xi \mapsto \varphi_\xi(f)$ und so einen Ringhomomorphismus vom Polynomring $R[X_1,\ldots,X_d]$ in den Ring der Funktionen auf S^d mit Werten in S, dessen Bild der Ring der *polynomialen Funktionen* auf S^d genannt wird. Ein Polynom f besitzt eine *Nullstelle* in $\xi\,(= (\xi_1,\ldots,\xi_d))$, wenn es im Kern der zugehörigen Auswertungsabbildung φ_ξ liegt.

Etwas allgemeiner können wir beliebige Ringhomomorphismen φ von einem Polynomring $R[X_1,\ldots,X_d]$ in den Ring S betrachten, also solche, die nicht notwendigerweise den Unterring R fest lassen. Für sie gilt dann

$$\varphi\big(f(X_1,\ldots,X_d)\big) = f^\varphi\big(\varphi(X_1),\ldots,\varphi(X_d)\big)\ .$$

Dabei bedeutet f^φ das Polynom, das aus $f = \sum f(\varepsilon)\, X_1^{\varepsilon(1)} \cdots X_d^{\varepsilon(d)}$ dadurch entsteht, dass seine Koeffizienten $f(\varepsilon)$ durch $\varphi(f(\varepsilon))$ ersetzt werden; es gilt m. a. W. $f^\varphi = \varphi_*(f)$. Ist φ surjektiv, so nennen wir den Ring S *endlich erzeugt* über seinem Unterring $\varphi(R)$. Der Kern des Homomorphismus ist ein Ideal I und daher $S \simeq R[X_1,\ldots,X_d]/I$. Dies bedeutet, dass endlich erzeugte Ringe Quotientenringe von Polynomringen sind. Die Bilder $\xi_i = \varphi(X_i)$ nennt man die *Erzeugenden* von S über $\varphi(R)$. Jedes Element $\alpha \in S$ hat die Gestalt

$$\alpha = f^\varphi(\xi_1,\ldots,\xi_d)$$

für ein Polynom $f(X_1,\ldots,X_d) \in R[X_1,\ldots,X_d]$. Gilt $I = I_0 R[X_1,\cdots,X_d]$ für ein Ideal $I_0 \subseteq R$, so nennt man die Elemente ξ_1, $\ldots$, ξ_d *algebraisch unabhängig* über $\varphi(R)$ oder ein *endliches freies Erzeugendensystem* von S über $\varphi(R)$. In diesem Fall ist $S \simeq \varphi(R)[X_1,\ldots,X_n]$.

12.4 Potenzreihen

Bei der Definition von Polynomen in einer wie auch mehreren Variablen sind wir von Abbildungen $f\colon \mathbb{N}^d \to R$ mit endlichem Träger $\mathrm{supp}(f)$ ausgegangen. Lässt man die Endlichkeitsbedingung fallen, so erhält man ebenfalls einen Ring, dessen Elemente die Gestalt

$$\sum f(\varepsilon)\, X_1{}^{\varepsilon(1)} \cdots X_d{}^{\varepsilon(d)}$$

besitzen. Hier handelt es sich aber im Gegensatz zu den Polynomen um in der Regel unendliche Summen, die man *formale Potenzreihen* oder kurz *Potenzreihen* nennt. Sie bilden wie die Polynome einen Ring, den Ring der formalen Potenzreihen, den man mit $R[\![X_1, \ldots, X_d]\!]$ bezeichnet. Das Konvolutionsprodukt zweier Potenzreihen ist wie das von Polynomen definiert und die Ringelemente $f(\varepsilon)$ nennt man die Koeffizienten der Potenzreihe $f(X_1, \ldots, X_d)$.

Im Gegensatz zu Polynomringen ist es i. A. bei Potenzreihen nicht möglich, einen Evaluationshomomorphismus zu definieren. Das Problem liegt daran, dass man unendliche Summen zu betrachten hat. Diese sind in allgemeinen Ringen nicht definiert, es sei denn, man schlägt sich mit Konvergenzfragen herum. Dies wollen wir aber hier nicht tun.

12.5 Derivationen

Unter einer *Derivation* eines Ringes R verstehen wir eine Abbildung $D\colon R \to R$ mit der Eigenschaft, dass

$$D(x + y) = D(x) + D(y) \tag{12.1}$$

sowie

$$D(x\,y) = x\, D(y) + D(x)\, y \tag{12.2}$$

für alle $x,\, y \in R$ gilt. Die Menge der Derivationen von R wird mit $\mathrm{Der}(R)$ bezeichnet. Ist $S \subseteq R$ ein Unterring, so nennen wir eine Derivation $D \in \mathrm{Der}(R)$ eine *S-Derivation*, falls $D(\xi) = 0$ für alle $\xi \in S$. Die Menge der S-Derivationen von R bezeichnet man mit $\mathrm{Der}_S(R)$. Es ist klar, dass die $\xi \in R$ mit $D(\xi) = 0$ einen Unterring von R bilden, den man den Ring der Konstanten von R bezüglich D nennt. Wir schreiben dafür R_0. Er besitzt wegen (12.2) die Eigenschaft, dass $D(\xi\, x) = \xi\, D(x)$ für $\xi \in R_0$ gilt. Ist $D \in \mathrm{Der}(R)$ und $x \in R$, so gilt $D(x^n) = n\, x^{n-1} D(x)$ für alle $n \geq 1$. Dies zeigt man sofort unter Verwendung von (12.2) durch vollständige Induktion. Ist n die Charakteristik des Ringes, so gilt $D(x^n) = 0$; wenn nun n eine Primzahl p ist, so bilden nach Lemma 8.5 die p-ten Potenzen x^p der Elemente in R einen Unterring von R, der in dem Ring der Konstanten R_0 enthalten ist.

Eine Derivation ist i. A. kein Ringhomomorphismus, da sie die multiplikative Struktur nicht respektiert. Es gilt vielmehr die *leibnizsche Formel*

$$D^n(x\,y) = \sum_{\nu=0}^{n} \binom{n}{\nu} D^\nu(x)\, D^{n-\nu}(y)\;; \tag{12.3}$$

besitzt R die Charakteristik p, so gilt ebenfalls wegen Lemma 8.5 und aufgrund von (12.3) die Gleichung $D^p(x\,y) = D^p(x)\,y + x\,D^p(y)$, die besagt, dass mit D auch D^p in $\mathrm{Der}(R)$ liegt, also eine Derivation ist.

Sind D, $D' \in \mathrm{Der}(R)$, so ist die Klammer $[D, D'] = D \circ D' - D' \circ D$ ebenfalls in $\mathrm{Der}(R)$. Auf diese Weise erhält man auf $\mathrm{Der}(R)$ eine bilineare Abbildung und damit ein Beispiel für eine sogenannte *Lie-Algebra*.

Die Theorie der Derivationen kann nun auf Polynomringe oder allgemeiner Ringe von Potenzreihen angewandt werden. Als ein Beispiel bestimmen wir den Raum $\mathrm{Der}_R(R[X_1, \ldots, X_d])$. Dazu müssen wir für $D \in \mathrm{Der}_R(R[X_1, \ldots, X_d])$ wegen (12.1) und (12.2) nur angeben, was $D(X_j)$ ist. Denn dann kann man Derivationen von Produkten und Summen und so allgemein von polynomialen Ausdrücken berechnen. Wir definieren zuerst Derivationen D_i durch die Gleichung $D_i(X_j) = \delta_{i,j}$, wobei $\delta_{i,j}$ wie üblich das Kronecker-Symbol ist. Diese Derivationen sind nichts anderes als die partiellen Ableitungen nach den Variablen X_j, wofür man auch $\partial/\partial X_j$ schreibt. Eine beliebige Derivation D lässt sich dann in der Form

$$D = D(X_1) \cdot D_1 + \cdots + D(X_d) \cdot D_d$$

ausdrücken, und es ergibt sich der folgende

Satz 12.3 *Es gilt*

$$\mathrm{Der}_R(R[X_1, \ldots, X_d]) = R[X_1, \ldots, X_d] \cdot {\partial}/{\partial X_1} + \cdots + R[X_1, \ldots, X_d] \cdot {\partial}/{\partial X_d}.$$

Wir diskutieren nun noch kurz den Fall $d = 1$. Hier handelt es sich um den Polynomring $R[X]$ einer Variablen. In diesem Fall schreiben wir d/dX statt $\partial/\partial X$. Ist $F(X) = \sum_{\nu=0}^{n} F(\nu)X^{n-\nu} \in R[X]$, so setzen wir

$$F'(X) = (d/dX)(F(X)) = \sum_{\nu=0}^{n} (n - \nu)F(\nu)X^{n-\nu-1} \ .$$

Das Polynom $F'(X)$ heißt die *Ableitung* des Polynoms $F(X)$. Ist

$$F(X) = \sum_{\nu=0}^{\infty} F(\nu)X^{\nu} \in R[\![X]\!]$$

eine Potenzreihe, so geht man in analoger Weise vor und erhält als formale Ableitung die Potenzreihe

$$F'(X) = (d/dX)(F(X)) = \sum_{\nu=0}^{\infty} \nu\, F(\nu)X^{\nu-1} \ .$$

12.6 Symmetrische Funktionen

Die symmetrische Gruppe $\mathscr{S}_d$ operiert auf der Menge $\{1, \dots, d\}$ per definitionem und damit auch auf $\mathbb{N}^d$ vermöge $\varepsilon \mapsto \sigma \cdot \varepsilon := \varepsilon \circ \sigma^{-1}$. Es gilt $(\sigma \cdot \varepsilon_i)(j) = \varepsilon_i(\sigma^{-1}(j))$; dies ist gleich 0 außer, wenn $j = \sigma(i)$ und dann gleich 1, d. h. es gilt $\sigma \cdot \varepsilon_i = \varepsilon_{\sigma(i)}$. Diese Aktion induziert eine Aktion von $\mathscr{S}_d$ auf $\Gamma(\mathbb{N}^d, R)$, bei der f in $\sigma f \colon \varepsilon \mapsto f(\sigma^{-1}\varepsilon)$ übergeht. Dabei geht $\delta_i = \delta_{\varepsilon_i}$ in $\sigma\delta_i = \delta_{\sigma\varepsilon_i} = \delta_{\sigma(i)}$ über und damit die Variable X_i in $\sigma X_i := X_{\sigma(i)}$. Dies dehnt sich multiplikativ auf die Monome $M_\varepsilon = X_1^{\varepsilon(1)} \cdots X_d^{\varepsilon(d)}$ aus und ergibt

$$
\begin{aligned}
\sigma M_\varepsilon &= X_{\sigma(1)}^{\varepsilon(1)} \cdots X_{\sigma(d)}^{\varepsilon(d)} \\
&= X_{\sigma(1)}^{\varepsilon(\sigma^{-1}(\sigma(1)))} \cdots X_{\sigma(d)}^{\varepsilon(\sigma^{-1}(\sigma(d)))} \\
&= X_1^{\varepsilon(\sigma^{-1}(1))} \cdots X_d^{\varepsilon(\sigma^{-1}(d))} \\
&= M_{\sigma\varepsilon} \, .
\end{aligned}
$$

Die Aktion erweitert sich linear auf den Polynomring $R[X_1, \dots, X_d]$ durch

$$
\sigma f := \sum f(\varepsilon)(\sigma M_\varepsilon) \, ,
$$

für $f = \sum f(\varepsilon) M_\varepsilon$ in $R[X_1, \dots, X_d]$. Man erhält so explizit

$$
(\sigma f)(X_1, \dots, X_d) = f(X_{\sigma(1)}, \dots, X_{\sigma(d)})
$$

für $\sigma \in \mathscr{S}_d$ und $f \in R[X_1, \dots, X_d]$.

Ein Polynom f nennen wir *symmetrisch* genau dann, wenn es invariant unter dieser Operation von $\mathscr{S}_d$, also invariant unter Vertauschung der Variablen ist. Dies bedeutet, dass $\sigma f = f$ für alle $\sigma \in \mathscr{S}_d$ gilt.

Beispiel 12.4

(a) Trivialerweise sind konstante Polynome, d. h. Polynome, deren einziger nicht verschwindender Koeffizient der konstante Term ist, symmetrisch.

(b) Das Polynom $f(X, Y) = X^2 + Y^2 + XY \in R[X, Y]$ in den Variablen X, Y ist offensichtlich invariant unter der Gruppe $\mathscr{S}_2$, d. h. unter der Vertauschung von X und Y und somit symmetrisch.

(c) Potenzsummen

$$
f_k = X_1^k + \cdots + X_d^k \in R[X_1, \dots, X_d] \, ,
$$

$k = 0, 1, 2, \dots$, sind symmetrisch.

(d) Ist $f \in R[X_1, \dots, X_d]$ ein beliebiges Polynom in R invertierbar, so ist das Polynom

$$
S(f) := \frac{1}{d!} \sum_{\sigma \in \mathscr{S}_d} \sigma f
$$

ein symmetrisches Polynom, die *Polarisierung* von f. Die so erhaltene Abbildung $S\colon R[X_1,\ldots,X_d] \to R[X_1,\ldots,X_d]$ ist dann die Identität auf dem Unterring der symmetrischen Polynome, insgesamt eine Abbildung mit $S \circ S = S$.

Ist T eine weitere Variable, so schreiben wir

$$(T - X_1)\cdots(T - X_d) = \sum_{k=0}^{d} (-1)^k \sigma_k T^{d-k}$$

und nennen σ_1, σ_2, ..., σ_d die *elementarsymmetrischen Polynome* in den Variablen X_1, ..., X_d, ausgeschrieben

$$\sigma_k := \sum_{j_1 < j_2 < \cdots < j_k} X_{j_1} X_{j_2} \cdots X_{j_k} = \sum_I X_I$$

für $k = 1, 2, \ldots, d$; hierbei wird die letzte Summe über alle Teilmengen $I \subseteq \{1,\ldots,d\}$ erstreckt mit $|I| = k$ und $X_I = \prod_{j \in I} X_j$ gesetzt. Die Menge der symmetrischen Polynome in den Variablen X_1, ..., X_d bildet einen Unterring $R[X_1,\ldots,X_d]^{\mathscr{S}_d}$ von $R[X_1,\ldots,X_d]$, der seinerseits den von den elementarsymmetrischen Polynomen erzeugten Ring $R[\sigma_1, \sigma_2, \ldots, \sigma_d]$ als Unterring enthält. Drückt man in letzterem die Terme $\sigma_1^{\varepsilon(1)} \sigma_2^{\varepsilon(2)} \cdots \sigma_d^{\varepsilon(d)}$ durch die Variablen X_j aus, so erhält man ein homogenes Polynom $f(X_1,\ldots,X_d)$, dessen Grad gleich $\varepsilon(1) + 2\varepsilon(2) + \cdots + d\varepsilon(d)$, das *Gewicht* des Terms, ist. Unser nächstes Ziel ist es, den Ring der symmetrischen Polynome zu bestimmen. Hierfür wird es notwendig sein, die einzelnen Monome in den Variablen X_j *lexikographisch* anzuordnen. Dadurch wird die Menge der Monome vollständig geordnet.

Sind ε, ε' Elemente aus $\mathbb{N}^d$, so schreiben wir $\varepsilon < \varepsilon'$ genau dann, wenn es ein s mit $0 \le s < d$ gibt, sodass $\varepsilon(1) = \varepsilon'(1), \ldots, \varepsilon(s) = \varepsilon'(s)$ und $\varepsilon(s+1) < \varepsilon'(s+1)$ gilt. Wenn $\varepsilon = \varepsilon'$ oder $\varepsilon < \varepsilon'$ gilt, so schreiben wir $\varepsilon \le \varepsilon'$.

Beispiel 12.5 Identifiziert man wie bereits angedeutet ein $\varepsilon \in \mathbb{N}^d$ mit dem d-Tupel seiner Werte $(\varepsilon(1),\ldots,\varepsilon(d))$, so gilt zum Beispiel $\varepsilon = (2,3,5) < \varepsilon' = (2,4,1)$ in der lexikographischen Ordnung.

Die Ordnung auf $\mathbb{N}^d$ induziert eine Ordnung auf der Menge der Monome, indem $M_\varepsilon \le M_{\varepsilon'}$ genau dann gesetzt wird, wenn $\varepsilon \le \varepsilon'$ gilt. Für $\varepsilon_1 > \varepsilon_2$ und $\varepsilon_1' > \varepsilon_2'$ erhalten wir offensichtlich $\varepsilon_1 + \varepsilon_1' > \varepsilon_2 + \varepsilon_2'$. Ferner gilt $M_\varepsilon M_{\varepsilon'} = M_{\varepsilon + \varepsilon'}$. Unter Verwendung dieser beiden Relationen schließt man auf

$$M_{\varepsilon_1} M_{\varepsilon_1'} \ge M_{\varepsilon_2} M_{\varepsilon_2'}\,, \tag{12.4}$$

falls $M_{\varepsilon_1} \ge M_{\varepsilon_2}$ und $M_{\varepsilon_1'} \ge M_{\varepsilon_2'}$ gilt.

Satz 12.6 (Fundamentalsatz für symmetrische Polynome) *Der Ring der symmetrischen Polynome in d Variablen ist ein Polynomring in den elementarsymmetrischen Polynomen in diesen Variablen.*

Beweis Es genügt zu zeigen, dass jedes homogene symmetrische Polynom f ein Polynom in den elementarsymmetrischen Polynomen ist und dass diese algebraisch unabhängig sind. Es sei M_ε das größte in f vorkommende Monom. Da mit M_ε jedes Monom $M_{\sigma \cdot \varepsilon}$ für $\sigma \in \mathscr{S}_d$ in f vorkommt, gilt $\varepsilon(1) \geq \varepsilon(2) \geq \cdots \geq \varepsilon(d)$. Aus diesem Grund ist z. B. $x_1 \cdots x_i$ das größte Monom in dem elementarsymmetrischen Polynom σ_i. Unter Verwendung von (12.4) findet man dann, dass

$$X_1^{\kappa(1)+\cdots+\kappa(d)}\, X_2^{\kappa(2)+\cdots+\kappa(d)} \cdots X_d^{\kappa(d)}$$

das größte Monom in $\sigma_1^{\kappa(1)} \sigma_2^{\kappa(2)} \cdots \sigma_d^{\kappa(d)}$ ist. Deswegen besitzen die Polynome f und $\sigma_1^{\varepsilon(1)-\varepsilon(2)}\, \sigma_2^{\varepsilon(2)-\varepsilon(3)} \cdots \sigma_d^{\varepsilon(d)}$ dieselben größten Terme. Das größte in

$$g = f - f(\varepsilon)\, \sigma_1^{\varepsilon(1)-\varepsilon(2)}\, \sigma_2^{\varepsilon(2)-\varepsilon(3)} \cdots \sigma_d^{\varepsilon(d)}$$

vorkommende Monom ist daher kleiner als das größte in f vorkommende Monom. Wenn wir diesen Prozess wiederholen, so erhalten wir nach endlich vielen Schritten das Nullpolynom. Das ursprüngliche Polynom ist dann aber eine Linearkombination von Monomen in den elementarsymmetrischen Funktionen. Dies beweist den ersten Teil des Satzes.

Verschiedene Monome in den σ_j besitzen verschiedene lexikographisch größte Monome in den X_j, da sich die Exponenten der σ_j rekursiv aus denen der X_j berechnen lassen, wie wir oben gesehen haben. Ist

$$F(\sigma_1, \ldots, \sigma_d) = \sum F(\varepsilon)\, \sigma_1^{\varepsilon(1)} \cdots \sigma_d^{\varepsilon(d)}$$

ein von Null verschiedenes Polynom in den elementarsymmetrischen Polynomen, so wählen wir in F ein Monom in den σ_j mit von Null verschiedenem Koeffizienten von maximalem Gewicht. Unter diesen Monomen maximalen Gewichts sei μ_ε dasjenige, das das lexikographisch größte Monom in den X_j enthält. Der höchste Term in den X_j in $F(\sigma_1, \ldots, \sigma_d)$ besitzt dann die Gestalt

$$F(\varepsilon)\, X_1^{\varepsilon(1)+\cdots+\varepsilon(d)} \cdots X_d^{\varepsilon(d)}$$

und ist nach Wahl ungleich Null. Also ist $F(\sigma_1, \ldots, \sigma_d) \neq 0$, was bedeutet, dass die σ_j nicht algebraisch abhängig sein können. $\qquad\square$

Beispiel 12.7 Für Unbekannte $T_1, \ldots, T_n$ setzen wir

$$\delta(T_1, \ldots, T_n) = \prod_{i<j}(T_i - T_j)\,,$$

sowie

$$\delta^*(T_1, \ldots, T_n) = \prod_{i>j} (T_i - T_j) = (-1)^{n(n-1)/2} \delta(T_1, \ldots, T_n) \,.$$

Dann gilt $\sigma \cdot \delta(T_1, \ldots, T_n) = \text{sign}(\sigma) \, \delta(T_1, \ldots, T_n)$ für $\sigma \in S_n$ und somit ist

$$\Delta := \delta\delta^* \in \mathbb{Z}[T_1, \ldots T_n]$$

symmetrisch. Betrachten wir den Polynomring $R = \mathbb{Z}[T_1, \ldots, T_n]$ und darüber das Polynom

$$\begin{aligned} f(X) &= (X - T_1) \cdots (X - T_n) \\ &= X^n - \sigma_1(T_1, \ldots, T_n) X^{n-1} + \cdots + (-1)^n \sigma_n(T_1, \ldots, T_n) \,, \end{aligned}$$

so ist $\Delta_f = \Delta(T_1, \ldots, T_n)$ nach dem Fundamentalsatz für symmetrische Polynome ein Polynom in den elementar symmetrischen Polynomen und somit in den Koeffizienten von f. Wir nennen Δ_f die *Diskriminante* von f.

Beispiel 12.8 Ist zum Beispiel $f = X^2 + bX + c$, dann ist $\Delta_f = -b^2 + 4c$ die Diskriminante dieses quadratischen Polynoms.

Allgemein ist offensichtlich $\Delta_f = 0$ genau dann, wenn f eine mehrfache Nullstelle hat. Dies liest man an der obigen Form von Δ_f ab.

Beispiel 12.9 Ähnlich wie in Beispiel 12.7 definieren wir für Unbestimmte S_1, ..., S_l und T_1, ..., T_m Polynome

$$\begin{aligned} f(X) &= (X - S_1) \cdots (X - S_l) \,, \\ g(X) &= (X - T_1) \cdots (X - T_m) \end{aligned}$$

und setzen dann

$$\rho(f, g) = \prod_{i=1}^{l} \prod_{j=1}^{m} (S_i - T_j).$$

Man erhält so ein in den Variablen S_i ebenso wie den Variablen T_j symmetrisches Polynom, das man nach dem Fundamentalsatz wieder als Polynom in den elementar symmetrischen Polynomen in den S_i bzw. T_j schreiben kann. Man nennt es die *Resultante* von f, g.

12.7 Resultante und Diskriminante

Die gerade eingeführte Diskriminante bzw. Resultante besitzt noch nicht die allgemeinste Form, da sie nur für normierte Polynome, d. h. für Polynome mit Eins als höchstem Koeffizienten definiert ist. Für viele Zwecke ist es jedoch notwendig, auch für nicht normierte Polynome den Begriff Diskriminante bzw. Resultante zur Verfügung zu haben. Darüber hinaus möchte man diese Invarianten intrinsisch,

d. h. ohne die Kenntnis der Nullstellen der Polynome definieren. Deswegen geht man in folgender Weise vor:

Es seien $l \leq m$ nicht-negative ganze Zahlen und

$$f(X) = a_0 X^l + a_1 X^{l-1} + \cdots + a_l \,,$$
$$g(X) = b_0 X^m + b_1 X^{m-1} + \cdots + b_m$$

Polynome mit Unbestimmten als Koeffizienten. Diesen wird eine $(l+m) \times (l+m)$-Matrix zugeordnet, in deren ersten m Zeilen die a_i und in deren letzten l Zeilen die b_j in folgender Anordnung eingetragen werden:

$$\begin{pmatrix}
a_0 & a_1 & \dots & a_{l-1} & a_l & 0 & \dots & 0 & 0 & 0 & \dots & 0 & 0 \\
0 & a_0 & \dots & a_{l-2} & a_{l-1} & a_l & \dots & 0 & 0 & 0 & \dots & 0 & 0 \\
\vdots & \vdots & & \vdots & \vdots & \vdots & & \vdots & \vdots & \vdots & & \vdots & \vdots \\
0 & 0 & \dots & 0 & 0 & 0 & \dots & a_0 & a_1 & a_2 & \dots & a_l & 0 \\
0 & 0 & \dots & 0 & 0 & 0 & \dots & 0 & a_0 & a_1 & \dots & a_{l-1} & a_l \\
b_0 & b_1 & \dots & b_{l-1} & b_l & b_{l+1} & \dots & b_{m-2} & b_{m-1} & b_m & \dots & 0 & 0 \\
0 & b_0 & \dots & b_{l-2} & b_{l-1} & b_l & \dots & b_{m-3} & b_{m-2} & b_{m-1} & \dots & 0 & 0 \\
\vdots & \vdots & & \vdots & \vdots & \vdots & & \vdots & \vdots & \vdots & & \vdots & \vdots \\
0 & 0 & \dots & b_1 & b_2 & b_3 & \dots & b_{m-l} & b_{m-l+1} & b_{m-l+2} & \dots & b_m & 0 \\
0 & 0 & \dots & b_0 & b_1 & b_2 & \dots & b_{m-l-1} & b_{m-l} & b_{m-l+1} & \dots & b_{m-1} & b_m
\end{pmatrix}$$

Man nennt diese Matrix die *sylvestersche Matrix* $\mathrm{Sylv}(f, g)$ von f und g. Ihre Determinante, die *Resultante*

$$\mathrm{Res}(f, g) := \det(\mathrm{Sylv}(f, g))$$

von f und g, ist ein Polynom mit ganzen Koeffizienten in den Unbestimmten a_i, b_j, homogen vom Grad l in den b_j und homogen vom Grad m in den a_i. Es gilt also $\mathrm{Res}(f, g) \in \mathbb{Z}[a_0, \ldots a_l; b_0, \ldots b_m]$ und $\mathrm{Res}(\lambda f, \mu g) = \lambda^m \mu^l \mathrm{Res}(f, g)$ für weitere Unbestimmte λ und μ. Man überzeugt sich leicht davon, dass die Resultante nicht das Nullpolynom ist.

Der folgende Satz ist wichtig für die Anwendung der Resultante in der Eliminationstheorie:

Satz 12.10 *Es gibt Polynome φ und ψ vom Grad höchstens $m-1$ bzw. $l-1$ in X, deren Koeffizienten Polynome mit ganzen Koeffizienten in den Koeffizienten von f und g sind, sodass die Resultante sich als Linearkombination*

$$\mathrm{Res}(f,g) = \varphi f + \psi g$$

von f und g darstellen lässt.

Beweis Bezeichnen wir mit C_i den i-ten Spaltenvektor in der silvesterschen Matrix und mit C den Spaltenvektor mit den Einträgen

$$X^{m-1}f(X),\ X^{m-2}f(X),\ \ldots,\ f(X),\ X^{l-1}g(X),\ X^{l-2}g(X),\ \ldots,\ g(X),$$

so erhalten wir das Gleichungssystem

$$C = C_0 \cdot X^{l+m-1} + \cdots + C_{l+m} \cdot 1\,,$$

das wir auflösen. Wir erhalten für $0 \le k \le l+m-1$ nach der cramerschen Regel

$$\mathrm{Res}(f,g) \cdot X^k = \varphi_k f + \psi_k g\,.$$

Setzen wir $k = 0$, $\varphi = \varphi_0$, $\psi = \psi_0$, so erhalten wir die gewünschte Darstellung. $\square$

Als einfache Folgerung leitet man eine fundamentale Aussage über die Resultante $\mathrm{Res}(P,Q)$ zweier Polynome P, Q mit Koeffizienten in einem Ring R ab. Wir ersetzen die Koeffizienten von P und Q durch Variablen a_i und b_j und erhalten Polynome f und g mit unbestimmten Koeffizienten, die in $\mathbb{Z}[a_0, \ldots, a_l; b_0, \ldots, b_m][X]$ liegen. Sei $\varphi : \mathbb{Z}[a_0, \ldots, a_l; b_0, \ldots, b_m] \to R$ der Auswertungshomomorphismus, der die a_i auf p_i und b_j auf q_j abbildet, siehe 12.3. Dieser induziert einen Homomorphismus $\mathbb{Z}[a_0, \ldots, a_l; b_0, \ldots, b_m][X] \to R[X]$. Wendet man Satz 12.1 an, so ergibt sich eine Aussage über die Resultante zweier Polynome mit Koeffizienten in R.

Satz 12.11 *Für Polynome $P, Q \in R[X]$ gilt $\mathrm{Res}(P,Q) = 0$ genau dann, wenn p_0 und q_0 Null sind oder wenn P und Q einen gemeinsamen Teiler in $R[X]$ besitzen.*

Beweis Der Beweis des Satzes beruht auf Satz 12.10. Sind p_0 und q_0 gleich Null, so ist die Resultante trivialerweise gleich Null, sodass wir diesen Fall ausschließen können. Besitzen die beiden Polynome einen gemeinsamen Faktor positiven Grades, so teilt dieser auch die Resultante, die unabhängig von X ist. Das geht aber nur, wenn die Resultante gleich Null ist. Tritt umgekehrt dies ein und ist etwa $p_0 \ne 0$, so geht jeder irreduzible Teiler von P in dem Produkt ψQ auf. Der Grad von ψ ist kleiner als der von P, sodass Q von mindestens einem der irreduziblen Teiler geteilt wird und deswegen die Polynome einen gemeinsamen Teiler besitzen. $\square$

Ein Spezialfall der Resultante ist die Diskriminante eines Polynoms. Hier gehen wir aus von einem Polynom f vom Grad l mit unbestimmten Koeffizienten und bilden dessen Ableitung nach der Variablen X. Wir erhalten so zwei Polynome f, f' und definieren deren Diskriminante Δ_f durch die Gleichung [CoH] als

$$\ell(f)\Delta_f = (-1)^{l(l-1)/2} \operatorname{Res}(f, f') . \tag{12.5}$$

Aus dem Satz 12.11 ergibt sich für ein Polynom P mit Koeffizienten in einem Ring R sofort das folgende

Korollar 12.12   *Die Diskriminante eines Polynoms f mit Koeffizienten in einem Ring R und mit $\ell(f) \neq 0$ verschwindet genau dann, wenn f und f' eine gemeinsame Nullstelle besitzen.*

Es gibt einen alternativen Zugang zu Resultante und Diskriminante, den wir im vorigen Abschnitt in einem Spezialfall kurz angedeutet haben. Dabei stehen die Nullstellen und weniger die Koeffizienten der fraglichen Polynome im Vordergrund. Wir wählen wieder Variablen $S_0, \ldots, S_l$ und $T_0, \ldots, T_m$ und betrachten diesmal die Polynome

$$\begin{aligned} f &= S_0 (X - S_1) \cdots (X - S_l) , \\ g &= T_0 (X - T_1) \cdots (X - T_m) . \end{aligned}$$

Ihre Resultante kann dann definiert werden durch den Ausdruck

$$\operatorname{Res}(f, g) = S_0{}^m T_0{}^l \prod_{i=1}^{l} \prod_{j=1}^{m} (S_i - T_j) , \tag{12.6}$$

und die Diskriminante von f wird dann gleich

$$\begin{aligned} \Delta_f &= (-1)^{l(l-1)/2} S_0{}^{2l-2} \prod_{i \neq j} (S_i - S_j) \\ &= S_0{}^{2l-2} \prod_{i < j} (S_i - S_j)^2 . \end{aligned}$$

Resultante und Diskriminante sind symmetrische Polynome in den Variablen S_0, $\ldots, S_l$ und $T_0, \ldots, T_m$ und damit nach dem Fundamentalsatz Polynome in den Koeffizienten von f, g bzw. f. Man kann zeigen, dass die beiden Definitionen von Resultante und Diskriminante übereinstimmen. Sie besitzen auch die folgende Darstellung, die beide Definitionen kombinieren.

Satz 12.13   *Es gilt*

$$\operatorname{Res}(f, g) = S_0{}^m \prod_{i=1}^{l} g(S_i) = (-1)^{lm} T_0{}^l \prod_{i=1}^{m} f(T_i) \tag{12.7}$$

und

$$\Delta_f = (-1)^{l(l-1)/2} S_0^{l-2} \prod_{i=1}^{l} f'(S_i) \ . \tag{12.8}$$

Beweis Die erste Aussage ist klar, und für die zweite braucht man nur zu beachten, dass

$$f'(X) = S_0 \sum_{1 \le i \le l} \prod_{j \ne i} (X - S_j)$$

gilt, und dann einzusetzen. $\qquad\qquad\qquad\qquad\qquad\qquad\qquad\qquad\qquad\qquad\square$

12.8 Eindeutige Primfaktorzerlegung

In diesem Abschnitt wollen wir untersuchen, inwieweit ein Polynomring in einer Unbestimmten über einem Ring eine eindeutige Primfaktorzerlegung besitzt. Wir werden zwei unterschiedliche Situationen behandeln. Zuerst werden wir als Ring einen Körper zugrunde legen, dann werden wir diese Frage für faktorielle Ringe beantworten.

Wir beginnen mit der Beschreibung des euklidischen Algorithmus für Polynomringe über einem unitären Ring R.

Satz 12.14 *Es seien f und $g \ne 0$ Polynome in $R[T]$. Dann gibt es Polynome q und r in $R[T]$ mit $\deg(r) < \deg(g)$ und mit*

$$\ell(g)^k f = qg + r \ ,$$

wobei $k = \max\{\deg(f) - \deg(g) + 1, 0\}$ gesetzt ist. Ist der Leitkoeffizient $\ell(g)$ kein Nullteiler in R, so sind q und r eindeutig bestimmt.

Beweis Wir führen vollständige Induktion nach dem Grad von f durch. Ist $\deg(f) < \deg(g)$, so setzen wir $k = 0$, $q = 0$, $r = f$. Wir nehmen nun an, der Satz sei für Polynome vom Grad $< n$ bewiesen, ersetzen f zunächst durch $\ell(g)f$ und betrachten dann das Polynom $f - \ell(f)T^{\deg(f)-\deg(g)}g$. Da dieses Polynom kleineren Grad als f besitzt, gibt es nach Induktionsvoraussetzung für $k^* = \max(\deg(f) - \deg(g), 0)$ Polynome q^*, r^* mit $\deg(r^*) < \deg(g)$ und $\ell(g)^{k^*}(f - \ell(f)T^{\deg(f)-\deg(g)}g) = q^*g + r^*$. Die Wahl von $k = k^* + 1$, $q = q^* + \ell(g)^{k^*}\ell(f)T^{\deg(f)-\deg(g)}$, $r = r^*$ ergibt die ersten beiden Behauptungen. Ist $\ell(g)^k f = q'g + r'$ eine weitere Darstellung, so folgt zunächst $(q - q')g = r' - r$. Da der Leitkoeffizient $\ell(g)$ kein Nullteiler ist und $\deg(r - r') < \deg(g)$ gilt, folgt $q = q'$ und damit auch $r = r'$. $\qquad\qquad\qquad\qquad\square$

Korollar 12.15 *Es seien $f \in R[T]$ und $\xi \in R$. Dann ist ξ genau dann eine Nullstelle von f, wenn $T - \xi$ ein Teiler von f in $R[T]$ ist.*

Beweis   Der Grad des Polynoms $T - \xi$ ist 1, sodass sich aus dem Satz eine Darstellung der Form $f = q(T - \xi) + \rho$ mit $\rho \in R$ ergibt. Dann ist $\rho = 0$ genau dann, wenn $f(\xi) = 0$ gilt, woraus die Behauptung folgt. $\square$

Unser erstes Ziel in diesem Abschnitt ist mit dem folgenden Korollar erreicht:

Korollar 12.16   *Polynomringe in einer Variablen über einem Körper sind euklidische Ringe, damit Hauptidealringe und insbesondere faktoriell.*

Es sei R von nun an bis zum Ende dieses Paragraphen faktoriell und $f \in R[T]$. Der größte gemeinsame Teiler der Koeffizienten $(f_0, \ldots, f_m)$ von f ist ein bis auf Einheiten eindeutig bestimmtes Ringelement $I(f)$. Wir können daher $f = I(f)f^*$ schreiben mit einem $f^* \in R[T]$, für das bis auf eine Einheit $I(f^*) = 1$ gilt. Polynome mit dieser Eigenschaft nennt man *primitiv*.

Um das zweite Ziel zu erreichen, benötigen wir das *gausssche Lemma*, welches eine Aussage über das multiplikative Verhalten der Funktion $I(f)$ macht.

Satz 12.17 (Lemma von Gauss) *Für f, $g \in R[T]$ gilt $I(fg) = \varepsilon I(f)I(g)$ mit einer Einheit $\varepsilon \in R^\times$.*

Beweis   Wir schreiben $f = I(f)f^*$, $g = I(g)g^*$ und erhalten offensichtlich $I(fg) = I(f)I(g)I(f^*g^*)$. Daher genügt es zu zeigen, dass mit primitiven Polynomen f, g auch das Produkt fg primitiv ist. Wir wählen ein irreduzibles Element $\pi \in R$, das $I(fg)$ teilt, und schreiben wie üblich $f = \sum f_i T^{m-i}$, $g = \sum g_j T^{n-j}$. Die Koeffizienten von $h = fg$ haben die Gestalt $h_k = \sum_{i+j=k} f_i g_j$ und sind daher alle durch π teilbar. Es seien f_r, g_s die ersten nicht durch π teilbaren Koeffizienten von f bzw. g. Dann gilt

$$h_{r+s} = \sum_{i+j=r+s} f_i g_j \equiv \sum_{\substack{i+j=r+s, \\ i \geq r, j \geq s}} f_i g_j \equiv f_r g_s$$

modulo π und dies ist ein Widerspruch. $\square$

Satz 12.18   *Ein Polynomring $R[T]$ in einer Variablen über einem faktoriellen Ring R ist faktoriell.*

Beweis   Wir stellen f in der Form $f = I(f)f^*$ dar. Ist K der Quotientenkörper von R, so ist $K[T]$ faktoriell und f^* kann bis auf eine Einheit in K auf eindeutige Weise als Produkt von primitiven irreduziblen Polynomen in $R[T]$ geschrieben werden. Die Einheit in K schreiben wir in der Form u/v mit u, $v \in R$ und $(u, v) = 1$. Dies geht da R faktoriell ist. Wir erhalten so eine Darstellung $vf^* = uf_1^* \cdots f_m^*$ mit $f_1^*, \ldots, f_m^* \in R[T]$ und $I(f_j^*) = 1$, $1 \leq j \leq m$. Aus 12.17 folgt, dass die Einheit u/v in R liegt. Nach Voraussetzung ist R faktoriell und $I(f)$ bis auf eine Einheit in R ein Produkt von irreduziblen Elementen in R. Daher ist insgesamt f bis auf eine Einheit in R ein Produkt von irreduziblen Elementen in $R[T]$.   □

12.9 Irreduzibilität

Es ist oftmals sehr wichtig, Polynome mit Koeffizienten in einem Ring R zu finden, die irreduzibel sind. Eines der wenigen bekannten Verfahren liefert das sogenannte *Eisenstein-Kriterium,* das wir nun herleiten und an Beispielen illustrieren werden. Wir betrachten hierzu ein Polynom

$$f = T^n + f_1 T^{n-1} + \cdots + f_{n-1} T + f_n$$

in $R[T]$.

Satz 12.19 (Eisensteinscher Satz) *Gibt es ein Primideal* $\mathfrak{p} \in R$*, sodass*

$$f_i \equiv 0 \pmod{\mathfrak{p}}, \quad i > 0,$$
$$f_n \not\equiv 0 \pmod{\mathfrak{p}^2},$$

so ist f *irreduzibel.*

Beweis Ist $f = gh$ ein Produkt zweier Polynome

$$g = T^l + g_1 T^{l-1} + \cdots + g_l,$$
$$h = T^m + h_1 T^{m-1} + \cdots + h_m$$

in $R[T]$ vom Grad ≥ 1, und ist $\pi\colon R[T] \to (R/\mathfrak{p})[T]$ die Reduktionsabbildung (siehe Beispiel 12.2), so gilt $T^n = \pi(f) = \pi(g)\pi(h)$ und deswegen $\pi(g) = T^l$, $\pi(h) = T^m$. Dazu verwenden wir, dass $R/\mathfrak{p}$ ein Integritätsbereich ist und dass daher jede Zerlegung über dem Quotientenkörper von $R/\mathfrak{p}$ nach dem Lemma von Gauss zu einer Zerlegung über dem Integritätsbereich R führt. Da $f_n = g_l h_m \equiv 0 \pmod{\mathfrak{p}}$ aber $\not\equiv 0 \pmod{\mathfrak{p}^2}$ folgt, dass entweder g_l oder h_m in $\mathfrak{p}$ liegt. Angenommen es gilt $g_l \equiv 0 \pmod{\mathfrak{p}}$. Sei g_r der erste Koeffizient von g, welcher $\not\equiv 0 \pmod{\mathfrak{p}}$. Es gilt $r \neq l$ und $f_r = h_m g_r + h_{m-1} g_{r+1} + \cdots$. Da $h_m g_r \not\equiv 0 \pmod{\mathfrak{p}}$ aber jeder andere Summand $\equiv 0 \pmod{\mathfrak{p}}$ folgt $f_r \not\equiv 0 \pmod{\mathfrak{p}}$ im Widerspruch zur Voraussetzung.   □

Setzt man voraus, dass der Ring faktoriell ist, so kann man die Voraussetzung an f dahingehend abschwächen, dass der Leitkoeffizient nicht mehr eine Einheit zu sein braucht. Stattdessen muss man verlangen, dass f primitiv ist. Der eisensteinsche Satz gestattet es, schöne und wichtige Beispiele irreduzibler Polynome zu konstruieren.

Beispiel 12.20   Ist p eine rationale Primzahl und ist $n \geq 1$, so sind die Polynome $T^n - p$ und $T^n + p$ irreduzibel, woraus sich für $n \geq 2$ die Irrationalität von $p^{1/n}$ ergibt.

Beispiel 12.21   Wir betrachten wiederum für eine Primzahl p das Polynom

$$f(T) = T^{p-1} + T^{p-2} + \cdots + T + 1 \,.$$

Hierauf kann das Kriterium nicht angewandt werden, da die Koeffizienten offensichtlich nicht die nötigen Teilbarkeitseigenschaften besitzen. Diese können jedoch sozusagen künstlich erzwungen werden, indem man T durch $T + 1$ ersetzt, d. h. statt dessen das Polynom $f(T + 1)$ betrachtet. Es gilt nämlich

$$T^p - 1 = (T - 1)\, f(T)$$

und somit einerseits

$$(T + 1)^p - 1 = T\, f(T + 1)$$

und andererseits unter Zuhilfenahme der binomischen Formel

$$(T + 1)^p - 1 = T \left(T^{p-1} + \binom{p}{1} T^{p-2} + \cdots + \binom{p}{p-1} \right).$$

Die Binomialkoeffizienten $\binom{p}{j}$ sind aber für $1 \leq j \leq p - 1$ durch p teilbar (siehe Lemma 8.5), jedoch $\binom{p}{p-1} = p$ nicht durch p^2. Das Kriterium von Eisenstein gewährleistet, dass $f(T + 1)$ irreduzibel ist und somit auch $f(T)$.

In manchen Situationen lässt sich die Irreduzibilität besonders leicht einsehen. Sei R ein Integritätsbereich und $f = a_0 X^n + \cdots + a_n \in R[X]$ mit $a_0 \neq 0$. Dann gilt etwa: Gibt es ein nicht-konstantes Polynom $g \in R[X]$ mit $f(g(X))$ irreduzibel, so ist f sicherlich auch irreduzibel. Ist zudem $a_n \neq 0$ dann ist f genau dann irreduzibel, wenn $f^* = a_n X^n + \cdots + a_0 = X^n f(1/X)$ irreduzibel ist.

Wir geben noch ein zweites nützliches Kriterium an.

Satz 12.22   *Seien R, S Integritätsbereiche mit Quotientenkörpern K, L und sei $\varphi : R \to S$ ein Homomorphismus. Sei $f \in R[T]$ ein Polynom mit $f^\varphi \neq 0$ und $\deg f^\varphi = \deg f$. Falls f^φ irreduzibel in $L[T]$ ist, dann besitzt f keine Faktorisierung der Gestalt $f = gh$ mit $g, h \in R[T]$ und $\deg g, \deg h \geq 1$.*

Beweis   Angenommen f besitzt eine derartige Faktorisierung. Dann gilt $f^\varphi = g^\varphi h^\varphi$. Da $\deg g^\varphi \leq \deg g$ und $\deg h^\varphi \leq \deg h$, impliziert die Voraussetzung $\deg g^\varphi = \deg g$ und $\deg h^\varphi = \deg h$. Es folgt $\deg g = 0$ oder $\deg h = 0$, Widerspruch. $\square$

Dieses Kriterium kann insbesondere für faktorielle Ringe R verwendet werden, um die Irreduzibilität von f über dem Quotientenkörper K von R zu zeigen.

Sei $R = \mathbb{Z}$, p eine Primzahl, $S = \mathbb{Z}/p\mathbb{Z}$ und $\varphi : \mathbb{Z} \to \mathbb{Z}/p\mathbb{Z}$ die Reduktion modulo p. Dann folgt aus der Irreduzibilität von f^φ die Irreduzibilität von f für ein normiertes Polynom $f \in \mathbb{Z}[X]$.

Beispiel 12.23   Sei p ein Primzahl. Wir zeigen später (siehe Satz 18.10), dass $X^p - X - 1$ irreduzibel über $\mathbb{Z}/p\mathbb{Z}$ ist. Daher ist $X^p - X - 1$ irreduzibel über $\mathbb{Q}$. Es folgt nun die Irreduzibilität von $X^5 - 5X^4 - 6X - 1$ über $\mathbb{Q}$.

Übungsaufgaben

zu Abschnitt 12.1

1. Zeige, dass die Faltung auf $\Gamma(\mathbb{N}, R)$ kommutativ, assoziativ und R-bilinear ist. Beweise, dass die Menge $\{\delta_n; \ n = 0, 1, \ldots\}$ eine Basis von $\Gamma(\mathbb{N}, R)$ bildet.

2. Sei R ein kommutativer Ring mit 1 und R' ein Oberring von R. Wir nennen ein Element $x \in R'$ Unbestimmte über R, falls
   (a) $\forall r \in R \ rx = xr$ und $1x = x1 = x$ sowie
   (b) $a_0 + a_1 x + \ldots + a_n x^n = 0 \Leftrightarrow a_i = 0, i = 0, 1, \ldots, n$ mit $a_i \in R$
   gilt. Zeige, dass $\Gamma(\mathbb{N}, R)$ für jeden Ring R einen zu R isomorphen Teilring enthält, den wir mit R identifizieren. Welches Element in $\Gamma(\mathbb{N}, R)$ kann man als x wählen, sodass mit $R' = \Gamma(\mathbb{N}, R)$ die obigen Bedingungen erfüllt sind?

zu Abschnitt 12.2

3. Sei $R[X]$ der Polynomring in X über R und $p, q \in R[X]$, beide vom Nullpolynom verschieden. Zeige:
   (a) Gib ein Beispiel dafür an, dass i. A. nicht $\deg(pq) = \deg(p) + \deg(q)$ gilt.
   (b) Ist R ein Integritätsbereich, so gilt $\deg(pq) = \deg(p) + \deg(q)$.
   (c) $\deg(p + q) \leq \max\{\deg(p), \deg(q)\}$.

zu Abschnitt 12.3

4. Es seien $R \subseteq S$ Ringe und $\Sigma \subseteq S$ eine endliche Menge. Zeige, dass der von Σ erzeugte Unterring $R[\Sigma]$ endlich erzeugt über R ist.

5. Ist K ein Körper und $p \in K[X]$ ein Polynom, so heißt f_p die p zugeordnete Polynomfunktion auf K, die durch $f_p(a) = p(a)$ definiert ist. Zeige, dass jede Funktion $f\colon K \to K$ eine Polynomfunktion ist, falls K endlich ist. Hinweis: Sei $K = \{a_1, \ldots, a_n\}$ und betrachte das Polynom

$$p = \sum_{i=1}^{n} f(a_i) \left(1 - (X - a_i)^{n-1}\right).$$

6. Über einem unendlichen Körper K sei $p \in K[X]$ das durch

$$p = \sum_{i=1}^{n} b_i \frac{(X - a_1) \cdots (X - a_{i-1})(X - a_{i+1}) \cdots (X - a_n)}{(a_i - a_1) \cdots (a_i - a_{i-1})(a_i - a_{i+1}) \cdots (a_i - a_n)}$$

mit $a_i, b_i \in K$, $a_i \neq a_j$ für $i \neq j$, definierte Polynom. Welche Werte nimmt die Evaluationsabbildung $R[X] \to R$ an den Stellen $\xi = a_i$ für $i = 1, \ldots, n$ an? Gib ein Polynom in $\mathbb{Q}[X]$ an, für das $\deg(p) \leq 3$ und $p(-1) = -1$, $p(0) = 0$, $p(1) = 1$ und $p(2) = 5$.

zu Abschnitt 12.5

7. Zeige die sogenannte Jacobi-Identität:

$$[x,[y,z]] + [y,[z,x]] + [z,[x,y]] = 0$$

zu Abschnitt 12.7

8. Bestimme die Diskriminante des Polynoms $T^3 + aT + b$.
9. Löse das Gleichungssystem

$$\begin{aligned} YX^2 + 2X + Y &= 0 \\ Y^2X^2 - 1 &= 0, \end{aligned}$$

indem man die jeweils linke Seite der Gleichung als Polynom in X über $\mathbb{C}[Y]$ auffasst und die Resultante berechnet.

10. Es sei $f(X) = a_d X^d + \ldots + a_1 X + a_0$ ein Polynom mit Nullstellen $r_1, \ldots, r_d$.
(a) Zeige, dass die Diskriminante von f gleich $a_d^{2n-1} \prod_{i \neq j} (r_i - r_j)$ ist.
(b) Berechne die Diskriminante von $X^2 + bX + c$ mit Hilfe von Punkt (a) und dann durch Auswerten einer Resultante.

zu Abschnitt 12.9

11. Zeige, dass das Polynom $X^3 + X^2 + X + 2$ über dem Ring der ganzen Zahlen irreduzibel ist.
12. Zeige, dass für $m \geq 2$ und quadratfreie positive ganze Zahlen N die Zahl $\sqrt[m]{N}$ irrational ist.
13. Zeige, dass das Polynom $T^8 + 1$ irreduzibel ist.
14. Zeige, dass mit D, D' auch $[D, D'] = D \circ D' - D' \circ D$ in $\mathrm{Der}(R)$ liegt.
15. Es sei R ein Ring der Charakteristik 0. Ein Polynom $F \in R[X_1, \ldots, X_d]$ ist genau dann homogen vom Grad n, wenn $\Delta(F) = nF$ gilt, wobei

$$\Delta = X_1 \,\partial\!\big/\!\partial X_1 + \cdots + X_n \,\partial\!\big/\!\partial X_n \,.$$

Man erhält auf diese Weise eine Eigenraumzerlegung von $R[X_1, \ldots, X_d]$.

16. Bestimme das größte Monom in der Polarisierung $S(F)$ des Polynoms $F = X_1 X_2^2 X_3^3$.
17. Gib ein Computerprogramm an, das für ein symmetrisches Polynom das zugehörige Polynom in den elementarsymmetrischen Polynomen berechnet.
18. Berechne die Diskriminante von $X^n - 1$.
19. Sei p eine Primzahl. Zerlege $X^{p-1} - 1$ in Linearfaktoren über dem Ring $\mathbb{Z}/p\mathbb{Z}$. Folgere den Satz von Wilson: $(p - 1)! \equiv -1 \pmod{p}$.
20. Zeige, dass $X^2 + Y^2 + Z^2 \in \mathbb{C}[X, Y, Z]$ irreduzibel über $\mathbb{C}$ ist. Betrachte dazu $f(Z) = Z^2 + (X^2 + Y^2)$ als Polynom über $\mathbb{C}[X, Y][Z]$ und die Zerlegung von $X^2 + Y^2$ über $\mathbb{C}$.

zu Abschnitt 12.6

21. (a) Drücke die symmetrischen Funktionen $X_1^3 + \cdots + X_d^3$ sowie $X_1^{-2} + \cdots + X_d^{-2}$ durch die elementarsymmetrischen Polynome in d Variablen aus.

(b) Es sei $f(X) = a_d X^d + \cdots + a_1 X + a_0$ ein Polynom vom Grad d mit Nullstellen $r_1, \ldots, r_d$. Berechne $r_1^3 + \cdots + r_d^3$ in Abhängigkeit der Koeffizienten a_i von f.

22. (a) Leite das folgende Korollar aus dem Fundamentalsatz über symmetrische Funktionen ab:

Es seien $f(X)$ ein Polynom über K vom Grad d mit Nullstellen $r_1, \ldots,$ r_d und P ein symmetrisches Polynom über K in d Variablen. Dann gilt: $P(r_1, \ldots, r_d) \in K$.

(b) Es seien a (resp. b) Nullstellen eines Polynoms f vom Grad n (resp. g vom Grad m), beide mit Koeffizienten in einem Körper K. Zeige, dass es ein Polynom F mit Koeffizienten in K gibt, das $a + b$ als Nullstelle hat.

Hinweis: Sind $a = a_1$, $b = b_1$ und a_i, $2 \le i \le n$ (resp. b_j, $2 \le j \le m$), die Nullstellen von f (resp. g), so wende Punkt (a) auf

$$\prod_{i=1}^{n} \prod_{j=1}^{m} (X - a_i - b_j)$$

an, um zu zeigen, dass dieses Polynom Koeffizienten in K hat.

(c) Welches Polynom über K hätte ab als Nullstelle?

III Abriss der Körpertheorie

13 Grundlagen der Körpertheorie

13.1 Körper und Primkörper

In Abschnitt 8.1 haben wir Schiefkörper und Körper definiert als Ringe bzw. kommutative Ringe, bei denen die von Null verschiedenen Elemente invertierbar, d. h. Einheiten, sind. In diesem Kapitel werden wir uns mit Körpern beschäftigen. Ein Körper ist demnach eine Menge K mit zwei Operationen $+\,,\,\cdot : K \times K \to K$, die Addition bzw. Multiplikation, sodass K zusammen mit der Addition und $K^\times = K \smallsetminus \{0\}$ zusammen mit der Multiplikation kommutative Gruppen sind und die Distributivgesetze gelten, d. h.

$$(x + y) \cdot z = x \cdot z + y \cdot z\,,$$
$$x \cdot (y + z) = x \cdot y + x \cdot z$$

für alle $x,\, y,\, z \in K$.

Beispiel 13.1   Grundlegende Körper sind die *Primkörper:*
 (a) $\mathbb{Q}$, der Körper der rationalen Zahlen,
 (b) die Körper $\mathbb{F}_p = \mathbb{Z}/p\mathbb{Z}$, wobei p eine Primzahl ist.

Jeder Körper ist gleichzeitig ein kommutativer Integritätsbereich, denn jedes von Null verschiedene Element ist invertierbar. Aus $xy = 0$ mit $x \neq 0$ folgt deswegen $y = 1 \cdot y = x^{-1}xy = x^{-1} \cdot 0 = 0$, sodass es keine Nullteiler gibt.

Die einzigen Ideale in einem Körper K sind das Ideal (0) sowie K. Denn ist $I \subseteq K$ ein Ideal verschieden von (0), so gibt es ein $0 \neq x \in I$. Dann liegt auch $1 = xx^{-1}$ in I und somit gilt $I = K$.

Ringhomomorphismen zwischen Körpern nennt man auch *Körperhomomorphismen* oder kurz Homomorphismen. Körperhomomorphismen sind injektiv. Denn ist $\varphi \colon K \to K'$ ein Körperhomomorphismus, so ist $\ker \varphi$ ein Ideal, somit entweder gleich (0) oder gleich K. Da jedoch $\varphi(1) = 1 \neq 0$ ist, folgt $\varphi \not\equiv 0$ und somit $\ker \varphi = (0)$, d. h. φ ist injektiv.

© Springer Fachmedien Wiesbaden GmbH, ein Teil von Springer Nature 2020
G. Wüstholz und C. Fuchs, *Algebra*, Springer Studium Mathematik – Bachelor,
https://doi.org/10.1007/978-3-658-31264-0_16

In 8.2 hatten wir die Charakteristik eines Ringes definiert. Da ein Körper ein nullteilerfreier Ring ist, folgt sofort aus Satz 8.4, dass die Charakteristik eines Körpers immer entweder gleich 0 oder eine Primzahl ist.

13.2 Körpererweiterungen

Es sei K ein Körper. Ein Körper $L \supseteq K$, welcher K als Unterring enthält, heißt *Oberkörper* oder *Körpererweiterung*, K heißt auch *Unterkörper* von L. Ein Körper E mit $L \supseteq E \supseteq K$ wird *Zwischenkörper (von L und K)* genannt. Ein Oberkörper $L \supseteq K$ ist offensichtlich insbesondere ein K-Vektorraum, wie man sofort nachprüft. Seine Dimension über K heißt der *Grad der Körpererweiterung*, und wir schreiben dafür auch $[L : K]$.

Beispiel 13.2 $\mathbb{Q}(\sqrt{2}) = \{a + b\sqrt{2};\ a, b \in \mathbb{Q}\}$ ist eine Körpererweiterung von $\mathbb{Q}$ vom Grad 2, denn $\sqrt{2}$ ist irrational und somit sind 1, $\sqrt{2}$ eine Basis von $\mathbb{Q}(\sqrt{2})$ über den rationalen Zahlen.

Satz 13.3   *Für Körpererweiterungen $L \supseteq E \supseteq K$ gilt*

$$[L : K] = [L : E]\,[E : K]\,.$$

Beweis   Besitzt eine der Erweiterungen unendlichen Grad, so werden beide Seiten der Gleichung unendlich und stimmen daher überein. Andernfalls seien e_1, ..., e_r und f_1, ..., f_s Basen von E über K bzw. von L über E. Dann ist $e_1 f_1$, ..., $e_1 f_s$, ..., $e_r f_1$, ..., $e_r f_s$ eine Basis von L über K. Denn ist $u \in L$, so gilt

$$u = \lambda_1 f_1 + \cdots + \lambda_s f_s\,, \quad \lambda_j \in E,$$

sowie

$$\lambda_j = \mu_{1j} e_1 + \cdots + \mu_{rj} e_r\,, \quad \mu_{ij} \in K.$$

Insgesamt ist daher

$$u = \sum_{i=1}^{r} \sum_{j=1}^{s} \mu_{ij}\, e_i f_j$$

und somit erzeugen die $e_i f_j$ den K-Vektorraum L. Sie sind aber auch linear unabhängig. Ist nämlich

$$\sum_{i=1}^{r} \sum_{j=1}^{s} \mu_{ij}\, e_i f_j = 0$$

mit $\mu_{ij} \in K$, so gilt

$$\sum_{j=1}^{s} \lambda_j f_j = 0$$

mit $\lambda_j = \sum_{i=1}^{r} \mu_{ij} e_i \in E$. Da die f_j linear unabhängig über E sind, folgt $\lambda_j = 0$, für $j = 1, \ldots, r$ und aus den gleichen Gründen $\mu_{ij} = 0$, für $i = 1, \ldots, s$, d.h. die lineare Unabhängigkeit der in Frage stehenden Elemente. □

Es sei $L \supseteq K$ eine Körpererweiterung und $S \subseteq L$ eine Teilmenge. Wir setzen

$$K(S) = \bigcap E,$$

wobei E alle Zwischenkörper von L und K durchläuft, die S enthalten. Dies ist ebenfalls ein Zwischenkörper. Denn sind x und $y \neq 0$ in $K(S)$, so gilt x, $y \in E$ für alle $E \supseteq K$ mit $S \subseteq E$, somit $x - y$, $x\,y^{-1} \in E$, also auch $x - y$, $x\,y^{-1} \in K(S)$. Trivialerweise gilt $L \supseteq K(S) \supseteq K$. Wir nennen $K(S)$ *den von S über K erzeugten Körper*. Ein Zwischenkörper E mit $L \supseteq E \supseteq K$ heißt *endlich erzeugt* über K, falls $E = K(S)$ mit einer endlichen Teilmenge $S \subseteq L$.
Die Elemente von $K(S)$ besitzen offenbar die Gestalt

$$f(s_1, \ldots, s_n)/g(s_1, \ldots, s_n)$$

mit f, $g \in K[T_1, \ldots, T_n]$, $s_1, \ldots, s_n \in S$ und $g(s_1, \ldots, s_n) \neq 0$. Denn $K(S)$ enthält all diese Elemente; deren Gesamtheit bildet einen Körper $E \subseteq K(S)$, der sowohl K als auch S und somit $K(S)$ enthält. Daher gilt $K(S) = E$.

Satz 13.4 *Für einen Zwischenkörper $L \supseteq E \supseteq K$ sind folgende Aussagen äquivalent:*

(i) E ist endlich erzeugt.

(ii) Es existiert ein $n \in \mathbb{N}$ und ein Ringhomomorphismus

$$\pi \colon K[T_1, \ldots, T_n] \to E$$

vom Polynomring $K[T_1, \ldots, T_n]$ in n Variablen nach E, der auf K die Identität ist, mit

$$E = \{\pi(f)\pi(g)^{-1}; \ f, g \in K[T_1, \ldots, T_n], \ g \notin \ker \pi\}.$$

Beweis Gilt (ii), so setzen wir $S = \{\pi(T_j); \ j = 1, \ldots, n\}$ und dann gilt $E = K(S)$. Ist umgekehrt (i) erfüllt, so sei $E = K(S)$ mit einer endlichen Menge $S = \{s_1, \ldots, s_n\}$ und $\pi \colon R = K[T_1, \ldots, T_n] \to E$ der Ringhomomorphismus mit $\pi(T_j) = s_j$, der auf K die Identität ist. Es gilt dann $\pi(f) = \pi(f(T_1, \ldots, T_n)) = f(\pi(T_1), \ldots, \pi(T_n)) = f(s_1, \ldots, s_n)$ für $f \in R$. □

Sind S, $T \subseteq L$ Teilmengen von L, so gilt offensichtlich

$$K(S)(T) = K(S \cup T) = K(T)(S).$$

Denn mit T und $K(S)$ liegt auch $K(S)(T)$ in $K(S \cup T)$. Auf der anderen Seite ist mit $S \cup T$ auch $K(S \cup T)$ in $K(S)(T)$ enthalten. Statt $K(S \cup T)$ schreiben wir kurz $K(S,T)$. Wir können dies insbesondere auf zwei Zwischenkörper $L \supseteq E, F \supseteq K$ anwenden und erhalten einen Körper $K(E,F)$ oder kurz EF, das *Kompositum* von E und F. Er ist der kleinste in L liegende Körper, der E und F enthält. Eine alternative Konstruktion des Kompositums, die nicht einen gemeinsamen Oberkörper benötigt, wird in Abschnitt 23.4 beschrieben.

13.3 Algebraische Körpererweiterungen

Eine Körpererweiterung $L \supseteq K$ heißt eine *endliche Körpererweiterung*, falls $[L : K] < \infty$. Ein Element $\alpha \in L$ nennen wir *algebraisch* über K, falls $K(\alpha) := K(\{\alpha\})$ eine endliche Körpererweiterung von K ist. Andernfalls heißt α sowie die Körpererweiterung $K(\alpha)$ *transzendent*. Nach Satz 13.4 gibt es einen Ringhomomorphismus $\pi\colon K[T] \to K(\alpha)$ mit $\pi(T) = \alpha$. Gilt $[L : K] < \infty$, so sind die Elemente $\pi(T^j)$, $j = 1, 2, \ldots$ linear abhängig und somit ist $\ker \pi \neq (0)$. Da $K[T]$ ein Hauptidealring ist, können wir $\ker \pi = (f)$ schreiben mit einem Polynom $f = f_0 T^n + f_1 T^{n-1} + \cdots + f_n$ mit $f_0 \neq 0$ und $f_j \in K$. Außerdem ist $\ker \pi$ ein Primideal, sodass $f(T)$ prim und dann auch irreduzibel über K, d. h. irreduzibel im Ring $K[T]$, ist. Es gilt $f(\alpha) = 0$, und f ist ein Polynom minimalen Grades mit dieser Eigenschaft. Verlangen wir noch, dass der führende Koeffizient f_0 gleich 1 ist, so nennt man f das *normierte Minimalpolynom* oder kurz das *Minimalpolynom* von α. In $K[T]$ ist jedes Primideal $\neq 0$ ein Hauptideal und maximal. Also ist $K[T]/(f)$ ein Körper, auf dem der Homomorphismus π eine injektive Abbildung nach $K(\alpha)$ induziert. Sein Bild enthält α und deswegen auch $K(\alpha)$. Somit ist die Abbildung ein Isomorphismus. Nun ist aber $K[T]/(f)$ auch ein K-Vektorraum, der als Basis die Bilder von $1, T, \ldots, T^{n-1}$ unter dem kanonischen Homomorphismus von $K[T]$ nach $K[T]/(f)$ besitzt. Hieraus ergibt sich sofort die folgende

Proposition 13.5   *Sei $L \supseteq K$ eine Körpererweiterung und sei $\alpha \in L$. Dann ist α genau dann algebraisch über K, wenn ein $f \in K[T]\setminus\{0\}$ mit $f(\alpha) = 0$ existiert.*

Daher gilt insbesondere

Proposition 13.6   *Es sei α algebraisch über K und $[K(\alpha) : K] = n$. Dann bilden die Elemente $1, \alpha, \alpha^2, \ldots, \alpha^{n-1}$ eine Basis von $K(\alpha)$ über K.*

Wir nennen $K(\alpha) : K]$ den *Grad* von α, der offensichtlich mit dem Grad des Minimalpolynoms über K übereinstimmt. Eine Körpererweiterung $L \supseteq K$ heißt *algebraisch über K*, falls jedes Element $\alpha \in L$ algebraisch über K ist. Ist dies nicht der Fall, so wird L transzendent über K genannt.

Proposition 13.7   *Eine endliche Erweiterung $L \supseteq K$ ist algebraisch.*

Beweis Es sei $\alpha \in L$. Dann ist $K \subseteq K(\alpha) \subseteq L$ ein über K endlicher Zwischenkörper, und α ist somit algebraisch. $\qquad\square$

Im Allgemeinen gilt ohne zusätzliche Voraussetzungen nicht die Umkehrung dieser Proposition. Ist jedoch $L \supseteq K$ endlich erzeugt, so ist die Umkehrung gültig.

Beispiel 13.8 Es sei P die Menge der Primzahlen und $\sqrt{P} = \{\sqrt{p};\ p \in P\}$. Dann ist $\mathbb{Q}(\sqrt{P}) \supseteq \mathbb{Q}$ algebraisch, jedoch nicht endlich (Übung).

Proposition 13.9 *Es sei $L \supseteq K$ eine Körpererweiterung und $S \subseteq L$ eine endliche Menge über K algebraischer Elemente. Dann ist $K(S) \supseteq K$ eine endliche und somit auch algebraische Erweiterung.*

Beweis Wir führen den Beweis durch Induktion über die Anzahl $|S|$ der Elemente von S. Gilt $S = \emptyset$, so ist die Behauptung trivialerweise richtig, sodass wir sie für alle Mengen S' mit $|S'| < |S|$ als bewiesen annehmen können. Es sei $S = S' \cup \{\alpha\}$. Dann gilt $K(S) = K(S' \cup \{\alpha\}) = K(\alpha)(S')$ und

$$[K(S) : K] = [K(\alpha)(S') : K(\alpha)]\,[K(\alpha) : K]$$

nach Satz 13.3. Die Elemente von S' sind algebraisch über K und daher auch über $K(\alpha)$. Nach Induktionsvoraussetzung gilt $[K(\alpha)(S') : K(\alpha)] < \infty$ und aufgrund der Definition von S auch $[K(\alpha) : K] < \infty$, somit $[K(S) : K] < \infty$. Deswegen ist $K(S)$ endlich über K und wegen Proposition 13.7 algebraisch. $\qquad\square$

Bemerkt man noch, dass endliche Erweiterungen auch endlich erzeugt sind (man nehme eine Basis als erzeugende Menge), so kann man die letzten beiden Propositionen zu einem Satz zusammenfassen,

Satz 13.10 *Eine Erweiterung $L \supseteq K$ ist genau dann endlich, wenn sie endlich erzeugt und algebraisch ist.*

Beweis Ist $L \supseteq K$ endlich, so auch endlich erzeugt und nach Proposition 13.7 algebraisch. Ist sie umgekehrt endlich erzeugt und algebraisch, so gilt $L = K(S)$ für eine endliche Menge über K algebraischer Elemente. Dann ist sie aber nach Proposition 13.9 auch endlich. $\qquad\square$

Eine Folge von Körpererweiterungen

$$\cdots \supseteq K_n \supseteq K_{n-1} \supseteq \cdots \supseteq K_2 \supseteq K_1$$

heißt ein *Turm von Körpererweiterungen*. Er kann abbrechen oder auch nicht. Im nächsten Satz studieren wir, wie sich algebraische Körpererweiterungen in Türmen verhalten.

Satz 13.11 *Sind $L \supseteq E \supseteq K$ Körpererweiterungen, so ist $L \supseteq K$ genau dann algebraisch, wenn $L \supseteq E$ und $E \supseteq K$ algebraisch sind.*

Beweis Es seien zuerst $L \supseteq E$ und $E \supseteq K$ algebraisch. Wir wählen ein $\alpha \in L$ mit Minimalpolynom $f \in E[T]$ über E und bezeichnen mit $\Gamma_f \subseteq E$ die Menge der Koeffizienten von f. Diese sind über K algebraisch, somit ist $K(\Gamma_f)$ wegen Satz 13.10 endlich über K, also auch $K(\Sigma)$ für $\Sigma = \Gamma_f \cup \{\alpha\}$. Daher liegt α in einer endlichen, also algebraischen Erweiterung von K und ist deswegen algebraisch über K. Weil α ein beliebiges Element von L war, ist L selbst algebraisch über K.

Ist umgekehrt L algebraisch über K, so a fortiori algebraisch über E. Jedes Element in E liegt auch in L, ist also algebraisch über K. □

Schließlich zeigen wir noch den folgenden

Satz 13.12 (Kronecker) *Sei $f \in K[T]$ ein nicht-konstantes Polynom. Dann gibt es einen Oberkörper L von K und ein $\alpha \in L$ mit $f(\alpha) = 0$.*

Beweis Sei g ein irreduzibler Teiler von f. Definiere L als $K[T]/(g)$. Da $K \to K[T] \to L, \alpha \mapsto \alpha \mapsto \alpha + (g)$ ein Homomorphismus ist, können wir L als Oberkörper von K auffassen (denn L enthält einen zu K isomorphen Unterkörper). Es ist $\alpha = T + (g) \in L$ eine Nullstelle von f, denn $f(\alpha) = f(T + (g)) = f(T) + (g) = (g) = 0$. □

13.4 Algebraisch abgeschlossene Erweiterungen

In diesem Abschnitt werden wir einige grundlegende Tatsachen über Homomorphismen zwischen Körpern und über den algebraischen Abschluss eines Körpers bereitstellen.

Ein Homomorphismus $\varphi \colon E \to F$ kann nach Satz 12.1 zu einem Homomorphismus $\varphi \colon E[T] \to F[T]$ und dann auch zu einem Homomorphismus zwischen den zugehörigen Quotientenkörpern erweitert werden, indem $\varphi(T) = T$ gesetzt wird. Ist $f \in E[T]$, so bezeichnen wir mit f^φ das Bild von f unter diesem Homomorphismus; es gilt $f^\varphi(T) = \varphi(f_0)T^n + \varphi(f_1)T^{n-1} + \cdots + \varphi(f_n)$ für $f(T) = f_0 T^n + f_1 T^{n-1} + \cdots + f_n$. Für $f = g/h$ setzen wir entsprechend $f^\varphi = g^\varphi / h^\varphi$. Das zeigt, dass Homomorphismen auf transzendente Erweiterungen ausgedehnt werden können, dann aber auch auf endlich algebraische und motiviert in gewisser Weise den folgenden Satz (siehe [Bour2] V.§2.5), den wir in 23.4 beweisen werden:

Satz 13.13 *Es seien K, E Körper, $\varphi \colon K \to E$ ein Homomorphismus und $K' \supseteq K$ eine Körpererweiterung. Dann gibt es eine Körpererweiterung $E' \supseteq E$ und einen Homomorphismus $\varphi' \colon K' \to E'$, der φ erweitert, d. h. mit $\varphi'|_K = \varphi$.*

Ein Körper Ω heißt *algebraisch abgeschlossen*, falls jedes nicht-konstante Polynom mit Koeffizienten in Ω eine Nullstelle in Ω besitzt. Ist Ω algebraisch abgeschlossen und $f(T)$ ein nicht-konstantes Polynom vom Grad n mit Koeffizienten in Ω, so besitzt $f(T)$ eine Nullstelle $\alpha_1 \in \Omega$. Division durch $T - \alpha_1$ ergibt eine Darstellung von f als $f = (T - \alpha_1)\,g$ mit $g \in \Omega[T]$ und $\deg(g) < \deg(f)$. Ist g nicht konstant, so besitzt g in Ω eine Nullstelle α_2, und wir erhalten für g eine Zerlegung $g = (T - \alpha_2)\,h$ mit $h \in \Omega[T]$ und $\deg(h) < \deg(g)$. Fahren wir so fort, so ergibt sich nach n Schritten eine Zerlegung in Linearfaktoren

$$f = f_0\,(T - \alpha_1)(T - \alpha_2) \cdots (T - \alpha_n)$$

und somit das folgende Resultat:

Satz 13.14 *Ist Ω algebraisch abgeschlossen, so lässt sich jedes nicht-konstante Polynom aus $\Omega[T]$ in ein Produkt von Linearfaktoren aus $\Omega[T]$ zerlegen.*

Es sei K ein Körper und $\Omega \supseteq K$ ein Oberkörper. Die Menge der über K algebraischen Elemente in Ω bildet einen Körper $\bar{K}$ mit $\Omega \supseteq \bar{K} \supseteq K$, den *algebraischen Abschluss von K in Ω*. Ist $\bar{K}$ algebraisch abgeschlossen, so heißt $\bar{K}$ der algebraische Abschluss von K. Er ist der kleinste Unterkörper von Ω, der K enthält und algebraisch abgeschlossen ist. Ist Ω algebraisch abgeschlossen, so ist $\bar{K}$ algebraisch abgeschlossen. Denn jedes $f(T) \in \bar{K}[T]$ liegt bereits in $E[T]$ für eine endliche Erweiterung $E \supseteq K$ mit $\Omega \supseteq E$ und besitzt eine Nullstelle $\alpha \in \Omega$. Deswegen ist $E(\alpha) \supseteq E$ endlich, also auch die Erweiterung $E(\alpha) \supseteq K$ und damit a fortiori die Erweiterung $K(\alpha) \supseteq K$. Dies bedeutet jedoch, dass α algebraisch über K ist, d. h. $\alpha \in \bar{K}$. Damit ist gezeigt, dass $\bar{K}$ algebraisch abgeschlossen ist.

Beispiel 13.15 $\Omega = \mathbb{C}$, $K = \mathbb{Q}$. Man nennt $\bar{\mathbb{Q}}$ den Körper der algebraischen Zahlen. Die Elemente von $\mathbb{C} \setminus \bar{\mathbb{Q}}$ heißen *transzendente Zahlen*. Zum Beispiel sind e, π, $\sum_{n=0}^{\infty} 10^{-n!}$ transzendent (siehe [Schn]).

Satz 13.16 (Steinitz) *Sei $\varphi \colon K \to \Omega$ ein Homomorphismus eines Körpers K in einen algebraisch abgeschlossenen Körper und $K' \supseteq K$ eine algebraische Körpererweiterung. Dann existiert eine Erweiterung $\varphi' \colon K' \to \Omega$ von φ.*

Beweis Nach Satz 13.13 existiert ein Oberkörper Ω' von Ω und eine Erweiterung $\varphi' \colon K' \to \Omega'$ von φ. Da K' algebraisch über K ist, sind die Elemente von $\varphi'(K')$ algebraisch über Ω, also enthalten in Ω. $\qquad\square$

Die Existenz von algebraisch abgeschlossenen Körpern folgt aus dem folgenden Satz.

Satz 13.17 (Steinitz) *Jeder Körper K besitzt einen algebraisch abgeschlossenen Oberkörper Ω und damit auch einen algebraischen Abschluss $\bar{K}$. Je zwei algebraische Abschlüsse von K sind isomorph.*

Beweis Wir konstruieren zunächst eine Erweiterung E_1 von K, in der jedes nicht-konstante Polynom in $K[T]$ eine Nullstelle besitzt. Sei dazu S eine Menge, welche gleichmächtig zur Menge aller nicht-konstanten Polynome in $K[T]$ ist.

Jedes solche f kann somit mit einer Unbestimmten X_f identifiziert werden. Betrachte $R = K[S]$ und das Ideal I von R, welches durch alle Polynome $f(X_f)$ gegeben ist. Wir zeigen zunächst, dass $I \neq R$ gilt. Andernfalls erhalten wir eine Gleichung

$$g_1 f_1(X_{f_1}) + \cdots + g_n f_n(X_{f_n}) = 1$$

mit $g_i \in K[S]$. Zur Vereinfachung der Notation schreiben wir X_i anstatt X_{f_i}. Die Polynome $g_1, \ldots, g_n$ enthalten nur eine endliche Menge von Variablen, sodass wir $g_1, \ldots, g_n \in K[X_1, \ldots, X_m]$ mit $m \geq n$ annehmen können. Sei F eine endliche Erweiterung von K, in der alle Polynome $f_1, \ldots, f_n$ eine Nullstelle besitzen. Wir bezeichnen mit $\alpha_i \in F$ eine Nullstelle von f_i für $i = 1, \ldots, n$ und setzen $\alpha_i = 0$ für $i = n + 1, \ldots, m$. Indem wir die obige Gleichung in den so definierten α_i auswerten, erhalten mit $0 = 1$ einen Widerspruch. Sei $\mathcal{M}$ ein maximales Ideal von R, welches I enthält. Dann ist $E_1 = K[S]/\mathcal{M}$ ein Körper, der einen zu K isomorphen Unterkörper enthält und in dem jedes nicht-konstante Polynom in $K[T]$ eine Nullstelle besitzt. Falls E_1 nicht algebraisch abgeschlossen ist, wiederholen wir diesen Prozess und erhalten einen Turm von Körpererweiterungen $K \subseteq E_1 \subseteq E_2 \subseteq E_3 \subseteq \cdots \subseteq E_n \subseteq \cdots$, sodass jedes nicht-konstante Polynom in $E_n[T]$ eine Nullstelle in E_{n+1} besitzt. Sei E die Vereinigung aller E_n für $n = 1, 2, \ldots$. Der so erhaltene Körper hat die Eigenschaft, dass jedes nicht-konstante Polynome $f \in K[T]$ eine Nullstelle in E besitzt (da es als Polynom in $E_n[T]$ für ein n aufgefasst werden kann und daher eine Nullstelle in E_{n+1} besitzt). E ist also ein Oberkörper von K, der algebraisch abgeschlossen ist.

Angenommen es gibt zwei algebraisch Abschlüsse Ω_1, Ω_2 von K. Die identische Abbildung von K nach Ω_2 lässt sich nach Satz 13.16 zu einem Homomorphismus von Ω_1 nach Ω_2 fortsetzen. Diese Abbildung ist ein Isomorphismus und somit gilt $\Omega_1 \simeq \Omega_2$. $\square$

Wenn wir für einen Körper E mit $\mathrm{Aut}(E)$ die bijektiven Körperhomomorphismen von E nach E bezeichnen, so erhalten wir aufgrund von Satz 13.16 eine injektive Abbildung

$$\iota \colon \ \mathrm{Hom}(K, \bar{K}) \longrightarrow \mathrm{Aut}(\bar{K}) \, , \tag{13.1}$$

indem wir $K' = \bar{K}$ und $\iota(\varphi) := \varphi' \in \mathrm{Aut}(\bar{K})$ setzen. Die Abbildung ι ist in der Regel nicht eindeutig bestimmt.

13.5 Konjugierte Erweiterungen

Wir halten nun einen algebraischen Abschluss $\Omega \supseteq K$ fest. Jedes nicht-konstante Polynom $f(T) \in K[T]$ lässt sich wegen Satz 13.14 in ein Produkt $f(T) = f_0(T - \alpha_1) \cdots (T - \alpha_n)$ von Linearfaktoren zerlegen mit $\alpha_j \in \Omega$. Ist f irreduzibel über K, so setzen wir $K_j = K(\alpha_j)$, $1 \leq j \leq n$, und nennen die $\alpha_1, \ldots, \alpha_n$ *konjugiert*. Ebenso nennen wir die von den Konjugierten erzeugten Körper $K_1, \ldots,$

K_n *konjugiert.* Die Abbildung $\alpha_i \mapsto \alpha_j$ induziert einen Isomorphismus zwischen K_i und K_j, der auf K die Identität ist. Elemente α und β in Ω nennen wir konjungiert, wenn sie beide Nullstellen eines über K irreduziblen Polynoms f sind. Die Körper $K(\alpha)$ und $K(\beta)$ sind dann isomorph. Sind umgekehrt diese Körper isomorph, so sind α und β konjungiert.

Beispiel 13.18   Wir betrachten $K = \mathbb{Q}(\sqrt{-1})$, $f = T^2 + 1 = (T - \sqrt{-1})(T + \sqrt{-1})$, $\alpha_1 = i$, $\alpha_2 = \overline{i} = -i$. Offensichtlich ist der gerade beschriebene Isomorphismus in diesem Fall sogar ein Automorphismus.

Beispiel 13.19   Nimmt man stattdessen das Polynom $f = T^3 - d \in \mathbb{Q}[T]$, d ganz und keine dritte Potenz, so erhält man eine reelle Nullstelle $\alpha_1 = \sqrt[3]{d}$ sowie ein Paar konjugiert komplexer Nullstellen $\alpha_2 = \zeta \sqrt[3]{d}$, $\alpha_3 = \zeta^2 \sqrt[3]{d}$, wobei $\zeta = e^{2\pi i/3}$ eine dritte Einheitswurzel ist. Die reelle Nullstelle erzeugt einen reellen Körper K_1, die beiden komplexen Nullstellen je einen Körper K_2, K_3, und es gilt $K_2 \neq K_3$. Wäre $\zeta = \alpha_3/\alpha_2$ in K_2, dann auch $\sqrt[3]{d}$ und schließlich $K_1 \subseteq K_2 = K_3$. Da alle diese Körper Erweiterungskörper von $\mathbb{Q}$ vom Grad 3 sind, stimmen sie überein. Dies kann aber nicht sein. Dies ist ein Beispiel dafür, dass konjugierte Körper nicht alle übereinstimmen müssen. Diese Tatsache führt zu dem Begriff einer normalen Erweiterung, den wir später einführen werden.

Man nennt einen Homomorphismus $\varphi\colon E \to F$ zwischen Körpererweiterungen E, $F \supseteq K$ mit $\varphi|_K = \mathrm{id}_K$ einen K-*Homomorphismus.* Für solch einen Homomorphismus gilt $\varphi(\lambda x) = \lambda \varphi(x)$ für $\lambda \in K$, $x \in E$, d. h. φ ist ein Homomorphismus von K-Vektorräumen.

Satz 13.20   *Es seien $\Omega \supseteq E \supseteq K$ Körpererweiterungen, Ω ein algebraischer Abschluss von K und $\varphi\colon E \to \Omega$ ein K-Homomorphismus.*

   (i) Gilt $\varphi(E) \subseteq E$, so ist $\varphi(E) = E$.
   (ii) Es gibt einen K-Automorphismus $\tilde{\varphi}$ von Ω mit $\tilde{\varphi}|_E = \varphi$.

Beweis   Teil (ii) folgt aus dem Satz 13.16. Um (i) zu beweisen, sei $x \in E$ und Σ die Menge aller in E liegenden Nullstellen des Minimalpolynoms f von x über K. Es gilt mit den Bezeichnungen aus 12.3

$$0 = \varphi(f(x)) = f^\varphi(\varphi(x)) = f(\varphi(x)) \, .$$

und somit $\varphi(\Sigma) \subseteq \Sigma$. Da Σ endlich und φ injektiv ist, gilt sogar $\varphi(\Sigma) = \Sigma$. Also ist $x \in \varphi(\Sigma) \subseteq \varphi(E)$ und deswegen $E \subseteq \varphi(E)$. $\square$

Es bezeichne $\Omega \supseteq K$ weiterhin einen algebraischen Abschluss von K. Wir fassen nun den Begriff „konjugiert" etwas weiter und nennen zwei Körper E, F mit $\Omega \supseteq E, F \supseteq K$ *konjugiert (über K)*, falls es einen K-Automorphismus $\varphi\colon \Omega \to \Omega$ gibt mit $\varphi(E) = F$. Elemente $x, y \in \Omega$ heißen *konjugiert*, falls es einen K-Automorphismus φ von Ω gibt mit $\varphi(x) = y$.

Bemerkung 13.21

(a) Sind E, F konjugiert über K, dann ist $\varphi|_E$ ein K-Isomorphismus, d. h. konjugierte Erweiterungen sind isomorph.

(b) Umgekehrt seien $\Omega \supseteq E, F \supseteq K$ Zwischenkörper, die K-isomorph sind. Wir wählen einen Isomorphismus $\varphi\colon E \to F$. Ist Ω ein algebraischer Abschluss von K, existiert nach dem Satz von Steinitz eine Erweiterung $\tilde{\varphi}\colon \Omega \to \Omega$ von φ, und somit sind E, F konjugiert.

(c) Es seien $x, y \in \Omega$ konjugiert, φ ein K-Automorphismus von Ω mit $\varphi(x) = y$ und f das Minimalpolynom von x über K. Dann gilt

$$0 = \varphi(f(x)) = f^\varphi(\varphi(x)) = f(\varphi(x)) = f(y) \ .$$

Daher ist auch y Nullstelle des Minimalpolynoms von x und infolgedessen f auch das Minimalpolynom von y. Somit haben konjugierte Elemente das gleiche Minimalpolynom. Die verschiedenen konjugierten Elemente sind genau die Nullstellen des Minimalpolynoms f von x, was in Übereinstimmung mit der Definition zu Beginn des Paragraphen steht.

Übungsaufgaben

zu Abschnitt 13.2

1. Jeder endliche Integritätsbereich R ist ein Körper. Betrachte dazu für ein gegebenes $y \in R^\times$ die Funktion $f_y(x) = yx$ und nütze die Nullteilerfreiheit und Endlichkeit von R aus, um zu zeigen, dass f_y bijektiv ist!

2. Zeige, dass $\mathbb{F}_4 = \left\{ u\begin{pmatrix} 1 & 0 \\ 0 & 1 \end{pmatrix} + v\begin{pmatrix} 0 & 1 \\ 1 & 1 \end{pmatrix}; \ u, v \in \mathbb{F}_2 \right\}$ ein Körper mit vier Elementen ist.

3. Wie viele Körper der Gestalt $\mathbb{F}_{p^2}$ gibt es?

4. Es sei p eine ungerade Primzahl. Zeige, dass für $a \in \mathbb{F}_p$ der $\mathbb{F}_p$-Vektorraum
$$\mathbb{F}_{p^2} = \left\{ u\begin{pmatrix} 1 & 0 \\ 0 & 1 \end{pmatrix} + v\begin{pmatrix} 0 & a \\ 1 & 0 \end{pmatrix}; \ u, v \in \mathbb{F}_p \right\}$$
genau dann ein Körper ist, wenn $a \in \mathbb{F}_p$ kein Quadrat ist.

5. Zeige, dass $K = \left\{ a \in \mathbb{F}_{p^2}; \ a^p = a \right\}$ ein Körper ist. Was ist $[\mathbb{F}_{p^2} : K]$?

6. Beweise, dass $\mathbb{Q}(i)$ und $\mathbb{Q}(\sqrt{2})$ als $\mathbb{Q}$-Vektorräume, aber nicht als Körper isomorph sind.

zu Abschnitt 13.3

7. Es seien K ein Körper und L_i, $i = 1, 2, \ldots$, Körpererweiterungen von K mit $K \subseteq L_1 \subseteq L_2 \subseteq \ldots \subseteq L_i \subseteq \ldots$. Zeige, dass $L := \bigcup_{i=1}^{\infty} L_i$ ein Körper ist. Wann ist L algebraisch über K? Finde eine notwendige und hinreichende Bedingung dafür, dass L eine endliche Erweiterung von K ist.

8. Es sei $L \supseteq K$ eine Körpererweiterung. Eine Teilmenge $A \subseteq L$ heißt linear unabhängig über K, falls für jede endliche Teilmenge $E \subseteq A$ und beliebige Abbildungen $\alpha \colon E \to K$ gilt:
$$\sum_{a \in E} \alpha(a)a = 0 \ \Leftrightarrow \ \forall a \in E : \alpha(a) = 0 \,.$$

Zeige, dass $A = \{\log 2, \log 3, \log 5, \ldots\} \subseteq \mathbb{C}$ linear unabhängig über $\mathbb{Q}$ ist, wobei $\log$ den Logarithmus zur Basis 10 bezeichne. Impliziert die Existenz einer unendlichen über K linear unabhängigen Menge in L automatisch, dass L eine unendlich erzeugte Erweiterung von K ist?

9. Es sei $L \supseteq K$ eine Körpererweiterung und $a \in L$ mit $[K(a) : K]$ ungerade. Folgere, dass $a^2 \in L$ und $K(a) = K(a^2)$ gilt. Stimmen diese Aussagen auch für $[K(a) : K]$ gerade?

zu Abschnitt 13.4

10. Beweise den Satz 13.16 von Steinitz im Fall, dass $K' \supseteq K$ endlich ist.

14 Theorie der Körpererweiterungen

14.1 Separabilität

Es sei $\Omega \supseteq K$ und damit auch $\bar{K}$ algebraisch abgeschlossen. Ein Polynom $f(T) \in K[T]$ zerfällt in $\Omega[T]$ in Linearfaktoren

$$f(T) = f_0 \prod_{j=1}^{n} (T - \alpha_j) \, .$$

Wir nennen $\Sigma_f = \{\alpha_1, \ldots, \alpha_n\}$ die *Nullstellenmenge* sowie $K_f = K(\Sigma_f)$ den *Zerfällungskörper* von f. Offensichtlich ist $K_{f\,g} = K_f\,K_g$ das Kompositum der beiden Körper K_f und K_g. Wir nennen f *separabel* über K, falls $\Sigma_f = n$ gilt.

Beispiel 14.1 In Abschnitt 18.6 bestimmen wir den Zerfällungskörper von $f(T) = T^3 + pT + q$ über $\mathbb{Q}$. Die Nullstellen dieses Polynoms haben die Gestalt

$$\frac{1}{3}\left(\zeta^k \sqrt[3]{-\frac{27}{2}q + \frac{3}{2}\sqrt{-3D}} + \zeta^{2k} \sqrt[3]{-\frac{27}{2}q - \frac{3}{2}\sqrt{-3D}} \right)$$

mit $k = 0, 1, 2$ und $D = -4p^3 - 27q^2$; dabei ist ζ eine primitive dritte Einheitswurzel.

Es sei $E \supseteq K$ eine Körpererweiterung und $\alpha \in E$ algebraisch über K. Die Anzahl der verschiedenen Nullstellen des Minimalpolynoms von α heißt der *Separabilitätsgrad* von α über K. Wir schreiben dafür $[K(\alpha) : K]_s$. Es gilt offensichtlich $[K(\alpha) : K]_s \leq [K(\alpha) : K]$. Das Element α heißt *separabel* über K, falls $[K(\alpha) : K]_s = [K(\alpha) : K]$. Andernfalls heißt α *inseparabel* über K. Eine algebraische Erweiterung $E \supseteq K$ heißt *separabel* über K, falls alle Elemente von E über K separabel sind, andernfalls heißt sie *inseparabel*. Ist $E \supseteq K$ eine algebraische Körpererweiterung, dann ist

$$K^{\mathrm{sep}} = \{\alpha \in E; \ \alpha \text{ ist separabel über } K\}$$

ein Zwischenkörper, den man den *separablen Abschluss von K in E* nennt (siehe Übungsaufgaben).

Beispiel 14.2 Ist K ein Körper der Charakteristik p, so ist $K^p = \{x^p; \ x \in K\}$ ein Körper. Dann ist für $a \in K \setminus K^p$ das Polynom $T^p - a$ irreduzibel über K. Ist $\alpha \in \bar{K}$ eine Wurzel dieses Polynoms, so gilt über $\bar{K}$ die Zerlegung $T^p - a = (T - \alpha)^p$. Daher ist $K(\alpha) \supseteq K$ inseparabel.

© Springer Fachmedien Wiesbaden GmbH, ein Teil von Springer Nature 2020
G. Wüstholz und C. Fuchs, *Algebra*, Springer Studium Mathematik – Bachelor,
https://doi.org/10.1007/978-3-658-31264-0_17

Sind E, L $\supseteq$ K beliebige Körpererweiterungen, so bezeichnen wir mit $\mathrm{Hom}_K(E, L)$ die Menge der Körperhomomorphismen von E nach L, die K festhalten, d. h.

$$\mathrm{Hom}_K(E, L) = \{\varphi\colon E \to L,\ \varphi|_K = \mathrm{id}_K\}.$$

Für $\varphi \in \mathrm{Hom}_K(E, L)$ und für $x, y \in E$ und $\lambda \in K$ gilt demnach

$$\begin{aligned}
\sigma(x + y) &= \sigma(x) + \sigma(y) \\
\sigma(xy) &= \sigma(x)\sigma(y) \\
\sigma(\lambda x) &= \lambda\,\sigma(x).
\end{aligned}$$

Ist $E = L$, so definieren wir

$$\mathrm{Aut}_K(E) \subseteq \mathrm{Hom}_K(E, E)$$

als die Menge der surjektiven (und damit bijektiven) Körperhomomorphismen von E nach E, kurz Automorphismen von E, die K festhalten. Offensichtlich ist $\mathrm{Aut}_K(E)$ eine Gruppe, aber $\mathrm{Hom}_K(E, E)$ im Allgemeinen lediglich eine Menge. Ist jedoch E algebraisch über K, so gilt nach Satz 13.20, (i), die Gleichheit. Sei $F \supseteq E$ eine weitere Körpererweiterung. Dann gibt es eine Abbildung

$$\mathrm{res}_E^F\colon \mathrm{Hom}_K(F, L) \longrightarrow \mathrm{Hom}_K(E, L).$$

Sie ordnet einem $\sigma \in \mathrm{Hom}_K(F, L)$ seine Restriktion $\sigma|_E$ in $\mathrm{Hom}_K(E, L)$ zu.

Wir benötigen im folgenden ein sehr nützliches technisches Lemma.

Lemma 14.3 *Es seien* $\Omega \supseteq F \supseteq E \supseteq K$ *algebraische Körpererweiterungen mit algebraisch abgeschlossenem* Ω. *Dann gibt es eine Bijektion*

$$\Phi\colon \mathrm{Hom}_K(F, \Omega) \overset{\sim}{\longrightarrow} \mathrm{Hom}_K(E, \Omega) \times \mathrm{Hom}_E(F, \Omega)\,.$$

Beweis   Aufgrund von (13.1) gibt es eine injektive Abbildung

$$\iota\colon \mathrm{Hom}_K(E, \Omega) \longrightarrow \mathrm{Aut}_K(\Omega)$$

mit $\iota(\sigma)|_E = \sigma$ für $\sigma \in \mathrm{Hom}_K(E, \Omega)$. Wir zeigen, dass die Abbildung

$$\Phi\colon \mathrm{Hom}_K(E, \Omega) \times \mathrm{Hom}_E(F, \Omega) \longrightarrow \mathrm{Hom}_K(F, \Omega)$$

mit

$$\Phi(\sigma, \tau) = \iota(\sigma) \circ \tau$$

bijektiv ist. Sei $\Phi(\sigma, \tau) = \Phi(\sigma', \tau')$. Restriktion auf E führt zu

$$\sigma = \iota(\sigma)|_E = \iota(\sigma')|_E = \sigma'$$

und dann sofort zu $\tau = \tau'$. Dies beweist die Injektivität. Um die Surjektivität nachzuweisen, wählen wir $\lambda \in \mathrm{Hom}_K(F, \Omega)$, setzen $\sigma := \lambda|_E$ und dann $\tau = \iota(\sigma)^{-1} \circ \lambda$. Dann ist zunächst $\sigma \in \mathrm{Hom}_K(E, \Omega)$, und wir überlegen uns nun, dass τ in $\mathrm{Hom}_E(F, \Omega)$ liegt. Dazu wählen wir $x \in E$, beachten, dass $\iota(\sigma)|_E = \sigma$ nach Konstruktion von ι gilt, und erhalten

$$
\begin{aligned}
\tau(x) &= (\iota(\sigma)^{-1} \circ \lambda)(x) \\
&= \iota(\sigma)^{-1}(\iota(\sigma)(x)) \\
&= x \,.
\end{aligned}
$$

Deswegen gilt $\Phi(\sigma, \tau) = \iota(\sigma) \circ \tau = \iota(\sigma) \circ \iota(\sigma)^{-1} \circ \lambda = \lambda$. $\qquad\square$

Beispiel 14.4   In manchen Fällen kann man die Menge $\mathrm{Hom}_K(E, \Omega)$ explizit bestimmen. Es sei $\Omega \supseteq K$ eine algebraisch abgeschlossene Körpererweiterung, $\alpha \in \Omega$ algebraisch über K mit Minimalpolynom

$$
f = f_0 \, (T - \alpha_1) \cdots (T - \alpha_n) \,,
$$

sodass $K(\alpha)$ algebraisch über K ist. O.B.d.A. nehmen wir an, dass $\alpha_1 = \alpha$ ist und setzen $K_i := K(\alpha_i) \subseteq \Omega$. Jedes $\alpha_i \in \Sigma_f$ bestimmt durch die Zuordnung $\alpha \mapsto \alpha_i$ einen K-Homomorphismus $\sigma_i \colon K(\alpha) \to K(\alpha_i)$ und somit ein Element aus $\mathrm{Hom}_K(K(\alpha), \Omega)$. Dadurch wird eine injektive Abbildung von Σ_f nach $\mathrm{Hom}_K(K(\alpha), \Omega)$ definiert, die sogar bijektiv ist. Denn ist $\sigma \colon K(\alpha) \to \Omega$ ein K-Homomorphismus, so ist $\sigma(\alpha)$ eine Nullstelle von $f(T)$, da $f^\sigma = f$ gilt und deswegen

$$
0 = \sigma(f(\alpha)) = f^\sigma(\sigma(\alpha)) = f(\sigma(\alpha)) \,,
$$

somit $\sigma(\alpha) \in \Sigma_f$. Daher ist $\sigma \in \{\sigma_1, \ldots, \sigma_n\}$ und deswegen

$$
\big|\mathrm{Hom}_K(K(\alpha), \Omega)\big| = |\Sigma_f| \,.
$$

Mit anderen Worten: es gilt

$$
[K(\alpha) : K]_\mathrm{s} = \big|\mathrm{Hom}_K(K(\alpha), \Omega)\big| \,.
$$

Dies führt schließlich zu

$$
\big|\mathrm{Hom}_K(K(\alpha), \Omega)\big| \leq [K(\alpha) : K] \,.
$$

Diese Ungleichung gilt ganz allgemein für endliche Körpererweiterungen $E \supseteq K$, wie der folgende Satz zeigt:

Satz 14.5   *Es seien $\Omega \supseteq E \supseteq K$ Körpererweiterungen mit Ω algebraisch abgeschlossen und $E \supseteq K$ endlich. Dann gilt*

$$
\big|\mathrm{Hom}_K(E, \Omega)\big| \leq [E : K]
$$

mit Gleichheit genau dann, wenn E separabel über K ist.

Beweis   Beide Aussagen werden durch Induktion über $n = [E : K]$ bewiesen. Für $n = 1$ sind beide Aussagen trivial. Es sei daher $n > 1$ und $\alpha \in E$, $\alpha \notin K$. Dann ist $[E : K(\alpha)] < n$. Somit gelten die Aussagen des Satzes für K ersetzt durch $K(\alpha)$ und aufgrund von Beispiel 14.4 auch für $K(\alpha)$. Aus Lemma 14.3 mit $E = K(\alpha)$ und $F = E$ schließen wir nun, dass

$$\begin{aligned}
\left|\mathrm{Hom}_K(E, \Omega)\right| &= \left|\mathrm{Hom}_{K(\alpha)}(E, \Omega)\right| \cdot \left|\mathrm{Hom}_K(K(\alpha), \Omega)\right| \\
&\leq [E : K(\alpha)] \cdot [K(\alpha) : K] \\
&= [E : K] \, .
\end{aligned}$$

Aus der Separabilität von E über K folgt sofort die von $K(\alpha)$ über K ebenso wie die von E über $K(\alpha)$. Denn ist $\beta \in E$, g das Minimalpolynom von β über $K(\alpha)$ und h das von β über K, so hat dieses wegen der Separabilität von β über K lauter verschiedene Nullstellen und wird von g in $K(\alpha)[T]$ geteilt. Daher besitzt g ebenfalls nur einfache Nullstellen. Nach Induktionsvoraussetzung bzw. Beispiel 14.4 gilt die Gleichheit für beide Faktoren, also auch für das Produkt. Gilt umgekehrt Gleichheit, so erhält man für $\alpha \in E$ aufgrund von Lemma 14.3

$$\left|\mathrm{Hom}_K(K(\alpha) : \Omega)\right| = [K(\alpha) : K]$$

und somit besitzt das Minimalpolynom von α über K genau $[K(\alpha) : K]$ verschiedene Nullstellen, wenn man nochmals das Beispiel 14.4 heranzieht. Also ist α separabel über K.   □

Es seien $\Omega \supseteq E \supseteq K$ algebraische Erweiterungen und Ω algebraisch abgeschlossen. Dann nennen wir

$$[E : K]_s := \left|\mathrm{Hom}_K(E, \Omega)\right|$$

den *Separabilitätsgrad* von E über K. Ein Polynom $f(T) \in K[T]$ mit Grad $n \geq 1$ heißt *separabel* über K genau dann, wenn f in einem algebraischen Abschluss Ω von K genau n verschiedene Nullstellen besitzt. Es ist offensichtlich, dass ein über K algebraisches Element $\alpha \in \Omega$ genau dann separabel über K ist, wenn sein Minimalpolynom separabel über K ist. Es ist nicht schwierig zu zeigen (siehe Übungsaufgaben), dass ein Polynom f genau dann separabel über K ist, wenn f und f' keine gemeinsame Nullstelle in Ω haben, d. h. teilerfremd in $K[T]$ sind. Ist die Charakteristik von K gleich Null, so ergibt sich als Anwendung, dass jedes irreduzible Polynom separabel ist.

Beispiel 14.6   Wir betrachten das Polynom $f(T) = T^n - 1$. Dann gilt $f = g^p$, wenn n durch die Charakteristik p des Körpers K geteilt wird. Daraus schließt man, dass f genau dann separabel ist, wenn $\mathrm{char}\,(K) = 0$ ist oder $(\mathrm{char}\,(K), n) = 1$ gilt.

Beispiel 14.7   Ist $n > 0$ und die Charakteristik char $(K) = p > 0$, so ist das Polynom $f = T^{p^n} - T$ separabel, denn es gilt $f' = -1 \neq 0$.

Der folgende Satz gibt Auskunft darüber, wie sich Separabilität bei Türmen von Körpererweiterungen verhält.

Satz 14.8   *Sind $F \supseteq E \supseteq K$ endliche Körpererweiterungen, so ist $F \supseteq K$ separabel über K genau dann, wenn F separabel über E und E separabel über K ist.*

Beweis   Dies folgt sofort aus Lemma 14.3. Denn dann gilt für endliche Körpererweiterungen

$$\frac{[F:K]_{\mathrm{s}}}{[F:K]} = \frac{[F:E]_{\mathrm{s}}}{[F:E]} \cdot \frac{[E:K]_{\mathrm{s}}}{[E:K]}.$$

Jeder dieser Quotienten ist ≤ 1 und 1 genau dann, wenn die entsprechende Erweiterung separabel ist. $\square$

Wir sind nun in der Lage, bis auf Isomorphie die endlichen Körper zu bestimmen. Wir benötigen dazu das folgende, auch für sich genommen interessante Resultat:

Satz 14.9   *Endliche Untergruppen der multiplikativen Gruppe eines Körpers sind zyklisch.*

Beweis   Es sei $G(p)$ die zur Primzahl p gehörige p-Sylow-Untergruppe von G und $e(p)$ ihr Exponent. Dann gilt $g^{e(p)} = 1$ für alle $g \in G(p)$, und somit ist $G(p)$ in der Nullstellenmenge $\Sigma(p)$ von $X^{e(p)} - 1$ enthalten. Nach Satz 7.11 gilt dann $e(p) \leq |G(p)| \leq |\Sigma(p)| \leq e(p)$, d. h. $e(p) = |G(p)|$. Daher ist $G(p)$ isomorph zu $\mathbb{Z}/e(p)\mathbb{Z}$ und folglich zyklisch. Wählen wir für jedes p ein erzeugendes Element $g(p)$ von $G(p)$, so erzeugt $g := \prod_p g(p)$ die Gruppe G. $\square$

Als Anwendung erhält man sofort den

Satz 14.10 (Hauptsatz über endliche Körper)   *Für jede Primzahl p und jede ganze Zahl $m \geq 1$ gibt es einen Körper $\mathbb{F}_{p^m}$ mit $q = p^m$ Elementen. Er stimmt mit dem Zerfällungskörper des separablen Polynoms $T^q - T \in \mathbb{F}_p[T]$ überein. Jeder endliche Körper ist isomorph zu einem dieser Körper $\mathbb{F}_{p^m}$.*

Beweis   Wir betrachten in einem algebraischen Abschluss $\bar{\mathbb{F}}_p$ von $\mathbb{F}_p$ die Nullstellenmenge Σ von $T^{p^m} - T$. Dann gilt $(x - y)^{p^m} = x^{p^m} - y^{p^m} = x - y$ und $(xy^{-1})^{p^m} = x^{p^m}(y^{-1})^{p^m} = x(y^{p^m})^{-1} = xy^{-1}$, d. h. Σ ist ein Unterkörper von $\bar{\mathbb{F}}_p$. Das Polynom $T^{p^m} - T$ ist wegen Beispiel 14.7 separabel und somit gilt $|\Sigma| = p^m$, also ist $\Sigma = \mathbb{F}_{p^m}$ der gesuchte Körper. Ist umgekehrt Σ ein endlicher Körper der Charakteristik p, so ist Σ ein endlich dimensionaler Vektorraum über $\mathbb{F}_p$, d. h. es gilt $|\Sigma| = p^m$ für $m = \dim \Sigma$. Weiter ist $\Sigma \setminus \{0\}$ als endliche Untergruppe der multiplikativen Gruppe eines Körpers nach Satz 14.9 zyklisch und ihre Elemente g erfüllen $g^{p^m-1} = 1$, d. h. $g^{p^m} = g$. Sie sind somit Nullstellen von $T^{p^m} - T$. Daher ist Σ Zerfällungskörper dieses Polynoms, also isomorph zu $\mathbb{F}_{p^m}$. $\qquad\square$

Wir sind nun in der Lage zu zeigen, dass eine endliche separable Körpererweiterung schon durch ein einziges Element erzeugt werden kann. Dies ist von großem praktischen Nutzen, da der Nachweis konstruktiv ist, sodass das gesuchte Element explizit bestimmt werden kann.

Satz 14.11 (Satz vom primitiven Element) *Ist $E \supseteq K$ eine endliche und separable Körpererweiterung, so gibt es ein $\alpha \in E$ mit der Eigenschaft, dass $E = K(\alpha)$ gilt.*

Beweis Es sei $\alpha_1, \ldots, \alpha_n \in E$ eine Basis von E über K und

$$L = \alpha_1 X_1 + \cdots + \alpha_n X_n \in E[X_1, \ldots, X_n].$$

Wir wählen einen algebraischen Abschluss Ω von K und setzen

$$f = \prod_{\sigma \neq \tau} (L^\sigma - L^\tau)$$

mit $\sigma, \tau \in \mathrm{Hom}_K(E, \Omega)$. Es gilt $L^\sigma \neq L^\tau$ für $\sigma \neq \tau$, denn aus $\sigma(\alpha_i) = \tau(\alpha_i)$ für $i = 1, \ldots, n$ folgt sofort $\sigma = \tau$. Somit ist $f \neq 0$. Besitzt K unendlich viele Elemente, so existiert ein $c = (c_1, \ldots, c_n) \in K^n$ mit $f(c) \neq 0$, also mit $\sigma(L(c)) \neq \tau(L(c))$ für $\sigma \neq \tau$. Dies besagt, dass die Konjungierten über K von $\lambda = L(c) \in E$ alle paarweise verschieden sind und so die Restriktionsabbildung $\mathrm{res}^E_{K(\lambda)} : \mathrm{Hom}_K(E, \Omega) \to \mathrm{Hom}_K(K(\lambda), \Omega)$ injektiv ist, weswegen wir

$$[E : K] \geq [K(\lambda) : K] \geq |\mathrm{Hom}_K(K(\lambda), \Omega)| \geq |\mathrm{Hom}_K(E, \Omega)| = [E : K],$$

also $K(\lambda) = E$ erhalten. Ist K endlich, so folgt der Satz direkt aus dem Hauptsatz 14.10 über endliche Körper. $\qquad\square$

Ein Element $\alpha \in E$ mit $E = K(\alpha)$ nennt man ein *primitives Element*. Der Satz vom primitiven Element folgt auch sofort aus dem folgenden allgemeineren

Satz 14.12 *Es sei $E \supseteq K$ eine endliche Körpererweiterung. Dann sind folgende Aussagen äquivalent:*
  (i) *Es gibt ein $\alpha \in E$, sodass $E = K(\alpha)$.*
  (ii) *Es gibt nur endlich viele Zwischenkörper.*

Beweis Für den Beweis verweisen wir auf Bourbaki (siehe [Bour2] §39). $\qquad\square$

14.2 Inseparabilität

Wir haben im Zusammenhang mit der Einführung von Polynomen in Abschnitt 12.3 festgestellt, dass bei Körpern der Charakteristik p gelegentlich Probleme auftauchen, die man eigentlich nicht erwartet. Dies führt uns zur sogenannten Inseparabilität, der wir uns in diesem Abschnitt zuwenden. Es sei dazu K ein Körper der Charakteristik $p > 0$.

Satz 14.13 *Für ein Polynom $f(T) \in K[T]$ gilt $f'(T) = 0$ genau dann, wenn $f \in K[T^p]$. Ist f irreduzibel, so ist f genau dann separabel, wenn $f \notin K[T^p]$.*

Beweis Die Ableitung eines Polynoms $f = f_0 T^n + f_1 T^{n-1} + \cdots + f_n$ besitzt die Gestalt

$$f' = n f_0 T^{n-1} + (n-1) f_1 T^{n-2} + \cdots + f_{n-1} \, .$$

Daraus liest man ab, dass genau dann $f' = 0$ gilt, wenn $j f_{n-j} = 0$ für alle j, d. h. $p \mid j$ für alle j mit $f_{n-j} \neq 0$, und somit $f = g(T^p) \in K[T^p]$. Die zweite Behauptung folgt sodann aus der Übungsaufgabe 10. □

Korollar 14.14 *Es sei $E \supseteq K$ eine Körpererweiterung und $\alpha \in E$ algebraisch. Dann existiert ein $m \geq 0$ derart, dass α^{p^m} separabel über K ist.*

Beweis Es gibt ein maximales $m \geq 0$, sodass das normierte Minimalpolynom f von α über K die Gestalt $f = g(T^{p^m})$ mit $g \notin K[T^p]$ hat. Besitzt g eine Zerlegung $g = hk$, so zieht dies die Identität

$$\begin{aligned} f(T) &= g(T^{p^m}) \\ &= h(T^{p^m}) \, k(T^{p^m}) \end{aligned}$$

nach sich und wegen der Irreduzibilität von f sofort $h = 1$ oder $k = 1$. Somit ist g das Minimalpolynom von α^{p^m}. Aufgrund der Definition von g und von Satz 14.13 ist g und damit auch α^{p^m} separabel. □

Ein Element α einer algebraischen Körpererweiterung $E \supset K$ nennen wir *inseparabel*, falls es nicht separabel ist. Gibt ein solches Element, so nennen wir E eine inseparable Erweiterung. Sie wird *rein inseparabel*, genannt, wenn jedes Element von $E \smallsetminus K$ inseparabel über K ist.

Satz 14.15 *Für jedes α in einer rein inseparablen Körpererweiterung $E \supseteq K$ gibt es eine kleinste Zahl $m \geq 0$, sodass α^{p^m} in K liegt. Für dieses m ist $T^{p^m} - \alpha^{p^m}$ das Minimalpolynom von α über K.*

Beweis Es gibt ein maximales m, sodass das Minimalpolynom $g \in K[T]$ von α sich als $g(T) = h(T^{p^m})$ schreiben lässt. Da g irreduzibel ist, ist auch h irreduzibel. Satz 14.13 zeigt dann, dass h separabel ist. Das Element $\beta = \alpha^{p^m}$ liegt in E und ist Nullstelle des separablen Polynoms h, also separabel über K. Da E rein inseparabel über K ist, liegt β in K, was $h = T - \beta$ und daher $g(T) = T^{p^m} - \alpha^{p^m}$ nach sich zieht. Wäre m nicht die kleinste Zahl mit $\alpha^{p^m} \in K$, dann wäre α Nullstelle eines Polynoms der Gestalt $T^{p^{m'}} - \alpha^{p^{m'}}$ für ein $m' < m$ und g dann nicht das Minimalpolynom von α. $\qquad\qquad\qquad\qquad\qquad\qquad\qquad\square$

Bemerkungen

1. Man kann leicht zeigen, dass $[E : K]_s = 1$ genau dann gilt, wenn E rein inseparabel über K ist.
2. Es sei $E \supseteq K$ algebraisch und $E \supseteq K^{\mathrm{sep}} \supseteq K$ der separable Abschluss von K in E. Dann ist $E \supseteq K^{\mathrm{sep}}$ rein inseparabel.
3. Ist $E \supseteq K$ endlich, so ist $[E : K^{\mathrm{sep}}] = p^n$ für ein n. Wir setzen

$$[E : K]_i := [E : K^{\mathrm{sep}}]$$

   und nennen dies den *Inseparabilitätsgrad* von E über K.
4. Ist $E \supseteq K$ eine algebraische Körpererweiterung, dann ist der von

$$\{\alpha \in E;\ K(\alpha) \text{ ist rein inseparabel über } K\}$$

   erzeugte Körper K^{insep} ein Zwischenkörper, den man den *inseparablen Abschluss von K in E* nennt. Per definitionem ist er rein inseparabel über K und in gewissen Fällen ist E separabel über K^{insep}.

14.3 Normale Erweiterungen

Eine algebraische Erweiterung $E \supseteq K$ heißt *normal* über K, wenn jedes irreduzible Polynom in $K[T]$, das in E eine Nullstelle besitzt, in $E[T]$ in Linearfaktoren zerfällt. Man kann dies auch so ausdrücken: $E \supseteq K$ ist genau dann normal über K, wenn folgende Aussage gilt: $\forall f \in K[T]\,[(f \text{ irreduzibel und } \Sigma_f \cap E \neq \emptyset) \Rightarrow \Sigma_f \subseteq E]$

Ist Ω ein algebraischer Abschluss von K, der E enthält, und ist E normal über K, so ist trivialerweise

$$\mathrm{Aut}_K(E) \subseteq \mathrm{Hom}_K(E, \Omega)\,. \tag{14.1}$$

Im Allgemeinen sind diese Räume verschieden. Wir definieren die Restriktionsabbildung

$$\mathrm{res}_E^\Omega\colon\ \mathrm{Aut}_K(\Omega) \longrightarrow \mathrm{Hom}_K(E, \Omega)$$

als $\mathrm{res}_E^\Omega(\sigma) = \sigma|_E$ für $\sigma \in \mathrm{Aut}_K(\Omega)$. Sie ist wegen Satz 13.16 surjektiv, jedoch kein Homomorphismus, es sei denn, es besteht in (14.1) die Gleichheit. Dies wird die zentrale Eigenschaft der Klasse von Körpererweiterungen sein, die wir im nächsten Abschnitt behandeln werden. Über die Gleichheit macht der folgende Satz u. a. eine Aussage.

Satz 14.16   *Für einen Zwischenkörper $\Omega \supseteq E \supseteq K$ sind die folgenden Aussagen äquivalent:*

   (i) E ist normal über K,

   (ii) $\operatorname{res}_E^\Omega (\operatorname{Aut}_K(\Omega)) = \operatorname{Aut}_K(E)$,

   (iii) $\operatorname{Hom}_K(E, \Omega) = \operatorname{Aut}_K(E)$,

   (iv) E ist der Zerfällungskörper in Ω einer Familie nicht-konstanter Polynome aus $K[T]$,

   (v) mit $x \in E$ liegen sämtliche Konjugierten über K in Ω bereits in E.

Beweis   Die Äquivalenz (ii) $\Leftrightarrow$ (iii) folgt aus der Surjektivität von $\operatorname{res}_E^\Omega$, die Implikation (i) $\Rightarrow$ (iv) aus der Tatsache, dass E Zerfällungskörper der Familie der Minimalpolynome über K der Elemente von E ist. Ist $x \in E$ und $y \in \Omega$ konjugiert zu x, so gibt es einen K-Automorphismus φ von Ω mit $\varphi(x) = y$. Ist (iii) erfüllt, so ist seine Restriktion auf E ein Automorphismus und deswegen y in E; dies zeigt die Implikation (iii) $\Rightarrow$ (v). Die Konjugierten eines Elements x in E sind Nullstellen des Minimalpolynoms von x und liegen in E, wenn (v) erfüllt ist. Daher folgt (i) aus (v). Es bleibt nur noch (iv) $\Rightarrow$ (ii) nachzuweisen. Hierfür sei E der Zerfällungskörper einer Familie nicht-konstanter Polynome aus $K[T]$ und Σ die Menge der Nullstellen der Familie. Nach Voraussetzung gilt $u(\Sigma) = \Sigma$ für $u \in \operatorname{Aut}_K(\Omega)$ und somit $u(E) = u(K(\Sigma)) = K(u(\Sigma)) = K(\Sigma) = E$. $\square$

Korollar 14.17   *Es sei $\Omega \supseteq E \supseteq K$ ein Zwischenkörper. Dann ist E normal über K genau dann, wenn E mit all seinen Konjugierten übereinstimmt.*

Korollar 14.18   *Sind die Körpererweiterungen $F \supseteq E \supseteq K$ algebraisch und ist F normal über K, so ist F auch normal über E.*

Beweis   Es sei Ω ein algebraischer Abschluss von F, $u \in \operatorname{Aut}_E(\Omega) \subseteq \operatorname{Aut}_K(\Omega)$. Ist $F \supseteq K$ normal, so gilt $u(F) = F$. Daher ist $F \supseteq E$ normal. $\square$

Beispiel 14.19   Der algebraische Abschluss eines Körpers ist normal. Jede quadratische Erweiterung eines Körpers ist normal.

Beispiel 14.20   Wir greifen noch einmal das Beispiel 13.19 auf und betrachten das Polynom $T^3 - 1 = (T - 1)\Phi_3(T)$ mit $\Phi_3(T) = T^2 + T + 1$. Setzen wir $\zeta = \frac{1}{2}(-1 + \sqrt{-3})$, so gilt $\Phi_3(T) = (T - \zeta)(T - \bar{\zeta})$. Die Erweiterung $\mathbb{Q}(\zeta)$ von $\mathbb{Q}$ ist normal. Wir wählen eine ganze Zahl d, die keine dritte Potenz ist und betrachten die Gleichung

$$T^3 - d = 0 .$$

Sie besitzt eine reelle Lösung $\alpha_1 = \sqrt[3]{d}$ in $K_1 = \mathbb{Q}(\sqrt[3]{d})$. Da

$$\left(\frac{T}{\sqrt[3]{d}}\right)^3 - 1 = \left(\frac{T}{\sqrt[3]{d}} - 1\right)\Phi_3\left(\frac{T}{\sqrt[3]{d}}\right),$$

erhält man weitere nicht-reelle Wurzeln $\alpha_2 = \zeta \sqrt[3]{d}$, $\alpha_3 = \bar{\zeta} \sqrt[3]{d} = \zeta^2 \sqrt[3]{d}$, die wegen $K_1 \subseteq \mathbb{R}$ nicht in K_1 liegen und daher nicht-reelle Körper K_i, $i = 2, 3$, erzeugen. Der Körper $F = \mathbb{Q}(\zeta, \sqrt[3]{d})$ ist als Zerfällungskörper des Polynoms $T^3 - d$ normal über $\mathbb{Q}$. Da $K_i \neq K_j$ für $i \neq j$ gilt, sind jedoch die Körper K_i nicht normal über $\mathbb{Q}$.

Übungsaufgaben

zu Abschnitt 14.1

1. Für eine algebraische Körpererweiterung $E \supseteq K$ sind folgende Aussagen äquivalent:

(a) E ist endlich und separabel über K.

(b) $E = K(\alpha_1, \dots, \alpha_n)$ mit separablen $\alpha_1, \dots, \alpha_n \in E$.

2. Ist $f \in K[T]$ irreduzibel, so ist f separabel über K genau dann, wenn $f' \neq 0$.

3. Es sei K ein Körper der Charakteristik 0, $L \supseteq K$ eine Körpererweiterung und $f \in K[X]$ das Minimalpolynom eines Elements $\alpha \in L$ über K.
   Zeige, dass f nur einfache Nullstellen hat, d. h. $K(\alpha) \supseteq K$ ist separabel.

4. Verifiziere den Satz vom primitiven Element für $K = \mathbb{Q}(\sqrt{2}, \sqrt{3})$ durch Angabe eines $\alpha \in K$ mit $K = \mathbb{Q}(\alpha)$.

zu Abschnitt 14.2

5. Zeige, dass die Menge K^{insep} sowie die Menge K^{sep} der über K separablen Elemente Körper sind.

6. Es sei $F \supseteq E \supseteq K$ ein Turm von algebraischen Körpererweiterungen. Zeige, dass F genau dann rein inseparabel über K ist, wenn F rein inseparabel über E und E rein inseparabel über K ist.

7. Es sei $E \supseteq K$ eine algebraische Körpererweiterung. Zeige, dass genau dann $[E : K]_s = 1$ gilt, wenn E rein inseparabel über K ist.

8. Zeige, dass jede endliche Erweiterung eines endlichen Körpers separabel ist.

9. *Beispiel einer endlichen Erweiterung, in der Satz 14.11 nicht gilt.* Es seien X, Y zwei Unbestimmte und $\mathbb{F}_p(X, Y)$ der Körper der rationalen Funktionen in X, Y über $\mathbb{F}_p$. Zeige unter Beachtung von $\mathbb{F}_p(X, Y) = \mathbb{F}_p(X^p, Y^p)[X, Y]$ und char $(\mathbb{F}_p) = p$, dass $[\mathbb{F}_p(X, Y) : \mathbb{F}_p(X^p, Y^p)] = p^2$ und dass γ^p in $\mathbb{F}_p(X^p, Y^p)$ für beliebige $\gamma \in \mathbb{F}_p(X, Y)$ gilt. Schließe daraus, dass $\mathbb{F}_p(X, Y) \neq \mathbb{F}_p(X^p, Y^p)[\gamma]$. Kann die Erweiterung $\mathbb{F}_p(X, Y) \supseteq \mathbb{F}_p(X^p, Y^p)$ separabel sein?

zu Abschnitt 14.3

10. Es sei K ein Körper der Charakteristik p und $f \in K[T]$ irreduzibel. Zeige, dass f genau dann separabel ist, wenn $f \notin K[T^p]$.

11. Ist $E \supseteq K$ eine endliche Körpererweiterung, so gilt $[E : K]_s = [K^{\text{sep}} : K]$ und somit

$$[E : K] = [E : K]_i \, [E : K]_s .$$

12. Sei $\alpha \in \mathbb{C}$ eine Nullstelle von $f(X) = X^3 - 3X + 1$. Zeige, dass mit α auch $\alpha^2 - 2$ und $2 - \alpha - \alpha^2$ Nullstellen von f sind und folgere, dass $\mathbb{Q}(\alpha)$ eine normale Körpererweiterung von $\mathbb{Q}$ ist.

13. Sei $\mathbb{F}_q$ ein Körper mit $q = p^n$ Elementen und Frob_p der Frobenius-Automorphismus $x \mapsto x^p$ auf $\mathbb{F}_q$. Für $1 \leq m \leq n$ sei K_m definiert durch

$K_m := \ker((\mathrm{Frob}_p)^m - \mathrm{id}) \subseteq \mathbb{F}_q$. Zeige, dass die K_m Teilkörper von $\mathbb{F}_q$ sind, und dass für jeden Zwischenkörper $\mathbb{F}_p \subseteq L \subseteq \mathbb{F}_q$ ein m, $1 \le m \le n$, mit $L = K_m$ existiert.

IV Galois-Theorie

15 Die Galois-Korrespondenz

15.1 Galois-Erweiterungen

Eine Körpererweiterung $E \supseteq K$ heißt eine *Galois-Erweiterung* von K oder kurz *galois* über K, falls E normal und separabel über K ist. Ist $E \supseteq K$ galois und Ω ein algebraischer Abschluss von K, der E enthält, so gilt $\mathrm{Hom}_K(E, \Omega) = \mathrm{Aut}_K(E)$. Wir bezeichnen $\mathrm{Aut}_K(E)$ mit $\mathrm{Gal}(E/K)$ und nennen dies die *Galois-Gruppe von E über K*. Die Restriktionsabbildung res_E^Ω ist in diesem Fall wegen Satz 13.16 ein surjektiver Gruppenhomomorphismus.

Ist $\mathscr{F}$ eine Familie von separablen Polynomen mit Koeffizienten in K und ist Σ ihre Nullstellenmenge in einem algebraischen Abschluss von K, so setzen wir $\mathrm{Gal}(\mathscr{F}) = \mathrm{Gal}(K(\Sigma)/K)$ und nennen dies die *Galois-Gruppe der Gleichungen $\mathscr{F}$*. Besteht $\mathscr{F}$ nur aus einem Polynom f, so schreiben wir hierfür auch $\mathrm{Gal}(f)$.

Wir beschränken uns im folgenden auf endliche Körpererweiterungen, bemerken aber, dass man die Galois-Theorie ohne größere Schwierigkeiten auch auf unendliche Körpererweiterungen ausdehnen kann.

Eine endliche Galois-Erweiterung $E \supseteq K$ kann nach Satz 14.11 immer in der Form $E = K(\alpha)$ geschrieben werden. Ist $f(T)$ das Minimalpolynom von α über K, so wird die Nullstellenmenge Σ_f durch die Galois-Gruppe permutiert, und deswegen kann die Galois-Gruppe $\mathrm{Gal}(E/K)$ als Untergruppe der symmetrischen Gruppe $\mathscr{S}(\Sigma_f)$ aufgefasst werden. Genauer gesagt erhält man eine *treue Darstellung*, d. h. einen injektiven Gruppenhomomorphismus, $\rho \colon \mathrm{Gal}(E/K) \to \mathscr{S}_n$ der Galois-Gruppe $\mathrm{Gal}(E/K)$ in die symmetrische Gruppe $\mathscr{S}_n$ mit $n = |\Sigma_f|$. Die Galois-Gruppe einer Galois-Erweiterung vom Grad n ist deswegen immer isomorph zu einer Untergruppe der symmetrischen Gruppe $\mathscr{S}_n$. Oft identifizieren wir sie mit dem Bild. Das für den Beweis des Hauptsatzes der Galois-Theorie wichtige Lemma 15.9 von Artin besagt, dass die Ordnung der Galois-Gruppe mit dem Körpererweiterungsgrad übereinstimmt. Wir werden es im nächsten Abschnitt beweisen, bei den nachfolgenden Beispielen jedoch beachten.

Beispiel 15.1 Eine separable Körpererweiterung $E \supset K$ vom Grad 2 ist immer galois. Denn in diesem Fall besitzt das Minimalpolynom eines primitiven Elements den Grad 2 und mit einer Nullstelle liegt auch die andere Nullstelle in E.

© Springer Fachmedien Wiesbaden GmbH, ein Teil von Springer Nature 2020
G. Wüstholz und C. Fuchs, *Algebra*, Springer Studium Mathematik – Bachelor,
https://doi.org/10.1007/978-3-658-31264-0_18

Beispiel 15.2   Wir betrachten weiter das Beispiel der Gleichung $T^3 - d$ mit separablem Zerfällungskörper $F = \mathbb{Q}(\sqrt[3]{d}, \zeta) \supseteq \mathbb{Q}$. Seine Galois-Gruppe ist eine Untergruppe von $\mathscr{S}_3$. Der Grad von F über $\mathbb{Q}$ ist $2 \cdot 3 = 6$ und somit ist $\mathrm{Gal}(F/\mathbb{Q}) = \mathscr{S}_3$.

Beispiel 15.3   Es sei k ein Körper, $E = k(X_1, \ldots, X_d)$ der Quotientenkörper des Polynomringes $k[X_1, \ldots, X_d]$ und $\sigma_1, \ldots, \sigma_d$ die elementarsymmetrischen Polynome in den $X_1, \ldots, X_d$. Sie sind von der Gestalt

$$\sigma_l = \sum_{1 \le i_1 < \ldots < i_l \le d} X_{i_1} \cdots X_{i_l}$$

für $1 \le l \le d$. Weiter setzen wir $K = k(\sigma_1, \ldots, \sigma_d)$. Dann gilt

$$f = \prod_{j=1}^{d} (T - X_j) = T^d - \sigma_1 T^{d-1} + \cdots + (-1)^d \sigma_d \ .$$

Offensichtlich ist E als Zerfällungskörper des separablen Polynoms $f \in K[T]$ vom Grad d galois über K, und es gilt $\mathrm{Gal}(E/K) \subseteq \mathscr{S}_d$. Die Permutationen $\tau \in \mathscr{S}_d$ permutieren die Variablen X_j. Da K nach dem Hauptsatz über symmetrische Polynome der Unterkörper von E ist, der unter der Aktion von $\mathscr{S}_d$ invariant bleibt, liegen sie in $\mathrm{Gal}(E/K)$, d. h. es gilt $\mathrm{Gal}(E/K) = \mathscr{S}_d$.

In diesem und dem vorangegangenen Beispiel ist die Galois-Gruppe die volle symmetrische Gruppe. Vielfach ist sie jedoch eine echte Untergruppe von $\mathscr{S}_n$.

Beispiel 15.4   Wir betrachten ein irreduzibles separables kubisches Polynom

$$f(T) = T^3 + aT^2 + bT + c = (T - \xi_1)(T - \xi_2)(T - \xi_3)$$

mit Koeffizienten in einem Körper K und Wurzeln ξ_1, ξ_2, ξ_3 in $\overline{K}$. Seine Galois-Gruppe $\mathrm{Gal}(f)$ ist eine Untergruppe der symmetrischen Gruppe $\mathscr{S}_3$ und operiert deswegen auf der Menge Σ_f in der Weise, dass $\mathrm{Gal}(f)\xi_i = \Sigma_f$ für $1 \le i \le 3$. Daraus folgt, dass ihre Ordnung durch drei teilbar ist. Es kommen infolgedessen nur die Gruppen $\mathscr{S}_3$ und $\mathscr{A}_3$ in Frage. Beide Fälle treten auch tatsächlich auf. Beispielsweise ist die Galois-Gruppe des irreduziblen Polynoms $T^2 + T + 1$ mit Koeffizienten in $\mathbb{Q}$ und Diskriminante -31 die Gruppe $\mathscr{S}_3$. Denn man kann beweisen, dass die Galois-Gruppe im Fall einer Charakteristik $\ne 2$ die volle symmetrische Gruppe genau dann ist, wenn die Diskriminante des Polynoms kein Quadrat in K ist.

Beispiel 15.5   Wie im vorigen Beispiel zeigt man, dass die Ordnung der Galois-Gruppe eines irreduziblen Polynoms vierten Grades

$$f(T) = T^4 + aT^3 + bT^2 + cT + d = (T - \xi_1)(T - \xi_2)(T - \xi_3)(T - \xi_4)$$

mit Koeffizienten in einem Körper der Charakteristik $\neq 2$ durch 4 teilbar ist. Es kommen dann nur die Gruppen $\mathscr{S}_4$, $\mathscr{A}_4$ in Frage, die drei 2-Sylow-Untergruppen, die Kleinsche Vierergruppe V_4 sowie alle Untergruppen, die von einem Viererzyklus erzeugt werden. Welcher Fall eintritt, hängt von der *kubischen Resolventen* ab. Sie ist das Polynom $R_f = (S - \alpha)(S - \beta)(S - \gamma)$ mit $\alpha = \xi_1\xi_2 + \xi_3\xi_4$, $\beta = \xi_1\xi_3 + \xi_2\xi_4$, $\gamma = \xi_1\xi_4 + \xi_2\xi_3$, das unter Verwendung von Satzes 11.6 als $R_f = S^3 - bS^2 + (ac - 4d)S - a^2d + 4bd - c^2$ geschrieben werden kann. Der Zerfällungskörper der kubischen Resolventen Z_{R_f} ist im Zerfällungskörper Z_f enthalten und besitzt daher den Grad 6, 3, 2 oder 1. Entsprechend findet man als Galois-Gruppe die Gruppen $\mathscr{S}_4$, $\mathscr{A}_4$, V_4 bzw. die verbleibenden 2-Gruppen in unserer Liste.

15.2 Hauptsatz der Galois-Theorie

Wir betrachten nun eine Galois-Erweiterung $F \supseteq K$ und ihre Automorphismengruppe $\mathrm{Aut}_K(F)$. Jeder Untergruppe $H \subseteq \mathrm{Aut}_K(F)$ kann man den Fixkörper F^H zuordnen, der aus den Elementen von F besteht, die von allen $\sigma \in H$ festgehalten werden. Ist umgekehrt $F \supseteq E \supseteq K$ ein Zwischenkörper, so setzen wir

$$\mathrm{Gal}(F/E) = \mathrm{Aut}_E(F) \, .$$

Dies legt nahe, die Menge $\mathscr{G}$ der Untergruppen von $\mathrm{Gal}(F/K)$ zu betrachten sowie die Menge $\mathscr{K}$ der Zwischenkörper $K \subseteq E \subseteq F$. Man erhält Abbildungen

$$\kappa \colon \ \mathscr{G} \longrightarrow \mathscr{K} \, , \quad H \longmapsto \kappa(H) := F^H$$
$$\gamma \colon \ \mathscr{K} \longrightarrow \mathscr{G} \, , \quad E \longmapsto \gamma(E) = \mathrm{Gal}(F/E) \, .$$

Die Eigenschaften dieser Abbildungen werden in dem folgenden *Hauptsatz der Galois-Theorie* beschrieben, bei dem wir voraussetzen, dass $[F : K] < \infty$ ist.

Satz 15.6 (Hauptsatz der Galois-Theorie) *Die Abbildung* $\kappa \colon \mathscr{G} \to \mathscr{K}$ *ist eine inklusionsumkehrende Bijektion von $\mathscr{G}$ auf $\mathscr{K}$; die zu κ inverse Abbildung ist* $\gamma \colon \mathscr{K} \to \mathscr{G}$.

Den Beweis des Hauptsatzes werden wir in mehrere Schritte aufteilen, die wir jeweils als Lemma formulieren.

Lemma 15.7 *Es gilt* $\kappa \circ \gamma = \mathrm{id}_{\mathscr{K}}$.

Beweis Es sei $E \in \mathscr{K}$ und $H = \mathrm{Gal}(F/E)$. Da H den Körper E fixiert, enthält $\kappa(H)$ den Körper E. Wir zeigen, dass $E \supseteq \kappa(H)$ gilt und sind fertig, da $H = \gamma(E)$. Es sei $\alpha \in \kappa(H)$ und $\sigma \in \mathrm{Hom}_E(E(\alpha), \Omega)$. Wir zeigen, dass $\sigma = \mathrm{id}$ gilt. Hieraus folgt $\mathrm{Hom}_E(E(\alpha), \Omega) = \{\mathrm{id}\}$ und wegen

$$[E(\alpha) : E] = [E(\alpha) : E]_s = |\mathrm{Hom}_E(E(\alpha), \Omega)| = 1$$

die Behauptung, dass α in E liegt.

Da F galois über E ist, gilt $H = \mathrm{Hom}_E(F, \Omega)$. Nach Satz 13.16 besitzt σ eine Erweiterung $\tilde{\sigma} \in \mathrm{Hom}_E(F, \Omega) = H$. Da die Gruppe H den Körper $\kappa(H) \supseteq E(\alpha)$ fixiert, ist der Automorphismus $\tilde{\sigma}$ auf $E(\alpha)$ die Identität und somit auch seine Restriktion $\sigma = \mathrm{res}^F_{E(\alpha)}(\tilde{\sigma})$. $\qquad\qquad\square$

Das nächste Lemma ist ein wesentlicher Schritt im Beweis des nachfolgenden Lemmas von Artin.

Lemma 15.8 *Ist $n \geq 1$ eine ganze Zahl, $F \supseteq E$ eine separable Körpererweiterung und gilt $[E(\alpha) : E] \leq n$ für alle $\alpha \in F$, so gilt $[F : E] \leq n$.*

Beweis Wir wählen ein α mit $[E(\alpha) : E] = \max\{[E(\gamma) : E]; \ \gamma \in F\}$ und $\beta \in F$ beliebig. Nach dem Satz vom primitiven Element gilt dann $E(\alpha, \beta) = E(\gamma)$ für ein $\gamma \in F$. Daraus folgt

$$[E(\alpha) : E] \leq [E(\alpha, \beta) : E] = [E(\gamma) : E] \leq [E(\alpha) : E] \,.$$

Also gilt $E(\alpha, \beta) = E(\alpha)$ für alle $\beta \in F$ und somit $F = E(\alpha)$. $\qquad\square$

Der interessante Punkt bei diesem Lemma ist die Tatsache, dass sein Beweis nicht die Endlichkeit von $[F : E]$ benötigt.

Lemma 15.9 (Lemma von Artin) *Ist F^H der Fixkörper einer endlichen Untergruppe H der Automorphismengruppe $\mathrm{Aut}(F)$ eines Körpers F, so ist $F \supseteq F^H$ galois, $\mathrm{Gal}(F/F^H) = H$ und $[F : F^H] = |H|$.*

Beweis Es sei $\alpha \in F$ und $\Sigma \subseteq H$ eine minimale Teilmenge, sodass $H\alpha = \Sigma\alpha$. Dann gilt $H\Sigma\alpha = \Sigma\alpha$ und deswegen permutiert H die Menge $\Sigma\alpha$; dies impliziert, dass

$$f(T) = \prod_{\sigma \in \Sigma} (T - \sigma\alpha) \ \in \ F[T]$$

invariant unter H ist, also in $F^H[T]$ liegt und separabel ist. Der Körper F enthält dann offensichtlich mit α seine sämtlichen Konjugierten, die ja die Nullstellen von f sind; also ist F normal und somit $F \supseteq F^H$ galois. Weiter gilt $[F^H(\alpha) : F^H] \leq \deg f \leq |H|$ für alle $\alpha \in F$ und somit nach Lemma 15.8 und Satz 14.5

$$[F : F^H] \leq |H| \leq |\mathrm{Aut}_{F^H}(F)| = |\mathrm{Hom}_{F^H}(F, \Omega)| \leq [F : F^H] \,,$$

das heißt $[F : F^H] = |H|$ und $H = \mathrm{Aut}_{F^H}(F) = \mathrm{Gal}(F/F^H)$. $\qquad\square$

Korollar 15.10 *Es gilt $\gamma \circ \kappa = \mathrm{id}_{\mathscr{G}}$.*

Lemma 15.11 *Sind $H' \subseteq H$ Untergruppen von $\mathrm{Aut}_K(F)$, so gilt $\kappa(H') \supseteq \kappa(H)$.*

Beweis   Aus $\alpha \in \kappa(H)$ folgt $\sigma(\alpha) = \alpha$ für alle $\sigma \in H$, deswegen a fortiori $\sigma(\alpha) = \alpha$ für alle $\sigma \in H'$, d. h. $\alpha \in \kappa(H')$. $\square$

Wir haben nun die nötigen Hilfsmittel bereitgestellt, um den Beweis des Hauptsatzes zu führen.

Beweis des Hauptsatzes   Es gilt für $K \subseteq E \subseteq F$ nach Lemma 15.7

$$\mathrm{id}_{\mathcal{K}} = \kappa \circ \gamma$$

sowie nach Korollar 15.10

$$\mathrm{id}_{\mathcal{G}} = \gamma \circ \kappa \,,$$

woraus zusammen mit Lemma 15.11 der Hauptsatz folgt. $\square$

Wir lassen die Galois-Gruppe von rechts operieren, wie es in der Galois-Theorie so gebräuchlich ist. Durch die Zuordnung $\xi \mapsto \xi^\sigma := \sigma^{-1}\xi$ für $\xi \in F$ und $\sigma \in \mathrm{Gal}(F/K)$ operiert $\mathrm{Gal}(F/K)$ von rechts auf F. Denn es gilt $\xi^{\sigma\tau} = (\sigma\tau)^{-1}\xi = \tau^{-1}(\sigma^{-1}\xi) = (\xi^\sigma)^\tau$. Wir werden nun sehen, dass die Galois-Gruppe $\mathrm{Gal}(F/K)$ sowohl auf $\mathcal{G}$ als auch auf $\mathcal{K}$ von rechts operiert. Die Operation auf $\mathcal{G}$ wird einfach durch innere Automorphismen, d. h. durch Konjugation $H^\sigma = \sigma^{-1}H\sigma$ für H in $\mathcal{G}$, gegeben. Auf der Menge $\mathcal{K}$ operiert die Galois-Gruppe $\mathrm{Gal}(F/K)$ durch $E^\sigma := \sigma^{-1}(E) = \{\sigma^{-1}\xi;\ \xi \in E\}$ für $\sigma \in \mathrm{Gal}(F/K)$ und E in $\mathcal{K}$. Bezüglich dieser Operation sind die Abbildungen κ und γ *Galois-äquivariant*, d. h. es gilt $\kappa(H^\sigma) = \kappa(H)^\sigma$ und $\gamma(E^\sigma) = \gamma(E)^\sigma$ für alle σ in $\mathrm{Gal}(F/K)$. Dies bedeutet mit anderen Worten, dass die Abbildungen und die Operation vertauschen. Wir fassen das in einem Satz zusammen.

Satz 15.12   *Die Abbildungen κ und γ sind Galois-äquivariant.*

Beweis   Es genügt zu zeigen, dass γ Galois-äquivariant ist, denn dann besitzt auch $\kappa = \gamma^{-1}$ die gleiche Eigenschaft. Ein Element τ liegt genau dann in $\mathrm{Gal}(F/E^\sigma)$, wenn $\xi^{\sigma\tau} = \xi^\sigma$, d. h. $\xi^{\sigma\tau\sigma^{-1}} = \xi$ für alle $\xi \in E$ gilt. Das ist jedoch gleichbedeutend mit $\sigma\tau\sigma^{-1} \in \mathrm{Gal}(F/E)$, und somit gilt

$$\gamma(E^\sigma) = \mathrm{Gal}(F/E^\sigma) = \sigma^{-1}\mathrm{Gal}(F/E)\sigma = \mathrm{Gal}(F/E)^\sigma = \gamma(E)^\sigma \,,$$

d. h. γ ist äquivariant. $\square$

Aus dem Satz folgt unmittelbar, dass Galois-Gruppen von konjugierten Zwischenkörpern konjugiert sind. Wir haben gesehen, dass die Erweiterung $E \supseteq K$ genau dann normal ist, wenn $E^\sigma = E$ für alle $\sigma \in \mathrm{Gal}(F/K)$ gilt. Dies bedeutet, dass $\mathrm{Gal}(F/E) = \mathrm{Gal}(F/E^\sigma) = \sigma^{-1}\mathrm{Gal}(F/E)\sigma$ für alle $\sigma \in \mathrm{Gal}(F/K)$ gilt und somit die Untergruppe $\mathrm{Gal}(F/E) \subseteq \mathrm{Gal}(F/K)$ normal ist. Ist dies der Fall, so ist $\mathrm{Hom}_K(E, \Omega) = \mathrm{Gal}(E/K)$, und wir erhalten eine exakte Sequenz

$$1 \longrightarrow \mathrm{Gal}(F/E) \longrightarrow \mathrm{Gal}(F/K) \xrightarrow{\ \mathrm{res}^F_E\ } \mathrm{Gal}(E/K) \longrightarrow 1 \,.$$

Hieraus ergibt sich ein Isomorphismus

$$\mathrm{Gal}(E/K) \simeq \mathrm{Gal}(F/K)/\mathrm{Gal}(F/E) \,.$$

Zusammenfassend erhalten wir so den

Satz 15.13 (Zusatz zum Hauptsatz der Galois-Theorie) *In der Korrespondenz zwischen $\mathcal{G}$ und $\mathcal{K}$ entsprechen konjugierte Zwischenkörper konjugierten Untergruppen sowie die normalen Erweiterungen $E \supseteq K$ den Normalteilern $\mathrm{Gal}(F/E) \subseteq \mathrm{Gal}(F/K)$, und dann ist*

$$\mathrm{Gal}(E/K) \simeq \mathrm{Gal}(F/K)/\mathrm{Gal}(F/E) \,.$$

Wir haben in der Gruppentheorie abelsche, zyklische und auflösbare Gruppen kennengelernt. Wegen der Galois-Korrespondenz entsprechen diesen ganz spezielle Körpererweiterungen. Dementsprechend nennen wir eine Galois-Erweiterung $F \supseteq K$ *abelsch*, wenn die Gruppe $\mathrm{Gal}(F/K)$ abelsch ist, und *zyklisch*, wenn $\mathrm{Gal}(F/K)$ zyklisch ist.

Eine separable Erweiterung $E \supseteq K$ heißt *auflösbar*, wenn die Galois-Gruppe G des Galois-Abschlusses von K, das heißt der kleinsten Galois-Erweiterung $F \supseteq E \supseteq K$ von K, die E enthält, eine auflösbare Gruppe ist. Man erhält dann aufgrund von Satz 3.7 eine Kompositionsreihe

$$G = G_0 \supset G_1 \supset \ldots \supset G_m \supset G_{m+1} = 1 \,,$$

in der die sukzessiven Quotienten zyklisch und von Primzahlordnung sind. Aufgrund der Galois-Korrespondenz entspricht der Kompositionsreihe ein Turm von Körpererweiterungen

$$F = F_{m+1} \supset F_m \supset \ldots \supset F_1 \supset F_0 = K \,,$$

bei dem die Erweiterungen $F_{i+1} \supset F_i$ zyklisch und von Primzahlgrad sind.

Eine endliche und separable Körpererweiterung $F \supseteq K$ heißt schließlich *auflösbar durch Radikale*, wenn es einen Turm

$$F = F_{m+1} \supset F_m \supset \ldots \supset F_1 \supset F_0 = K \,,$$

gibt, sodass die Erweiterungen $F_{j+1} \supset F_j$ durch Adjunktion von
  (i) Einheitswurzeln, oder
  (ii) Wurzeln von Gleichungen der Gestalt $T^p - a$, $a \in F_j$, für Primzahlen p mit $(\mathrm{char}\,(K), p) = 1$ im Falle, dass $\mathrm{char}\,(K) \neq 0$ ist, oder
  (iii) Wurzeln von Gleichungen der Gestalt $T^p - T - a$, $a \in F_j$, und mit $p = \mathrm{char}\,(K)$

erhalten werden.

15.3 Ein Beispiel

Wir kommen noch einmal auf das Beispiel 13.19 bzw. 14.20 zurück und betrachten die Gleichung $X^3 - d = 0$. Es sei $\alpha_1 = \sqrt[3]{d}$ die reelle Nullstelle der Gleichung sowie $\zeta = -\frac{1}{2} + \frac{1}{2}\sqrt{-3}$ und $\alpha_2 = \zeta\sqrt[3]{d}$, $\alpha_3 = \bar{\zeta}\sqrt[3]{d}$ die zwei verbleibenden nicht reellen. Dann ist $F = \mathbb{Q}(\sqrt[3]{d}, \zeta)$ der Zerfällungskörper der Gleichung. Man erhält das folgende Diagramm von Unterkörpern:

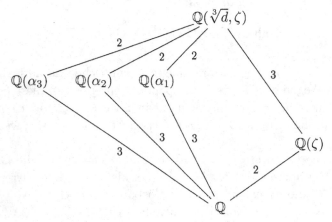

Daraus folgt sofort, dass $\mathrm{Gal}(F/\mathbb{Q}) = \mathscr{S}_3$. In Abschnitt 4.2.1 haben wir die Untergruppen von $\mathscr{S}_3$ bestimmt. Sie sind

$$\mathscr{S}_3 = \{(1), (12), (123), (13), (23), (132)\},$$
$$\mathscr{A}_3 = \{(1), (123), (132)\}$$

sowie die paarweise konjugierten 2-Sylow-Untergruppen

$$\mathscr{B}_3 = \{(1), (12)\},$$
$$\mathscr{B}_2 = \{(1), (13)\},$$
$$\mathscr{B}_1 = \{(1), (23)\}.$$

Es gibt eine Normalreihe $\mathscr{S}_3 \supseteq \mathscr{A}_3 \supseteq 1$ und drei ausgezeichnete nicht-triviale Automorphismen $\{\sigma_1, \sigma_2, \sigma_3\}$ von $\mathbb{Q}(\sqrt[3]{d}, \zeta)$, die dadurch bestimmt sind, dass σ_1 die Wurzel α_1, σ_2 die Wurzel α_2 und σ_3 die Wurzel α_3 festlässt und die jeweils beiden anderen vertauscht. Hieraus ersehen wir, dass $\sigma_1^2 = \sigma_2^2 = \sigma_3^2 = 1$ und

$$\sigma_1 = (23)$$
$$\sigma_2 = (13)$$
$$\sigma_3 = (12)$$

gilt. Weiter bestehen die Relationen

$$\sigma_1\sigma_2 = (132) = \sigma_3\sigma_1 = \sigma_2\sigma_3 \,,$$
$$\sigma_2\sigma_1 = (123) = \sigma_1\sigma_3 = \sigma_3\sigma_2 \,.$$

Die Multiplikationstafel besitzt die Gestalt

$\cdot$	1	σ_1	σ_2	σ_3	$\sigma_1\sigma_2$	$\sigma_2\sigma_1$
1	1	σ_1	σ_2	σ_3	$\sigma_1\sigma_2$	$\sigma_2\sigma_1$
σ_1	σ_1	1	$\sigma_1\sigma_2$	$\sigma_2\sigma_1$	σ_2	σ_3
σ_2	σ_2	$\sigma_2\sigma_1$	1	$\sigma_1\sigma_2$	σ_3	σ_1
σ_3	σ_3	$\sigma_1\sigma_2$	$\sigma_2\sigma_1$	1	σ_1	σ_2
$\sigma_1\sigma_2$	$\sigma_1\sigma_2$	σ_3	σ_1	σ_2	$\sigma_2\sigma_1$	1
$\sigma_2\sigma_1$	$\sigma_2\sigma_1$	σ_2	σ_3	σ_1	1	$\sigma_1\sigma_2$

und die Fixkörper sind $E^G = \mathbb{Q}$, $E^{\mathscr{A}_3} = \mathbb{Q}(\zeta)$ sowie die zueinander konjungierten kubischen Erweiterungen $E^{\mathscr{B}_3} = \mathbb{Q}(\alpha_1)$, $E^{\mathscr{B}_2} = \mathbb{Q}(\alpha_3)$, $E^{\mathscr{B}_1} = \mathbb{Q}(\alpha_2)$. Denn

$$\begin{aligned}
\delta &= (\alpha_1 - \alpha_2)(\alpha_1 - \alpha_3)(\alpha_2 - \alpha_3) \\
&= d(1 - \zeta)(1 - \bar\zeta)(\zeta - \bar\zeta)
\end{aligned}$$

liegt in $\mathbb{Q}(\zeta)$ und wird von 1, $\sigma_1\sigma_2$, $\sigma_2\sigma_1$ festgehalten; z. B. gilt

$$\begin{aligned}
(\sigma_1\sigma_2)(\delta) &= (\alpha_3 - \alpha_1)(\alpha_3 - \alpha_2)(\alpha_1 - \alpha_2) \\
&= d(\bar\zeta - 1)(1 - \zeta)(\bar\zeta - \zeta) \\
&= \delta \,.
\end{aligned}$$

Da δ nicht in $\mathbb{Q}$ liegt, gilt $\mathbb{Q}(\zeta) = \mathbb{Q}(\delta)$. Weiter wird α_i von $\mathscr{B}_i$ festgehalten, woraus sich die verbleibenden Behauptungen ergeben.

15.4 Ein zweites Beispiel

Wir führen noch ein Beispiel für ein Polynom aus, dessen Galois-Gruppe nicht auflösbar ist. Das Polynom $f = X^5 - 4X + 2$ ist nach dem Eisensteinschen Satz irreduzibel über $\mathbb{Q}$. Mit Hilfe von analytischen Überlegungen folgt zudem, dass f genau drei reelle Nullstellen besitzt. Sei nun F der Zerfällungskörper von f über $\mathbb{Q}$. Die Restriktion der komplexen Konjugation auf F, wir bezeichnen sie mit τ, führt die komplexen Nullstellen ineinander über und lässt die reelle Nullstellen fest. Somit entspricht τ einer Transposition in $\mathscr{S}(\Sigma_f)$, wobei Σ_f die Nullstellen von f in $\mathbb{C}$ bezeichnen. Die Galois-Gruppe von f ist isomorph zu einer Untergruppe

G von $\mathscr{S}(\Sigma_f)$. Wegen der Irreduzibilität von f ist 5 ein Teiler von $|G| = [F : \mathbb{Q}]$. Daher enthält G ein Element σ der Ordnung 5, wobei wir beispielsweise den Satz von Cauchy 2.5 verwenden können. Daher ist σ ein 5-Zykel. Da $\langle \sigma, \tau \rangle \subseteq G$ gilt und eine Transposition zusammen mit einem 5-Zykel bereits $\mathscr{S}_5$ erzeugt, folgt $G \simeq \mathscr{S}_5$. Wie wir bereits gesehen haben ist $\mathscr{S}_5$ nicht auflösbar und somit ist auch $X^5 - 4X + 2$ nicht auflösbar.

15.5 Unendliche Galoiserweiterungen

In diesem Abschnitt erweitern wir den Hauptsatz der Galois-Theorie auf nicht notwendigerweise endliche aber dennoch algebraische Galois-Erweiterungen $F \supseteq K$. Dazu betrachten wir die Familie $\mathcal{K}$ aller Zwischenkörper $F \supseteq E \supseteq K$, die galois und endlich über K sind. Wir schreiben sie als $\{E_\iota\}_{\iota \in I}$ mit einer Menge I, die geordnet ist, indem wir $\iota \leq \kappa$ genau dann setzen, wenn $E_\iota \subseteq E_\kappa$. Zu je zwei Galois-Erweiterungen $E_\iota, E_\kappa \in \mathcal{K}$ gibt es ein $E_\lambda \in \mathcal{K}$ mit $\iota, \kappa \leq \lambda$. Wir können dafür z.B. das Kompositum von E_ι und E_κ nehmen. Dies macht $\mathcal{K}$ und damit I zu einer gerichteten Menge. Es gilt $F = \bigcup_{\iota \in I} E_\iota$, denn jedes $\alpha \in F$ liegt in dem Zerfällungskörper seines Minimalpolynoms, also in einem E_κ. Zu jedem Paar (ι, κ) mit $\iota \leq \kappa$ erhalten wir einen Homomorphismus $\rho_{\iota\kappa} : \mathrm{Gal}(E_\kappa/K) \to \mathrm{Gal}(E_\iota/K)$, der $g_\kappa \in G_\kappa$ seine Einschränkung $g_\iota = \rho_{\iota\kappa}(g_\kappa)$ auf E_ι zuordnet. Diese Zuordnung besitzt die Eigenschaft, dass $\rho_{\iota\kappa} \circ \rho_{\kappa\lambda} = \rho_{\iota\lambda}$ für $\iota \leq \kappa \leq \lambda$ sowie $\rho_{\iota\iota} = \mathrm{id}_{\mathrm{Gal}(E_\iota/K)}$ gilt. Insgesamt ergibt sich so eine inverse Familie von Homomorphismen, die $(\{\mathrm{Gal}(E_\iota/K)\}_{\iota \in I}, (\rho_{\iota\lambda}))$ zu einem inversen System macht. Es ergeben sich kanonische Homomorphismen

$$\varphi_\iota \colon \varprojlim \mathrm{Gal}(E_\iota/K) \longrightarrow \mathrm{Gal}(E_\iota/K) \,.$$

Die Einschränkung auf E_ι von $\sigma \in \mathrm{Gal}(F/K)$ liefert einen Homomorphismus

$$\rho_\iota \colon \mathrm{Gal}(F/K) \longrightarrow \mathrm{Gal}(E_\iota/K)$$

mit der Eigenschaft, dass $\rho_{\iota\lambda} \circ \rho_\lambda = \rho_\iota$. Er ist nach dem Satz 13.16 surjektiv und faktorisiert über $\varprojlim \mathrm{Gal}(E_\iota/K)$ aufgrund der universellen Eigenschaft des inversen Limes als $\rho_\iota = \varphi_\iota \circ \rho$ mit

$$\rho \colon \mathrm{Gal}(F/K) \longrightarrow \varprojlim \mathrm{Gal}(E_\iota/K) \,.$$

Eine grundlegende Charakterisierung der Galoisgruppe $\mathrm{Gal}(F/K)$ wird durch den folgenden Satz geliefert.

Satz 15.14 *Der Homomorphismus*

$$\rho \colon \mathrm{Gal}(F/K) \longrightarrow \varprojlim \mathrm{Gal}(E_\iota/K)$$

ist ein Isomorphismus.

Beweis   Ist $\sigma \in \ker(\rho)$, so auch in $\bigcap_\iota \ker(\rho_\iota)$. Letzterer besteht aus allen $\sigma \in$ Gal(F/K), die auf $\bigcup_\iota E_\iota = F$ die Identität sind. Daher ist $\sigma = \mathrm{id}_F$ und infolge dessen ist ρ injektiv. Sei andererseits $\tau = (\tau_\iota)_{\iota \in I}$ in $\varprojlim \mathrm{Gal}(E_\iota/K)$ mit $\tau_\iota = \varphi_\iota(\tau) \in \mathrm{Gal}(E_\iota/K)$. Wir definieren σ durch $\rho_\iota(\sigma) = \varphi_\iota(\tau)$, d.h $\sigma(x) = \varphi_\iota(\tau(x))$ für $x \in E_\iota$. Dadurch ist σ auf $\bigcup_{\iota \in I} E_\iota$ definiert und daher auf ganz F, also in Gal(F/K). Es gilt

$$\rho(\sigma) = (\rho_\iota(\sigma)) = (\varphi_\iota(\tau)) = (\tau_\iota) = \tau.$$

Es bleibt noch zu zeigen, dass σ wohldefiniert ist, d.h. dass $\rho_\iota(\sigma) = \rho_\kappa(\sigma)$ auf $E_\lambda := E_\iota \cap E_\kappa$ gilt. Wegen $\lambda \leq \iota, \kappa$ gilt

$$\rho_{\lambda,\iota}(\rho_\iota(\sigma)) = \rho_\lambda(\sigma) = \rho_{\lambda,\kappa}(\rho_\kappa(\sigma))$$

und daher $\rho_\iota(\sigma) = \rho_\kappa(\sigma)$ auf E_λ. $\qquad\square$

Bemerkung: Im Beweis des letzten Satzes haben wir von dem folgenden kommutativen Diagramm

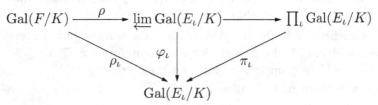

Gebrauch gemacht.

Die Galoisgruppe Gal(F/K) kann mit einer kanonischen Topologie, die Krull-Topologie, versehen werden. Dazu wählen wir als Umgebungsbasis von σ die Nebenklassen $\sigma \mathrm{Gal}(F/E)$ mit $E \in \mathcal{K}$. Es gilt $\mathrm{Gal}(F/E) = \mathrm{Gal}(F/K)/\mathrm{Gal}(E/K)$. Ist $\sigma \in \mathrm{Gal}(F/K)$ und $U_\iota = \pi_\iota^{-1}(\mathrm{id}_\iota)$ so ist $\sigma U_\iota = \pi_\iota^{-1}(\pi_\iota(\sigma))$ offen in der Gruppe $G = \prod_{\iota \in I} \mathrm{Gal}(E_\iota/K)$, deren Elemente die Gestalt $\sigma = (\sigma_\iota)_{\iota \in I}$ besitzen. Die Mengen σU_ι bilden daher eine Teilbasis für das Produkt und es gilt $\rho^{-1}(\sigma U_\iota) = \sigma \mathrm{Gal}(F/E_\iota)$. Daher ist ρ stetig und wegen der Kommutativität des Diagramms auch ρ_ι und φ_ι. Ausserdem gilt $\rho(\sigma \mathrm{Gal}(F/E_\iota)) = \rho(\mathrm{Gal}(F/K)) \cap \sigma U_\iota$, sodass ρ auch offen ist. Es bleibt noch zu zeigen, dass $\rho(\mathrm{Gal}(F/K))$ abgeschlossen in G ist.

Satz 15.15   *Die Galoisgruppe* Gal(F/K) *ist hausdorffsch und kompakt bezüglich der Krull-Topologie.*

Beweis   Wir wählen $\sigma \neq \tau$ in Gal(F/K). Dann gibt es ein $E_\iota \in \mathcal{K}$ mit $\rho_\iota(\sigma) \neq \rho_\iota(\tau)$ und somit $\sigma \mathrm{Gal}(F/E_\iota) \neq \tau \mathrm{Gal}(F/E_\iota)$. Verschiedene Nebenklassen sind aber disjunkt und somit besitzen σ und τ disjunkte offene Umgebungen. Die Gruppen Gal(E_ι/K) sind endlich und versehen mit der diskreten Topologie auch kompakt. Daher ist ihr Produkt G nach dem Satz von Tychonov ebenfalls kompakt und $\rho(\mathrm{Gal}(F/K)) = \varprojlim \mathrm{Gal}(E_\iota/K)$ Unterraum eines kompakten Raumes. Für $\iota \leq \kappa$ sei $\Gamma_{\iota,\kappa} = \{\sigma \in G; \varphi_{\iota,\kappa}(\sigma_\kappa) = \sigma_\iota\}$. Dann gilt

$$\rho(\mathrm{Gal}(F/K)) = \bigcap_{\iota \leq \kappa} \Gamma_{\iota,\kappa}$$

und wir müssen nur noch nachweisen, dass $\Gamma_{\iota \leq \kappa}$ abgeschlossen ist; denn dann ist $\rho(\mathrm{Gal}(F/K))$ ein Durchschnitt abgeschlossener Mengen, der abgeschlossen ist. Für $\varepsilon_\iota \in \mathrm{Gal}(E_\iota/K)$ setzen wir $T_{\varepsilon_\iota} = \rho_{\iota,\kappa}^{-1}(\varepsilon_\iota)$ und beachten, dass die Mengen $\mathrm{Gal}(E_\lambda/K) \times T_{\varepsilon_\iota} \times \{\varepsilon_\iota\}$ abgeschlossen sind, somit nach Tychonov auch ihre Produkte

$$P_{\iota,\kappa} = \prod_{\lambda \neq \iota,\kappa} \mathrm{Gal}(E_\lambda/K) \times T_{\varepsilon_\iota} \times \{\varepsilon_\iota\}$$

ebenso wie ihre endlichen Vereinigungen $\Gamma_{\iota,\kappa} = \bigcup_{\varepsilon_\iota \in \mathrm{Gal}(E_\iota/K)} P_{\iota,\kappa}$. □

Lemma 15.16 *Jede offene Untergruppe von* $\mathrm{Gal}(F/K)$ *ist abgeschlossen.*

Beweis Sei $U \subseteq \mathrm{Gal}(F/K)$ offen. Dann ist die Vereinigung der Nebenklassen $\sigma U \neq U$ offen und ihr Komplement in $\mathrm{Gal}(F/K)$ abgeschlossen und stimmt mit U überein. Also ist U abgeschlossen. □

Wir bezeichnen mit $\mathscr{H}$ die Menge der abgeschlossenen Untergruppen von $\mathrm{Gal}(F/K)$ und mit $\mathscr{K}$ die Menge der Zwischenkörper $F \supseteq L \supseteq K$. Ist H eine abgeschlossene Untergruppe von $\mathrm{Gal}(F/K)$, so bezeichnet F^H den Fixkörper von H. Man erhält dann Abbildungen

$$\kappa\colon \mathscr{H} \longrightarrow \mathscr{K}, \quad H \longmapsto F^H$$
$$\gamma\colon \mathscr{K} \longrightarrow \mathscr{H}, \quad E \longmapsto \mathrm{Gal}(F/E)\,.$$

Lemma 15.17 *Für jede Galoiserweiterung* $F \supseteq L$ *gilt* $F^{\mathrm{Gal}(F/L)} = L$.

Beweis Nach Definition der Galoisgruppe ist $L \supseteq F^{\mathrm{Gal}(F/L)}$. Für die umgekehrte Inklusion bezeichnen wir mit $\mathcal{L} = \{E_\iota\}_{\iota \in I}$ die Menge der Zwischenkörper $F \supseteq E \supseteq L$, die endlich und galois über L sind. Sei x ein Element in $F \setminus L$. Dann gibt es ein $E_\iota \in \mathcal{L}$ das x enthält. Andernfalls sei $\sigma \in \mathrm{Gal}(E_\iota/L)$ so gewählt, dass $\sigma(x) \neq x$ gilt. Da ρ_ι surjektiv ist, gibt es ein $\tilde{\sigma} \in \mathrm{Gal}(F/L)$, sodass $\sigma = \rho_\iota(\tilde{\sigma})$ und daher $\tilde{\sigma}(x) = \rho_\iota(\sigma)(x) \neq x$ gilt. Also ist x nicht in $F^{\mathrm{Gal}(F/L)}$. □

Wir haben nun die notwendigen Hilfsmittel beisammen, um den Hauptsatz der Galoistheorie zu formulieren und zu beweisen.

Satz 15.18 (Hauptsatz der Galois-Theorie für unendliche Erweiterungen) *Sei* F/K *eine Galoiserweiterung. Die Abbildung* $\kappa\colon \mathscr{H} \to \mathscr{K}$ *ist eine inklusionsumkehrende Bijektion von* $\mathscr{H}$ *auf* $\mathscr{K}$*; die zu* κ *inverse Abbildung ist* $\gamma\colon \mathscr{K} \to \mathscr{H}$*. Die offenen Untergruppen von* $\mathrm{Gal}(F/K)$ *sind dabei die Untergruppen mit endlichem Index und entsprechen somit den endlichen Erweiterungen von* K.

Beweis   Ist $F \supseteq L \supseteq K$ eine Erweiterung, so ist $\mathrm{Gal}(F/L) = \bigcap \mathrm{Gal}(F/E)$, wobei der Durchschnitt sich über alle $E \in \mathcal{L}$ erstreckt mit $E \supseteq L$. Mit $\mathcal{L}$ bezeichnen wir dabei wie oben die Menge der Zwischenkörper $F \supseteq E \supseteq L$, die endlich und galois über L sind. Denn trivialerweise gilt $\mathrm{Gal}(F/L) \supseteq \mathrm{Gal}(F/E)$ für alle E. Ist umgekehrt σ im Durchschnitt, so ist σ die Identität auf allen $E \supseteq L$ und somit auch auf L. Die Gruppen $\mathrm{Gal}(F/E)$ sind offen nach Definition der Topologie. Ist $L \supseteq K$ endlich, dann erstreckt sich der Durchschnitt nur über endlich viele E und ist als Durchschnitt endlich vieler offener Mengen offen. Ist $L \supseteq K$ eine unendliche Erweiterung, so ist $\mathrm{Gal}(F/L)$ nach Lemma 15.16 als Durchschnitt von abgeschlossenen Mengen abgeschlossen.

Aus Lemma 15.17 folgt sofort, dass $\kappa \circ \gamma = \mathrm{id}_{\mathcal{L}}$ gilt. Zudem ist leicht zu sehen, dass κ und γ inklusionsumkehrend sind. Als nächstes zeigen wir, dass $\gamma \circ \kappa = \mathrm{id}_{\mathcal{L}}$ gilt. Zunächst ist $\kappa(H) = F^H$ und dann $\gamma(F^H) = \mathrm{Gal}(F/L)$ mit $L = F^H$. Da L von H festgehalten wird, ist $H \subseteq \mathrm{Gal}(F/L)$ und es bleibt zu zeigen, dass auch $H \supseteq \mathrm{Gal}(F/L)$ gilt. Die Gruppen $\mathrm{Gal}(F/E)$ mit $E \in \mathcal{L}$ bilden eine Umgebungsbasis des neutralen Elements von $\mathrm{Gal}(F/L)$. Wir wählen ein $E_\iota \in \mathcal{L}$. Das Bild H_ι von H unter der Projektion $\rho_\iota : \mathrm{Gal}(F/L) \to \mathrm{Gal}(E_\iota/L)$ besitzt L als Fixkörper. Daher gilt $E_\iota^{H_\iota} = L = E_\iota^{\mathrm{Gal}(E_\iota/L)}$. Der Hauptsatz der Galoistheorie für endliche Erweiterungen besagt dann, dass $H_\iota = \mathrm{Gal}(E_\iota/L)$ gilt. Sei $\sigma \in \mathrm{Gal}(F/L)$ und $\tau \in H$ mit $\rho_\iota(\sigma) = \rho_\iota(\tau)$, d.h. $\tau \in \sigma\,\mathrm{Gal}(F/E_\iota)$. Dies bedeutet aber, dass σ im Abschluss von H in $\mathrm{Gal}(F/L)$ liegt. Nach Voraussetzung ist H abgeschlossen und daher gilt $\sigma \in H$. Damit ist gezeigt, dass $H = \mathrm{Gal}(F/L)$.

Sei H eine offene Untergruppe von $\mathrm{Gal}(F/K)$. Nach Lemma 15.16 ist sie auch abgeschlossen und somit gleich $\mathrm{Gal}(F/L)$ mit $L = F^H$. Die offenen Nebenklassen von H überdecken $\mathrm{Gal}(F/K)$ und da nach Theorem 15.15 $\mathrm{Gal}(F/K)$ kompakt ist, wird $\mathrm{Gal}(F/K)$ bereits durch endlich viele Nebenklassen überdeckt. Dies bedeutet, dass H endlichen Index in $\mathrm{Gal}(F/K)$ besitzt und damit $|\mathrm{Gal}(L/K)| = [\mathrm{Gal}(F/K) : H]$ endlich ist. $\square$

Auch hier lassen sich, analog zur Theorie für endliche Galois-Erweiterungen, wieder Zusätze beweisen. Wir verweisen auf die Übungsaufgaben zu diesem Abschnitt, wo man eine entsprechende Aufgabe dazu findet.

15.6 Anwendungen der Galois-Theorie

Es sei $f \in K[T]$ ein normiertes Polynom vom Grad $n \geq 1$ und

$$f = (T - \alpha_1) \cdots (T - \alpha_n)$$

die Zerlegung von f in seinem Zerfällungskörper E. Wir setzen

$$\Delta = \Delta(\alpha_1, \ldots, \alpha_n) = \prod_{i<j}(\alpha_i - \alpha_j)$$

und erhalten die *Diskriminante* von f

$$D_f := \Delta^2 = \prod_{i<j} (\alpha_i - \alpha_j)^2$$

$$= (-1)^{\frac{n(n-1)}{2}} \prod_{i \neq j} (\alpha_i - \alpha_j)$$

$$= (-1)^{\frac{n(n-1)}{2}} \prod_{k=1}^{n} f'(\alpha_k) \,,$$

die genau dann ungleich Null ist, wenn f separabel ist. Da jedes $\sigma \in \mathrm{Gal}(E/K)$ die Nullstellen von f permutiert, gilt $D_f{}^\sigma = D_f$ für alle $\sigma \in \mathrm{Gal}(E/K)$, sodass man

$$K(\sqrt{D_f}) = K(\Delta) \subseteq E$$

erhält. Falls $\Delta \notin K$ gilt, so ist dies ein quadratischer Teilkörper von E, d. h. ein Zwischenkörper $K \subseteq K(\Delta) \subseteq E$ mit $[K(\Delta) : K] = 2$. Ein Kriterium dafür, wann dies eintritt, können wir aus dem Hauptsatz der Galois-Theorie herleiten.

Satz 15.19 *Ist K ein Körper mit* $\mathrm{char}\,(K) \neq 2$ *und* $f(T)$ *ein normiertes, irreduzibles und separables Polynom mit zyklischer Galois-Gruppe gerader Ordnung, so ist D_f kein Quadrat in K und demzufolge $K(\sqrt{D_f})$ ein quadratischer Teilkörper.*

Beweis   Es seien $G = G_f = \langle \sigma \rangle$, E der Zerfällungskörper von f und $\alpha \in E$ eine Wurzel von f. Dann gilt $E \supseteq K(\alpha) \supseteq K$, sodass es aufgrund der Galois-Korrespondenz zwischen Zwischenkörpern und Untergruppen eine Untergruppe $H \subseteq G$ mit $K(\alpha) = E^H$ gibt. Da G abelsch ist, ist H sogar ein Normalteiler in G und deswegen $K(\alpha) = E^H$ eine normale Erweiterung. Also liegen die verschiedenen Nullstellen $\alpha_1, \ldots, \alpha_n$ von f in $K(\alpha)$, und deswegen gilt $K(\alpha) = E$. Wir nummerieren die Nullstellen des Polynoms in der Weise, dass $\alpha_i = \sigma^{i-1}\alpha$ für $1 \leq i \leq n$ gilt, und erhalten

$$\Delta = \prod_{1 \leq i < j \leq n} (\sigma^{i-1}\alpha - \sigma^{j-1}\alpha) \,.$$

Wenden wir darauf σ an und beachten am Ende, dass n gerade ist, so erhalten wir

$$\sigma\Delta = \prod_{1 \leq i < j \leq n} (\sigma^i\alpha - \sigma^j\alpha)$$

$$= \prod_{1 \leq i < j \leq n-1} (\sigma^i\alpha - \sigma^j\alpha) \cdot \prod_{1 \leq i \leq n-1} (\sigma^i\alpha - \sigma^n\alpha)$$

$$= (-1)^{n-1} \cdot \prod_{1 \leq i < j \leq n-1} (\sigma^i\alpha - \sigma^j\alpha) \cdot \prod_{1 \leq i \leq n-1} (\alpha - \sigma^i\alpha)$$

$$= -\Delta \,.$$

Wegen der Voraussetzung über die Charakteristik gilt $-1 \neq 1$ und somit $\sigma\Delta \neq \Delta$, also $\Delta \notin E^G = K$, hingegen $D_f = \Delta^2 \in K$, da invariant unter σ. □

Wir geben noch eine zweite Anwendung an, nämlich den folgenden

Satz 15.20 *Sei K ein Körper, $f \in K[T]$ ein separables Polynom mit Zerfällungskörper F über K. Dann ist f genau dann irreduzibel über K, wenn die Galois-Gruppe transitiv auf der Menge der Nullstellen von f operiert (d. h. die Operation von F auf Σ_f hat genau eine Bahn).*

Beweis Sei zunächst f irreduzibel über K und seien $\alpha, \beta \in F$ Nullstellen von f. Dann gibt es einen K-Isomorphismus $\varphi \colon K(\alpha) \to K(\beta)$ mit $\varphi(\alpha) = \beta$. Nach Satz 14.18(ii) gibt es ein σ aus der Galois-Gruppe von f, welches φ fortsetzt. Daher gilt $\sigma\alpha = \varphi(\alpha) = \beta$ und somit operiert die Galois-Gruppe transitiv auf Σ_f. Sei umgekehrt $f = gh$ eine Faktorisierung von f in nicht-konstante Polynome $g, h \in K[T]$. Sei umgekehrt $g(\alpha) = h(\beta) = 0$ mit $\alpha, \beta \in \Sigma_f$. Da ein Körperhomomorphismus (über K) konjugierte Elemente auf (über K) konjugierte Elemente abbildet, gibt es kein σ' in der Galois-Gruppe mit $\sigma'\alpha = \beta$, d. h. die Aktion der Galois-Gruppe auf Σ_f hat mehr als eine Bahn und operiert daher nicht transitiv. □

Übungsaufgaben

1. Zeige, dass jede endliche separable Erweiterung $L \supseteq K$ nur endlich viele Zwischenkörper E mit $L \supseteq E \supseteq K$ besitzt.
   Hinweis: Betrachte die normale Hülle von L und argumentiere mit der Galois-Korrespondenz.

2. Es seien K_1 und K_2 Zwischenkörper einer Galois-Erweiterung $L \supseteq K$.
   (a) Ist K_0 der kleinste Körper, der K_1 und K_2 enthält, so gilt $\mathrm{Gal}(L/K_0) = \mathrm{Gal}(L/K_1) \cap \mathrm{Gal}(L/K_2)$.
   (b) Sind K_1 und K_2 normale Erweiterungen von K, so ist $\mathrm{Gal}(L/K_1 \cap K_2) = \{\varphi\psi;\ \varphi \in \mathrm{Gal}(L/K_1), \psi \in \mathrm{Gal}(L/K_2)\}$.

3. Zeige, dass jeder Automorphismus von $\mathbb{R}$ ganz $\mathbb{Q}$ elementweise fest lässt und somit $\mathrm{Aut}_{\mathbb{Q}}(\mathbb{R}) = \mathrm{Aut}(\mathbb{R})$ gilt. Schließe daraus $\mathrm{Aut}_{\mathbb{Q}}(\mathbb{R}) = \{\mathrm{id}\}$.
   Hinweis: Zeige, dass jedes $\varphi \in \mathrm{Aut}(\mathbb{R})$ ordnungstreu ist (d. h. $x < y \Rightarrow \varphi(x) < \varphi(y)$) und leite daraus einen Widerspruch zu $\varphi(a) \neq a$ ab. Ist $\mathbb{R}/\mathbb{Q}$ eine Galois-Erweiterung?

4. *Bestimmung von* $\mathrm{Gal}(\mathbb{F}_{p^n}/\mathbb{F}_p)$. Zeige zuerst, dass alle Elemente in $\mathrm{Aut}(\mathbb{F}_{p^n})$ ganz $\mathbb{F}_p$ elementweise festlassen. Finde mit Hilfe von Frob_p insgesamt n Automorphismen von $\mathbb{F}_{p^n}$. Warum müssen das schon alle Automorphismen $\mathrm{Aut}(\mathbb{F}_{p^n})$ sein? Ist die Erweiterung daher galoisch, und was bedeutet das für die Struktur der Galois-Gruppe?

5. Bestimme für die angegebenen Erweiterungen die Automorphismengruppe sowie deren Fixkörper und prüfe, ob es sich um eine Galois-Erweiterung handelt:
   (a) $\mathbb{C} \supseteq \mathbb{R}$, (b) $\mathbb{Q}(\sqrt[3]{2}) \supseteq \mathbb{Q}$.

6. Es sei $p(X) = X^4 - 5X^2 + 6 \in \mathbb{Q}[X]$ und L der Zerfällungskörper von p über $\mathbb{Q}$. Bestimme L explizit. Schließe daraus auf $[L : \mathbb{Q}]$. Gib alle Automorphismen in $\mathrm{Gal}(L/\mathbb{Q})$ explizit an. Zu welcher Untergruppe einer symmetrischen Gruppe ist G isomorph?

7. Bestimme die Anzahl der normalen Zwischenkörper des Zerfällungskörpers von $f(X) = X^5 - 6X - 3$ über $\mathbb{Q}$. Gehe folgendermaßen vor:
   (a) Zeige zunächst mit analytischen Hilfsmitteln, dass f irreduzibel ist und genau ein Paar komplexer Nullstellen besitzt.
   (b) Beweise nun, dass ganz allgemein für jede Primzahl p und für jedes irreduzible Polynom $f(X) \in \mathbb{Q}[X]$ mit $\deg(f) = p$, welches genau ein Paar nicht reeller Nullstellen besitzt, $\mathrm{Gal}(f) \simeq \mathscr{S}_p$ gilt. Beachte, dass $\mathscr{S}_p$ durch je zwei Elemente erzeugt wird, von denen eines eine Transposition ist und eines die Ordnung p besitzt.
   (c) Bestimme nun die normalen Untergruppen von $\mathscr{S}_5$ und verwende die Galois-Korrespondenz.

8. Zeige, dass die kubische Resolvente eines Polynoms $f(T) = T^4 + aT^3 + bT^2 +$

$cT + d$ mit Koeffizienten in einem Körper K die Form $S^3 - bS^2 + (ac - 4d)S - a^2d + 4bd - c^2$ besitzt.

9. Beweise, dass die Galois-Gruppe eines separablen irreduziblen kubischen Polynoms mit Koeffizienten in einem Körper K der Charakteristik $\neq 2$ genau dann die Gruppe $\mathscr{S}_3$ ist, wenn seine Diskriminante kein Quadrat in K ist.

10. Bestimme die Galois-Gruppe eines irreduziblen Polynoms vierten Grades mit Koeffizienten in einem Körper K in Abhängigkeit von dem Grad des Zerfällungskörpers seiner kubischen Resolventen.

11. Zeige, dass jede endliche Menge ausgestattet mit der diskreten Topologie ein kompakter topologischer Raum ist.

12. Zeige, dass jede proendliche Gruppe kompakt ist.

13. Sei $F \supseteq K$ eine Galois-Erweiterung und $\mathcal{U} = \{U_\iota\}_{\iota \in I}$ die Familie aller offenen normalen Untergruppen von $G = \mathrm{Gal}(F/K)$. Zeige, dass $G \simeq \varprojlim G/U_\iota$ ist.

14. Beweise den Zusatz zum Hauptsatz der Galoistheorie für unendliche Erweiterungen: Sei $F \supseteq K$ eine Galois-Erweiterung. Ein Zwischenkörper L ist genau dann galois über K, falls $\mathrm{Gal}(F/L)$ ein Normalteiler von $\mathrm{Gal}(F/K)$ ist. In diesem Fall gilt $\mathrm{Gal}(F/K)/\mathrm{Gal}(F/L) \simeq \mathrm{Gal}(L/K)$.

15. Sei F ein endlicher Körper und A ein algebraischer Abschluss von F. Zeige, dass $\mathrm{Gal}(A/F)$ abelsch und überabzählbar ist.

16   Kreisteilungskörper

Kreisteilungskörper treten auf ganz natürliche Weise bei folgenden Problemen auf:

- n-Teilung des Kreises,
- Auflösung von Gleichungen durch Radikale,
- Fermat-Problem.

Beim ersten Problem geht es darum, mit Zirkel und Lineal die Kreislinie in n gleiche Abschnitte zu zerlegen, beim zweiten darum, die Nullstellen von Gleichungen durch Wurzelausdrücke darzustellen und das dritte Problem handelt von der Existenz von Lösungen der Gleichung

$$x^n + y^n = z^n$$

in ganzen rationalen Zahlen x, y, z. Der französische Mathematiker *Pierre de Fermat* (1601–1665) stellte den Satz auf, dass diese Gleichung keine Lösungen in teilerfremden positiven ganzen Zahlen x, y, z besitzt mit $xyz \neq 0$. Er war auf diese Fragestellung durch die Lektüre der von *Claude Gaspard de Bachet* (1591–1639) edierten Ausgabe des Buches *Arithmetica* von *Diophantus von Alexandria* gestoßen, das in seinem Besitz war. Dort schreibt Fermat, dass er einen wahrhaft wunderbaren Beweis dieses Satzes gefunden habe, der Buchrand jedoch zu klein sei, ihn aufzunehmen.

Seither haben die berühmtesten Mathematiker versucht, diesen Beweis zu rekonstruieren. Die wichtigsten Beiträge stammen von *Ernst Eduard Kummer* (1810–1893). Er studierte den Fall, dass n eine Primzahl p ist und bewies, dass es keine Lösung mit $p \nmid xyz$ gibt, wenn die Klassenzahl des zu p gehörenden Kreisteilungskörpers nicht durch p teilbar ist. Dies führt auf Teilbarkeitsfragen von Bernoulli-Zahlen. Die Suche nach dem Beweis der Behauptung Fermats hat in ganz entscheidender Weise insbesondere die Algebra und Zahlentheorie geprägt. Bedeutende Schritte in Richtung der Lösung des Problems durch den britischen Mathematiker *Andrew Wiles* wurden von den deutschen Mathematikern *Gerd Faltings* und *Gerhard Frey* getan. Faltings' Beweis der *Mordell-Vermutung* impliziert, dass die Gleichung höchstens endlich viele Lösungen besitzen kann; Frey fand einen wichtigen Schlüssel für den wilesschen Beweisansatz.

16.1   Einheitswurzeln

Wir definieren die Gruppe $\mu_n(K)$ der n-ten Einheitswurzeln eines Körpers K als die Menge

$$\mu_n(K) = \{\zeta \in K;\ \zeta^n = 1\}.$$

Gilt $K = \bar{K}$, so schreiben wir kurz μ_n statt $\mu_n(K)$. Die Ordnung der Elemente dieser Gruppe teilt n, sodass der Exponent der Gruppe ein Teiler von n ist. Es

© Springer Fachmedien Wiesbaden GmbH, ein Teil von Springer Nature 2020
G. Wüstholz und C. Fuchs, *Algebra*, Springer Studium Mathematik – Bachelor,
https://doi.org/10.1007/978-3-658-31264-0_19

gilt $\mu_m(K) \subseteq \mu_n(K)$ für jeden Teiler $m \mid n$ sowie $\mu_n(K) \subseteq \mu_n(L)$ für $K \subseteq L$. Da die Gruppe $\mu_n(K)$ in der Nullstellenmenge des Polynoms $T^n - 1$ enthalten ist, entnehmen wir aus Satz 14.9, dass sie als endliche Untergruppe der multiplikativen Gruppe eines Körpers zyklisch ist. Die Diskriminante des Polynoms $T^n - 1$ lässt sich leicht berechnen:

Lemma 16.1 *Die Diskriminante von $T^n - 1$ ist gleich $(-1)^{(n-1)(n+2)/2} n^n$ und für $\mathrm{char}\,(K) = 0$ bzw. für $(\mathrm{char}\,(K), n) = 1$ von Null verschieden.*

Beweis Man hat nur in (12.8) einzusetzen, zu beachten, dass das Produkt der Nullstellen ζ des Polynoms $T^n - 1$ gleich dem konstanten Term $(-1)^{n-1}$ und seine Ableitung gleich nX^{n-1} ist. Wir beachten nun, dass $n^2 \equiv n$ modulo 2 für alle n gilt, und erhalten $(n-1)^2 + n(n-1)/2 \equiv (n-1)(n+2)/2$, ebenfalls modulo 2 genommen. Daraus ergibt sich für die Diskriminante der Wert

$$(-1)^{n(n-1)/2} \prod_{\zeta \in \mu_n} n\zeta^{n-1} = (-1)^{n(n-1)/2} n^n (-1)^{(n-1)^2}$$

$$= (-1)^{(n-1)(n+2)/2} n^n \,,$$

der unter den Bedingungen des Satzes offensichtlich von Null verschieden ist. $\square$

Beispiel 16.2 Es gilt $\mu_{p^r}(\mathbb{F}_{p^m}) = 1$ für alle positiven ganzen Zahlen r, m. Denn die Ordnung der Elemente $\neq 0$ von $\mathbb{F}_{p^m}$ teilt $p^m - 1$, die der Elemente von $\mu_{p^r}(\mathbb{F}_{p^m})$ aber die dazu teilerfremde Zahl p^r.

Beispiel 16.3 Die n-ten Einheitswurzeln im Körper der komplexen Zahlen besitzen die Gestalt $\mu_n(\mathbb{C}) = \{e^{2\pi i r/n};\ 1 \leq r \leq n\}$.

Beispiel 16.4 Zieht man Beispiel 16.3 heran, so findet man $\mu_n(\mathbb{Q}) = \{1, -1\}$ für $n \equiv 0 \pmod{2}$, andernfalls $\mu_n(\mathbb{Q}) = \{1\}$. Denn der Exponent der Gruppe der n-ten Einheitswurzeln eines Körpers ist ein Teiler von n. Ist n nun ungerade, so besitzt der Körper keine zweiten Einheitswurzeln, da die Ordnung eines Elements einer endlichen Gruppe den Exponenten teilt.

Ist $\mathrm{char}\,(K) = p$, so können wir jede ganze Zahl in der Form $n = p^e m$ mit $(m, p) = 1$ schreiben. Das Polynom $T^n - 1$ zerlegt sich dann in $T^n - 1 = (T^m - 1)^{p^e}$, und $T^m - 1$ ist wegen Lemma 16.1 oder auch wegen Beispiel 14.6 separabel. Daher gilt $|\mu_n(K[n])| = m$ für den Zerfällungskörper $K[n]$ von $T^n - 1 = 0$.

Wir setzen von nun an voraus, dass n teilerfremd zur Charakteristik des Körpers ist, falls diese $\neq 0$ ist, und nennen den Körper $K[n]$ den *Kreisteilungskörper der Stufe n*. Die Erzeugenden von $\mu_n = \mu_n(K[n])$ heißen *primitive n-te Einheitswurzeln*. Wir definieren das n-te *Kreisteilungspolynom* $\Phi_n(T)$ als das Produkt

$$\Phi_n(T) = \prod(T - \zeta)$$

über alle primitiven n-ten Einheitswurzeln ζ, bestimmen seinen Grad und geben eine einfache Darstellung von Φ_n als rationale Funktion in T an.

Ist $\zeta \in \mu_n(K[n])$ eine primitive n-te Einheitswurzel, so lässt sich jede andere Einheitswurzel in der Form ζ^a mit $a \in \mathbb{Z}$ schreiben. Sie ist primitiv genau dann, wenn $(a, n) = 1$ gilt. Also wird die Anzahl der primitiven Einheitswurzeln durch die *eulersche φ-Funktion* $\varphi(n) = |(\mathbb{Z}/n\mathbb{Z})^\times|$ gegeben. Insbesondere ist $\varphi(n) = \deg \Phi_n$. Setzen wir noch $\varphi(0) = 0$, so ist die eulersche Funktion ein Beispiel für eine *zahlentheoretische Funktion,* d.h. eine Funktion $f: \mathbb{N} \to \mathbb{Z}$. Solch eine Funktion wird *multiplikativ* genannt, wenn $\varphi(m\,n) = \varphi(m)\,\varphi(n)$ für teilerfremde positive ganze m, n gilt.

Satz 16.5   *Die eulersche φ-Funktion besitzt die folgenden Eigenschaften:*
 (i) $\varphi(p) = p - 1$ *für Primzahlen p,*
 (ii) $\varphi(p^e) = p^{e-1}(p - 1)$ *für ganze $e \geq 1$ und Primzahlen p,*
(iii) $\varphi(m\,n) = \varphi(m)\,\varphi(n)$ *für teilerfremde positive ganze m, n.*

Beweis   Die erste Aussage ist klar. Für (ii) schließt man aus der zu $(a, p) > 1$ äquivalenten Bedingung $p \mid a$ auf $\varphi(p^e) = p^e - p^{e-1} = p^{e-1}(p - 1)$. Die letzte Aussage folgt aus dem chinesischen Restsatz 8.17. $\square$

Als Folgerung ergibt sich hieraus sofort zum einen, dass

$$\varphi(n) = n \prod_{p \mid n}(1 - p^{-1})$$

gilt, und zum anderen, dass φ eine multiplikative Funktion ist. Ein weiteres Beispiel für eine multiplikative zahlentheoretische Funktion ist die *möbiussche μ-Funktion*, die durch

$$\mu(n) = \begin{cases} 1 & \text{falls } n = 1, \\ 0 & \text{falls } n \text{ nicht quadratfrei ist,} \\ -1 & \text{falls } n \text{ prim ist,} \\ \mu(k)\,\mu(l) & \text{für } n = k\,l \text{ mit } (k, l) = 1 \end{cases} \qquad (16.1)$$

gegeben ist.

Beispiel 16.6   Ist $n = p_1 \cdots p_r$ und gilt $p_i \neq p_j$ für $i \neq j$, dann ist $\mu(n) = (-1)^r$.

Ist ζ eine n-te Einheitswurzel, dann ist ζ eine primitive Einheitswurzel für genau ein $d \mid n$, nämlich die Ordnung von ζ. Daher gilt

$$T^n - 1 = \prod_{d \mid n} \Phi_d(T) \,.$$

Man erhält so eine Zerlegung des Polynoms $T^n - 1$ in ein Produkt von Kreisteilungspolynomen. Unser nächstes Ziel ist, dies umzukehren, d.h. ein Kreisteilungspolynom $\Phi_n(T)$ zu schreiben als ein Produkt von Potenzen von Polynomen der Gestalt $T^d - 1$ für gewisse d. Dazu benötigen wir einige Hilfsmittel aus der elementaren Zahlentheorie.

Lemma 16.7 *Es ist*

$$\varphi(n) = n \sum_{d|n} \frac{\mu(d)}{d} .$$

Beweis Ist $n = p_1^{a_1} \cdots p_r^{a_r}$ die Zerlegung von n in Primfaktoren, so gilt

$$\begin{aligned}
\varphi(n) &= n \prod_{j=1}^{r} (1 - p_j^{-1}) \\
&= n \sum_{I \subseteq \{1,...,r\}} (-1)^{|I|} \prod_{j \in I} p_j^{-1} \\
&= n \sum_{I \subseteq \{1,...,r\}} \mu\Big(\prod_{j \in I} p_j\Big) \prod_{j \in I} p_j^{-1} \\
&= n \sum_{d|n} \frac{\mu(d)}{d} .
\end{aligned}$$

$\square$

Ist f eine multiplikative Funktion, so auch die daraus abgeleitete Funktion

$$g(n) = \sum_{d|n} f(d) ,$$

denn ein Teiler d von $m\,n$ für teilerfremde m, n besitzt die Gestalt $d'\, d''$ mit $d' \mid m$ und $d'' \mid n$. Insbesondere ist die Funktion $\nu(n) = \sum_{d|n} \mu(d)$ multiplikativ, und sie besitzt die Eigenschaft, dass

$$\begin{aligned}
\nu(p^e) &= \mu(1) + \mu(p) + \mu(p^2) + \cdots + \mu(p^e) \\
&= \mu(1) + \mu(p) \\
&= 0 .
\end{aligned}$$

Somit ist $\nu(n) = 0$ für $n > 1$ und $\nu(1) = 1$.

Satz 16.8 (möbiussche Umkehrformel) *Für eine Funktion f auf $\mathbb{N} \setminus \{0\}$ mit Werten in einer abelschen Gruppe setzen wir $g(n) = \sum_{d|n} f(d)$. Dann gilt*

$$f(n) = \sum_{d|n} \mu(d)\, g\Big(\frac{n}{d}\Big) = \sum_{d|n} \mu\Big(\frac{n}{d}\Big) g(d) .$$

Beweis

$$\sum_{d|n} \mu(d)\, g\!\left(\frac{n}{d}\right) = \sum_{d|n} \mu(d) \sum_{c|\frac{n}{d}} f(c)$$

$$= \sum_{c|n} f(c) \sum_{d|\frac{n}{c}} \mu(d)$$

$$= \sum_{c|n} f(c)\, \nu\!\left(\frac{n}{c}\right) = f(n)\ .$$

$\square$

Im nächsten Satz benötigen wir die multiplikative Version diese Satzes.

Satz 16.9   *Das n-te Kreisteilungspolynom besitzt die Darstellung*

$$\Phi_n = \prod_{d|n} (T^d - 1)^{\mu(\frac{n}{d})}\ . \tag{16.2}$$

Beweis   Wir setzen $f(n) = \Phi_n$ und wenden die möbiussche Umkehrformel 16.8 auf die abelsche Gruppe $K(T)^{\times}$ an. Wegen $g(n) = \prod_{d|n} \Phi_d = T^n - 1$ erhalten wir $\Phi_n = \prod_{d|n} g(d)^{\mu(\frac{n}{d})} = \prod_{d|n} (T^d - 1)^{\mu(\frac{n}{d})}$. $\square$

Als Anwendung hiervon erhalten wir, dass das Kreisteilungspolynom im Körper der rationalen Funktionen $K(X)$ liegt und damit ein Polynom mit Koeffizienten in K ist.

Korollar 16.10   *Das n-te Kreisteilungspolynom $\Phi_n(X)$ liegt in $K[X]$.*

16.2 Irreduzibilität des Kreisteilungspolynoms

Unser nächstes Ziel ist es zu untersuchen, unter welchen Bedingungen das Kreisteilungspolynom irreduzibel ist. Der Weg hierzu geht über die Galois-Gruppe des Kreisteilungskörpers. Wir beschreiben zunächst ihre Aktion auf den Einheitswurzeln. Dazu wählen wir eine primitive n-te Einheitswurzel ζ. Jede n-te Einheitswurzel lässt sich dann schreiben als ζ^a für ein $a \in \mathbb{Z}$, weswegen $K[n] = K[\zeta]$ gilt. Wir bemerken an dieser Stelle, dass der Wert von ζ^a nur von der Restklasse von a modulo n in $\mathbb{Z}/n\mathbb{Z}$ abhängt. Die Galois-Gruppe $G = \mathrm{Gal}(K[n]/K)$ operiert auf $K[n]$ und dann insbesondere auf der Gruppe der n-ten Einheitswurzeln μ_n (siehe 15.2), denn für $\sigma \in G$ und $\zeta \in \mu_n$ ist $(\zeta^\sigma)^n = (\zeta^n)^\sigma = 1$ also $\zeta^\sigma \in \mu_n$. Dadurch wird μ_n zu einem sogenannten *Galois-Modul*. Wir bestimmen nun die Aktion von G auf μ_n. Da μ_n zyklisch ist, ist $\mu_n = \langle \zeta \rangle$. Das n-te Kreisteilungspolynom besitzt Koeffizienten in K, und deswegen werden die Nullstellen durch die Galois-Gruppe permutiert, d. h. für jedes $\sigma \in G$ gibt es ein $r_n(\sigma) \in (\mathbb{Z}/n\mathbb{Z})^{\times}$ mit $\zeta^\sigma = \zeta^{r_n(\sigma)}$. Die

Zuordnung $\sigma \mapsto r_n(\sigma)$ hat die Eigenschaft, dass $r_n(\sigma\tau) = r_n(\sigma)r_n(\tau)$ gilt; denn es gilt

$$\zeta^{r_n(\sigma\tau)} = \zeta^{\sigma\tau} = (\zeta^\sigma)^\tau = (\zeta^{r_n(\sigma)})^\tau = \zeta^{r_n(\sigma)r_n(\tau)}$$

Dies zeigt, dass man einen Homomorphismus

$$r_n\colon \mathrm{Gal}(K[n]/K) \longrightarrow (\mathbb{Z}/n\mathbb{Z})^\times$$

erhält. Sind d und n positive ganze Zahlen mit $d \mid n$, so ergibt sich das folgende kommutative Diagramm:

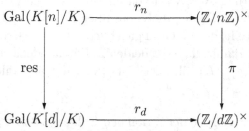

Hier ist π die natürliche Projektion $a + n\mathbb{Z} \to a + d\mathbb{Z}$.

Lemma 16.11 *Der Homomorphismus r_n ist injektiv und infolgedessen der n-te Kreisteilungskörper $K[n] \supseteq K$ eine abelsche Erweiterung.*

Beweis Da $(\mathbb{Z}/n\mathbb{Z})^\times$ abelsch ist, reicht es, die Injektivität von r_n zu zeigen. Ist $r_n(\sigma) = 1$ und ist ζ eine primitive Einheitswurzel, so gilt $\zeta^\sigma = \zeta^{r_n(\sigma)} = \zeta$. Also $\sigma = \mathrm{id}$. $\qquad\square$

Kreisteilungskörper spielen in der Körpertheorie eine ganz wesentliche Rolle; z. B. gilt der folgende Satz von Kronecker-Weber, dessen Beweis mit Methoden der Klassenkörpertheorie geführt wird, was aber weit über den Rahmen dieses Buches hinausgeht.

Satz 16.12 (Satz von Kronecker-Weber) *Jede endliche abelsche Erweiterung $E \supseteq \mathbb{Q}$ ist in einem der Körper $\mathbb{Q}[n]$ enthalten.*

Bemerkung: Abelsche Erweiterungen von $\mathbb{Q}$ sind mit anderen Worten enthalten in Körpern, die von den Werten der Exponentialfunktion $e^{2\pi i z}$ an rationalen Stellen erzeugt werden. Dies führt sofort auf den berühmten *kroneckerschen Jugendtraum*, d. h. die Frage Kroneckers nach der Erzeugbarkeit von endlichen Körpererweiterungen von $\mathbb{Q}$ oder endlichen Erweiterungen hiervon durch Werte transzendenter Funktionen an algebraischen Stellen. Ersetzt man die rationalen Zahlen durch eine imaginär-quadratische Erweiterung, so führt dies zu dem berühmten *12. hilbertschen Problem*, das in der Theorie der Modulformen angesiedelt ist. Es gibt hier einen sehr engen Zusammenhang mit der Theorie der transzendenten Zahlen und dem 7. hilbertschen Problem, der Frage, ob $2^{\sqrt{2}}$, oder allgemeiner α^β,

$\alpha \notin \{0,1\}$ und $\beta \notin \mathbb{Q}$ algebraisch, transzendent ist. Die Antwort ist der fundamentale Satz von Gelfond und Schneider (1934), der besagt, dass α^{β} außer für $\alpha = 0, 1$ oder rationales β transzendent ist. Daraus folgt, dass rationale Argumente von $e^{2\pi i z}$ die einzigen algebraischen Zahlen sind, für die $e^{2\pi i z}$ algebraische Werte annimmt. Denn ist $\alpha \in \bar{\mathbb{Q}}$ eine algebraische Zahl mit $e^{2\pi i \alpha} \in \bar{\mathbb{Q}}$, so ist $e^{2\pi i \alpha} = (e^{\pi i})^{2\alpha} = (-1)^{2\alpha} \in \bar{\mathbb{Q}}$ und somit nach Gelfond und Schneider $\alpha \in \mathbb{Q}$.

Lemma 16.13   *Die Abbildung r_n ist ein Isomorphismus genau dann, wenn Φ_n irreduzibel in $K[X]$ ist.*

Beweis   Die Erweiterung $K[n]$ wird von einer beliebigen primitiven n-ten Einheitswurzel erzeugt, deren Minimalpolynom über K den Grad $[K[n] : K]$ besitzt und das Polynom Φ_n teilt, dessen Grad gleich $\varphi(n)$ ist. Die Irreduzibilität von Φ_n in $K[X]$ ist äquivalent damit, dass die beiden Polynome denselben Grad besitzen, d.h. dass $\varphi(n) = [K[n] : K]$ gilt. Dies ist wiederum äquivalent dazu, dass r_m surjektiv ist. $\square$

Satz 16.14   *Ist K der Körper der rationalen Zahlen, so ist Φ_n irreduzibel.*

Beweis   Es sei f das Minimalpolynom einer primitiven n-ten Einheitswurzel über den rationalen Zahlen. Wir zeigen, dass $f(\zeta^a) = 0$ für alle Nullstellen ζ von f und für alle $a \in (\mathbb{Z}/n\mathbb{Z})^{\times}$ gilt. Da f dann Φ_n teilt und beide Polynome den Grad $\varphi(n)$ besitzen, sind sie gleich, und damit ist Φ_n irreduzibel. Wir beginnen mit dem Fall, dass $a = p$ eine Primzahl ist.

Ist das Minimalpolynom g von ζ^p von f verschieden, so sind f und g teilerfremd, und beide teilen $T^n - 1$, sodass $T^n - 1 = f\,g\,h$ folgt. Da ζ eine Nullstelle von $g(T^p)$ ist, wird $g(T^p)$ von f geteilt, d.h. es gilt $g(T^p) = f k$. Alle Polynome liegen wegen Satz 12.17, dem Lemma von Gauss, in $\mathbb{Z}[T]$. Daher können wir auf diese Identität die kanonische Projektion $\pi \colon \mathbb{Z}[T] \to \mathbb{Z}[T]/p\mathbb{Z}[T] \simeq (\mathbb{Z}/p\mathbb{Z})[T]$ anwenden und erhalten

$$\pi(f)\pi(k) = \pi(g(T^p)) = \pi(g)^p\,.$$

Ist nun v ein irreduzibler Teiler von $\pi(f)$, so folgt $v \mid \pi(g)$ und somit $v^2 \mid \pi(T^n - 1)$. Da $\pi(T^n - 1) = T^n - 1$ in $(\mathbb{Z}/p\mathbb{Z})[T]$ separabel ist, ergibt sich ein Widerspruch zur Annahme, dass $f \neq g$ gilt. Daraus folgt $f(\zeta^p) = 0$, wie behauptet.

Wir beenden den Beweis durch Induktion über die Teiler von a. Ist $a = pb$ für eine Primzahl p, so ist nach Induktionsvoraussetzung ζ^b eine Nullstelle von f und dann auch $\zeta^a = (\zeta^b)^p$, wie wir gerade bewiesen haben. $\square$

Die Abbildung $\sigma_n \colon (\mathbb{Z}/n\mathbb{Z})^{\times} \to \mathrm{Gal}(\mathbb{Q}[n]/\mathbb{Q})$, die einem a den Automorphismus $\sigma_n(a) \colon \zeta \mapsto \zeta^a$ zuordnet, ist wegen $\zeta^{\sigma_n(ab)} = \zeta^{ab} = (\zeta^b)^a = (\zeta^{\sigma_n(b)})^a = (\zeta^a)^{\sigma_n(b)} = (\zeta^{\sigma_n(a)})^{\sigma_n(b)} = \zeta^{\sigma_n(a)\sigma_n(b)}$ ein Homomorphismus.

Korollar 16.15 *Es gilt $\sigma_n r_n = \mathrm{id}$ und $r_n \sigma_n = \mathrm{id}$, d. h. σ_n stellt einen Isomorphismus zwischen $\mathrm{Gal}(\mathbb{Q}[n]/\mathbb{Q})$ und $(\mathbb{Z}/n\mathbb{Z})^\times$ her.*

16.3 Endliche Körper

In diesem Abschnitt konzentrieren wir uns auf den Fall, dass K ein endlicher Körper ist. Sei also stets p eine Primzahl und q ein Potenz von p, etwa $q = p^n$. Die multiplikative Gruppe von $K = \mathbb{F}_q$ ist zyklisch der Ordnung $q - 1$. Somit ist K der Kreisteilungskörper der Stufe $q - 1$. Es gilt der folgende

Satz 16.16 *Das $(q-1)$-te Kreisteilungspolynom $\Phi_{q-1}(T)$ zerfällt über dem Körper $\mathbb{F}_p$ in $\frac{\varphi(q-1)}{n}$ verschiedene normierte irreduzible Polynome vom selben Grad n.*

Beweis Sei ζ eine beliebige Nullstelle von $\Phi_{q-1}(T) \in \mathbb{F}_p[T]$. Dann ist ζ eine primitive $(q-1)$-te Einheitswurzel. Nun ist $\zeta \in \mathbb{F}_{p^k}$ genau dann, wenn $\zeta^{p^k} = \zeta$ und $p^k \equiv 1 \pmod{q - 1}$. Daraus folgt, dass $k = n$ und somit ζ in $\mathbb{F}_q$ liegt. Daher hat das Minimalpolynom von ζ über $\mathbb{F}_p$ den Grad n und da ζ beliebig war, folgt die Aussage. $\qquad\square$

Durch Faktorisierung des Kreisteilungspolynomes finden wir also genau jene irreduziblen Polynome, deren Nullstellen die Erzeuger der multiplikativen Gruppe des endlichen Körpers sind.

Wir wenden uns dem Problem zu, das Minimalpolynom von α^i für ein primitives Element α zu berechnen. Seien n und q teilerfremde natürliche Zahlen. Wir bezeichnen mit $\mathbb{Z}_n$ das Repräsentantensystem von $\mathbb{Z}/n\mathbb{Z}$ bestehend aus den kleinsten nicht-negativen Resten. Die *zyklotomische Nebenklasse* von q modulo n die i enthält, ist definiert durch

$$C_i := \{(i \cdot q^j \bmod n) \in \mathbb{Z}_n;\ j = 0, 1, \ldots\}\,.$$

Eine Teilmenge $\{i_1, \ldots, i_j\}$ von $\mathbb{Z}_n$ heißt ein vollständiges Repräsentantensystem von zyklotomischen Nebenklassen von q modulo n, falls $C_{i_1}, \ldots, C_{i_t}$ paarweise verschieden sind und $\bigcup_{j=1}^t C_{i_j} = \mathbb{Z}_n$ ist. Je zwei zyklotomische Nebenklassen sind entweder identisch oder disjunkt. Die zyklotomischen Nebenklassen bilden also eine Partition von $\mathbb{Z}_n$. Falls $n = q^m - 1$, dann enthält jede zyklotomische Nebenklasse höchstens m Elemente. Es gilt $|C_i| = m$, falls $(i, q^m - 1) = 1$.

Satz 16.17 *Sei α ein primitives Element von $\mathbb{F}_{q^m}$. Dann ist das Minimalpolynom von α^i über $\mathbb{F}_q$ gegeben durch*

$$M^{(i)}(T) = \prod_{j \in C_i} (T - \alpha^j)\,.$$

Beweis   Zunächst ist α^i klarerweise eine Nullstelle von $M^{(i)}(T)$, da $i \in C_i$. Sei $M^{(i)}(T) = a_0 + a_1 T + \ldots + a_r T^r$ mit $a_k \in \mathbb{F}_{q^m}$ und $r = |C_i|$. Dann folgt

$$a_0^q + a_1^q T + \ldots + a_r^q T^r = \prod_{j \in C_i} (T - \alpha^{qj}) = \prod_{j \in C_{qi}} (T - \alpha^j) = \prod_{j \in C_i} (T - \alpha^j) = M^{(i)}(T) \, .$$

Beachte, daß wir $C_i = C_{qi}$ verwendet haben. Daher ist $a_k = a_k^q$ für alle $0 \le k \le r$ und somit $a_k \in \mathbb{F}_q$. Daher ist $M^{(i)}(T)$ ein Polynom über $\mathbb{F}_q$. Da α ein primitives Element ist, folgt $\alpha^j \ne \alpha^k$ für verschiedene $j, k \in C_i$. Das Polynom $M^{(i)}(T)$ hat also keine mehrfachen Nullstellen. Sei $f(T) = f_0 + f_1 T + \cdots + f_n T^n \in \mathbb{F}_q[T]$ mit $f(\alpha^i) = 0$. Dann existiert für jedes $j \in C_i$ ein l mit $j \equiv iq^l$ mod $q^m - 1$. Also

$$f(\alpha^j) = f(\alpha^{iq^l}) = f_0 + f_1 \alpha^{iq^l} + \cdots + f_n \alpha^{niq^l} = f_0^{q^l} + f_1^{q^l} \alpha^{iq^l} + \cdots + f_n^{q^l} \alpha^{niq^l}$$

$$= (f_0 + f_1 \alpha^i + \cdots + f_n \alpha^{ni})^{q^l} = f(\alpha^i)^{q^l} = 0 \, .$$

Daher teilt $M^{(i)}(T)$ das Polynom $f(T)$. Insgesamt folgt, daß $M^{(i)}(T)$ das Minimalpolynom von α^i ist. $\qquad\Box$

Der Grad des Minimalpolynoms von α^i ist also gleich der Größe der zyklotomischen Nebenklasse, die i enthält. Außerdem folgt, daß α^i und α^j genau dann dasselbe Minimalpolynom besitzen, wenn i, j in derselben zyklotomischen Nebenklasse liegen.

Wir zeigen noch eine weitere Behauptung, nämlich

Satz 16.18   *Sei n eine positive ganze Zahl mit $(q, n) = 1$. Weiter sei m gegeben mit $n | (q^m - 1)$. Sei α ein primitives Element von $\mathbb{F}_{q^m}$, $M^{(j)}(T)$ das Minimalpolynom von α^j über $\mathbb{F}_q$, und $\{s_1, \ldots, s_t\}$ eine vollständiges Repräsentantensystem von zyklotomischen Nebenklassen von q modulo n. Dann ist die Faktorisierung von $T^n - 1$ in normierte irreduzible Polynome über $\mathbb{F}_q$ gegeben durch*

$$T^n - 1 = \prod_{i=1}^{t} M^{\left(\frac{q^m - 1}{n} s_i \right)}(T) \, .$$

Beweis   Setze $r = (q^m - 1)/n$. Es ist α^r eine primitive n-Einheitswurzel und daher sind alle Nullstellen von $T^n - 1$ gegeben durch $1, \alpha^r, \alpha^{2r}, \ldots, \alpha^{(n-1)r}$. Nach Definition des Minimalpolynoms folgt, daß $M^{(ir)}(T)$ das Polynom $T^n - 1$ für alle $0 \le i \le n - 1$ teilt. Klarerweise gilt daher

$$T^n - 1 = \mathrm{kgV}\left(M^{(0)}(T), M^{(r)}(T), \ldots, M^{((n-1)r)}(T) \right) \, .$$

Um den Beweis zu beenden müssen wir also nur die verschiedenen Polynome im obigen kgV finden. Wir wissen bereits, daß $M^{(ir)}(T) = M^{(jr)}(T)$ genau dann, wenn ir und jr in der selben zyklotomischen Nebenklasse von q modulo $q^m - 1 = rn$, also i, j in der selben Nebenklassen von q modulo n liegen. Die verschiedenen Polynome sind also genau durch $M^{(s_1 r)}(T), \ldots, M^{(s_t r)}(T)$ gegeben, womit der Beweis geführt ist. $\qquad\square$

Es folgt, dass die Anzahl der normierte irreduziblen Faktoren von $T^n - 1$ über $\mathbb{F}_q$ gleich der Anzahl der zyklotomischen Nebenklassen von q modulo n ist.

Übungsaufgaben

1. Bestimme jeweils den kleinsten Kreisteilungskörper $\mathbb{Q}[m]$, in dem
   (a) $\mathbb{Q}(i)$ (b) $\mathbb{Q}(\sqrt{3})$ (c) $\mathbb{Q}(\sqrt{-3})$
   (d) $\mathbb{Q}(\sqrt{5})$ (e) $\mathbb{Q}(\sqrt{-5})$ (f) $\mathbb{Q}(\sqrt{2})$
   liegt.

2. Faktorisiere $T^{21} - 1$ über $\mathbb{F}_2$.

3. Zeige, dass $T^2 + T + 2 \in \mathbb{F}_3[T]$ ein irreduzibler Teiler des 8-ten Kreisteilungs-polynoms $Q_8(T) \in \mathbb{F}_3[T]$ ist. Bestimme dann das Minimalpolynom von α^2 über $\mathbb{F}_3$, wobei α eine Nullstelle von $T^2 + T + 2$ bezeichnet.

4. Sei α eine Nullstelle von $T^5 + T^2 + 1 \in \mathbb{F}_2[T]$. Gib alle zyklotomischen Nebenklassen von 2 modulo 31 und dann das Minimalpolynom von α, α^4 und α^5 an.

17 Das quadratische Reziprozitätsgesetz

In diesem Kapitel beschreiben wir den Zusammenhang zwischen dem Legendre-Symbol, einem sehr wichtigen Hilfsmittel aus der elementaren Zahlentheorie, und der Galois-Theorie von Kreisteilungskörpern $\mathbb{Q}[p]$ für Primzahlen p und deren quadratischen Unterkörpern. Dies ermöglicht es uns, den Satz von Kronecker und Weber im Spezialfall von quadratischen Zahlkörpern auf ganz elementare Weise herzuleiten. Dann wenden wir uns dem *quadratischen Reziprozitätsgesetz* zu, einer epochalen Entdeckung von *Gauss*. Es gibt viele Varianten für seinen Beweis. Die wohl eleganteste geht über quadratische Zahlkörper.

17.1 Quadratische Erweiterungen

Dazu wählen wir eine Primzahl $p > 2$ und betrachten die Kongruenz

$$n \equiv x^2 \pmod{p}$$

in $\mathbb{Z}$. Besitzt sie eine Lösung, so nennen wir n einen *quadratischen Rest (mod p)*, andernfalls einen *quadratischen Nichtrest*. Wir definieren für $n \not\equiv 0$ das *Legendre-Symbol* als

$$\left(\frac{n}{p}\right) = \left\{ \begin{array}{ll} 1 & n \text{ ist quadratischer Rest modulo } p, \\ -1 & n \text{ ist quadratischer Nichtrest modulo } p. \end{array} \right.$$

Aus der Definition wird unmittelbar klar, dass das Legendre-Symbol nur von der Restklasse von n modulo p abhängt und einen Homomorphismus λ von $(\mathbb{Z}/p\mathbb{Z})^\times$ nach $\mu_2 = \{\pm 1\}$ definiert, indem $\lambda(a + p\mathbb{Z}) = \left(\frac{a}{p}\right)$ gesetzt wird. Dies ergibt sich daraus, dass die Quadrate in $(\mathbb{Z}/p\mathbb{Z})^\times$ eine Untergruppe vom Index 2 bilden. Der Zerfällungskörper $\mathbb{Q}[p]$ des irreduziblen Polynoms Φ_p besitzt eine zyklische Galois-Gruppe von gerader Ordnung. Nach 15.19 gibt es dann eine eindeutig bestimmte quadratische Erweiterung $\mathbb{Q}(\sqrt{D_p})$ in $\mathbb{Q}[p]$. Um sie zu bestimmen, müssen wir die Diskriminante D_p des p-ten Kreisteilungspolynoms bestimmen.

Lemma 17.1 *Die Diskriminante von Φ_p ist*

$$D_p = (-1)^{(p-1)/2} p^{p-2} \ .$$

Beweis Das Produkt $\prod(\zeta - 1)$ erstreckt über alle Nullstellen von Φ_p ist gleich $(d/dT)(T^p - 1) = pT^{p-1}$ ausgewertet in $T = 1$, also gleich p. Weiter gilt $\prod \zeta = \Phi_p(0) = 1$, wenn das Produkt über dieselbe Nullstellenmenge gebildet wird. Leiten wir die Gleichung $T^p - 1 = (T - 1)\Phi_p(T)$ ab, so erhalten wir die Beziehung

$$(T - 1)\Phi_p'(T) \equiv pT^{p-1} \pmod{\Phi_p(T)} \ . \tag{17.1}$$

© Springer Fachmedien Wiesbaden GmbH, ein Teil von Springer Nature 2020
G. Wüstholz und C. Fuchs, *Algebra*, Springer Studium Mathematik – Bachelor,
https://doi.org/10.1007/978-3-658-31264-0_20

Setzt man nun in (17.1) die Nullstellen von Φ_p ein, bildet danach wiederum das Produkt über alle $\zeta \neq 1$ und multipliziert schließlich beide Seiten mit $(-1)^{p(p-1)/2} = (-1)^{(p-1)/2}$, so erhält man

$$pD_p = (-1)^{(p-1)/2} p^{p-1}$$

und damit die Behauptung.   □

Aufgrund von Lemma 17.1 können wir den Körper $\mathbb{Q}(\sqrt{D_p})$ als $\mathbb{Q}(\sqrt{p^*})$ mit quadratfreiem $p^* = (-1)^{(p-1)/2}p$ schreiben. Daher gilt $\mathbb{Q}(\sqrt{p^*}) \subseteq \mathbb{Q}[p]$, was bedeutet, dass

$$\mathbb{Q}(\sqrt{p}) \subseteq \begin{cases} \mathbb{Q}(\zeta, \sqrt{-1}) & \text{wenn } p \equiv 3 \pmod 4, \\ \mathbb{Q}(\zeta) & \text{wenn } p \equiv 1 \pmod 4. \end{cases}$$

Wir nennen eine Körpererweiterung *zyklotomisch,* wenn sie durch Adjunktion von Einheitswurzeln gebildet werden kann. Nach Satz 14.9 besitzt sie dann die Gestalt $\mathbb{Q}[n]$ für ein geeignetes n.

Wenn man beachtet, dass $\mathbb{Q}(\zeta, \sqrt{-1}) \subseteq \mathbb{Q}[4p]$, so folgt sofort

$$\mathbb{Q}(\sqrt{p}) \subseteq \begin{cases} \mathbb{Q}[4p] & \text{wenn } p \equiv 3 \pmod 4 \\ \mathbb{Q}[p] & \text{wenn } p \equiv 1 \pmod 4, \end{cases}$$

und daher der Satz von Kronecker und Weber im Fall von quadratischen Erweiterungen der Gestalt $\mathbb{Q}(\sqrt{p})$ für ungerade Primzahlen p. Außerdem gilt $\mathbb{Q}(\sqrt{2}) \subset \mathbb{Q}[8]$ sowie $\mathbb{Q}(\sqrt{-1}) = \mathbb{Q}[4]$. Beachtet man schließlich, dass $\mathbb{Q}(\sqrt{kl}) \subseteq \mathbb{Q}(\sqrt{k}, \sqrt{l})$ für teilerfremde positive ganze k und l sowie $\mathbb{Q}(\sqrt{-k}) \subseteq \mathbb{Q}(\sqrt{-1}, \sqrt{k})$ gilt, so folgt der

Satz 17.2 *Jede quadratische Erweiterung $\mathbb{Q}(\sqrt{D})$ von $\mathbb{Q}$ ist in einer zyklotomischen Erweiterung enthalten.*

Die quadratische Erweiterung $\mathbb{Q}(\sqrt{p^*}) \subseteq \mathbb{Q}[p]$ eröffnet uns eine zweite Möglichkeit, einen Homomorphismus $\chi \colon (\mathbb{Z}/p\mathbb{Z})^\times \to \mu_2$ zu definieren. Wir setzen dazu $\chi(a) = (\sqrt{p^*})^{\sigma_p(a)}/\sqrt{p^*}$ und erhalten einen von der Wahl der Quadratwurzel aus p^* unabhängigen Homomorphismus.

Eine dritte Möglichkeit, einen Homomorphismus Λ von $(\mathbb{Z}/p\mathbb{Z})^\times$ nach μ_2 anzugeben, ergibt sich aus Satz 1.34 von Lagrange. Die Abbildung von $\mathbb{Z}$ nach μ_2, die $a \in \mathbb{Z}$ genau dann auf 1 abbildet, wenn $a^{(p-1)/2} \equiv 1 \pmod p$ gilt, ist konstant auf den Restklassen modulo p und induziert daher einen Homomorphismus $\Lambda \colon (\mathbb{Z}/p\mathbb{Z})^\times \to \mu_2$.

Da $(\mathbb{Z}/p\mathbb{Z})^\times = \mathbb{F}_p^\times$ als multiplikative Untergruppe eines Körpers nach Satz 14.9 zyklisch ist, ergibt sich aus dem folgenden Lemma sofort, dass $\lambda = \chi = \Lambda$ gilt, d. h. alle drei Homomorphismen stimmen überein.

Lemma 17.3 *Für jede zyklische Gruppe G gilt $|\text{Hom}(G, \mu_2)| \leq 2$.*

Beweis Ist $1 \neq \alpha \in \text{Hom}(G, \mu_2)$ und $G = \langle g \rangle$, so gilt $\alpha(g) = -1$ und infolgedessen $\alpha(g^2) = 1$. Es ergibt sich $\ker \alpha = \langle g^2 \rangle$, woraus wir entnehmen, dass α eindeutig festgelegt ist. Daraus folgt die Behauptung. $\square$

Aus dem Beweis des Lemmas entnehmen wir, dass der Kern von λ genau aus den Quadraten besteht und dass es demnach ebensoviele quadratische Reste wie quadratische Nichtreste gibt. Aus der Gleichheit von λ und Λ ergibt sich sofort das Kriterium von Euler:

Satz 17.4 (Kriterium von Euler) *Ist p eine ungerade Primzahl und n eine ganze Zahl mit $(n, p) = 1$, so gilt*

$$\left(\frac{n}{p}\right) \equiv n^{(p-1)/2} \pmod{p} .$$

Als direkte Konsequenz aus dem eulerschen Kriterium erhalten wir $\left(\frac{-1}{p}\right) \equiv (-1)^{(p-1)/2} \pmod{p}$. Wegen $p \neq 2$ muss die Kongruenz eine Gleichheit sein, sodass $\left(\frac{-1}{p}\right) = (-1)^{(p-1)/2}$ und infolgedessen $p^* = \left(\frac{-1}{p}\right) p$ gilt.

17.2 Gausssche Summen

Wir haben gesehen, dass $[\mathbb{Q}[p] : \mathbb{Q}] = \deg \Phi_p = p - 1$ gilt. Die Potenzen ζ^a von ζ, $a \in (\mathbb{Z}/p\mathbb{Z})^\times$, d. h. der Orbit unter der Galois-Gruppe $G := \text{Gal}(\mathbb{Q}[p]/\mathbb{Q})$, bilden daher eine Basis von $\mathbb{Q}[p]$ über $\mathbb{Q}$, sodass wir

$$\sqrt{p^*} = \sum_{a \in (\mathbb{Z}/p\mathbb{Z})^\times} c_a \zeta^{\sigma_p(a)}$$

schreiben können mit rationalen Koeffizienten c_a. Wenden wir auf diese Gleichung ein $\sigma_p(b) \in \text{Gal}(\mathbb{Q}[p]/\mathbb{Q})$, $b \in (\mathbb{Z}/p\mathbb{Z})^\times$, an, so ändert sich die linke Seite um einen Faktor $\left(\frac{b}{p}\right)$, die rechte Seite nimmt die Gestalt $\sum_{a \in (\mathbb{Z}/p\mathbb{Z})^\times} c_{b^{-1}a} \zeta^{\sigma_p(a)}$ an. Durch Koeffizientenvergleich ergeben sich daraus die Relationen $c_{b^{-1}a} = \left(\frac{b}{p}\right) c_a$ und weiter, wenn man $b = a$ setzt, die Beziehung $c_a = \left(\frac{a}{p}\right) c_1$. Dies setzen wir in die Darstellung von $\sqrt{p^*}$ ein und erhalten

$$\sqrt{p^*} = c_1 \sum_{a \in (\mathbb{Z}/p\mathbb{Z})^\times} \left(\frac{a}{p}\right) \zeta^{\sigma_p(a)}$$

$$= c_1 \sum_{a \in (\mathbb{Z}/p\mathbb{Z})^\times} \left(\frac{a}{p}\right) \zeta^a .$$

Wir bestimmen nun c_1 durch Quadrieren der gaussschen Summe

$$S_p = \sum_{a \in (\mathbb{Z}/p\mathbb{Z})^\times} \left(\frac{a}{p}\right) \zeta^a .$$

Lemma 17.5 *Ist ζ eine primitive p-te Einheitswurzel und setzen wir $p^* = \left(\frac{-1}{p}\right)p$, so gilt*

$$S_p{}^2 = p^* \, .$$

Beweis Wir bilden das Quadrat der gaussschen Summe S_p und erhalten

$$S_p{}^2 = \sum_{a,b\in(\mathbb{Z}/p\mathbb{Z})^\times} \left(\frac{a}{p}\right)\left(\frac{b}{p}\right)\zeta^{a+b} = \sum_{a,b\in(\mathbb{Z}/p\mathbb{Z})^\times} \left(\frac{ab}{p}\right)\zeta^{a+b} \, .$$

Durchläuft a die Gruppe $(\mathbb{Z}/p\mathbb{Z})^\times$, so auch ab. Beachtet man, dass die Summe $\zeta + \zeta^2 + \cdots + \zeta^{p-1}$ gleich $p-1$ ist, falls $\zeta = 1$ gilt, und andernfalls den Wert -1 annimmt, so erhält man

$$
\begin{aligned}
S_p{}^2 &= \sum_{a,b\,\in(\mathbb{Z}/p\mathbb{Z})^\times} \left(\frac{ab^2}{p}\right)\zeta^{(a+1)b} \\
&= \sum_{a\in(\mathbb{Z}/p\mathbb{Z})^\times} \left(\frac{a}{p}\right) \sum_{b\in(\mathbb{Z}/p\mathbb{Z})^\times} \zeta^{(a+1)b} \\
&= (p-1)\left(\frac{-1}{p}\right) - \sum_{\substack{a\in(\mathbb{Z}/p\mathbb{Z})^\times,\\ a\neq-1}} \left(\frac{a}{p}\right) \\
&= p\left(\frac{-1}{p}\right) - \sum_{a\in(\mathbb{Z}/p\mathbb{Z})^\times} \left(\frac{a}{p}\right) \, .
\end{aligned}
$$

Da es ebenso viele quadratische Reste wie Nichtreste gibt, verschwindet die rechte Summe, und man erhält schließlich

$$S_p{}^2 = p\left(\frac{-1}{p}\right) \, ,$$

woraus sich direkt die Behauptung ergibt.   □

Unsere Diskussion zeigt, dass wir für den Beweis des Spezialfalles des Satzes von Kronecker und Weber den Weg über quadratische Erweiterungen hätten vermeiden können, wenn wir gleich von der gaussschen Summe S_p ausgegangen wären. Denn Lemma 17.5 zeigt dann, dass $\mathbb{Q}(\sqrt{p^*})$ in $\mathbb{Q}(S_p) \subseteq \mathbb{Q}[p]$ enthalten ist. Der Weg, den wir eingeschlagen haben, hat den Vorteil, dass man sieht, wie die gausssche Summe in natürlicher Weise ins Spiel kommt.

17.3 Das quadratische Reziprozitätsgesetz

Sind $p \neq q$ ungerade Primzahlen, so erhält man einerseits das Legendre-Symbol $\left(\frac{p}{q}\right)$, andererseits kann man auch $\left(\frac{q}{p}\right)$ bilden. Dass diese beiden in einem engen

Zusammenhang stehen, war eine der großen Entdeckungen von *Carl Friedrich Gauss* (1777–1855):

Satz 17.6 (Quadratisches Reziprozitätsgesetz) *Für ungerade Primzahlen* $p \neq q$ *gilt*

$$\left(\frac{q}{p}\right) = (-1)^{\frac{p-1}{2}\frac{q-1}{2}}\left(\frac{p}{q}\right) .$$

Beweis Es gilt einerseits aufgrund von Lemma 17.5 sowie Satz 17.4

$$\begin{aligned} S_p{}^{q-1} &= (S_p{}^2)^{\frac{q-1}{2}} \\ &= p^{\frac{q-1}{2}}(-1)^{\frac{p-1}{2}\frac{q-1}{2}} \\ &\equiv \left(\frac{p}{q}\right)(-1)^{\frac{q-1}{2}\frac{p-1}{2}} \end{aligned}$$

modulo q, andererseits

$$\begin{aligned} S_p{}^q &\equiv \sum_{a\in(\mathbb{Z}/p\mathbb{Z})^{\times}} \left(\frac{a}{p}\right)\zeta^{aq} \\ &\equiv \sum_{a\in(\mathbb{Z}/p\mathbb{Z})^{\times}} \left(\frac{aq}{p}\right)\zeta^{q} \\ &\equiv \left(\frac{q}{p}\right)S_p . \end{aligned}$$

Multipliziert man die gerade gewonnene Identität mit S_p und beachtet, dass $S_p{}^2$ wegen Lemma 17.5 modulo q invertierbar ist, so kann man durch $S_p{}^2$ kürzen. Da der Absolutbetrag der Differenz der beiden Seiten ganz und höchstens 2 ist sowie durch $q \geq 3$ geteilt wird, ergibt sich

$$\left(\frac{q}{p}\right) = S_p{}^{q-1} = \left(\frac{p}{q}\right)(-1)^{\frac{q-1}{2}\frac{p-1}{2}}$$

wie gewünscht. $\square$

Man kann das Quadratische Reziprozitätsgesetz noch auf die Fälle $q = 2$ oder $q = -1$ ausdehnen. Dies führt dann zu dem

Satz 17.7 (Ergänzungssatz) *Es gilt*

$$\left(\frac{2}{p}\right) = (-1)^{\frac{p^2-1}{8}}$$

sowie

$$\left(\frac{-1}{p}\right) = (-1)^{\frac{p-1}{2}} .$$

Beweis   Um den Ergänzungssatz zu beweisen, wählen wir eine primitive achte Einheitswurzel ζ und setzen $S_2 = \zeta + \zeta^{-1}$. Es gilt dann $S_2^2 = 2$ und daher wegen Satz 17.4

$$S_2{}^{p-1} = 2^{\frac{p-1}{2}}$$
$$\equiv \left(\frac{2}{p}\right)$$

modulo p. Bezeichnen wir mit σ den zum Rest von p modulo 8 gehörenden Automorphismus in $\mathrm{Gal}(\mathbb{Q}[8]/\mathbb{Q})$, der demnach ζ nach ζ^p abbildet, so hält dieser den reellquadratischen Unterkörper $\mathbb{Q}(S_2) \subseteq \mathbb{Q}[8]$ fest. Dies zieht $\sigma(S_2) = \varepsilon\, S_2$ für ein $\varepsilon \in \mu_2$ nach sich, sodass, ebenfalls modulo p,

$$S_2{}^p = (\zeta + \zeta^{-1})^p$$
$$\equiv \zeta^p + \zeta^{-p}$$
$$\equiv \sigma(S_2)$$
$$\equiv \varepsilon\, S_2\,.$$

Wie im Beweis von Satz 17.6 schließt man aus dem Bestehen dieser beiden Kongruenzen auf $\varepsilon = \left(\frac{2}{p}\right)$. Zur Bestimmung von ε beachten wir, dass $\varepsilon = 1$ genau dann gilt, wenn

$$\zeta^p + \zeta^{-p} = \zeta + \zeta^{-1},$$

d. h. wenn $p \equiv \pm 1 \pmod 8$ ist. Damit ist der erste Teil der Behauptung gezeigt. Den zweiten Teil haben wir als Folgerung des Kriteriums von Euler bereits verifiziert.   □

Übungsaufgaben

1. Zeige, dass $\mathbb{Q}(\sqrt{d})$ für quadratfreies $d \neq \pm 1$ in $\mathbb{Q}[D]$ liegt mit $D = d$ für $d \equiv 1$ (mod 4) und mit $D = 4d$ für $d \equiv 3$ (mod 4).

18 Auflösung durch Radikale

18.1 Der Satz von Speiser

Ein wesentliches Hilfsmittel, um die Frage nach der Auflösbarkeit von Gleichungen durch Radikale zu untersuchen, ist die sogenannte Kummer-Theorie sowie in Charakteristik p die Artin-Schreier-Theorie. Beide basieren auf dem fundamentalen Satz 90 von Hilbert. Dieser ist ein Spezialfall eines Satzes von Speiser. Dieser ist in der Galois-Kohomologie angesiedelt, kann jedoch ohne Kenntnisse in dieser Theorie ohne Probleme bewiesen werden. Das wollen wir in diesem Abschnitt tun. Nicht nur für den Beweis des Satzes von Speiser, sondern auch in vielen anderen Situationen stellt sich der folgende Satz von Artin als sehr nützlich heraus.

Satz 18.1 (Artin) *Paarweise verschiedene Homomorphismen $\chi_1, \ldots, \chi_n \neq 0$ von einem multiplikativen Monoid M in die multiplikative Gruppe eines Integritätsbereichs R sind linear unabhängig.*

Beweis Der Satz wird durch Induktion bewiesen. Für $n = 1$ ist er offensichtlich richtig. Es sei nun $\lambda := \lambda_1\chi_1 + \cdots + \lambda_n\chi_n = 0$ eine Abhängigkeitsrelation mit $\lambda_i \in R$, die nicht alle gleich 0 sind. Dann gilt $\lambda(\xi) = 0$ für alle $\xi \in R$. Wir nehmen o.B.d.A. an, dass $\lambda_n \neq 0$ ist und betrachten $\lambda^{(a)} = \lambda_1\chi_1(a)\chi_1 + \cdots + \lambda_n\chi_n(a)\chi_n$ für $a \in M$. Es gilt $\lambda^{(a)}(\xi) = \lambda(a\,\xi) = 0$ für alle $\xi \in R$ und somit $\lambda^{(a)} = 0$. Dann ist $\chi_n(a)\lambda - \lambda^{(a)} = 0$ eine Abhängigkeitsrelation zwischen $n-1$ Homomorphismen. Nach Induktionsvoraussetzung folgt $0 = \chi_n(a)\lambda_j - \lambda_j\chi_j(a) = (\chi_n(a) - \chi_j(a))\lambda_j$ für $1 \leq j \leq n-1$ und nach Voraussetzung können wir für vorgegebenes j ein $a \in R$ so wählen, dass $\chi_n(a) \neq \chi_j(a)$ und deswegen $\lambda_j = 0$ gilt. Es folgt $0 = \lambda = \lambda_n\chi_n$ und somit $\lambda_n = 0$. Dies ist ein Widerspruch. $\square$

Wir betrachten eine endliche Galois-Erweiterung $L \supseteq K$ mit Galois-Gruppe Γ sowie für positive ganze Zahlen n die Gruppe $\mathrm{GL}(n, L)$ der invertierbaren $n \times n$-Matrizen mit Einträgen in L. Für $\sigma \in \Gamma$, $U = (U_{i,j}) \in \mathrm{GL}(n, L)$ sowie $x = (x_i) \in L^n = \mathcal{M}_{n,1}(L)$ setzen wir $\sigma(U) = (\sigma(U_{i,j}))$ und $\sigma(x) = (\sigma(x_i))$, wodurch Γ auf $\mathrm{GL}(n, L)$ und L^n operiert.

Satz 18.2 (Speiser) *Es sei $U\colon \Gamma \to \mathrm{GL}(n, L)$, $\sigma \mapsto U_\sigma$, eine Abbildung mit $U_{\sigma\tau} = U_\sigma\sigma(U_\tau)$ für alle $\sigma, \tau \in \Gamma$. Dann existiert ein $T \in \mathrm{GL}(n, L)$ mit $U_\sigma = T^{-1}\sigma(T)$ für alle $\sigma \in \Gamma$.*

Beweis Wir betrachten die Abbildung $U\colon \mathrm{End}_L(L^n) \to \mathrm{End}_L(L^n)$, die durch

$$U = \sum_{\sigma \in \Gamma} U_\sigma \circ \sigma$$

gegeben ist. Ist $\tau \in \Gamma$, so erhalten wir $\tau(U) = \sum_{\sigma \in \Gamma} \tau(U_\sigma \circ \sigma) = \sum_{\sigma \in \Gamma} \left(U_\tau^{-1} U_{\tau\sigma} \right) \circ (\tau\sigma) = U_\tau^{-1} U$. Wenn wir noch nachweisen, dass es ein

© Springer Fachmedien Wiesbaden GmbH, ein Teil von Springer Nature 2020
G. Wüstholz und C. Fuchs, *Algebra*, Springer Studium Mathematik – Bachelor,
https://doi.org/10.1007/978-3-658-31264-0_21

$C \in \mathrm{GL}(n, L)$ gibt mit $U(C)$ in $\mathrm{GL}(n, L)$, so gilt $U_\sigma = U(C)\tau(U(C))^{-1}$, und der Satz ist bewiesen.

Für $v \in L^n$ setzen wir

$$l(v) = \sum_{\sigma \in \Gamma} U_\sigma(\sigma(v))$$

und erhalten so eine Abbildung von L^n nach L^n. Sie besitzt die Eigenschaft, dass für $\lambda \in L$ und $v \in L^n$ gilt

$$l(\lambda v) = \sum_{\sigma \in \Gamma} U_\sigma(\sigma(\lambda v))$$

$$= \sum_{\sigma \in \Gamma} \sigma(\lambda) U_\sigma(\sigma(v)) \; .$$

Verschwindet ein $v^* \in (L^n)^*$ auf dem Bild von l, d. h. gilt $v^*(l(L^n)) = 0$, so erhält man für alle $\lambda \in L$ und $v \in L^n$

$$0 = v^*(l(\lambda v))$$

$$= \sum_{\sigma \in \Gamma} v^*(U_\sigma(\sigma(v)))\sigma(\lambda)$$

$$= \left(\sum_{\sigma \in \Gamma} v^*(U_\sigma(\sigma(v))) \, \sigma \right)(\lambda) \; .$$

Aufgrund von Satz 18.1 entnimmt man hieraus, dass v^* auf $U_\sigma(L^n) = L^n$ verschwindet und sich $v^* = 0$ ergibt. Deswegen wird der Vektorraum L^n von $l(L^n)$ erzeugt. Wir wählen $v_1, \ldots, v_n$ in L^n, sodass die Bilder $l(v_1), \ldots, l(v_n)$ eine Basis von L^n bilden. Bezeichnen wir mit $e_1, \ldots, e_n$ die kanonische Basis von L^n, so gibt es ein $C \in \mathrm{GL}(n, L)$ mit $v_i = C(e_i)$. Mit diesem Element bilden wir $U(C)$. Da $\sigma(e_i) = e_i$ und deswegen $U(C)(e_i) = (\sum U_\sigma \circ \sigma(C))(e_i) = \sum U_\sigma(\sigma(C(e_i))) = l(v_i)$ gilt, bildet $U(C)$ eine Basis auf eine Basis ab und liegt deswegen in $\mathrm{GL}(n, L)$. $\square$

Wir wenden den Satz in zwei Situationen an. Die erste betrifft den Fall $n = 1$, in dem der Satz eine oft benutzte Form des berühmten Satzes 90 von Hilbert ist.

Korollar 18.3 (multiplikativer Hilbert 90) *Ist eine Abbildung $z\colon \Gamma \to L^\times$, $\sigma \mapsto z_\sigma$, gegeben mit $z_{\sigma\tau} = z_\sigma \, \sigma(z_\tau)$ für alle $\sigma, \tau \in \Gamma$, so existiert ein $b \in L^\times$, sodass $z_\sigma = \sigma(b)/b$ für alle $\sigma \in \Gamma$ gilt.*

Beweis   Dies ist nur eine Umformulierung des Satzes von Speiser. $\square$

Der zweite Fall bezieht sich auf die Wahl $n = 2$. Hier erhält man ein additives Analogon des erwähnten Satzes.

Korollar 18.4 (additiver Hilbert 90) *Ist eine Abbildung $z\colon \Gamma \to L$, $\sigma \mapsto z_\sigma$, gegeben mit $z_{\sigma\tau} = z_\sigma + \sigma(z_\tau)$ für alle $\sigma, \tau \in \Gamma$, so existiert ein $b \in L^\times$, sodass $z_\sigma = \sigma(b) - b$ für alle $\sigma \in \Gamma$ gilt.*

Beweis   Wir betten die additive Gruppe des Körpers L vermöge

$$\lambda \longmapsto \begin{pmatrix} 1 & \lambda \\ 0 & 1 \end{pmatrix}$$

in die Gruppe $\mathrm{GL}(2, K)$ ein und setzen $U_\sigma = \begin{pmatrix} 1 & z_\sigma \\ 0 & 1 \end{pmatrix}$. Die Matrix $T = \begin{pmatrix} s & t \\ u & v \end{pmatrix}$ aus Satz 18.2 erfüllt die Gleichung $\sigma(T) = T U_\sigma$ für $\sigma \in \Gamma$, die ausgeschrieben die Gestalt

$$\begin{pmatrix} \sigma(s) & \sigma(t) \\ \sigma(u) & \sigma(v) \end{pmatrix} = \begin{pmatrix} s & s z_\sigma + t \\ u & u z_\sigma + v \end{pmatrix}$$

annimmt. Daraus entnimmt man, dass s und u in K liegen. Beachtet man, dass s und u nicht beide gleich 0 sein können, so findet man $z_\sigma = \sigma(b) - b$ mit $b = t/s$, falls $s \neq 0$ ist, und andernfalls mit $b = v/u$. $\qquad \square$

18.2 Kummer-Theorie

Im folgenden halten wir eine positive ganze Zahl n fest, des weiteren einen Körper K, dessen Charakteristik zu n teilerfremd ist und der die Gruppe μ_n der n-ten Einheitswurzeln enthält, sowie einen algebraischen Abschluss Ω von K. Eine Körpererweiterung $L \supseteq K$ nennt man *abelsch vom Exponenten n*, wenn sie abelsch ist und wenn n der Exponent seiner Galois-Gruppe $\mathrm{Gal}(L/K)$ ist. Eine solche Erweiterung wird auch *Kummer-Erweiterung vom Exponenten n* genannt.

Für eine Menge S mit $(K^\times)^n \subseteq S \subseteq K$ bezeichnen wir mit $\sqrt[n]{S}$ die Menge der $s \in \Omega$ mit $s^n \in S$ und mit $K(\sqrt[n]{S})$ den Körper, der über K von $\sqrt[n]{S}$ erzeugt wird. Dies ist eine Kummer-Erweiterung von K, deren Exponent n teilt. Denn die Polynome $T^n - s^n \in K[T]$ sind wegen der Voraussetzung an die Charakteristik alle separabel, weswegen $K(\sqrt[n]{S})$ eine Galois-Erweiterung von K ist. Jedes $\sigma \in \mathrm{Gal}(K(\sqrt[n]{S})/K)$ hält diese Polynome fest, permutiert deswegen seine Nullstellen, sodass $\sigma(s) = \zeta s$ für ein $\zeta \in \mu_n$ gilt. Daraus erhält man $(\sigma^n)(s) = s$ für alle Erzeugenden von L, und dies bedeutet, dass wie behauptet $\sigma^n = \mathrm{id}$ gilt. Ist $\sigma' \in \mathrm{Gal}(K(\sqrt[n]{S})/K)$ ein weiteres Element, so gilt ebenso $\sigma'(s) = \zeta' s$ für ein $\zeta' \in \mu_n$, sodass $(\sigma \, \sigma')(s) = \zeta \, \zeta' s = \zeta' \, \zeta s = (\sigma' \, \sigma)(s)$ und deswegen $\sigma \, \sigma' = \sigma' \, \sigma$. Also ist die Erweiterung abelsch.

Wir bringen nun Kummer-Erweiterungen von K in Zusammenhang mit Untergruppen von $K^\times$, die $(K^\times)^n$ umfassen. Gehen wir von einer solchen Untergruppe aus, so definiert $L_H = K(\sqrt[n]{H})$ eine Kummer-Erweiterung, wie wir gesehen hatten. Ist umgekehrt $L \supseteq K$ eine Galois-Erweiterung, insbesondere eine Kummer-Erweiterung, so ist $H_L = L^n \cap K^\times$ eine Untergruppe von $K^\times$, die $(K^\times)^n$ umfasst. Es ergibt sich so eine Korrespondenz zwischen Gruppen H mit $K^\times \supseteq H \supseteq (K^\times)^n$ und Kummer-Erweiterungen von K vom Exponenten n.

Ist $(K^\times)^n \subseteq H \subseteq K^\times$ eine Untergruppe und $L_H \supseteq K$ die zugehörige Kummer-Erweiterung mit Galois-Gruppe $\mathrm{Gal}(L_H/K)$ vom Exponent n, so erhält man eine Paarung

$$\langle\,,\,\rangle\colon \ \mathrm{Gal}(L_H/K) \times \bigl(H/(K^\times)^n\bigr) \longrightarrow \mu_n\,,$$

auch *Kummer-Paarung* genannt: bezeichnet $\bar{x}$ die Restklasse von $x \in H$ modulo $(K^\times)^n$ und ist $\xi \in L_H$ so gewählt, dass $\xi^n = x$ gilt, so setzen wir

$$(\sigma, \bar{x}) \longmapsto \langle \sigma, \bar{x} \rangle := \sigma(\xi)/\xi$$

und erhalten eine von der Wahl der Repräsentanten unabhängige Paarung. Sie ist *bimultiplikativ*, d. h. es gilt $\langle \sigma\tau, \bar{x} \rangle = \langle \sigma, \bar{x} \rangle \langle \tau, \bar{x} \rangle$ sowie $\langle \sigma, \bar{x}\bar{y} \rangle = \langle \sigma, \bar{x} \rangle \langle \sigma, \bar{y} \rangle$.

Die Untergruppe, die aus den Elementen $\sigma \in \mathrm{Gal}(L_H/K)$ mit $\langle \sigma, \bar{x} \rangle = 1$ für alle $\bar{x}$ besteht, heißt der *Linkskern* der Paarung; ihr *Rechtskern* wird in analoger Weise definiert. Die Paarung heißt *nicht ausgeartet,* falls ihr Linkskern und ihr Rechtskern die triviale Gruppe ist. Ist σ im Linkskern, so gilt $\langle \sigma, \bar{x} \rangle = 1$ für alle $\bar{x} \in H/(K^\times)^n$ und daher $\sigma(\xi) = \xi$ für alle $\xi \in \sqrt[n]{H}$. Dies bedeutet aber, dass $\sigma = \mathrm{id}$ gilt und dass der Linkskern trivial ist. Dies trifft auch für den Rechtskern zu, denn $\langle \sigma, \bar{x} \rangle = 1$ zieht $\sigma(\xi) = \xi$ nach sich; wenn dies für alle $\sigma \in \mathrm{Gal}(L_H/K)$ eintritt, so folgt $\xi \in K$ und schließlich $\bar{x} = 1$, wie behauptet. Die Kummer-Paarung ist ein Beispiel einer nicht ausgearteten Paarung.

Eine bimultiplikative Paarung

$$\langle\,,\,\rangle\colon \ G_1 \times G_2 \longrightarrow T$$

zwischen Gruppen G_1, G_2 mit Werten in einer zyklischen Gruppe T induziert immer Homomorphismen

$$\iota_1\colon \ G_1 \longrightarrow \mathrm{Hom}(G_2, T)$$

sowie

$$\iota_2\colon \ G_2 \longrightarrow \mathrm{Hom}(G_1, T)\,.$$

Sie sind definiert als $(\iota_1(g_1))(g_2) = \langle g_1, g_2 \rangle = (\iota_2(g_2))(g_1)$ für $g_i \in G_i$, $i = 1, 2$. Ist die Paarung nicht ausgeartet, so sind ι_1, ι_2 injektiv.

Die Kummer-Paarung liefert nach dem eben beschriebenen allgemeinen Prinzip mit G_1, G_2 und T ersetzt durch $\mathrm{Gal}(L_H/K), H/(K^\times)^n$ sowie μ_n Injektionen

$$l_H\colon \ H/(K^\times)^n \longrightarrow \mathrm{Hom}(\mathrm{Gal}(L_H/K), \mu_n)$$

sowie

$$r_L\colon \ \mathrm{Gal}(L_H/K) \longrightarrow \mathrm{Hom}(H/(K^\times)^n, \mu_n)\,.$$

Der erste der beiden Homomorphismen beispielsweise ordnet einem Element $\bar{x}$ den Homomorphismus $l_H(\bar{x})$ zu, der σ auf $\langle \sigma, \bar{x} \rangle$ abbildet.

Satz 18.5 *Ist $H/(K^\times)^n$ endlich, so gilt auf kanonische Weise*

$$H/(K^\times)^n \simeq \mathrm{Hom}(\mathrm{Gal}(L_H/K), \mu_n) \, .$$

Beweis Wir müssen nur noch die Surjektivität von l_H zeigen und wählen dazu einen Homomorphismus $z\colon \mathrm{Gal}(L_H/K) \to \mu_n$, $\sigma \mapsto z_\sigma$. Auf μ_n operiert $\mathrm{Gal}(L_H/K)$ trivial, sodass wir für $\sigma, \tau \in \mathrm{Gal}(L_H/K)$ die Relation

$$z_{\sigma\tau} = z_\sigma z_\tau = z_\sigma \, \sigma(z_\tau)$$

erhalten. Dies versetzt uns in die Lage, Korollar 18.3 anzuwenden und ein $b \in L_H$ zu finden mit $z_\sigma = \sigma(b)/b$. Daher gilt $\sigma(b^n) = z_\sigma{}^n \, b^n = b^n$ für alle $\sigma \in \mathrm{Gal}(L_H/K)$ und folglich $b^n \in K$. Man erhält so $z_\sigma = \langle \sigma, \bar{b}^n \rangle = l_L(\bar{b}^n)(\sigma)$, d. h. $z = l_L(\bar{b}^n)$. Dies zeigt die Surjektivität von l_L. $\square$

Man kann nun weiter beweisen, was wir hier allerdings nicht tun wollen, dass die Bijektivität des einen Homomorphismus die des anderen impliziert.

Die Galois-Theorie, die wir im Kapitel 15 vorgestellt hatten, stellt eine Korrespondenz zwischen Gruppen und Körpern her. Die Gruppen sind Automorphismengruppen von Körpererweiterungen $L \supseteq K$, die auf K trivial operieren. Für Kummer-Erweiterungen vom Exponenten n kann man weiter gehen und ihre Galois-Gruppen mit Untergruppen der multiplikativen Gruppe des Körpers K selbst in Verbindung bringen und eine entsprechende Korrespondenz herstellen.

Wir formulieren nun den Hauptsatz der Kummer-Theorie, beweisen ihn aber nur für endliche Kummer-Erweiterungen und Untergruppen von $K^\times$, in denen der Index von $(K^\times)^n$ endlich ist.

Satz 18.6 *Die Abbildung $H \mapsto L_H$ ist eine bijektive inklusionserhaltende Korrespondenz zwischen der Menge der Untergruppen von $K^\times$, die $(K^\times)^n$ enthalten, und der Menge der Kummer-Erweiterungen von K, deren Exponent n teilt. Sie besitzt $L \mapsto L^n \cap K^\times$ als inverse Abbildung.*

Beweis Wir zeigen, dass die zwei möglichen Kompositionen der beiden Abbildungen jeweils die Identität ergeben und beginnen mit einer Kummer-Erweiterung L. Dieser ist die Untergruppe $H = H_L$ zugeordnet, die ihrerseits eine Kummer-Erweiterung $L' = L_H$ mit zugehöriger Gruppe $H' = H_{L'}$ definiert. Weil $H = L^n \cap K^\times \subseteq L^n$ gilt, folgt zunächst $\sqrt[n]{H} \subseteq L$ und dann $L' = K(\sqrt[n]{H}) \subseteq L$. Wir wählen nun $x \in L$. Dann ist $K(x) \supseteq K$ endlich abelsch, und der Exponent teilt n. Nach Satz 7.10 zusammen mit Satz 7.11 ist die Galois-Gruppe $\mathrm{Gal}(K(x)/K)$ eine direkte Summe zyklischer Gruppen Z, deren Ordnung n teilt. Die zu Z gehörige zyklische Erweiterung $K' \supseteq K$ lässt sich dann nach Satz 18.9 als $K(\alpha)$ schreiben mit $\alpha^n \in K$. Dies bedeutet, dass $\alpha^n \in L^n \cap K^\times = H$ liegt, weswegen

$\alpha \in K(\sqrt[n]{H}) = L'$ ist. Es folgt $K' \subseteq L'$ und dies für alle zu den zyklischen Summanden von $\operatorname{Gal}(K(x)/K)$ gehörenden zyklischen Erweiterungen, deren Kompositum insgesamt $K(x)$ ergibt. Somit gilt $x \in K(x) \subseteq L'$, d. h. $L \subseteq L'$ und infolgedessen $L = L'$, was den ersten Teil der Behauptung beweist.

Beginnen wir umgekehrt mit einer Untergruppe H, so definiert diese wie oben eine Erweiterung $L = K(\sqrt[n]{H})$, zu der ihrerseits eine Gruppe $H' = L^n \cap K^\times$ gehört und zu dieser weiter die Kummer-Erweiterung $L' = K(\sqrt[n]{H'})$. Wir müssen zeigen, dass $H = H'$ gilt. Im ersten Teil des Beweises haben wir nachgewiesen, dass $L = L'$ gilt. Da $\sqrt[n]{H} \subseteq L$ gilt, folgt sofort $H \subseteq L^n \cap K^\times = H'$. Da beide Gruppen $(K^\times)^n$ enthalten, ergibt sich unter Verwendung von Satz 18.5 dann $H/(K^\times)^n \simeq \operatorname{Hom}(\operatorname{Gal}(L/K), \mu_n) = \operatorname{Hom}(\operatorname{Gal}(L'/K), \mu_n) \simeq H'/(K^\times)^n$, also wegen $H \subseteq H'$ schließlich die Behauptung, dass $H = H'$ gilt. Die übrigen Behauptungen des Satzes sind offensichtlich. $\qquad\square$

18.3 Artin-Schreier-Theorie

In der Kummer-Theorie haben wir uns mit dem Fall beschäftigt, dass die Charakteristik p des Körpers K den Exponenten der Galois-Gruppe nicht teilt. Nun wenden wir uns dem Fall zu, dass $n = p$ gilt. Dann sind aufgrund von gruppentheoretischen Überlegungen alle Fälle abgedeckt. Denn die Galois-Gruppe $G = \operatorname{Gal}(L/K)$ ist abelsch und kann zerlegt werden in $G = G(p) \oplus G'$ mit einer p-Gruppe und einer Gruppe G', deren Exponent m nicht von p geteilt wird. Dies führt aufgrund der Galois-Theorie zu einem Turm $L \supset K(p) \supset K$ mit $\operatorname{Gal}(L/K(p)) = G(p)$ und $\operatorname{Gal}(K(p)/K) = G'$. Dann kann man beide Fälle separat behandeln.

Wir nennen eine abelsche Körpererweiterung vom Exponenten p eine *Artin-Schreier-Erweiterung*. Die Artin-Schreier-Theorie wird durch die Abbildung F_p: $K \to K$, $x \mapsto x^p - x$ determiniert. Sie ist ein Homomorphismus der additiven Gruppe K in sich selbst. Ihr Kern ist der Primkörper $\mathbb{F}_p$. Er spielt nun die Rolle der Gruppen μ_n. Ist S eine Menge mit $F_p(K) \subset S \subset K$, so ordnen wir ihr den Körper $K(F_p^{-1}(S))$ zu. Dies ist eine Artin-Schreier-Erweiterung von K. Denn die Polynome $T^p - T - F_p(s)$ mit $F_p(s) \in S$ sind separabel und $\operatorname{Gal}(K(F_p^{-1}(S))/K)$ hält diese fest. Jedes $\sigma \in \operatorname{Gal}(K(F_p^{-1}(S))/K)$ permutiert daher die Nullstellen und bildet so s auf $s + \gamma$ mit $\gamma \in \mathbb{F}_p$ ab.

Wie in der Kummer-Theorie erhält man eine Korrespondenz $H \mapsto K(F_p^{-1}(H))$, $L \mapsto \mathbb{F}_p(L) \cap K$ zwischen der Menge der Untergruppen von K, die $F_p(K)$ umfassen, und den Artin-Schreier-Erweiterungen von K. Ebenso erhält man eine nicht-ausgeartete biadditive Paarung

$$\langle \, , \, \rangle \colon \ \operatorname{Gal}(L_H/K) \times (H/\mathbb{F}_p(K)) \longrightarrow \mathbb{F}_p \, .$$

Wir nennen sie eine Artin-Schreier-Paarung. Sie führt $\sigma \in \operatorname{Gal}(L_H/K)$ und $\bar{x} \in H/F_p(K)$ in $\langle \sigma, \bar{x} \rangle = \sigma(\zeta) - \zeta$ über, wenn $\zeta \in F_p^{-1}(x)$ und $\bar{x}$ die Restklasse von $x \in H$ modulo $F_p(K)$ ist. Diese Abbildung ist wohldefiniert, wie man sich überzeugt.

Ebenso wie im Kummer-Fall erhält man eine intrinsische Beschreibung der Galois-Gruppen für Artin-Schreier-Erweiterungen.

Satz 18.7 *Ist $H/F_p(K)$ endlich, so gilt auf kanonische Weise*

$$H/F_p(K) \simeq \mathrm{Hom}(\mathrm{Gal}(L_H/K), \mathbb{F}_p) \ .$$

Wir bemerken an dieser Stelle, dass $\mathrm{Gal}(L_H/K)$ ein Vektorraum über $\mathbb{F}_p$ ist und die rechte Seite dann der Dualraum dieses Vektorraums ist.

Beweis Man argumentiert hier ganz analog wie im Beweis von Satz 18.5, nur dass man statt Korollar 18.3 nun das Korollar 18.4 verwendet. Wir geben uns wiederum ein $z \in \mathrm{Hom}(\mathrm{Gal}(L_H/K), \mathbb{F}_p)$, $\sigma \mapsto z_\sigma$, vor. Dann gilt $z_{\sigma\tau} = z_\sigma + z_\tau = z_\sigma + \sigma(z_\tau)$. Nach Korollar 18.4 existiert ein $b \in L_H$ mit $z_\sigma = \sigma(b) - b$. Es folgt dann

$$\sigma(F_p(b)) = \sigma(b^p - p) = \sigma(b)^p - \sigma(b) = (z_\sigma + b)^p - z_\sigma - b = z_\sigma^p - z_\sigma + b^p - b = F_p(b),$$

da $z_\sigma \in \mathbb{F}_p$. Also wird $F_p(b)$ von $\mathrm{Gal}(L_H/K)$ festgehalten und liegt deswegen in K. Man erhält so $z_\sigma = \langle \sigma, F_p(b) \rangle$, woraus die Surjektivität folgt.   □

Der Hauptsatz der Artin-Schreier-Theorie steht ganz in Analogie zum Hauptsatz der Kummer-Theorie.

Satz 18.8 *Die Abbildung $H \mapsto L_H$ ist eine bijektive, inklusionserhaltende Korrespondenz zwischen der Menge der additiven Untergruppen von K, die F_p enthalten, und der Menge der Artin-Schreier-Erweiterungen von K. Sie besitzt $L \mapsto F_p(K) \cap K$ als inverse Abbildung.*

Beweis Man braucht nur dem Beweis des Hauptsatzes der Kummer-Theorie Schritt für Schritt folgen und die entsprechenden Modifikationen vorzunehmen. Insbesondere verwendet man die Sätze 18.9 und 18.5 statt den Sätzen 18.10 und 18.7. Die Details überlassen wir dem Leser.   □

18.4 Zyklische Erweiterungen

Zyklische Erweiterungen sind uns schon früher, z. B. bei Kreisteilungskörpern oder bei endlichen Körpern, begegnet. Sie zeichneten sich alle dadurch aus, dass ihre Gleichung von der in (ii) angegebenen Gestalt war. Hier ist immer der Exponent n prim zur Charakteristik des Körpers. Jedoch treten zyklische Erweiterungen auch in dem Fall auf, dass diese Bedingung nicht erfüllt ist. In diesem Fall kann man sich immer darauf zurückziehen, dass n gleich der Charakteristik p des Körpers ist. Dies wird dann durch die Alternative (iii) beschrieben. Erweiterungen dieses Typs nennt man *Artin-Schreier-Erweiterungen*. Wir werden nun beide Typen untersuchen und behandeln zuerst Erweiterungen vom Typ (ii). Hier setzen wir zusätzlich voraus, dass der Körper K eine primitive n-te Einheitswurzel enthält. Wir betrachten dann eine zyklische Erweiterung $L \supseteq K$ von K mit zyklischer Galois-Gruppe, d. h. von der Gestalt $G = \langle \sigma \rangle$.

Satz 18.9 *Es sei $n \geq 1$ ganz und K ein Körper mit $(n, \mathrm{char}\,(K)) = 1$, der die Gruppe μ_n der n-ten Einheitswurzeln enthält. Eine Erweiterung $L \supseteq K$ ist genau dann zyklisch und ihr Grad ein Teiler von n, wenn es ein Element $a \in K$ und eine Wurzel $\alpha \in L$ der Gleichung $T^n - a = 0$ gibt, sodass $L = K(\alpha)$.*

Beweis Der Satz folgt unmittelbar aus Satz 18.6. $\qquad\square$

Wir formulieren nun den analogen Satz in dem Fall von zyklischen Erweiterungen vom Grad $p = \mathrm{char}\,(K)$. In diesem Fall entfällt die Voraussetzung an die Einheitswurzeln.

Satz 18.10 (Artin-Schreier) *Es sei K ein Körper der Charakteristik p. Eine Erweiterung $L \supseteq K$ ist genau dann zyklisch und ihr Grad ein Teiler von p, wenn es ein Element $a \in K$ und eine Wurzel $\alpha \in L$ der Gleichung $T^p - T - a = 0$ gibt, sodass $L = K(\alpha)$.*

Beweis Der Satz ergibt sich sofort aus Satz 18.8. $\qquad\square$

18.5 Der Hauptsatz

Wir betrachten eine endliche und separable Körpererweiterung $E \supseteq K$, die wir auflösbar genannt hatten, wenn die Galois-Gruppe $\mathrm{Gal}(F/K)$ der kleinsten E umfassenden Galois-Erweiterung F von K, der *Galois-Abschluss* von F, eine auflösbare Gruppe ist. In diesem Fall besitzt sie wegen Satz 3.7 eine Kompositionsreihe

$$G = G_0 \supset G_1 \supset \dots \supset G_m = 1 \,,$$

deren Faktoren G_j/G_{j+1} zyklische Gruppen von Primzahlordnung sind.

Man überlegt sich sogleich, dass für endliche und separable Erweiterungen $F \supseteq E \supseteq K$ die Erweiterung $F \supseteq K$ genau dann auflösbar ist, wenn sowohl $F \supseteq E$ als auch $E \supseteq K$ auflösbar sind.

Eine endliche separable Erweiterung $E \supseteq K$ heißt *auflösbar durch Radikale*, falls es eine endliche Erweiterung $F \supseteq E$ gibt, die eine Kette von Unterkörpern

$$F = F_m \supset F_{m-1} \supset \dots \supset F_1 \supset F_0 = K$$

besitzt, so dass jede Erweiterung $F_{j+1} \supset F_j$ von der Art

(i) Adjunktion einer Einheitswurzel,

(ii) Adjunktion einer Wurzel eines Polynoms der Gestalt $T^n - a$ mit $a \in F_j$ und $(n, \mathrm{char}\,(K)) = 1$,

(iii) Adjunktion einer Wurzel eines Polynoms der Gestalt $T^p - T - a$, $a \in F_j$ und $p = \mathrm{char}\,(K)$

ist. Man kann sich leicht überlegen, dass (i) in (ii) enthalten ist. Jedoch ist es für die Theorie einfacher, wenn man die Adjunktion von Einheitswurzeln separat behandelt. Eine Gleichung $f = 0$, $f \in K[T]$ heißt *auflösbar durch Radikale*, falls der Zerfällungskörper von f auflösbar durch Radikale ist. Ist G_f seine Galois-Gruppe, gilt der folgende Satz:

Satz 18.11 *Für ein separables Polynom f ist die Gleichung $f = 0$ genau dann durch Radikale auflösbar, wenn die Galois-Gruppe G_f auflösbar ist.*

Beweis Wir führen den Beweis zuerst in dem Fall, dass der Grundkörper die nötigen Einheitswurzeln enthält und nehmen an, dass der Zerfällungskörper auflösbar durch Radikale ist. Dann gibt es eine endliche Körpererweiterung $E \supseteq Z_f \supseteq K$, die eine Kette von Unterkörpern besitzt mit den in 18.5 angegebenen Eigenschaften. Insbesondere ist diese Erweiterung galois. Nach dem Hauptsatz der Galois-Theorie sowie 18.9 (ii), bzw. 18.10 (ii), besitzt die Galois-Gruppe eine Normalreihe mit zyklischen sukzessiven Quotienten. Sie ist deswegen auflösbar.

Es sei umgekehrt Z_f auflösbar. Dann ist die $\mathrm{Gal}(Z_f/K)$ auflösbar und besitzt nach Satz 3.7 eine Normalreihe mit zyklischen sukzessiven Quotienten von Primzahlordnung. Aus den Sätzen 18.9(i) und 18.10(i) entnimmt man sofort, dass der Zerfällungskörper auflösbar durch Radikale ist.

Besitzt hingegen der Grundkörper nicht die notwendigen Einheitswurzeln, so kann dieser Mangel durch die Adjunktion einer geeigneten primitiven n-ten Einheitswurzel behoben werden. Man erhält so den Körper $K[n] \supseteq K$. Das Kompositum $E[n]$ von $K[n]$ und dem Körper E ist galois über $K[n]$ und besitzt, falls Z_f auflösbar durch Radikale ist, eine Kette von Körpern der gewünschten Art, nämlich die Komposita der Zwischenkörper für E und von $K[n]$. Man schließt nun wie vorhin, dass $E[n]$ auflösbar ist und somit auch Z_f, denn die Galois-Gruppe $\mathrm{Gal}(Z_f/K)$ ist ein Quotient von $\mathrm{Gal}(E[n]/K)$.

Ist umgekehrt der Zerfällungskörper Z_f auflösbar, so ist die Galois-Gruppe $\mathrm{Gal}(Z_f[n]/K[n])$ ein Subquotient der Galois-Gruppe $\mathrm{Gal}(Z_f/K)$ vermöge der Abbildung $\sigma \mapsto \sigma|_{Z_f}$, somit auflösbar. Damit ist die Erweiterung $Z_f[n] \supseteq K[n]$ auflösbar durch Radikale und damit auch die Erweiterung $Z_f[n] \supseteq K$. Dies bedeutet jedoch, dass auch die Erweiterung Z_f auflösbar durch Radikale ist. $\square$

Als Beispiel führen wir den Satz von Abel an:

Satz 18.12 (Abel) *Für $n \geq 5$ ist die allgemeine Gleichung n-ten Grades $a_0 X^n + a_1 X^{n-1} + \cdots + a_n = 0$ mit Unbestimmten $a_0, a_1, \ldots, a_n$ als Koeffizienten nicht auflösbar durch Radikale.*

Beweis Dieser Satz folgt sofort aus Satz 4.6 zusammen mit unserem Hauptsatz über die Auflösbarkeit von Gleichungen durch Radikale, dem Satz 18.11.   □

Wir haben somit das bereits im Prolog angekündigte Ergebnis über die Existenz und Nichtexistenz von Lösungsformeln bewiesen. Abschließend wenden wir uns noch einmal den Gleichungen vom Grad 3 und 4 zu. Zuvor sei aber noch erwähnt, dass es um sehr spezielle Lösungsformeln (nämlich Auflösung durch Radikale) geht. So lassen sich z.B. die Nullstellen von quintische Gleichungen durch Formeln darstellen, welche Werte von Jacobischen Thetafunktionen bzw. hypergeometrischen Funktionen enthalten.

18.6 Kubische Gleichungen

Zur Illustration behandeln wir die allgemeine Gleichung 3. Grades

$$aT^3 + bT^2 + cT + d = 0, \quad a \neq 0$$

über $\mathbb{Q}$. Sie besitzt die symmetrische Gruppe $\mathscr{S}_3$ als Galois-Gruppe. Die Substitution $X = T - \frac{b}{3}$, die *Tschirnhausen-Transformation*, führt zu einer Gleichung der Gestalt

$$X^3 + pX + q = (X - x_0)(X - x_1)(X - x_2) = 0 \tag{18.1}$$

mit Diskriminante $D = -(4p^3 + 27q^2)$ (für das Vorzeichen siehe (12.5) in Abschnitt 12.7). Die Gruppe $\mathscr{S}_3$ ist auflösbar und besitzt die Kompositionsreihe $\mathscr{S}_3 \supset \mathscr{A}_3 \supset 1$ mit $\mathscr{A}_3 = \langle \omega \rangle$, $\omega = (012)$. Die Wahl der Transposition $\tau = (12)$ führt zu einer Zerlegung von S_3 als ein semidirektes Produkt von $\mathscr{A}_3$ und der von τ erzeugten Untergruppe $\langle \tau \rangle$. Sei F der Zerfällungskörper der Gleichung. Der Fixkörper von $\mathscr{A}_3$ ist $\mathbb{Q}(\sqrt{D})$, sodass man einen Turm

$$F \supset \mathbb{Q}(\sqrt{D}) \supset \mathbb{Q}$$

von Körpererweiterungen erhält. Die Erweiterung $F \supset \mathbb{Q}(\sqrt{D})$ besitzt die zyklische Gruppe $\mathscr{A}_3$ als Galois-Gruppe, weswegen wir eine zyklische Erweiterung vorliegen haben, die durch eine irreduzible Gleichung der Gestalt $T^3 - \theta$ bestimmt ist mit $\theta \in \mathbb{Q}(\sqrt{D})$. Zur Bestimmung von θ gehen wir folgendermaßen vor: der Nullstellenmenge Ω des kubischen Polynoms (18.1) ordnen wir die Menge Γ der bijektiven Abbildungen von $\mathbb{Z}/3\mathbb{Z}$ nach Ω zu. Auf $\mathbb{Z}/3\mathbb{Z}$ operiert die symmetrische Gruppe $\mathscr{S}_3$ in natürlicher Weise, wodurch eine Aktion auf Γ vermöge $x \mapsto x^\sigma$ induziert wird mit $x^\sigma(i) = x(\sigma^{-1}(i))$. Ist ζ eine dritte Einheitswurzel und $x \in \Gamma$, so nennt man den Ausdruck

$$(\zeta, x) = x(0) + \zeta x(1) + \zeta^2 x(2)$$

die *lagrangesche Resolvente* assoziiert mit dem Paar x, ζ.

Wir stellen nun einige Eigenschaften der lagrangeschen Resolvente zusammen. Es gilt

$$\begin{aligned}(\zeta, x^\omega) &= \zeta^2(\zeta, x)\,,\\(\zeta, x^{\omega^2}) &= \zeta(\zeta, x)\end{aligned}$$

sowie $(\zeta, x^\tau) = (\zeta^2, x)$. Die symmetrische Gruppe operiert auf der Menge der Resolventen und jede der Resolventen

$$\begin{aligned}(1, x) &= x(0) + x(1) + x(2) = 0 & (18.2)\\(\zeta, x) &= x(0) + \zeta\, x(1) + \zeta^2 x(2)\\(\zeta^2, x) &= x(0) + \zeta^2 x(1) + \zeta\, x(2)\end{aligned}$$

ist invariant unter der Untergruppe $\mathscr{A}_3$; die letzten beiden werden von τ vertauscht. Es gilt

$$\begin{aligned}(\zeta, x)(\zeta^2, x) &= x(0)^2 + x(1)^2 + x(2)^2 + (\zeta + \zeta^2)(x(0)x(1) + x(0)x(2) + x(1)x(2))\\&= (x(0) + x(1) + x(2))^2 - 3(x(0)x(1) + x(0)x(2) + x(1)x(2))\\&= -3p\end{aligned}$$

sowie

$$\begin{aligned}(\zeta, x)^3 + (\zeta^2, x)^3 &= (1, x)^3 + (\zeta, x)^3 + (\zeta^2, x)^3\\&= 3(x(0)^3 + x(1)^3 + x(2)^3) + 18x(0)x(1)x(2)\\&= -27q\,.\end{aligned}$$

Daher sind $(\zeta^i, x)^3$ $(i = 1, 2)$ die beiden Wurzeln der quadratischen Gleichung

$$(T^3 - (\zeta, x)^3)(T^3 - (\zeta^2, x)^3) = U^2 + 27qU - 27p^3$$

in $U = T^3$, deren Diskriminante gleich $27(27q^2 + 4p^3) = -27D$ ist. Die beiden Wurzeln dieser Gleichung in U sind

$$-\frac{27}{2}q \pm \frac{3}{2}\sqrt{-3}\sqrt{D}\,.$$

und die Wurzeln der Gleichung in T dann die 6 Werte $\zeta^i \sqrt[3]{-\frac{27}{2}q \pm \frac{3}{2}\sqrt{-3}\sqrt{D}}$ mit $i = 0, 1, 2$. Wir wählen x und ζ derart, dass $(\zeta, x) = \sqrt[3]{-\frac{27}{2}q + \frac{3}{2}\sqrt{-3}\sqrt{D}}$ gilt. Dann ist (ζ^2, x) aufgrund der Gleichung

$$(\zeta, x)(\zeta^2, x) = -3p$$

wohlbestimmt, und es ergibt sich aus (18.2) durch Elimination

$$x(0) = \frac{1}{3}\big((\zeta, x) + (\zeta^2, x)\big)$$

$$x(1) = \frac{1}{3}\big(\zeta^2(\zeta, x) + \zeta(\zeta^2, x)\big)$$

$$x(2) = \frac{1}{3}\big(\zeta(\zeta, x) + \zeta^2(\zeta^2, x)\big).$$

Dies sind die *Auflösungsformeln von Cardano* (1545, Nürnberg).

18.7 Quartische Gleichungen

Wir führen die Diskussion anhand der allgemeinen Gleichung 4. Grades

$$aT^4 + bT^3 + cT^2 + dT + e = 0, \quad a \neq 0$$

über $\mathbb{Q}$ weiter. Sie besitzt die symmetrische Gruppe $\mathscr{S}_4$ als Galois-Gruppe. Wir können die Gleichung wieder normieren und zudem die Tschirnhausen-Transformation $X = T - \frac{b}{4}$ anwenden und kommen so zu einer Gleichung der Gestalt

$$X^4 + pX^2 + qX + r = (X - x_0)(X - x_1)(X - x_2)(X - x_3) = 0.$$

Die Gruppe $\mathscr{S}_4$ ist auflösbar und besitzt die Kompositionsreihe $\mathscr{S}_4 \supset \mathscr{A}_4 \supset V_4 \supset 1$, wobei $V_4 = \{(1), (12)(34), (13)(24), (14)(23)\}$ ist. Sei F der Zerfällungskörper der Gleichung. Dann gibt es einen Körperturm

$$\mathbb{Q}(p, q, r) \subset F_1 \subset F_2 \subset F,$$

wobei $F_1 = F^{\mathscr{A}_4}$ und $F_2 = F^{V_4}$. Betrachte nun die Elemente z_1, z, $z_3 \in F$, welche wie folgt gegeben sind

$$z_1 = (x_1 + x_2)(x_3 + x_4),$$
$$z_2 = (x_1 + x_3)(x_2 + x_4),$$
$$z_3 = (x_1 + x_4)(x_2 + x_3).$$

Diese Elemente liegen in F_2. Sei $f(T) = (T - z_1)(T - z_2)(T - z_3) \in F[T]$. Die Koeffizienten von f sind bis auf das Vorzeichen gegeben durch die elementarsymmetrischen Polynome in z_1, z_2, z_3. Da jede Permutation von x_1, x_2, x_3, x_4 eine Permutation von z_1, z_2, z_3 induziert, folgt $f(T) \in \mathbb{Q}(p, q, r)[T]$. Das Polynom f heißt *kubische Resolvente* der (reduzierten) quartischen Gleichung. Es ist leicht nachzurechnen, dass

$$f(T) = T^3 - 2pT^2 + (p^2 - 4r)T + q^2$$

ist. Indem man diese kubische Gleichung löst, erhält man z_1, z_2, z_3. Verwendet man $x_1 + x_2 + x_3 + x_4 = 0$ in der Definition von z_1, z_2, z_3 so erhält man die Formeln

$$x_1 = \frac{1}{2} \left[\sqrt{-z_1} + \sqrt{-z_2} + \sqrt{-z_3} \right],$$

$$x_2 = \frac{1}{2} \left[\sqrt{-z_1} - \sqrt{-z_2} - \sqrt{-z_3} \right],$$

$$x_3 = \frac{1}{2} \left[-\sqrt{-z_1} - \sqrt{-z_2} + \sqrt{-z_3} \right],$$

$$x_4 = \frac{1}{2} \left[-\sqrt{-z_1} + \sqrt{-z_2} - \sqrt{-z_3} \right],$$

wobei die Wurzeln so gewählt werden, dass $\sqrt{z_1}\sqrt{z_2}\sqrt{z_3} = -q$ gilt. Durch Rücksubstitution erhält man die Lösung der ursprünglichen Gleichung.

19 Konstruktionen mit Zirkel und Lineal

In diesem Kapitel wenden wir uns einem Problemkreis zu, der die Geometrie mehr als zwei Jahrtausenden beschäftigt hat. Es geht dabei um eine Reihe einfach zu formulierender geometrischer Probleme aus der Antike, die durch Konstruktionen mit Zirkel und Lineal gelöst werden sollten:

- Kann für einen vorgegebenen Winkel φ mit Zirkel und Lineal der Winkel $\varphi/3$ konstruiert werden? *(Winkeldreiteilung)*
- Ist es möglich, mit Zirkel und Lineal aus einem Würfel gegebener Kantenlänge a einen Würfel doppelten Volumens zu konstruieren? *(delisches Problem)*
- Kann aus einem gegebenen Kreis mit Radius r mit Zirkel und Lineal ein Quadrat gleicher Fläche konstruiert werden? *(Quadratur des Kreises)*
- Kann mit Zirkel und Lineal ein regelmäßiges n-Eck konstruiert werden, das einem vorgegebenen Kreis einbeschrieben ist? *(Konstruktion des regelmäßigen n-Ecks)*

Es stellte sich im Laufe der Zeit heraus, dass diese Probleme unüberwindbare Schwierigkeiten bereiteten. Erst die von E. Galois begründete Theorie der Körpererweiterungen lieferte die Erklärung dafür, weswegen man keine Lösung dieser Probleme fand: sie sind unlösbar!

Um dies zu sehen, betrachten wir einen Unterkörper K der reellen Zahlen. Dieser bestimmt eine euklidische Ebene mit Metrik ρ, den Punkten

$$E(K) = \{P = (u(P), v(P)) \in \mathbb{R}^2; \, u(P), v(P) \in K\} \,,$$

den Geraden

$$L(K) = \{l; \, ax + by + c = 0; \, a, b, c \in K\}$$

sowie den Kreisen

$$C(K) = \{c; \, x^2 + y^2 + dx + ey + f = 0; \, d, e, f \in K\} \,.$$

Da diese geometrischen Objekte in der euklidische Ebene mit ausgezeichnetem Punkt $O = (0,0)$ alle durch Gleichungen mit Koeffizienten in K beschrieben werden, nennen wir sie definiert über K. Bekanntlich bestimmen je zwei Punkte $P \neq Q$ in $E(K)$ in eindeutiger Weise eine Gerade $l(P, Q)$ sowie einen Kreis $c(P, Q)$ mit Mittelpunkt P und Radius $\rho(Q, O)$.

Wir halten nun eine Menge $M \subset \mathbb{R}^2$ fest mit $O, I \in M$, wobei $I = (0, 1)$ gesetzt wird. Es sei $\overline{M} \subseteq E(\mathbb{R})$ die kleinste Menge, die M enthält, mit

- $l(P, Q) \cap l(P', Q') \subseteq \overline{M}$
- $l(P, Q) \cap c(P', Q') \subseteq \overline{M}$
- $c(P, Q) \cap c(P', Q') \subseteq \overline{M}$

© Springer Fachmedien Wiesbaden GmbH, ein Teil von Springer Nature 2020
G. Wüstholz und C. Fuchs, *Algebra*, Springer Studium Mathematik – Bachelor,
https://doi.org/10.1007/978-3-658-31264-0_22

für alle P, P', Q, $Q' \in \overline{M}$, sofern diese Mengen endlich sind. Man überlegt sich sofort, dass die dritte Bedingung schon aus den ersten beiden folgt: dies liegt daran, dass aus zwei Kreisgleichungen der quadratische Teil einer der Gleichungen eliminiert werden kann und nur noch eine Kreisgleichung und eine Geradengleichung übrig bleiben.

Wir nennen $\overline{M}$ den *konstruierbaren Abschluss von M*. Er besteht aus genau den Punkten der euklidischen Ebene, die in endlich vielen Konstruktionsschritten aus der vorgegebenen Menge mittels Zirkel und Lineal gewonnen werden können. Ein Punkt $P = (u, v)$ liegt genau dann in $\overline{M}$, wenn sein Spiegelbild $P^* = (v, u)$ bezüglich der ersten Winkelhalbierenden in $\overline{M}$ liegt. Elementare Geometrie zeigt dann, dass (u, v) genau dann in $\overline{M}$ enthalten ist, wenn $(u, 0)$ und $(v, 0)$ in $\overline{M}$ liegen. Dies legt nahe eine reelle Zahl u konstruierbar bezüglich M zu nennen, falls $P(u) := (u, 0)$ in $\overline{M}$ liegt. Die Menge der konstruierbaren Elemente $u \in \mathbb{R}$ wollen wir mit $\mathcal{K}(M)$ bezeichnen. Mit u ist natürlich auch $-u$ in $\mathcal{K}(M)$.

Nennen wir noch einen Körper reell-quadratisch abgeschlossen, wenn jede reelle Nullstelle einer quadratische Gleichung mit Koeffizienten in dem Körper bereits in dem Körper liegt, so ist es etwas überraschend, dass der folgende Satz gilt:

Satz 19.1 *Für jede Menge $M \subseteq E(\mathbb{R})$ mit $O, I \in M$ bildet $\mathcal{K}(M)$ eine reell-quadratisch abgeschlossene Körpererweiterung des kleinsten Unterkörpers von $\mathbb{R}$, über dem M definiert ist. Zu jedem $x \in \mathcal{K}(M)$ gibt es einen Turm von aufeinander folgenden quadratischen Körpererweiterungen*

$$K_0 = \mathbb{Q}(M) \subset K_1 \subset \ldots \subset K_n \,,$$

mit $x \in K_n$.

Beweis Die erste Aussage folgt aus elementaren Konstruktionen in der euklidischen Geometrie. Denn x, y liegen in $\mathcal{K}(M)$ genau dann, wenn $P(x)$, $P(y)$ in $\overline{M}$ enthalten sind. Mit $P(x)$ und $P(y)$ liegen aber auch $P(x \pm y)$ in $\overline{M}$, also $x \pm y$ in $\mathcal{K}(M)$. Daher ist $\mathcal{K}(M)$ eine abelsche Gruppe. Um nachzuweisen, dass $\mathcal{K}(M) \setminus 0$ auch eine multiplikative Gruppe ist, betrachtet man die Punkte I sowie $P(x)$, $P(z)$ und $P(y)^*$. Die Geraden $l(I, P(x))$ und $l(P(y)^*, P(z))$ sind nun genau dann parallel, wenn $z = xy$ gilt. Daraus entnimmt man ohne Mühe die Aussage, dass zwei der drei Zahlen x, y und $z = xy$ genau dann in $\mathcal{K}(M)$ liegen, wenn alle drei in $\mathcal{K}(M)$ enthalten sind, sodass $\mathcal{K}(M)$ tatsächlich ein Körper ist.

Betrachtet man die Punkte $P(-1)$, O und $P(x)$, so sieht man, dass der Thales-Kreis über dem Streckenabschnitt von $P(-1)$ nach $P(x)$ es erlaubt, den Höhensatz anzuwenden. Er besagt dann, dass mit x auch $\sqrt{x}$ in $\mathcal{K}(M)$ liegt.

Jedes $x \in \overline{M}$ geht aus M durch endlich viele Konstruktionsschritte hervor, was höchstens endlich viele sukzessive quadratische Körpererweiterungen erfordert.

Dies entspricht einem Turm von Körpererweiterungen

$$K_0 = \mathbb{Q}(M) \subset K_1 \subset \ldots \subset K_n \,,$$

mit $x \in K_n$ und mit $[K_{j+1} : K_j] = 2$ für $j = 0, \ldots, n - 1$. Insgesamt gilt daher $[K_n : K_0] = 2^n$. Dies ist gerade die letzte Aussage. □

Aufgrund des Satzes ist weder die Würfelverdoppelung noch die allgemeine Winkeldreiteilung mit Zirkel und Lineal durchführbar, da beide Probleme auf eine kubische Körpererweiterung hinauslaufen. Solche können aus Gradgründen nicht in $\mathcal{K}(M)$ enthalten sein. Für das delische Problem ist dies klar. Für die Winkeldreiteilung geht man folgendermaßen vor: Die Winkeldreiteilung ist vollzogen, wenn es gelingt $\cos(\varphi/3)$ mit Zirkel und Lineal zu konstruieren, wenn $\cos(\varphi)$ vorgegeben ist. Wäre die Dreiteilung allgemein möglich, so könnte auch der Winkel $\pi/3$ dreigeteilt werden. Aufgrund der Cosinus-Sätze $\left(1/2 = \cos(\pi/3) = 4\cos^3(\pi/9) - 3\cos(\pi/9)\right)$ entspricht dies dem Lösen einer irreduziblen kubischen Gleichung $8T^3 - 6T - 1 = 0$, also einer kubischen Körpererweiterung.

Die Konstruktion eines regelmäßigen n-Ecks lässt sich nur dann mit Zirkel und Lineal bewerkstelligen, wenn $\varphi(n) = 2^n$, d. h. wenn n von der Gestalt $2^k p_1 \ldots p_r$ ist mit paarweise primen Primfaktoren p_j der Gestalt $p_j = 2^{k_j} + 1$. Ein Beispiel hierfür ist das regelmäßige 17-Eck, für das Gauss eine Konstruktion angegeben hat. Hier besitzt $17 = 2^4 + 1$ die notwendigen Gestalt.

Schließlich ist die Quadratur des Kreises nicht möglich, da dies darauf hinausliefe, dass π algebraisch wäre, was dem berühmten Satz von Lindemann über die Transzendenz von π widerspräche.

Mithilfe des Hauptsatzes der Galoistheorie erhalten wir den folgenden

Satz 19.2 *Sei $M \subseteq E(\mathbb{R})$ mit $O, I \in M$. Dann gilt $x \in \mathcal{K}(M)$ genau dann, wenn es ein $n \in \mathbb{N}$ und eine Galoiserweiterung $K \supseteq \mathbb{Q}(M)$ mit $[K : \mathbb{Q}(M)] = 2^n$ und $x \in K$ gibt.*

Beweis Sei $z \in \mathcal{K}(M)$. Nach Satz 19.1 gibt es einen Turm von aufeinander folgenden quadratischen Erweiterungen $K_0 = \mathbb{Q}(M) \subset K_1 \subset \ldots \subset K_n$ mit $x \in K_n$. Die Behauptung ergibt sich dann für einen normalen Abschluß K von K_n. Dessen Grad ist eine Potenz von 2 über $\mathbb{Q}(M)$, da nur Elemente der Ordnung 2 adjungiert werden. Die Galoisgruppe von K als endliche 2-Gruppe ist auflösbar (siehe Beispiel 3.2 bzw. Übungsaufgabe 1 zu Abschnitt 3.1). Dies bedeutet, dass es eine Normalreihe gibt, deren Faktoren zyklische Gruppen der Ordnung 2 sind. Der Hauptsatz der Galoistheorie impliziert, dass es einen Turm von aufeinander folgenden quadratischen Körpererweiterungen zwischen $\mathbb{Q}(M)$ und K geben muss, was die Behauptung liefert. □

V Darstellungen von endlichen Gruppen

20 Grundlagen

Die Darstellungstheorie von Gruppen, endlichen wie auch kontinuierlichen, ist eine der wichtigsten Anwendungsbereiche der Gruppentheorie. Sie ist nicht wegzudenken aus vielen Bereichen der Mathematik wie der Topologie, der Algebra, der Zahlentheorie, der algebraischen Geometrie, der Differentialgeometrie, um nur einige zu nennen; aber auch in der Physik und der Chemie ist sie von großer Bedeutung. Es geht dabei um die mathematische Beschreibung von Symmetrie durch eine möglichst einfache und Berechnungen zugängliche Sprache. Die Akteure in der Darstellungstheorie endlicher Gruppen sind endliche Gruppen, Vektorräume und ihre Automorphismen. Um unnötige Komplikationen zu vermeiden, betrachten wir aber nur Vektorräume über Körpern, deren Charakteristik die Gruppenordnung nicht teilt. Ein wichtiger Aspekt unserer Untersuchungen werden symmetrische Bilinearformen sein.

20.1 Darstellungen

Es sei V ein Vektorraum über einem Körper K der Charakteristik 0, $\mathrm{End}_K(V)$ die Endomorphismen, $\mathrm{GL}(V)$ die Gruppe der invertierbaren Endomorphismen des Vektorraums V sowie G eine endliche Gruppe. Eine *lineare Darstellung* von G in V oder kurz *Darstellung* von G ist ein Gruppenhomomorphismus $\rho\colon G \to \mathrm{GL}(V)$. Bei einer Darstellung wird jedem Gruppenelement g ein Element $\rho(g) \in \mathrm{GL}(V)$ zugeordnet mit $\rho(gh) = \rho(g) \circ \rho(h)$, $\rho(g^{-1}) = \rho(g)^{-1}$ und $\rho(1) = \mathrm{id}_V$. Auf diese Weise wird eine Aktion $\mu\colon G \times V \to V$ von G auf dem Vektorraum V definiert (siehe Abschnitt 1.6), bei der einem Paar (g, v) das Element $\mu(g, v) := \rho(g)(v) \in V$ zugeordnet wird und dessen Dimension der *Grad der Darstellung* genannt wird. Statt $\mu(g, v)$ schreiben wir $g \cdot v$ oder kurz $g\,v$. Die Abbildung

$$(g, v) \longmapsto g\,v$$

© Springer Fachmedien Wiesbaden GmbH, ein Teil von Springer Nature 2020
G. Wüstholz und C. Fuchs, *Algebra*, Springer Studium Mathematik – Bachelor,
https://doi.org/10.1007/978-3-658-31264-0_23

von $G \times V$ nach V macht V zu einem sogenannten *G-Modul*. Der Vektorraum V heißt *Darstellungsraum* oder kurz *Darstellung* von G und seine Dimension der *Grad* von ρ. Die *triviale Darstellung* ist die Darstellung mit $\rho(g) = \mathrm{id}_V$ für alle $g \in G$.

Sind $\rho \colon G \to \mathrm{GL}(V)$ und $\rho' \colon G \to \mathrm{GL}(V')$ zwei lineare Darstellungen von G, so nennt man einen Homomorphismus $\alpha \in \mathrm{Hom}_K(V, V')$ von Vektorräumen einen Homomorphismus von der Darstellung ρ in die Darstellung ρ', oder kurz von ρ nach ρ', falls $\alpha \circ \rho(g) = \rho'(g) \circ \alpha$ für alle $g \in G$ gilt. Ein Homomorphismus von ρ nach ρ' ist demnach nichts anderes als ein Homomorphismus vom G-Modul V in den G-Modul V', der mit den Gruppenaktionen μ und μ' kommutiert, die durch die Darstellungen ρ bzw. ρ' definiert sind. Ein solcher Homomorphismus α erfüllt dann $\alpha(gv) = g\alpha(v)$ für alle $g \in G$ und alle $v \in V$. Wir nennen

$$\mathrm{Hom}_G(V, V') = \left\{ \alpha \in \mathrm{Hom}_K(V, V'); \ \forall g \in G \ \ \alpha \circ \rho(g) = \rho'(g) \circ \alpha \right\}$$

den Vektorraum der G-Homomorphismen von V nach V'. Später werden wir sehen, dass im Allgemeinen $\mathrm{Hom}_K(V, V') \neq \mathrm{Hom}_G(V, V')$ gilt, und wir werden den Raum $\mathrm{Hom}_G(V, V')$ im Lemma von Schur bestimmen. Sind die K-Vektorräume V und V' gleich, so müssen nicht notwendigerweise die Darstellungen ρ und ρ' übereinstimmen. Ist dies doch der Fall, so setzen wir $\mathrm{End}_G(V) := \mathrm{Hom}_G(V, V')$. Im Allgemeinen sind die beiden Räume jedoch verschieden.

Zwei Darstellungen ρ, ρ' nennt man *G-isomorph* oder kurz isomorph und schreibt dafür $\rho \simeq_G \rho'$ oder kurz $\rho \simeq \rho'$, falls es in $\mathrm{Hom}_G(V, V')$ einen Isomorphismus α gibt. Sind ρ, ρ' isomorph, so gilt für alle $g \in G$

$$\rho'(g) = \alpha \circ \rho(g) \circ \alpha^{-1} .$$

Es gibt einen kanonischen Projektionshomomorphismus

$$\pi \colon \quad \mathrm{Hom}_K(V, V') \longrightarrow \mathrm{Hom}_G(V, V') .$$

Dieser wird durch

$$\alpha \longmapsto |G|^{-1} \sum_{g \in G} \rho'(g) \circ \alpha \circ \rho(g)^{-1}$$

gegeben. Da die Charakteristik von K die Gruppenordnung $|G|$ nicht teilt, ist die Abbildung definiert. Der Homomorphismus π besitzt dann die Eigenschaft, dass seine Restriktion auf $\mathrm{Hom}_G(V, V')$ die Identität ergibt, und das ist gerade die Eigenschaft, die einen Projektor definiert.

Ein Unterraum $W \subseteq V$ heißt *G-stabiler Unterraum* oder auch *G-invarianter Unterraum*, falls für alle $g \in G$ und alle $w \in W$ gilt $g\,w \in W$.

20.2 Grundlegende Beispiele

Wir geben in diesem Abschnitt eine ganze Reihe von Beispielen an. Viele davon werden im weiteren Verlauf noch von Wichtigkeit sein.

Beispiel 20.1   Eine Darstellung $\rho\colon G \to \mathrm{GL}(V)$ nennt man eine *reguläre Darstellung* und schreibt dafür ρ_{reg}, falls es ein $v \in V$ gibt mit

$$V = \bigoplus_{g \in G} K\, v_g \,,$$

wobei $v_g = g\, v$ gesetzt wurde. Es gilt offenbar $h\, v_g = v_{hg}$ für alle $h \in G$. Deswegen wirkt die so gewonnene Darstellung von G auf der Basis als eine symmetrische Darstellung. Man überlegt sich sofort, dass je zwei reguläre Darstellungen von G isomorph sind.

Beispiel 20.2   Sei X eine Menge und $\Gamma(X, K)$ der Vektorraum der Abbildungen $f\colon X \to K$ mit $f(x) = 0$ für fast alle x. Eine Basis von $\Gamma(X, K)$ wird durch die Funktionen δ_x, $x \in X$, gegeben, die für x den Wert 1 und sonst den Wert 0 annehmen. Einer symmetrischen Darstellung $\rho\colon G \to \mathscr{S}(X)$ einer Gruppe kann man auf ganz natürliche Weise eine lineare Darstellung $\Gamma(\rho)\colon G \to \mathrm{GL}(\Gamma(X, K))$ zuordnen. Ein Element $\Gamma(\rho)(g)$ bildet δ_x auf δ_{gx} ab und wird die *Linearisierung* von ρ genannt.

Beispiel 20.3   Setzen wir im vorhergehenden Beispiel $X = G$ und ist $l\colon G \to \mathscr{S}(G)$ die linksreguläre symmetrische Darstellung, so ist $\Gamma(l)\colon G \to \mathrm{GL}(\Gamma(G, K))$, die Linearisierung von l, eine reguläre Darstellung.

Beispiel 20.4   Wir betrachten die reguläre Darstellung l (siehe Beispiel 1.39) einer zyklischen Gruppe $G = \{1,\, g,\, g^2,\, \ldots,\, g^{n-1}\}$. Dann ist

$$\begin{pmatrix} 0 & 0 & \cdots & 0 & 1 \\ 1 & 0 & \cdots & 0 & 0 \\ 0 & 1 & \cdots & 0 & 0 \\ \vdots & \vdots & & \vdots & \vdots \\ 0 & 0 & \cdots & 1 & 0 \end{pmatrix}$$

die Matrix von $\Gamma(l)(g)$ bezüglich der Basis $\{\delta_g;\ g \in G\}$.

Beispiel 20.5   Einer Darstellung $\rho\colon G \to \mathrm{GL}(V)$ und einer Untergruppe $H \subseteq G$ kann man die Restriktion $\mathrm{res}_H(\rho)$ von ρ auf H zuordnen, und man erhält eine Darstellung der Gruppe H.

Beispiel 20.6   Aus der linearen Algebra ist bekannt, dass jeder Homomorphismus $\alpha\colon V \to W$ zwischen endlich-dimensionalen Vektorräumen V und W eine adjungierte Abbildung $\alpha^*\colon W^* \to V^*$ zwischen ihren Dualräumen $V^* = \mathrm{Hom}_K(V, K)$ und $W^* = \mathrm{Hom}_K(W, K)$ induziert. Sie ist durch $\alpha^*(w^*)(v) = w^*(\alpha(v))$ definiert. Ist $\rho\colon G \to \mathrm{GL}(V)$ eine Darstellung, so erhalten wir in natürlicher Weise eine Darstellung $\rho^*\colon G \to \mathrm{GL}(V^*)$, wenn wir einem $g \in G$ das Element

$\rho^*(g)\colon v^* \mapsto v^* \circ \rho(g^{-1})$ in $\mathrm{GL}(V^*)$ zuordnen. Denn es gilt

$$
\begin{aligned}
\rho^*(gh)(v^*) &= v^* \circ \rho((gh)^{-1}) \\
&= v^* \circ (\rho(h^{-1}) \circ \rho(g^{-1})) \\
&= (v^* \circ \rho(h^{-1})) \circ \rho(g^{-1}) \\
&= \rho^*(g)(\rho^*(h)(v^*)) \\
&= (\rho^*(g) \circ \rho^*(h))(v^*)\,.
\end{aligned}
$$

Man nennt sie die *kontragrediente Darstellung*.

Beispiel 20.7 Ist $\rho\colon G \to \mathrm{GL}(V)$ eine Darstellung und $W \subseteq V$ ein *G-stabiler* Unterraum, d. h. gilt $\rho(g)(w) \in W$ für alle $g \in G$ und alle $w \in W$, so ist $\rho_W\colon$ $G \to \mathrm{GL}(W)$, $g \mapsto \rho(g)|_W$, ebenfalls eine Darstellung, die man *Unterdarstellung* nennt.

Beispiel 20.8 Sind $\rho_1\colon G \to \mathrm{GL}(V_1)$, $\rho_2\colon G \to \mathrm{GL}(V_2)$ Darstellungen, so definiert

$$
(\rho_1 \oplus \rho_2)(g)(v_1 \oplus v_2) := \rho_1(g)(v_1) \oplus \rho_2(g)(v_2)
$$

eine Darstellung von G, die *direkte Summe* $\rho_1 \oplus \rho_2\colon G \to \mathrm{GL}(V_1 \oplus V_2)$ von ρ_1 und ρ_2.

Beispiel 20.9 Sind $\rho\colon G \to \mathrm{GL}(V)$ und $\rho'\colon G' \to \mathrm{GL}(V)$ zwei Darstellungen, die kommutieren, d. h. für die $\rho(g) \circ \rho'(g') = \rho'(g') \circ \rho(g)$ für alle $g \in G$, $g' \in G'$ gilt, so definiert $(g, g') \mapsto \rho(g) \circ \rho'(g')$ eine Darstellung von $G \times G'$. Wir nennen sie das *Produkt* $\rho\rho'$ der Darstellungen ρ und ρ' (siehe Beispiel 1.41).

Sind z. B. $\rho\colon G \to \mathrm{GL}(V)$ und $\rho'\colon G \to \mathrm{GL}(V')$ zwei beliebige Darstellungen, so definieren

$$
\begin{aligned}
\rho_r\colon\ G &\longrightarrow \mathrm{GL}(\mathrm{Hom}_K(V, V')) \\
g &\longmapsto r(g)\colon \varphi \mapsto \varphi \circ \rho(g)^{-1}
\end{aligned}
$$

sowie

$$
\begin{aligned}
\rho'_l\colon\ G' &\longrightarrow \mathrm{GL}(\mathrm{Hom}_K(V, V')) \\
g' &\longmapsto l(g')\colon \varphi \mapsto \rho'(g') \circ \varphi
\end{aligned}
$$

neue Darstellungen. Sie kommutieren, da die Komposition der Abbildungen assoziativ ist. Daher ist $\rho_{l,r} = \rho_r \rho'_l$ eine Darstellung von $G \times G'$ in $\mathrm{Hom}_K(V, V')$. Gilt $G = G'$ und ist $\Delta\colon G \to G \times G$ die Diagonaleinbettung $g \mapsto (g, g)$, so ist $\mathrm{Ad} := \rho_{l,r} \circ \Delta$ die *adjungierte Darstellung*

$$
\begin{aligned}
\mathrm{Ad}\colon\ G &\longrightarrow \mathrm{GL}(\mathrm{Hom}_K(V, V')) \\
g &\longmapsto \mathrm{Ad}(g)\colon \varphi \mapsto \rho'(g) \circ \varphi \circ \rho(g)^{-1}
\end{aligned}
$$

assoziiert mit den Darstellungen ρ, ρ'. Man schreibt auch kurz $g\varphi g^{-1}$ statt $\rho'(g) \circ \varphi \circ \rho(g)^{-1}$, oder auch, wie üblich, $g\varphi$ in der *G*-Modul-Schreibweise.

Beispiel 20.10 Es sei $H \lhd G$ eine normale Untergruppe, $\pi \colon G \to G/H$ die kanonische Projektion und $\rho \colon G/H \to \mathrm{GL}(V)$ eine Darstellung von G/H. Dann ist $\pi^* \rho := \rho \circ \pi \colon G \to \mathrm{GL}(V)$ eine Darstellung von G, der *Lift* der Darstellung ρ. Als Beispiel betrachten wir die bereits bekannte, mit der symmetrischen Gruppe assoziierte exakte Sequenz

$$1 \longrightarrow \mathscr{A}_n \longrightarrow \mathscr{S}_n \longrightarrow \mu_2 \longrightarrow 1 \ .$$

Ist $\rho \colon \mu_2 \to \mathrm{GL}(V)$ eine Darstellung von μ_2, so erhält man eine Darstellung $\pi^* \rho \colon \mathscr{S}_n \to \mathrm{GL}(V)$ von $\mathscr{S}_n$.

Beispiel 20.11 Eine Darstellung $\rho \colon G \to \mathrm{GL}(V)$ und ein Isomorphismus $\varepsilon \colon V \to K^n$ führt zu einem kommutativen Diagramm:

$$
\begin{array}{ccc}
V & \xrightarrow{\ \ \varepsilon\ \ } & K^n \\
\rho(g) \downarrow & & \downarrow \Phi_\varepsilon(g) \\
V & \xrightarrow{\ \ \varepsilon\ \ } & K^n
\end{array}
$$

Dazu definiert man den Homomorphismus $\Phi_\varepsilon \colon G \to \mathrm{GL}_n(K)$ als

$$\Phi_\varepsilon(g) = \varepsilon \circ \rho(g) \circ \varepsilon^{-1} \ .$$

Dann operiert $\Phi_\varepsilon(g)$ auf K^n wie üblich als Linksmultiplikation eines Spaltenvektors mit einer Matrix, und man erhält so eine *Matrixdarstellung* von G. Man kann in kanonischer Weise einen Isomorphismus $\varepsilon \colon V \to K^n$ mit einer Basis von V identifizieren und erhält so zu jeder Basis von V eine Matrixdarstellung. Bei dieser Identifikation wird einem Isomorphismus ε die Basis $v_i = \varepsilon^{-1}(e_i)$ zugeordnet, wobei e_i, $1 \le i \le n$, die kanonische Basis von K^n bezeichne.

Beispiel 20.12 Als Beispiel berechnen wir die Matrixdarstellung für die reguläre Darstellung der symmetrischen Gruppe

$$\mathscr{S}_3 = \langle (12), (123) \rangle = \{1, (12), (13), (23), (132), (123)\} \ .$$

Die Multiplikation mit dem Element (12) ergibt den Automorphismus

$$
\begin{aligned}
e_{(1)} &\longmapsto e_{(12)} \\
e_{(12)} &\longmapsto e_{(1)} \\
e_{(13)} &\longmapsto e_{(132)} \\
e_{(23)} &\longmapsto e_{(123)} \\
e_{(132)} &\longmapsto e_{(13)} \\
e_{(123)} &\longmapsto e_{(23)} \ ,
\end{aligned}
$$

der die Matrix

$$\Gamma(l)((12)) = \begin{pmatrix} 0 & 1 & 0 & 0 & 0 & 0 \\ 1 & 0 & 0 & 0 & 0 & 0 \\ 0 & 0 & 0 & 0 & 1 & 0 \\ 0 & 0 & 0 & 0 & 0 & 1 \\ 0 & 0 & 1 & 0 & 0 & 0 \\ 0 & 0 & 0 & 1 & 0 & 0 \end{pmatrix}$$

besitzt. In analoger Weise überlegt man sich, dass die Matrixdarstellung der Multiplikation mit (123) die Gestalt

$$\Gamma(l)((123)) = \begin{pmatrix} 0 & 0 & 0 & 0 & 0 & 1 \\ 0 & 0 & 0 & 1 & 0 & 0 \\ 0 & 1 & 0 & 0 & 0 & 0 \\ 0 & 0 & 1 & 0 & 0 & 0 \\ 1 & 0 & 0 & 0 & 0 & 0 \\ 0 & 0 & 0 & 0 & 1 & 0 \end{pmatrix}$$

hat.

20.3 Projektoren

Zur weiteren Klassifikation von Darstellungen benötigen wir den Begriff eines Projektors, der in der linearen Algebra angesiedelt ist. In Abschnitt 8.3 hatten wir idempotente Elemente eingeführt. *Projektoren* sind idempotente Elemente in dem Ring $\mathrm{End}_K(V)$. Demnach ist eine lineare Abbildung $p\colon V \to V$ ein Projektor, falls $p^2 = p$ gilt. Ist p ein Projektor und schreiben wir kurz 1 für die Identität $1_V \in \mathrm{End}_K(V)$, so ist auch $q = 1 - p$ ein Projektor, wie man sofort verifiziert, und p und q sind darüber hinaus orthogonal, d. h. es gilt $pq = qp = 0$. Man erhält so eine Zerlegung

$$V = \ker p \oplus \ker q = \ker p \oplus p(V)$$

von V in durch p bestimmte Unterräume. Umgekehrt definiert jede Zerlegung $V = W \oplus W'$ als eine direkte Summe von Unterräumen ein Paar von Projektoren $p = p_W\colon V \to V$ und $p' = p_{W'}\colon V \to V$, da man aufgrund der Zerlegung des Raumes jedes $v \in V$ in eindeutiger Weise als $v = w \oplus w'$ mit $w \in W$ und $w' \in W'$ schreiben und dann $p(v) = w$, $p'(v) = w'$ setzen kann. Wir erhalten dadurch eine orthogonale Zerlegung $1 = p + p'$ der Eins in Projektoren.

Satz 20.13 *Ein Element $p \in \mathrm{End}_K(V)$ ist genau dann ein Projektor, wenn $p|_{p(V)} = \mathrm{id}_{p(V)}$.*

Beweis   Ein Projektor p erfüllt $p^2 = p$, d. h. $p(p(v)) = p(v)$, was äquivalent zur Identität $p|_{p(V)} = \mathrm{id}_{p(V)}$ ist. Die Umkehrung gilt trivialerweise. $\square$

Satz 20.14 *Die G-invarianten Unterräume von V entsprechen den Projektoren in $\mathrm{End}_G(V)$.*

Beweis   Sei $W \subseteq V$ ein G-invarianter Unterraum von V, W' ein Komplement von W und p der dadurch definierte Projektor auf W. Wir setzen

$$\pi(p) = \frac{1}{|G|} \sum_{g \in G} \rho(g) \circ p \circ \rho(g^{-1}) \,.$$

Da zunächst

$$\big(\rho(g) \circ p \circ \rho(g^{-1})\big)V = g(p(V)) = g\,W = W$$

und dann auch $\frac{1}{|G|} \sum_{g \in G} \big(\rho(g) \circ p \circ \rho(g^{-1})\big)V \subseteq W$ gilt, folgt $\pi(p)V \subseteq W$. Andererseits erhalten wir für $w \in W$ unter Verwendung von Satz 20.13 auch

$$
\begin{aligned}
\pi(p)w &= \Big(\frac{1}{|G|} \sum_{g \in G} \rho(g) \circ p \circ \rho(g^{-1})\Big)w && (20.1)\\[2mm]
&= \frac{1}{|G|} \sum_{g \in G} g(p(g^{-1}w))\\[2mm]
&= \frac{1}{|G|} \sum_{g \in G} (gg^{-1})w\\[2mm]
&= w
\end{aligned}
$$

und deswegen $W \subseteq \pi(p)V$. Zusammen ergibt dies $W = \pi(p)V$ und aufgrund von (20.1) die Identität $\pi(p)|_{\pi(p)V} = \mathrm{id}_{\pi(p)V}$. Also ist auch $\pi(p)$ wegen Satz 20.13 ein Projektor. Dieser liegt in $\mathrm{End}_G(V)$, da für alle $h \in G$

$$
\begin{aligned}
\rho(h) \circ \pi(p) \circ \rho(h^{-1}) &= \frac{1}{|G|} \sum_{g \in G} \rho(h) \circ \big(\rho(g) \circ p \circ \rho(g)^{-1}\big) \circ \rho(h^{-1})\\[2mm]
&= \frac{1}{|G|} \sum_{g \in G} \rho(hg) \circ p \circ \rho(hg)^{-1}\\[2mm]
&= \pi(p)
\end{aligned}
$$

gilt. Ist umgekehrt $p \in \mathrm{End}_G(V)$ ein Projektor und $W = p(V)$, so gilt

$$g\,W = g\,p(V) = p(g\,V) = p(V) = W$$

für alle $g \in G$, d. h. W ist G-invarianter Unterraum. $\square$

Die Abbildung $\pi\colon \mathrm{End}_K(V) \to \mathrm{End}_G(V)$ ist offensichtlich idempotentes Element in $\mathrm{End}_K(\mathrm{End}_K(V))$ und daher ein Projektor.

20.4 Irreduzible Darstellungen

Eine Darstellung $\rho\colon G \to \mathrm{GL}(V)$ heißt *irreduzibel*, falls die einzigen G-invarianten Unterräume von V die Räume $\{0\}$ und $V \neq \{0\}$ sind; insbesondere ist eine irreduzible Darstellung $\neq \{0\}$. Die Darstellung heißt *vollständig reduzibel*, falls jeder G-invariante Unterraum W von V ein G-invariantes Komplement W' in V besitzt. In diesem Abschnitt betrachten wir nur Darstellungen endlichen Grades und bestimmen zunächst wie in Abschnitt 20.1 angekündigt den Raum $\mathrm{Hom}_G(V, V')$.

Beispiel 20.15   Es seien $\mathscr{S}_n$ die symmetrische Gruppe, $n \geq 2$ und V ein Vektorraum der Dimension n über einem Körper K. Wir wählen eine Basis $\{e_1, \ldots, e_n\}$ von V, und betrachten die Abbildung $\rho\colon \mathscr{S}_n \to \mathrm{GL}(V)$, die durch $\rho(\sigma)(e_j) = e_{\sigma(j)}$ gegeben ist. Sie heißt *Permutationsdarstellung* von $\mathscr{S}_n$. Wir erhalten einen Homomorphismus $\tau\colon V \to K$ von V in die triviale Darstellung. Er wird durch $v = x_1 e_1 + \cdots + x_n e_n \mapsto x_1 + \cdots + x_n$ gegeben. Sein Kern ist ein invarianter Unterraum von V, und durch $1 \mapsto e = (1/n)(e_1 + \cdots + e_n)$ wird ein injektiver Homomorphismus ε von K nach V definiert mit $\tau \circ \varepsilon = \mathrm{id}_K$. Daher ist $V = \varepsilon(K) \oplus \ker \tau$. Die Restriktion $\rho_0(\sigma) = \rho(\sigma)|_{\ker \tau}$ liefert eine irreduzible Darstellung $\rho_0\colon \mathscr{S}_n \to \mathrm{GL}(\ker \tau)$ vom Grad $n-1$. Denn ist $\{0\} \neq W \subseteq \ker \tau$ ein invarianter Unterraum, so gibt es ein $0 \neq w = \sum x_i e_i \in W$. Da w nicht in $\varepsilon(K)$ liegt, existieren Indizes $i \neq j$ mit $x_i \neq x_j$. Sei $\tau_{i,j}$ die Transposition, die i und j vertauscht (siehe Abschnitt 4.1). Wegen der Invarianz von W liegt $\rho_0(\tau_{i,j})(w) - w = (x_j - x_i)(e_i - e_j)$ in W und dann aber auch der ganze Orbit von $e_i - e_j$ unter der symmetrischen Gruppe. Dieser enthält die Elemente $e_i - e_1$ für $i \neq 1$. Infolgedessen enthält W auch den Raum $\ker \tau$, der ja von diesen Vektoren erzeugt wird. Dies bedeutet, dass $W = \ker \tau$ gilt, dass $\ker \tau$ keinen nicht-trivialen echten Unterraum enthält und dass er daher irreduzibel ist. Seine Dimension ist offensichtlich gleich $n-1$.

Satz 20.16 (Lemma von Schur)   *Sind* $\rho\colon G \to \mathrm{GL}(V)$, $\rho'\colon G \to \mathrm{GL}(V')$ *irreduzible Darstellungen, so ist* $\mathrm{Hom}_G(V, V') = 0$, *falls* V *und* V' *nicht G-isomorph sind, andernfalls ein Vektorraum der Dimension 1 über einem Schiefkörper.*

Beweis   Für $\varphi \in \mathrm{Hom}_G(V, V')$ sind die Unterräume $\ker(\varphi)$ sowie $\varphi(V)$ beide G-invariant und aufgrund der Irreduzibilität der Darstellungen trivial oder der ganze Raum. Ist $\varphi \neq 0$, so ist $\ker(\varphi) = \{0\}$ und somit φ injektiv. In diesem Fall folgt dann aber auch $\varphi(V) = V'$. Daher ist φ ein Isomorphismus, was $\mathrm{Hom}_G(V, V') = \varphi \circ \mathrm{End}_G(V)$ nach sich zieht. Für jedes $0 \neq \psi \in \mathrm{End}_G(V)$ ist, wie wir gesehen haben, $\varphi \circ \psi$ und somit auch ψ bijektiv. Dann existiert ψ^{-1} und daher ist $\mathrm{End}_G(V)$ ein Schiefkörper. $\square$

Korollar 20.17   *Ist* $\rho\colon G \to \mathrm{GL}(V)$ *eine irreduzible Darstellung und K ein algebraisch abgeschlossener Körper, so gilt* $\mathrm{End}_G(V) = K \cdot \mathrm{id}_V$.

Beweis   Über einem algebraisch abgeschlossenen Körper besitzt jeder Endomorphismus $\varphi \in \mathrm{End}_G(V)$ einen Eigenvektor $(0 \neq)v \in V$ zu einem Eigenwert λ. Der Endomorphismus $\lambda\,\mathrm{id}_V - \varphi$ ist in $\mathrm{End}_G(V)$ und besitzt dann einen von 0 verschiedenen Kern, der wegen der Irreduzibilität der Darstellung der ganze Raum ist. Daher gilt $\lambda\,\mathrm{id}_V - \varphi = 0$ und somit $\varphi = \lambda\,\mathrm{id}_V$.   □

Aus der Definition der Abbildung π ergibt sich sofort $\mathrm{Tr}(\pi(\varphi)) = \mathrm{Tr}(\varphi)$ für ihre Spuren und dann $\mathrm{Tr}(\varphi) = 0$ genau dann, wenn $\mathrm{Tr}(\pi(\varphi)) = 0$. Wenn ρ irreduzibel ist, folgt aus dem Lemma von Schur, dass $\pi(\varphi) = k\,\mathrm{id}_V$ mit $k \in K$. Dies bedeutet, dass $\mathrm{Tr}(\varphi) = 0$ genau dann gilt, wenn $\pi(\varphi) = 0$ oder wenn $\dim V$ durch die Charakteristik des Körpers geteilt wird.

Korollar 20.18   *Ist K algebraisch abgeschlossen, $\rho\colon G \to \mathrm{GL}(V)$ eine irreduzible Darstellung und $\varphi \in \mathrm{End}_K(V)$ mit $\mathrm{Tr}\,\varphi \neq 0$, so ist*

$$\pi(\varphi) = \frac{1}{\dim V}\,\mathrm{Tr}(\varphi)\,\mathrm{id}_V \ .$$

Der folgende Satz ist fundamental für die Theorie der Darstellungen endlicher Gruppen.

Satz 20.19 (Maschke)   *Für $char(K) \nmid |G|$ ist jede Darstellung $\rho\colon G \to \mathrm{GL}(V)$ vollständig reduzibel.*

Beweis   Einem G-invarianten Unterraum $W \subseteq V$ entsprechen nach Satz 20.14 Projektoren p, q in $\mathrm{End}_G(V)$ mit $p + q = 1$. Das Bild W' von q ist ein invariantes Komplement von W.   □

Satz 20.20   *Ein G-invarianter Unterraum einer vollständig reduziblen Darstellung ist vollständig reduzibel.*

Beweis   Ist $W \subseteq V$ ein G-invarianter Unterraum und ist $U_1 \subseteq W$ ebenfalls G-invariant, so ist $V = U_1 \oplus U_2$ für einen G-invarianten Unterraum $U_2 \subseteq V$, da V vollständig reduzibel ist. Der Unterraum $U_0 = W \cap U_2$ ist G-invariant, und es gilt $W \supseteq U_0 \oplus U_1$. Ist andererseits $w \in W$, so erhält man in V die Zerlegung $w = u_1 + u_2$ mit $u_1 \in U_1$ und $u_2 \in U_2$. Mit u_1 und w liegt dann aber u_2 in W, somit auch in $U_0 = W \cap U_2$. Folglich gilt $W \subseteq U_0 \oplus U_1$, d.h. insgesamt $W = U_0 \oplus U_1$. Dies bedeutet aber, dass W vollständig reduzibel ist.   □

Satz 20.21   *Eine vollständig reduzible Darstellung $\rho\colon G \to \mathrm{GL}(V)$ liefert eine Zerlegung*

$$V = W_1 \oplus \cdots \oplus W_l \tag{20.2}$$

von V in eine direkte Summe von irreduziblen G-invarianten Unterräumen W_j.

Beweis Ein G-invarianter Unterraum $\{0\} \neq W \subseteq V$ minimaler Dimension ist irreduzibel und besitzt nach Voraussetzung ein G-invariantes Komplement W'. Nach dem Satz 20.20 ist W' vollständig reduzibel und der Satz folgt durch Induktion. □

Eine Darstellung V heißt *isotypisch,* falls alle ihre irreduziblen Komponenten paarweise isomorph sind. Werden die irreduziblen Komponenten in der Zerlegung (20.2) im Satz 20.21 zusammengefasst, so erhält man die *isotypische Komponenten der Zerlegung* und man nennt die Zerlegung dann eine Zerlegung der Darstellung in isotypische Komponenten. Je zwei solche Zerlegungen sind isomorph, wie man sich leicht mit Hilfe von Satz 20.16 überlegt. Fasst man isotypische Komponenten zusammen, so sieht man, dass jede Darstellung isomorph zu einer direkten Summe

$$m_1 W_1 \oplus \cdots \oplus m_h W_h \tag{20.3}$$

mit irreduziblen und paarweise nicht-isomorphen W_j ist.

Beispiel 20.22 Wir betrachten einen K-Vektorraum V zusammen mit einer nicht-ausgearteten Bilinearform B sowie die Darstellung der zyklischen Gruppe $\mathbb{Z}/2\mathbb{Z} = \langle g \rangle$ auf $\operatorname{End}_K(V)$. Diese sei für $\varphi \in \operatorname{End}_K(V)$ gegeben durch $g \colon \varphi \mapsto \varphi^*$, wobei φ^* der zu φ bezüglich B adjungierte Endomorphismus ist. Man erhält eine Zerlegung in invariante Unterräume $\operatorname{End}_K(V) = \operatorname{End}_K(V)^+ \oplus \operatorname{End}_K(V)^-$, wobei $\operatorname{End}_K(V)^\pm = \{\varphi;\ \varphi^* = \pm\varphi\}$ die symmetrischen bzw. die schiefsymmetrischen Endomorphismen sind. Die Darstellung $\operatorname{End}_K(V)^+$ vom Grad $n(n+1)/2$ ist die isotypische Komponente von $\operatorname{End}_K(V)$ zur trivialen eindimensionalen Darstellung, die Darstellung $\operatorname{End}_K(V)^-$ vom Grad $n(n-1)/2$ die isotypische Komponente zur nicht-trivialen eindimensionalen Darstellung von $\mathbb{Z}/2\mathbb{Z}$.

Beispiel 20.23 Sei $\rho \colon G \to \mathscr{S}(X)$ die symmetrische Darstellung, die einer Aktion einer Gruppe auf einer Menge X zugeordnet ist, und $X = \bigcup X_i$ die Zerlegung von X in paarweise disjunkte Orbits. Dann gilt $\rho(G)(X_i) \subseteq X_i$, sodass die Restriktion von ρ auf X_i eine symmetrische Darstellung $\rho_i \colon G \to \mathscr{S}(X_i)$ induziert. Infolgedessen zerlegt sich $\Gamma(X, K)$ als

$$\Gamma(X, K) = \bigoplus \Gamma(X_i, K) \,,$$

d. h. wir können $\Gamma(\rho) = \sum \Gamma(\rho_i)$ schreiben. Daher entspricht jeder Orbit von X einem invarianten Unterraum (siehe Beispiel 20.1).

Eine Bilinearform $B \colon V \times V \to K$ heißt G-invariant, falls

$$B(gv, gw) = B(v, w)$$

für alle $g \in G$ gilt. Das Bild von G liegt dann in der orthogonalen Gruppe von B. Für eine beliebige Bilinearform B ist

$$\pi(B) = \frac{1}{|G|} \sum_{g \in G} B \circ (\rho(g) \times \rho(g))$$

eine G-invariante Bilinearform, die allerdings nicht $\neq 0$ zu sein braucht, selbst wenn $B \neq 0$ ist.

Satz 20.24   *Ist K algebraisch abgeschlossen und ρ irreduzibel, so unterscheiden sich je zwei nicht-ausgeartete G-invariante Bilinearformen um einen Skalar.*

Beweis   Sind B_1 und B_2 invariante Bilinearformen, so gibt es bekanntlich genau ein $\varphi \in \operatorname{End} V$ mit $B_2(v, w) = B_1(v, \varphi(w))$. Es gilt nun

$$B_1(v, (g\varphi g^{-1})(w)) = B_1(g^{-1}v, \varphi(g^{-1}w)) = B_2(g^{-1}v, g^{-1}w) = B_2(v, w)$$

für alle $g \in G$ und aufgrund der Eindeutigkeit von φ daher $g\varphi g^{-1} = \varphi$. Dies hat $\varphi \in \operatorname{End}_G V$ zur Folge. Der Satz folgt nun aus dem Lemma von Schur, da ρ irreduzibel und K algebraisch abgeschlossen ist. $\square$

Der Orthogonalraum eines G-stabilen Unterraums bezüglich einer symmetrischen G-invarianten Bilinearform B ist wieder G-stabil. Denn ist $W \subseteq V$ ein G-stabiler Unterraum, $W^\perp = \{w \in V;\ B(W, w) = 0\}$ sein Orthogonalraum und $w \in W^\perp$, so ist

$$B(gw, u) = B(w, g^{-1}u) = 0$$

für alle $g \in G$ und alle $u \in W$, daher auch gw in $W^\perp$ für alle $g \in G$. Im Allgemeinen gilt $W \cap W^\perp \neq \{0\}$, denn W kann sogenannte isotrope Vektoren besitzen, d. h. Elemente $w \neq 0$ mit $B(w, w) = 0$, auch wenn B nicht-ausgeartet ist. Ein Beispiel hierfür ist $V = K^2$ und $B(x, y) = x_1 y_2 + x_2 y_1$. Hier sind $e_1 = (1, 0)$ und $e_2 = (0, 1)$ isotrope Vektoren. Aber es ergibt sich folgender

Satz 20.25   *Ist $\rho : G \to \operatorname{GL}(V)$ eine Darstellung, B eine anisotrope G-invariante Bilinearform. Dann zerlegt sich V in eine orthogonale Summe irreduzibler G-invarianter Unterräume.*

Beweis   Wir müssen lediglich nachweisen, dass $W \cap W^\perp = 0$ gilt. Ist $w \in W \cap W^\perp$, so gilt $B(w, w) = 0$ also $w = 0$, da B anisotrop ist. $\square$

Beispiel 20.26   Wir kommen auf Beispiel 20.22 zurück und betrachten die Situation noch einmal von einem anderen Standpunkt aus. Durch die Zuordnung $(\varphi, \psi) \mapsto \operatorname{Tr}(\varphi \circ \psi^*)$ wird auf $\operatorname{End}_K(V)$ eine bezüglich der Darstellung von $\mathbb{Z}/2\mathbb{Z}$ invariante und nicht-ausgeartete Bilinearform definiert. Ist diese anisotrop, so erhält man eine orthogonale Zerlegung von $\operatorname{End}_K(V)$ in invariante Unterräume bezüglich dieser Bilinearform, deren isotypische Komponenten wir in loc. cit. angegeben haben.

20.5 Die induzierte Darstellung

Bisher haben wir die einer Darstellung zugrunde liegende Gruppe festgehalten. In diesem Paragraph untersuchen wir, wie sich Darstellungen unter einem Gruppenwechsel verhalten.

Einem Gruppenhomomorphismus $\varphi\colon H \to G$ und einer Darstellung $\rho\colon G \to \mathrm{GL}(V)$ von G wird durch $\varphi^*\rho := \rho \circ \varphi$ eine lineare Darstellung φ^*V von H mit Darstellungsraum V assoziiert. Wie üblich schreiben wir kurz gv statt $\rho(g)(v)$ und hv für $\varphi(h)v$, wenn $g \in G$, $h \in H$ und $v \in V$. Ist $\rho'\colon G \to \mathrm{GL}(V')$ eine weitere Darstellung, so setzen wir

$$\mathrm{Hom}_H(\varphi^*V, \varphi^*V') = \{\alpha \in \mathrm{Hom}_K(V, V');\ \alpha \circ (\varphi^*\rho) = (\varphi^*\rho') \circ \alpha\}$$
$$= \{\alpha \in \mathrm{Hom}_K(V, V');\ \forall h \in H\ \forall v \in V\ \alpha(hv) = h\alpha(v)\}\ .$$

Man erhält so Inklusionen $\mathrm{Hom}_G(V, V') \subseteq \mathrm{Hom}_H(\varphi^*V, \varphi^*V') \subseteq \mathrm{Hom}_K(V, V')$.

Interessanter wird es, wenn man von einer Darstellung W von H ausgeht. Dann betrachten wir den Vektorraum $\Gamma(G, W)$ der Abbildungen $f\colon G \to W$, auf denen die Gruppen H und G auf $\Gamma(G, W)$ von links mittels $f \mapsto hf$ mit $(hf)(x) = h(f(x))$ für $h \in H$ bzw. mittels $f \mapsto gf$ mit $(gf)(x) = f(xg)$ für $g \in G$ operieren. Weiter operiert H auch auf G durch Linksmultiplikation $g \in G \mapsto hg := \varphi(h)g$. Wir setzen

$$\Gamma_H(G, W) = \{f \in \Gamma(G, W);\ \forall h \in H\ \forall x \in G\colon (hf)(x) = f(\varphi(h)x)\}$$

und definieren $\varphi_*W := \Gamma_H(G, W)$. Ist $f \in \varphi_*W$, $g \in G$, so zeigt

$$\begin{aligned}
(h(gf))(x) &= h((gf)(x)) = h(f(xg)) = (hf)(xg) \\
&= f(\varphi(h)(xg)) = f((\varphi(h)x)g) = (gf)(\varphi(h)x)\ ,
\end{aligned}$$

dass G auf φ_*W operiert und $\varphi_*\rho\colon G \to \mathrm{GL}(\varphi_*W)$, $f \mapsto gf$ eine lineare Darstellung auf φ_*W ist. Sie wird das *direkte Bild* von ρ oder (synonym) die von H nach G *induzierte Darstellung* genannt, obwohl dieser Begriff üblicherweise der Situation vorbehalten ist, in der φ die Inklusionsabbildung einer Untergruppe ist. In diesem Fall wird die induzierte Darstellung auch mit $\mathrm{Ind}_H^G(W)$ bezeichnet, eine Schreibweise, die wir jedoch nicht verwenden werden.

Wir betrachten nun die Abbildung

$$\begin{aligned}
\theta\colon\ W &\longrightarrow \varphi_*W \\
w &\longmapsto \theta_w
\end{aligned}$$

mit

$$\theta_w(x) = \sum_{\varphi(h)=x} hw,$$

wobei sich die Summe über alle $h \in H$ mit $\varphi(h) = x$ erstreckt. Für $x \notin \varphi(H)$ ist die Summe leer und dann gleich Null. Die Abbildung θ_w liegt in $\varphi_* W$; denn für $h \in H$ gilt

$$(h\theta_w)(x) \;=\; \sum_{\varphi(k)=x} h(kw) \;=\; \sum_{\varphi(hk)=\varphi(h)x} (hk)w \;=\; \theta_w(\varphi(h)x)\,.$$

Die Gruppe H operiert auf $\varphi^* \varphi_* W$ vermöge $\varphi_* \rho \circ \varphi$ und die Abbildung $\theta\colon w \mapsto \theta_w$ liegt wegen

$$(\varphi(h)\theta_w)(x) \;=\; \theta_w(x\varphi(h)) \;=\; \sum_{\varphi(k)=x\varphi(h)} kw \;=\; \sum_{\varphi(kh^{-1})=x} (kh^{-1})hw \;=\; \theta_{hw}(x)$$

in $\mathrm{Hom}_H(W, \varphi^* \varphi_* W) \subseteq \mathrm{Hom}_K(W, \varphi_* W)$, und ihr Kern ist

$$\ker\theta = \Big\{ u \in W;\ \sum_{k \in \ker\varphi} ku = 0 \Big\}.$$

Bezeichnen wir nämlich die rechte Seite mit U und wählen wir $l \in H$ mit $\varphi(l) = x$, so gilt

$$\theta_u(x) = \sum_{k \in \ker\varphi} lku = l\Big(\sum_{k \in \ker\varphi} ku \Big)$$

und infolgedessen ist $u \in \ker\theta$ genau dann, wenn $u \in U$. Jedes $f \in \varphi_* W$ lässt sich als $f = |H|^{-1} \sum_{g \in G} g^{-1}\theta_{f(g)}$ darstellen. Denn zunächst ist

$$(g^{-1}\theta_{f(g)})(x) = \sum_{\varphi(h)=xg^{-1}} hf(g) = \sum_{\varphi(h)g=x} f(\varphi(h)g) = f(x) \sum_{\varphi(h)g=x} 1$$

und daher

$$(g^{-1}\theta_{f(g)})(x) = \begin{cases} f(x)\,|\ker\varphi| & \text{für } g \in Hx\,, \\ 0 & \text{sonst}\,, \end{cases} \tag{20.4}$$

woraus man sofort

$$\sum_{g \in G}(g^{-1}\theta_{f(g)})(x) = \sum_{g \in Hx} |\ker\varphi|\,f(x) = |H|\,f(x)$$

erhält. Die so gewonnene Darstellung von f führt zu einer Zerlegung von $\varphi_* W$ der Gestalt

$$\varphi_* W = \sum_{g \in G} g^{-1}\theta(W)\,.$$

Es gilt $g^{-1}\theta_w(x) = 0$, falls x nicht in Hg liegt. Daher ist der Träger der Elemente von $g^{-1}\theta(W)$ in der Nebenklasse Hg enthalten, was

$$g^{-1}\theta(W) \cap \theta(W) = \begin{cases} \theta(W) & \text{für } g \in H, \\ 0 & \text{sonst} \end{cases}$$

nach sich zieht. Setzen wir für $\gamma \in H \backslash G$ noch $\theta(W)^\gamma = \sum_{g \in \gamma} g^{-1}\theta(W)$ und beachten, dass für festes $\gamma \in H \backslash G$ die Summanden $g^{-1}\theta(W)$ für $g \in \gamma$ alle übereinstimmen, so erhalten wir schließlich eine direkte Zerlegung

$$\varphi_* W = \bigoplus_{\gamma \in H \backslash G} \theta(W)^\gamma \tag{20.5}$$

des Vektorraums $\varphi_* W$. Unsere Beobachtungen fassen wir in dem folgenden Satz zusammen:

Satz 20.27 *Der Homomorphismus θ liegt in $\mathrm{Hom}_H(W, \varphi^* \varphi_* W)$, und $\theta(W)$ ist eine Unterdarstellung von $\varphi^* \varphi_* W$.*

Die Abbildung θ, die von der Wahl von φ abhängt, ist injektiv bzw. surjektiv, sobald φ injektiv bzw. surjektiv ist. Denn ist φ surjektiv, so besitzt jedes $g \in G$ die Gestalt $\varphi(h)$ für ein $h \in H$, sodass

$$f(g) = f(\varphi(h)) = hf(1) = \theta_{f(1)}(g)$$

und daher $f = \theta_{f(1)}$ gilt. Insbesondere definiert θ einen kanonischen Isomorphismus zwischen W und $(\mathrm{id}_G)_* W$.

Für den kanonischen Homomorphismus

$$\begin{aligned} \varepsilon\colon \varphi^* \varphi_* W &\longrightarrow W \\ f &\longmapsto f(1) \,. \end{aligned} \tag{20.6}$$

gilt $\varepsilon(hf) = (\varphi(h)f)(1) = h(f(1)) = h(\varepsilon(f))$, und daher liegt er in $\mathrm{Hom}_H(\varphi^* \varphi_* W, W)$. Er besitzt die Eigenschaft, dass $\varepsilon \circ \theta = \delta$ ist mit $\delta = \sum h$ und die Summe sich über $\ker \varphi$ erstreckt. Man sieht daraus, dass $e = \theta \circ \varepsilon \in \mathrm{End}_H(\varphi^* \varphi_* W)$ ein Projektor ist, wenn φ injektiv ist. Konzeptionell ist es wohl besser, in der Definition von θ mit $|\ker \varphi|^{-1}$ zu multiplizieren. Dann wird δ ein Projektor. Wir haben dies nicht gemacht, um die Formeln nicht zu überladen.

Sind W, W' zwei Darstellungen von H, so gilt offensichtlich

$$\varphi_*(W \oplus W') = \varphi_* W \oplus \varphi_* W'.$$

Ist $\psi\colon H' \to H$ ein weiterer Gruppenhomomorphismus und U eine Darstellung von H', so erhält man

$$\varphi_*(\psi_* U) = (\varphi \circ \psi)_* U \,,$$

d. h. $(\varphi \circ \psi)_* = \varphi_* \circ \psi_*$. Ähnlich findet man, dass $(\psi \circ \varphi)^* = \varphi^* \circ \psi^*$.

Schließlich definiert jeder Homomorphismus $\alpha \in \operatorname{Hom}_H(W, W')$ zwischen Darstellungen W, W' von H einen Homomorphismus $\varphi_* \alpha$ zwischen $\varphi_* W$ und $\varphi_* W'$, der f auf $\alpha \circ f$ abbildet und in $\operatorname{Hom}_G(\varphi_* W, \varphi_* W')$ liegt. Denn es gilt

$$
\begin{aligned}
((\varphi_* \alpha)(gf))(g') &= (\alpha \circ (gf))(g') \\
&= \alpha((gf)(g')) \\
&= \alpha(f(g'g)) \\
&= (\alpha \circ f)(g'g) \\
&= (g(\alpha \circ f))(g') \\
&= (g((\varphi_* \alpha)(f)))(g') \,,
\end{aligned}
$$

d. h. $(\varphi_* \alpha)(gf) = g((\varphi_* \alpha)(f))$. Sind umgekehrt V, V' zwei Darstellungen von G und ist $\beta \in \operatorname{Hom}_G(V, V')$, so erhält man sofort einen Homomorphismus $\varphi^* \beta \in \operatorname{Hom}_H(\varphi^* V, \varphi^* V')$.

20.6 Adjungierte Funktoren

Bezeichnen wir für eine Gruppe G mit $\operatorname{Rep}(G)$ die Gesamtheit – oder auch *Kategorie* – der Darstellungen von G, so definieren φ^* und φ_* sogenannte *Funktoren* zwischen $\operatorname{Rep}(H)$ und $\operatorname{Rep}(G)$. Diese beiden Funktoren sind *adjungiert*, wie es in der Theorie der Kategorien heißt, eine Eigenschaft, die durch den nächsten Satz beschrieben wird.

Satz 20.28   *Sei V eine Darstellung der Gruppe G, $\varphi \colon H \to G$ ein Homomorphismus und W eine Darstellung von H. Dann gibt es einen kanonischen Isomorphismus*

$$
\kappa \colon \operatorname{Hom}_G(V, \varphi_* W) \overset{\sim}{\longrightarrow} \operatorname{Hom}_H(\varphi^* V, W) \,.
$$

Beweis   Sei ε der kanonische Homomorphismus in (20.6) und $\alpha \in \operatorname{Hom}_G(V, \varphi_* W)$. Die Abbildung $\kappa(\alpha) := \varepsilon \circ \alpha$ liegt in $\operatorname{Hom}_H(\varphi^* V, W)$, da $\kappa(\alpha)(hv) = h(\kappa(\alpha)(v))$, für $h \in H$ und es ist klar, dass $\kappa(h\alpha) = h\kappa(\alpha)$ (siehe Beispiel 20.9). Gilt nun $\kappa(\alpha) = 0$, so folgt $\alpha(v)(g) = (g\alpha(v))(1) = \alpha(gv)(1) = \kappa(\alpha)(gv) = 0$ für alle $g \in G$ und alle $v \in V$, d. h. $\alpha = 0$. Dies beweist die Injektivität von κ.

Ist umgekehrt $\beta \in \operatorname{Hom}_H(\varphi^* V, W)$, so definieren wir $\alpha \colon V \to \varphi_* W$ durch $v \mapsto \alpha(v)$ mit $\alpha(v) \colon x \mapsto \beta(xv)$. Es gilt wiederum $\alpha(v)(\varphi(h)x) = \beta((\varphi(h)x)v) = \beta(\varphi(h)(xv))$ für $h \in H$ und letzteres ist gleich $h(\beta(xv)) = h(\alpha(v)(x)) = (h\alpha(v))(x)$; deswegen ist $\alpha(v) \in \varphi_* W$. Aus $(g\alpha(v))(x) = \alpha(v)(xg) = \beta((xg)v) = \beta(x(gv)) = \alpha(gv)(x)$ folgt weiter $\alpha \in \operatorname{Hom}_G(V, \varphi_* W)$.

Schließlich gilt $\kappa(\alpha)(v) = (\varepsilon \circ \alpha)(v) = \varepsilon(\alpha(v)) = \beta(v)$, da $\alpha(v)$ die Abbildung $g \mapsto \beta(gv)$ ist und ε ihr ihren Wert für $g = 1$ zuordnet. Daher folgt $\kappa(\alpha) = \beta$, sodass κ auch surjektiv ist. □

Der Funktor φ_* ist *rechtsadjungiert* zum Funktor φ^*; dies ist eine etwas verkürzte Formulierung des eben bewiesenen Satzes. Er ist aber auch linksadjungiert, wie aus dem nachfolgenden Satz hervorgeht.

Satz 20.29 *Sei V eine Darstellung der Gruppe G, $\varphi\colon H \to G$ ein Homomorphismus und W eine Darstellung von H. Dann gibt es einen kanonischen Isomorphismus*

$$\theta_*\colon \operatorname{Hom}_H(W, \varphi^*V) \xrightarrow{\sim} \operatorname{Hom}_G(\varphi_*W, V)\,.$$

Beweis Ist α in $\operatorname{Hom}_H(W, \varphi^*V)$, so liegt $\pi(\alpha \circ \varepsilon) := |H|^{-1} \sum_{g \in G} (\alpha \circ \varepsilon)^g$ in $\operatorname{Hom}_G(\varphi^*\varphi_*W, \varphi^*V) = \operatorname{Hom}_G(\varphi_*W, V)$, und es gilt

$$\pi(\alpha \circ \varepsilon) \circ \theta = \alpha\,. \tag{20.7}$$

Denn ist $g \in G$, so gilt

$$\begin{aligned}
((\alpha \circ \varepsilon)^g \circ \theta)(w) &= (g^{-1}(\alpha \circ \varepsilon)\, g)(\theta_w) \\
&= (g^{-1}(\alpha \circ \varepsilon))(g\, \theta_w)) \\
&= g^{-1}(\alpha(\theta_w(g)))\,;
\end{aligned}$$

dies ist gleich 0, falls $g \notin \varphi(H)$ und gleich $\alpha(w)$, falls $g \in \varphi(H)$. Daraus folgt sofort

$$(\alpha \circ \varepsilon)^g \circ \theta = \begin{cases} \alpha & \text{für } g \in \varphi(H)\,, \\ 0 & \text{sonst} \end{cases}$$

und daraus die behauptete Identität (20.7).

Wir setzen $\theta_*(\alpha) := \pi(\alpha \circ \varepsilon)$ und erhalten einen Homomorphismus

$$\theta_*\colon \operatorname{Hom}_H(W, \varphi^*V) \longrightarrow \operatorname{Hom}_G(\varphi_*W, V)\,.$$

Gilt $\theta_*(\alpha) = 0$, so wegen (20.7) auch $\alpha = \pi(\alpha \circ \varepsilon) \circ \theta = \theta_*(\alpha) \circ \theta = 0$, weswegen θ_* injektiv ist. Für β in $\operatorname{Hom}_G(\varphi_*W, V)$ liegt $\alpha := \beta \circ \theta$ in $\operatorname{Hom}_H(W, \varphi^*V)$, und es gilt $\theta_*(\alpha) = \pi(\beta \circ \theta \circ \varepsilon) = \beta \circ \pi(\theta \circ \varepsilon) = \beta \circ \pi(e) = \beta$. Daraus folgt die Surjektivität von θ_*. □

Unsere Definition der induzierten Darstellung ist kanonisch, sie hängt von keiner Auswahl ab. Dies liegt daran, dass wir eigentlich nicht die induzierte, sondern die koinduzierte Darstellung definiert haben. Diese ist das zur induzierten Darstellung duale Objekt.

Übungsaufgaben

zu Abschnitt 20.1

1. *Eindimensionale Darstellungen von G.* Es seien G eine endliche Gruppe, K ein Körper, $\rho\colon G \to \mathrm{GL}(K)$ eine Darstellung vom Grad 1 und G' die Kommutatoruntergruppe von G.

   (a) Zeige, dass ρ eine Darstellung $\rho'\colon G/G' \to \mathrm{GL}(K)$ induziert.

   (b) Es sei $H_1 \times \cdots \times H_m$ die Zerlegung von G/G' in ein direktes Produkt zyklischer Gruppen H_i mit Erzeugenden g_i und Ordnungen h_i. Zeige, dass ρ durch $\rho(g_i)$, $i = 1, \ldots, m$, festgelegt ist. Welche Eigenschaft müssen die $\rho(g_i)$ besitzen?

   (c) Es sei q die kleinste natürliche Zahl mit $g^q \in G'$ für alle $g \in G$. Zeige zunächst, dass die q-ten Einheitswurzeln genau dann in K liegen, wenn die h_i-ten Einheitswurzeln für $i = 1, \ldots, m$, alle in K enthalten sind. Folgere daraus, dass es in diesem Fall genau $h = h_1 \cdots h_m$ verschiedene eindimensionale Darstellungen von G gibt, falls $\mathrm{char}\,(K) = p$ mit $p \nmid q$.

zu Abschnitt 20.4

2. Es sei K ein Körper der Charakteristik p und $G = \langle g \rangle$ zyklisch der Ordnung p. Zeige: $\rho\colon G \to \mathrm{GL}(K^2)$ mit $\rho(g) = \begin{pmatrix} 1 & 1 \\ 0 & 1 \end{pmatrix}$ liefert eine reduzible, aber nicht vollständig reduzible Darstellung von G.

3. *Reduzibilität und Matrixdarstellungen.* Es sei V eine Darstellung von G und $W \subseteq V$ ein invarianter Unterraum von V.

   (a) Zeige, dass es eine Basis von V gibt mit der Eigenschaft, dass die zugehörige Matrixdarstellung $T\colon G \to \mathrm{GL}_n(K)$ die Gestalt

   $$T(g) = \begin{pmatrix} T_1(g) & U(g) \\ 0 & T_2(g) \end{pmatrix}$$

   besitzt.

   (b) Zeige, dass die Abbildungen $T_j\colon g \mapsto T_j(g)$ für $j = 1, 2$ Matrixdarstellungen von Darstellungen ρ_j sind, die man aus ρ gewinnen kann.

   (c) Wie sieht $U(g)$ aus, falls V vollständig reduzibel ist?

4. Es seien V ein Vektorraum über einem Körper der Charakteristik p und $\rho\colon G \to \mathrm{GL}(V)$ eine Darstellung einer nicht notwendigerweise endlichen Gruppe G. H sei eine Untergruppe von G von endlichem Index mit $p \nmid [G : H]$, für die $\rho|_H$ vollständig reduzibel ist. Zeige, dass ρ selbst vollständig reduzibel ist. (vgl. Satz von Maschke)

5. *Anwendungen des Lemmas von Schur.* Es sei V ein n-dimensionaler komplexer Vektorraum und $\rho\colon G \to \mathrm{GL}(V)$ eine nicht-triviale Darstellung mit

   $$\mathrm{End}_G(V) \subseteq \{\lambda\,\mathrm{id}_V;\ \lambda \in K\}\,.$$

(a) Zeige, dass ρ irreduzibel ist.

(b) Schließe aus (a), dass ρ genau dann irreduzibel ist, wenn der Zentralisator von $\rho(G)$ gleich $\mathbb{C}^\times \operatorname{id}_V$ ist.

(c) Zeige, dass für irreduzible ρ und alle $A \in \operatorname{GL}(V)$

$$A\rho\Big(\sum_{g\in G} g\Big) = \lambda A$$

gilt.

6. Es sei G eine endliche Gruppe, sodass jede irreduzible Darstellung $\rho\colon G \to \operatorname{GL}_n(\mathbb{C})$ eindimensional ist. Dann ist G abelsch.

zu Abschnitt 20.5

7. Sei $\varphi\colon H \to G$ ein Gruppenhomomorphismus, H, G endliche Gruppen, W eine Darstellung von H und $\varphi_* W$ die induzierte Darstellung. Zeige, dass diese universell ist, d. h. dass für jede Darstellung V von G und jedes $\alpha \in \operatorname{Hom}_H(W, \varphi^* V)$ es genau ein $\varphi_* \alpha \in \operatorname{Hom}_G(\varphi_* W, V)$ gibt mit $\varphi_* \alpha \circ \theta = \alpha$.

8. Die Darstellungen ρ_1, ρ_2 seien von den Darstellungen θ_1, θ_2 induziert. Zeige, dass dann die Darstellung $\rho_1 \oplus \rho_2$ von der Darstellung $\theta_1 \oplus \theta_2$ induziert ist.

9. Es sei (V, ρ) induziert von (W, θ), W' ein invarianter Unterraum von W. Zeige, dass der Unterraum

$$V' = \sum_{g\in R} \rho(g)(W')$$

von V invariant unter G ist und (V', ρ') von (W', θ') induziert ist.

10. Ist $\varepsilon\colon G \to V$, $g \mapsto v_g$, eine Basis eines Vektorraums V und $H \subseteq G$ eine Untergruppe von G, so liefert die Restriktion θ von ε auf H eine Basis des von $\varepsilon(H)$ erzeugten Unterraums W von V. Es seien $\rho_{\mathrm{reg},G}$ und $\rho_{\mathrm{reg},H}$ die regulären Darstellungen von G und H. Zeige, dass

$$V = \bigoplus_{g\in G/H} \rho_{\mathrm{reg},G}(g)W \,,$$

und dass daher $\rho_{\mathrm{reg},G} = \operatorname{Ind}_H^G(\rho_{\mathrm{reg},H})$ gilt.

21 Charaktere

In diesem Kapitel nehmen wir generell an, dass der zugrunde liegende Körper K algebraisch abgeschlossen ist, dass er die Charakteristik 0 besitzt, und dass G endlich ist.

21.1 Der Charakter einer Darstellung

Die charakteristische Gleichung eines Endomorphismus $\varphi \in \mathrm{End}_K(V)$ besitzt die Gestalt

$$P_\varphi(T) = \det(T \, \mathrm{id} - \varphi) = T^n - \mathrm{Tr}(\varphi) \, T^{n-1} + \cdots + (-1)^n \det(\varphi) \, . \qquad (21.1)$$

Der zweithöchste Koeffizient $\mathrm{Tr}(\varphi)$ definiert einen Vektorraum-Homomorphismus

$$\mathrm{Tr} \colon \; \mathrm{End}_K(V) \longrightarrow K \, ,$$
$$\varphi \longmapsto \mathrm{Tr}(\varphi) \, ,$$

den man die Spur nennt. Stellt man den Endomorphismus als Matrix dar, so kann die Spur explizit beschrieben werden. Dazu sei $\varepsilon \colon V \to K^n$ eine Basis, $(m_{ij}) = M(\varphi) \in \mathrm{GL}_n(K)$ die zu φ gehörige Matrix bezüglich der gewählten Basis. Dann können in der charakteristischen Gleichung (21.1) die Endomorphismen durch die zugehörigen Matrizen ersetzt werden, und man erhält

$$\mathrm{Tr}(M(\varphi)) = \sum_{i=1}^n m_{ii} \, .$$

Da die Matrizen zu je zwei Basen durch Konjugation auseinander hervorgehen und die die Spur definierende Determinante davon unberührt bleibt, ist $\mathrm{Tr}(M(\varphi))$ unabhängig von der Wahl einer Basis.

Ist $\rho \colon G \to \mathrm{GL}(V) \subseteq \mathrm{End}_K(V)$ eine Darstellung, so definiert

$$\chi_\rho = \mathrm{Tr} \circ \rho$$

eine Funktion von G nach K, die man den *Charakter* der Darstellung ρ nennt. Statt χ_ρ schreiben wir auch χ_V. Ist der Grad der Darstellung gleich 1, so stimmen ρ und χ_ρ überein. Man nennt $\chi = \chi_\rho$ in diesem Fall einen *linearen Charakter*. Wir werden sehen, dass der Charakter χ_ρ die Darstellung ρ vollständig charakterisiert.

Aufgrund der Definition eines Charakters einer Darstellung ergeben sich sofort die folgenden ersten Eigenschaften von χ:

(i) $\chi_V(1) = \dim V$
(ii) $\chi_V(hgh^{-1}) = \chi_V(g)$

© Springer Fachmedien Wiesbaden GmbH, ein Teil von Springer Nature 2020
G. Wüstholz und C. Fuchs, *Algebra*, Springer Studium Mathematik – Bachelor,
https://doi.org/10.1007/978-3-658-31264-0_24

(iii) Sind $\rho\colon G \to \mathrm{GL}(V)$, $\rho'\colon G \to \mathrm{GL}(V')$ Darstellungen, so ist

$$\chi_{V\oplus V'} = \chi_V + \chi_{V'} \; .$$

(iv) Für die zu ρ gehörende kontragrediente Darstellung ρ^* gilt

$$\chi_{V^*}(g) = \chi_V(g^{-1}) \; .$$

Ist $K = \mathbb{C}$ der zugrunde liegende Körper, so gilt zusätzlich (siehe Übungsaufgaben)

(v) $\chi_V(g^{-1}) = \overline{\chi_V(g)}$.

Sind $\rho\colon G \to \mathrm{GL}(V)$ und $\rho'\colon G \to \mathrm{GL}(V')$ Darstellungen, so erhält man wie in Beispiel 20.9 eine Darstellung von G in $\mathrm{Hom}_K(V, V')$ mit $\varphi \mapsto \rho'(g) \circ \varphi \circ \rho(g)^{-1}$ für $\varphi \in \mathrm{Hom}_K(V, V')$. Ihr Charakter $\chi_{\mathrm{Hom}_K(V,V')}$ erfüllt die Identität

(vi) $\chi_{\mathrm{Hom}_K(V,V')}(g) = \chi_{V^*}(g)\chi_{V'}(g)$.

Um dies zu beweisen, müssen wir etwas ausholen, da wir an dieser Stelle das Tensorprodukt von Vektorräumen und seine Eigenschaften nicht zur Verfügung haben. Statt dessen werden wir eine Basis aus Eigenvektoren von $\mathrm{Hom}_K(V, V')$ konstruieren und die Eigenwerte berechnen. Die Vektorräume V und V^* bilden ein sogenanntes duales Paar bezüglich der nicht ausgearteten Bilinearform

$$
\begin{aligned}
\langle\,,\,\rangle\colon\; V \times V^* &\longrightarrow K \\
(v, v^*) &\longmapsto \langle v, v^*\rangle := v^*(v) \; ,
\end{aligned}
$$

mit der wir eine bilineare Abbildung

$$
\begin{aligned}
\Phi\colon\; V^* \times V' &\longrightarrow \mathrm{Hom}_K(V, V') \\
(v^*, v') &\longmapsto \Phi(v^*, v') := v \mapsto \langle v, v^*\rangle \cdot v'
\end{aligned}
$$

definieren. Die Bilinearform $\langle\,,\,\rangle$ ist invariant, denn es gilt gemäß Beispiel 20.6 $\langle gv, gv^*\rangle = (gv^*)(gv) = v^*(g^{-1}(gv)) = \langle v, v^*\rangle$. Benützen wir das, so erhalten wir die Identität

$$
\begin{aligned}
(g\Phi(v^*, v')g^{-1})v &= (\rho'(g) \circ \Phi(v^*, v') \circ \rho(g^{-1}))v \\
&= (\rho'(g) \circ \Phi(v^*, v'))(g^{-1}v) \\
&= \rho'(g)(\langle g^{-1}v, v^*\rangle v') \\
&= \langle g^{-1}v, v^*\rangle gv' \\
&= \langle v, gv^*\rangle gv' \\
&= \Phi(gv^*, gv')v \; ,
\end{aligned}
$$

also $g\Phi(v^*, v')g^{-1} = \Phi(gv^*, gv')$. Sind v^* und v' Eigenvektoren bezüglich der Aktion von $g \in G$ mit Eigenwerten $\lambda^* = \lambda^*(g)$ und $\lambda' = \lambda'(g)$, so folgt

$$
\begin{aligned}
g\Phi(v^*, v')g^{-1} &= \Phi(gv^*, gv') \\
&= \Phi(\lambda^*v^*, \lambda'v') \\
&= \lambda^*\lambda'\Phi(v^*, v') \; ,
\end{aligned}
$$

wobei die letzte Identität direkt aus der Definition von Φ resultiert. Lassen wir nun v^* und v' je eine Basis $\mathscr{B}^*$ bzw. $\mathscr{B}'$ aus Eigenvektoren von V^* bzw. V' durchlaufen, so durchläuft $\Phi(v^*, v')$ eine Basis von $\mathrm{Hom}(V, V')$, wie man sofort verifiziert, deren Eigenwerte gleich $\lambda^*(g)\lambda'(g)$ sind. Daraus folgt

$$
\begin{aligned}
\chi_{\mathrm{Hom}_K(V,V')}(g) &= \sum_{\mathscr{B}^*}\sum_{\mathscr{B}'} \lambda^*(g)\lambda'(g) \\
&= \Big(\sum_{\mathscr{B}^*}\lambda^*(g)\Big)\Big(\sum_{\mathscr{B}'}\lambda'(g)\Big) \\
&= \chi_{V^*}(g)\,\chi_{V'}(g)
\end{aligned}
$$

und so die Identität (vi).

21.2 Orthogonalitätsrelationen

Die Zuordnung, die einem $h \in G$ und einem $s \in \Gamma(G,K)$ die Funktion hs: $g \mapsto s(gh)$ in $\Gamma(G,K)$ (siehe Beispiel 20.2) zuordnet, ist eine Darstellung von G auf dem Raum $\Gamma(G,K)$. Die Bilinearform

$$
B(s,t) := \frac{1}{|G|}\sum_{g\in G} s(g)t(g)
$$

ist symmetrisch und invariant unter G bezüglich dieser Darstellung. Der Raum $\Gamma(G,K)$ besitzt als kanonische Basis die Funktionen δ_g, $g \in G$, die für g den Wert 1 und sonst den Wert 0 annehmen. Sie sind orthogonal bezüglich dieser Bilinearform. Insbesondere ist die Bilinearform nicht ausgeartet und aus Satz 20.25 folgt, dass sich $\Gamma(G,K)$ in eine orthogonale direkte Summe irreduzibler invarianter Unterräume zerlegt, sobald die Form anisotrop ist, d. h. genau dann $B(s,s) = 0$ ist, wenn $s = 0$ gilt.

Ordnen wir hingegen einem $h \in G$ und einem $s \in \Gamma(G,K)$ die Funktion hs: $g \mapsto s(h^{-1}gh)$ in $\Gamma(G,K)$ zu, so erhalten wir ebenfalls eine Darstellung von G auf dem Raum $\Gamma(G,K)$. In diesem Fall betrachten wir die Bilinearform

$$
\langle s,t\rangle := \frac{1}{|G|}\sum_{g\in G} s^*(g)t(g)
$$

mit $s^*(g) = s(g^{-1})$. Sie ist ebenfalls symmetrisch, invariant und nicht ausgeartet. Denn es gilt

$$
\langle hs, ht\rangle = \frac{1}{|G|}\sum_{g\in G} s^*(h^{-1}gh)t(h^{-1}gh) = \langle s,t\rangle.
$$

Allerdings besitzt sie i. A. isotrope Vektoren. Dazu berechnet man $\langle \delta_g, \delta_h\rangle$ für g, $h \in G$ und findet, dass δ_g genau dann anisotrop ist, wenn g in der Untergruppe

$G(2)$ von G ist, die von den Elementen der Ordnung 2 erzeugt wird. Alle anderen δ_g sind isotrop.

Eine besondere Rolle spielen die Charaktere von Darstellungen. Sie sind ausgezeichnete Elemente des Vektorraums $\Gamma(G, K)$ der Funktionen $s\colon G \to K$, da sie Klassenfunktionen, d. h. konstant auf den Konjugationsklassen, sind. Mit anderen Worten: es gilt $h\chi = \chi$ für Charaktere von Darstellungen. Davon werden wir im Folgenden Gebrauch machen.

Ist $\rho\colon G \to \mathrm{GL}(V)$ eine Darstellung, so setzen wir $V^G = \{v \in V;\ \forall g \in G\colon gv = v\}$. Dies ist offensichtlich ein invarianter Unterraum, auf dem die Elemente von G mit Eigenwert 1 operieren.

Satz 21.1 *Es sei $\rho\colon G \to \mathrm{GL}(V)$ eine Darstellung. Dann gilt*

$$\dim V^G = |G|^{-1} \sum_{g \in G} \chi_V(g) \ .$$

Beweis In $\mathrm{End}\, V$ definiert $\varepsilon = |G|^{-1} \sum_{g \in G} \rho(g)$ ein idempotentes Element, und es gilt

$$V = \ker \varepsilon \oplus \ker(1 - \varepsilon) \ .$$

Dies ist eine Zerlegung in invariante Unterräume, da ε offensichtlich in $\mathrm{End}_G V$ liegt, d. h. es gilt $\rho(g)\varepsilon = \varepsilon\rho(g)$ für alle $g \in G$. Da $\ker(1 - \varepsilon)$ der Eigenraum von ε mit Eigenwert 1 ist, erhalten wir $\ker(1 - \varepsilon) = V^G$. Es folgt

$$\dim V^G = \mathrm{Tr}(\varepsilon) = |G|^{-1} \sum_{g \in G} \mathrm{Tr}(\rho(g)) = |G|^{-1} \sum_{g \in G} \chi_V(g).$$

$\square$

Wir wenden den Satz nun auf die Darstellung $\mathrm{Ad}\colon G \to \mathrm{GL}(\mathrm{Hom}_K(V, V'))$ an, die man aus Darstellungen $\rho\colon G \to \mathrm{GL}(V)$ sowie $\rho'\colon G \to \mathrm{GL}(V')$ gewinnt (siehe Beispiel 20.9). Wir beachten hierzu, dass $\mathrm{Hom}_K(V, V')^G = \mathrm{Hom}_G(V, V')$, da $\mathrm{Ad}(g)\varphi = \varphi$ gleichbedeutend ist mit $\rho(g) \circ \varphi = \varphi \circ \rho(g)$. Aufgrund der Eigenschaften (i)–(vi) in Verbindung mit Satz 21.1 gilt dann

$$\begin{aligned}
\dim \mathrm{Hom}_G(V, V') &= |G|^{-1} \sum_{g \in G} \chi_{\mathrm{Hom}_K(V,V')}(g) \\
&= |G|^{-1} \sum_{g \in G} \chi_{V^*}(g)\, \chi_{V'}(g) \\
&= \langle \chi_V, \chi_{V'} \rangle \ .
\end{aligned}$$

Dies fassen wir im folgenden Korollar zusammen.

Korollar 21.2   *Es gilt*

$$\dim \operatorname{Hom}_G(V, V') = \langle \chi_V, \chi_{V'} \rangle \ .$$

Sind insbesondere V und V' irreduzible Darstellungen, so führt mithilfe des Satzes 20.16 (Lemma von Schur) unsere Diskussion zu dem folgenden fundamentalen

Satz 21.3   *Die Bilinearform $\langle \, , \, \rangle$ besitzt die folgenden Eigenschaften:*
  (i) *Ist χ der Charakter einer irreduziblen Darstellung, so gilt $\langle \chi, \chi \rangle = 1$.*
  (ii) *Für Charaktere χ, χ' nicht-isomorpher irreduzibler Darstellungen gilt $\langle \chi, \chi' \rangle = 0$. Insbesondere sind die Charaktere paarweise nicht-isomorpher Darstellungen orthonormal bezüglich der Bilinearform $\langle \, , \, \rangle$.*

Dieser Satz ist ein wichtiges technisches Hilfsmittel in der Theorie der Charaktere. Das wird aus den nachfolgenden Sätzen deutlich.

Satz 21.4   *Es sei $\rho\colon G \to \operatorname{GL}(V)$ eine Darstellung mit Charakter χ und*

$$V = V_1 \oplus \cdots \oplus V_r$$

eine Zerlegung von V in irreduzible Darstellungen. Für jede irreduzible Darstellung $\rho'\colon G \to \operatorname{GL}(W)$ mit Charakter χ' ist $\langle \chi, \chi' \rangle$ die Anzahl der Summanden V_j von V, die isomorph zu W sind.

Beweis   Es sei χ_j der zur Darstellung V_j gehörende Charakter. Wegen 21.1(iii) und 21.3 erhalten wir sofort

$$\begin{aligned}
\langle \chi, \chi' \rangle &= \sum_j \langle \chi_j, \chi' \rangle \\
&= \sum 1 \, ,
\end{aligned}$$

wobei sich die letzte Summe über alle Komponenten isomorph zu W erstreckt. $\square$

Die Anzahl der zu einer gegebenen irreduziblen Darstellung ρ' isomorphen Komponenten einer Darstellung ρ nennt man die *Multiplizität*, mit der ρ' in ρ vorkommt, oder kurz die Multiplizität von ρ' in ρ. Sie kann vollständig durch die Charaktere berechnet werden:

Korollar 21.5   *Die Charaktere zweier Darstellungen stimmen genau dann überein, wenn die Darstellungen isomorph sind.*

Beweis   Eine irreduzible Darstellung kommt in jeder der beiden Darstellungen mit derselben Multiplizität vor, wenn die Charaktere der Darstellungen übereinstimmen. Daher sind in diesem Fall beide Darstellungen isomorph. Umgekehrt

besitzen isomorphe Darstellungen dieselbe Spur, sodass ihre Charaktere übereinstimmen. Denn ist $\alpha : V \to V'$ ein Isomorphismus von Darstellungen, so
gilt $g\alpha g^{-1} = \alpha$ für alle $g \in G$. Ist $\mathcal{B}$ eine Basis von V bestehend aus Eigenvektoren mit Eigenwert $\lambda_e(g)$ für $e \in \mathcal{B}$, so ist $\alpha(\mathcal{B})$ eine Basis bestehend aus
Eigenvektoren von V' mit Eigenwerten $\lambda_e(g)$. Denn es gilt $ge = \lambda_e(g)e$, woraus
$g\alpha(e) = \alpha(ge) = \lambda_e(g)\alpha(ge)$ folgt. Da die Spur unabhängig von der Wahl einer
Basis ist, folgt die Behauptung. $\qquad\square$

Jede Darstellung ist wegen (20.3) isomorph zu einer Darstellung der Form
$V = m_1 W_1 \oplus \cdots \oplus m_h W_h$ mit paarweise nicht isomorphen W_j. Sind χ, χ_1, ...,
χ_h die zugehörigen Charaktere, so gilt

$$\chi = m_1 \chi_1 + \cdots + m_h \chi_h$$

mit $m_j = \langle \chi, \chi_j \rangle$ und aufgrund der Orthogonalitätsrelation

$$\langle \chi, \chi \rangle = \sum_{j=1}^{h} m_j{}^2 \, .$$

Wir erhalten deswegen als Anwendung den

Satz 21.6 *Es sei χ ein Charakter einer Darstellung $\rho \colon G \to \mathrm{GL}(V)$. Dann ist
$\langle \chi, \chi \rangle$ in $\mathbb{Z}$. Darüber hinaus gilt $\langle \chi, \chi \rangle = 1$ genau dann, wenn V irreduzibel ist.*

21.3 Zerlegung der regulären Darstellung

Wir untersuchen nun etwas genauer die reguläre Darstellung, die besonders reich-
haltig ist. Ein kanonisches Modell für sie gewinnt man folgendermaßen: auf dem
Raum $\Gamma(G, K)$ operiert G durch γ: $\delta_g \mapsto \delta_{\gamma g}$ für γ aus G, wobei wie üblich δ_g die
Funktion ist, die den Wert 1 für $x = g$ und den Wert 0 sonst annimmt. Dadurch
wird $\Gamma(G, K)$ eine reguläre Darstellung mit Basiselementen δ_g, $g \in G$. Für $\gamma \neq 1$
sind die Diagonalterme der Matrix von γ alle gleich Null, und deswegen ist ihre
Spur gleich 0. Für $\gamma = 1$ hingegen sind sie alle gleich 1, sodass die Spur der Matrix
gleich $\dim \Gamma(G, K) = |G|$ wird. Es ergibt sich so der folgende Satz:

Satz 21.7 *Der Charakter χ_{reg} der regulären Darstellung ρ_{reg} ist durch*

$$\chi_{\mathrm{reg}}(g) = \begin{cases} |G| & \text{falls } g = 1 \, , \\ 0 & \text{sonst} \end{cases}$$

gegeben.

Man nennt die Charaktere irreduzibler Darstellungen *irreduzible Charaktere*.

Korollar 21.8 *Jede irreduzible Darstellung W mit Charakter χ ist in der regulären Darstellung mit Multiplizität $\dim W$ enthalten.*

Beweis   Es sei m die Multiplizität von W in $\Gamma(G, K)$. Nach Satz 21.4 gilt

$$
\begin{aligned}
m &= \langle \chi_{\mathrm{reg}}, \chi \rangle \\
  &= |G|^{-1} \sum_g (\chi_{\mathrm{reg}})^*(g)\chi(g) \\
  &= |G|^{-1} \cdot |G| \cdot \chi(1) \\
  &= \dim W \ .
\end{aligned}
$$

$\square$

Aus Korollar 21.8 folgt insbesondere, dass es nur endlich viele nicht-isomorphe irreduzible Darstellungen $\rho_1, \ldots, \rho_h$ von G gibt. Ihre Grade seien $n_1, \ldots, n_h$ und ihre Charaktere $\chi_1, \ldots, \chi_h$.

Korollar 21.9 *Es gilt*

$$
\sum_{j=1}^{h} n_j \chi_j(g) = \begin{cases} |G| & \text{für } g = 1, \\ 0 & \text{sonst}. \end{cases}
$$

Insbesondere gilt für die Grade n_j der irreduziblen Darstellungen von G die Beziehung

$$
\sum_{j=1}^{h} n_j{}^2 = |G| \ .
$$

Beweis   Wegen Korollar 21.8 können wir $\chi_{\mathrm{reg}}(g) = \sum_j n_j \chi_j(g)$ schreiben und erhalten

$$
0 = \chi_{\mathrm{reg}}(g) = \sum_j n_j \chi_j(g)
$$

für $g \neq 1$ sowie

$$
|G| = \dim \Gamma(G, K) = \sum_j n_j \, \chi_j(1) = \sum_j n_j{}^2
$$

für $g = 1$.

$\square$

21.4 Anzahl der irreduziblen Darstellungen

Ein $f \in \Gamma(G, K)$ heißt eine *zentrale Funktion*, falls $f(hgh^{-1}) = f(g)$ für alle g, $h \in G$. Einer Darstellung $\rho\colon G \to \mathrm{GL}(V)$ und einer zentralen Funktion f können wir einen Endomorphismus $\rho_f \in \mathrm{End}_K(V)$ zuordnen, indem wir $\rho_f = \sum_g f^*(g)\rho(g)$ setzen. Dieser liegt sogar in $\mathrm{End}_G(V)$, da für alle $h \in G$ gilt

$$
\begin{aligned}
\rho(h^{-1})\rho_f\rho(h) &= \sum_g f^*(g)\rho(h^{-1}gh) \\
&= \sum_g f^*(h^{-1}gh)\rho(g) \\
&= \sum_g f^*(g)\rho(g) \\
&= \rho_f \, .
\end{aligned}
$$

Nach dem Lemma von Schur 20.16 ist $\mathrm{End}_G(V)$ ein Schiefkörper, d. h. $\rho_f = \lambda \, \mathrm{id}$, falls V irreduzibel ist. Den Koeffizienten λ können wir dann durch Spurbildung berechnen und erhalten

$$
\begin{aligned}
\lambda \dim V &= \mathrm{Tr}(\lambda \, \mathrm{id}) \\
&= \mathrm{Tr}(\rho_f) \\
&= \sum_g f^*(g) \, \mathrm{Tr}(\rho(g)) \\
&= \sum_g f^*(g)\chi(g) \\
&= |G|\langle f, \chi \rangle \, .
\end{aligned}
$$

Wir fassen dies in folgendem Satz zusammen.

Satz 21.10 *Es sei f eine zentrale Funktion auf G, $\rho\colon G \to \mathrm{GL}(V)$ eine irreduzible Darstellung mit Charakter χ. Dann ist $\rho_f = \lambda \, \mathrm{id}$ mit*

$$
\lambda = \frac{|G|}{\dim V}\langle f, \chi \rangle \, .
$$

Es sei $Z[G] \subseteq \Gamma(G, K)$ der Vektorraum der zentralen Funktionen auf G. Dann liegen $\chi_1, \ldots, \chi_h$ in $Z[G]$, und es gilt der folgende

Satz 21.11 *Die irreduziblen Charaktere $\chi_1, \ldots, \chi_h$ bilden eine Orthonormalbasis von $Z[G]$.*

Beweis Es genügt zu zeigen, dass $Z[G] = \sum_{j=1}^h K\chi_j$. Setzen wir $W = \sum K\chi_j$, so folgt die Behauptung, wenn wir gezeigt haben, dass $W^\perp = 0$. Ist ρ eine Darstellung von G, $f \in W^\perp$ und setzen wir $\rho_f = \sum_g f^*(g)\rho(g)$, so gilt zunächst $\langle f, \chi_j \rangle = 0$ für alle j. Falls ρ irreduzibel ist, so folgt $\rho_f = 0$ aus Satz 21.10. Falls ρ irreduzibel ist, so folgt $\rho_f = 0$ aus Satz 21.11. Zerlegt man ρ in irreduzible

Darstellungen, so ergibt sich weiter $\rho_f = 0$ für alle ρ. Das gilt insbesondere für die reguläre Darstellung ρ_{reg} aus Abschnitt 21.3, sodass wir

$$0 = (\rho_{\mathrm{reg}})_f \, \delta_1 = \sum_g f^*(g)\rho_{\mathrm{reg}}(g)\delta_1 = \sum_g f^*(g)\delta_g$$

und somit $f(g^{-1}) = 0$ für alle $g \in G$, also schließlich $f = 0$ erhalten. $\qquad\qquad$ $\square$

Satz 21.12 *Die Anzahl der irreduziblen Darstellungen von G ist gleich der Anzahl der Konjugationsklassen von G.*

Beweis Es seien $C_1, \ldots, C_h$ die Konjugationsklassen. Dann sind die zentralen Funktionen auf G durch die Werte auf $C_1, \ldots, C_h$ eindeutig bestimmt. Deswegen gilt $\dim Z[G] = h$, und aus dem vorhergehenden Satz wissen wir, dass $\dim Z[G]$ die Anzahl der irreduziblen Darstellungen von G ist. $\qquad\qquad$ $\square$

21.5 Beispiele

In diesem Abschnitt geben wir einige Beispiele von Darstellungen von Gruppen, die sehr nützlich für das Verständnis der Darstellungstheorie sind. Es handelt sich um Gruppen, insbesondere Permutationsgruppen, die sich als roter Faden durch dieses Buch gezogen haben.

21.5.1 Die Gruppe $\mathscr{S}_2$

Es sei K ein algebraisch abgeschlossener Körper der Charakteristik 0 und $\mu_2 = \langle -1, 1 \rangle$ die Gruppe der zweiten Einheitswurzeln in K. Dann sind die Abbildungen $\varepsilon, \theta \colon \mu_2 \to \mathrm{GL}(K) = K^\times$ gegeben durch $\varepsilon(1) = 1$, $\varepsilon(-1) = 1$ resp. $\theta(1) = 1$, $\theta(-1) = -1$ Darstellungen von μ_2.

21.5.2 Zyklische Gruppen

Es seien K ein algebraisch abgeschlossener Körper der Charakteristik 0, $C_n = \langle t \rangle$ eine zyklische Gruppe der Ordnung n und $\mu_n \subseteq K$ die Gruppe der n-ten Einheitswurzeln, erzeugt durch eine primitive Einheitswurzel ζ. Dann ist für $h = 0, \ldots, n-1$ die Abbildung

$$\chi_h \colon C_n \longrightarrow \mu_n \subseteq K^\times = \mathrm{GL}(K)$$
$$t \longmapsto \chi_h(t) := \zeta^h$$

eine Darstellung von C_n. Sie ist ein linearer Charakter von C_n.

21.5.3 Die Gruppe $\mathscr{S}_3$

Es sei

$$\mathscr{S}_3 = \{(1),\, (12),\, (13),\, (23),\, (123),\, (132)\}\,.$$

Ihre Konjugationsklassen sind

$$\begin{aligned}
\mathscr{C}_1 &= \{(1)\} \\
\mathscr{C}_2 &= \{(12), (13), (23)\} \\
\mathscr{C}_3 &= \{(123), (132)\}
\end{aligned}$$

und ihre Untergruppen

$$\begin{aligned}
\mathscr{A}_3 &= \{(1), (123), (132)\} \\
\langle(12)\rangle &= \{(1), (12)\}
\end{aligned}$$

sowie $\langle(13)\rangle$ und $\langle(23)\rangle$. Der Untergruppenverband von $\mathscr{S}_3$ sieht wie folgt aus:

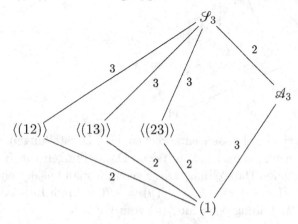

Die Gruppe $\mathscr{S}_3$ besitzt drei Konjugationsklassen und daher drei irreduzible Darstellungen. Dies sind die Darstellung ρ_0 vom Grad 2, die von der Permutationsdarstellung kommt, sowie zwei Darstellungen ρ_1, ρ_2 vom Grad 1; sie sind Lifts unter der kanonischen Projektion $\mathscr{S}_3 \to \mathscr{S}_3/\mathscr{A}_3 \simeq \mu_2$ der zwei eindimensionalen Darstellungen von μ_2.

21.5.4 Die Gruppe $\mathscr{A}_4$

Als weiteres Beispiel betrachten wir die Gruppe $\mathscr{A}_4$ mit den Konjugationsklassen

$$\begin{aligned}
\mathscr{C}_0 &= \{(1)\} \\
\mathscr{C}_1 &= \{(12)(34), (13)(24), (14)(23)\} \\
\mathscr{C}_2 &= \{(123), (214), (341), (432)\} \\
\mathscr{C}_3 &= \{(132), (241), (314), (423)\}
\end{aligned}$$

von Permutationen der Ordnung 2 und 3 und die Untergruppen $H = \{1, x, y, z\}$ mit $x = (12)(34)$, $y = (13)(24)$, $z = (14)(23)$ sowie $K = \{1, t, t^2\}$ mit $t = (123)$. Dann ist $H \lhd \mathscr{A}_4$ ein Normalteiler und K eine Gruppe mit $H \cap K = \{(1)\}$, somit $\mathscr{A}_4 = H \rtimes K$. Es ergibt sich der Untergruppenverband

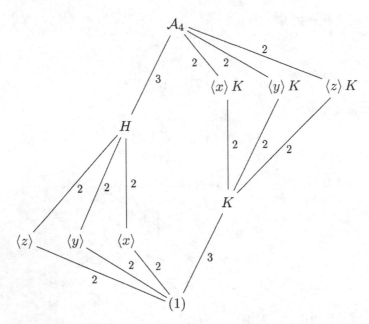

Die vier Konjugationsklassen entsprechen vier Darstellungen: drei eindimensionalen Darstellungen ρ_1, ρ_2, ρ_3 als Lifts von Darstellungen von $K = \mathscr{A}_4/H$ sowie einer dreidimensionalen Darstellung. Diese gewinnt man aus der eindimensionalen Darstellung θ von H mit $\theta(x) = 1 = -\theta(y) = -\theta(z)$ durch Induktion. Man erhält eine irreduzible Darstellung $\rho_0 = \mathrm{Ind}_H^G(\theta)$ vom Grad 3.

21.5.5 Die Gruppe $\mathscr{S}_4$

Die Gruppe $\mathscr{S}_4$ setzt sich aus insgesamt fünf Konjugationsklassen

$$
\begin{aligned}
\mathscr{C}_0 &= \{(1)\} \\
\mathscr{C}_1 &= \{(12), (13), (14), (23), (24), (34)\} \\
\mathscr{C}_2 &= \{(12)(34), (13)(24), (14)(23)\} \\
\mathscr{C}_3 &= \{(123), (132), (214), (241), (314), (341), (423), (432)\} \\
\mathscr{C}_4 &= \{(1234), (1243), (1324), (1342), (1423), (1432)\}
\end{aligned}
$$

von Permutationen der Ordnung 1, 2, 3 und 4 zusammen. Sie stellt sich heraus als semidirektes Produkt $\mathscr{S}_4 = H \rtimes \mathscr{S}_3$ der normalen Untergruppen $H = \langle 1, x, y, z \rangle$ $\subseteq \mathscr{A}_4$ mit der Untergruppe $\mathscr{S}_3$ der Permutationen, die das Element 4 festhalten. Deren bereits beschriebene Darstellungen ρ_0, ρ_1, ρ_2 der Grade 2 und 1 können zu Darstellungen der Gruppe $\mathscr{S}_4$ geliftet werden, sodass man zwei eindimensionale, die wir ebenfalls mit ρ_1, ρ_2 bezeichnen wollen, und eine zweidimensionale Darstellung der $\mathscr{S}_4$ erhält. Hinzu kommen noch zwei dreidimensionale Darstellungen.

Eine ist, wie wir allgemein gesehen haben, ein irreduzibler Summand ρ_0 der Permutationsdarstellung der $\mathscr{S}_4$, die andere ergibt sich daraus durch „Twist" mit der nicht-trivialen Darstellung ρ_2 vom Grad eins, besitzt also die Gestalt $\rho_4 = \rho_2 \cdot \rho_0$.

Übungsaufgaben

1. Es sei $\rho\colon G \to \mathrm{GL}(V)$ eine Darstellung einer Gruppe und der zu Grunde liegende Körper sei $\mathbb{C}$. Zeige folgende Aussagen:
   (a) $\rho(g)$ ist diagonalisierbar.
   (b) $\chi_\rho(g)$ ist die Summe der Eigenwerte von $\rho(g)$, wenn diese mit Vielfachheiten gezählt werden.
   (c) $\chi_\rho(g)$ ist die Summe von n-ten Einheitswurzeln, $n = \mathrm{ord}(g)$.
   (d) $\chi_\rho(g^{-1}) = \overline{\chi_\rho(g)}$.
   (e) $|\chi_\rho(g)| \leq \chi_\rho(1)$
   (f) $\{g \in G;\ \chi_\rho(g) = \chi_\rho(1)\}$ ist Normalteiler.
2. Die Gruppe D_8 wird erzeugt von Elementen a, b mit den Relationen $a^4 = 1 = b^2$ und $bab = a^{-1}$. Es sei $\rho\colon D_8 \to \mathrm{GL}_2(\mathbb{C})$ die Darstellung von D_8, die durch

$$\rho(a) = \begin{pmatrix} 0 & 1 \\ 1 & 0 \end{pmatrix}, \quad \rho(b) = \begin{pmatrix} 1 & 0 \\ 0 & -1 \end{pmatrix}$$

   festgelegt wird.
   (a) Berechne $\rho(g)$ und $\chi_\rho(g)$ für $g \in D_8$.
   (b) Zeige, dass $\ker \rho = \{g \in D_8;\ \chi(g) = \chi(1)\}$ gilt, wenn χ der Charakter der Darstellung $\rho\colon D_8 \to \mathrm{GL}_n(\mathbb{C})$ ist.
   (c) Ist die Darstellung injektiv?
   (d) Ist sie irreduzibel? (Berechne dazu $\langle \chi, \chi \rangle$)
   (e) Wie viele irreduzible Darstellungen von D_8 gibt es?
   (Beachte, dass $D_8 \simeq \langle (1234), (12)(34) \rangle \subseteq S_4$ gilt)
3. Es sei $\chi \neq 0$ ein nicht-trivialer Charakter einer Gruppe G mit $\chi(g) \geq 0$ für alle $g \in G$. Zeige, dass χ reduzibel ist.

VI Moduln und Algebren

22 Moduln und Algebren

22.1 Grundlegende Begriffe

In diesem Kapitel behandeln wir Moduln über unitären und Algebren über kommutativen unitären Ringen. Ein *Modul über einem unitären Ring R* ist eine abelsche Gruppe M zusammen mit einer assoziativen und unitären bilinearen Abbildung $R \times M \to M$, die einem Paar (r, m) mit $r \in R$, $m \in M$, ein Element $r \cdot m \in M$, das Produkt aus r und m, zuordnet; assoziativ bzw. unitär zu sein bedeutet, dass für alle r, $s \in R$ und $m \in M$

$$r \cdot (s \cdot m) = (r \cdot s) \cdot m$$

bzw.

$$1 \cdot m = m$$

gelten. Statt $r \cdot m$ schreiben wir $r\,m$ und nennen den Moduln kurz einen R-Modul; wenn wir betonen wollen, dass die Multiplikation mit Elementen von R von links geschieht, nennen wir den Moduln auch einen Linksmodul. Entsprechend kann man auch Rechtsmoduln einführen. Ist der Modul ein R-Links- und S-Rechtsmodul und gilt $(rm)s = r(ms)$, so erhalten wir einen (R, S)-Bimoduln. Im Fall, dass R und S übereinstimmen, einen R-Bimodul. Ein *Untermodul* eines R-Moduln ist eine Untergruppe, die stabil unter der Multiplikation mit Elementen aus R ist.

Ein triviales, aber konzeptionell wichtiges Beispiel für R-Links-, R-Rechts- bzw. R-Bimoduln ist der Ring R selbst. Hier entsprechen Ideale genau den Untermoduln.

Beispiel 22.1   Das vielleicht wichtigste Beispiel eines Moduln ist ein Vektorraum, und dementsprechend ist die Theorie der Vektorräume in der Modultheorie enthalten. Ein weiteres Beispiel sind die abelschen Gruppen. Hier sind die ganzen Zahlen der zugrunde liegende Ring. Daher können abelsche Gruppen als $\mathbb{Z}$-Moduln angesehen werden. Sind V und W Vektorräume über einem Körper K, so ist $\mathrm{Hom}_K(V, W)$ einerseits ein K-Modul, also ebenfalls ein Vektorraum über K, andererseits ein $(\mathrm{End}_K(W), \mathrm{End}_K(V))$-Bimodul (siehe Beispiel 1.42).

© Springer Fachmedien Wiesbaden GmbH, ein Teil von Springer Nature 2020
G. Wüstholz und C. Fuchs, *Algebra*, Springer Studium Mathematik – Bachelor,
https://doi.org/10.1007/978-3-658-31264-0_25

Eine spezielle, aber ungemein wichtige Klasse von Moduln ist die der Algebren, die zwischen Ringen und Moduln angesiedelt ist.

Unter einer *assoziativen Algebra* über einem kommutativen und unitären Ring R, kurz R-Algebra, versteht man einen unitären R-Linksmodul A mit einer Abbildung $A \times A \to A$, die einem Paar (a, b) von Elementen aus A ein Element $a \cdot b \in A$, auch ab geschrieben, zuordnet. Von dieser Abbildung verlangt man zum einen, dass sie assoziativ ist, d. h. dass

$$a \cdot (b \cdot c) = (a \cdot b) \cdot c$$

für alle a, b, c in A gilt, und zum anderen, dass sie bilinear ist. Dies bedeutet, dass

$$(a + b) \cdot c = a \cdot c + b \cdot c \,,$$
$$a \cdot (b + c) = a \cdot b + a \cdot c \,,$$

sowie

$$(r \cdot a) \cdot b = r \cdot (a \cdot b) = a \cdot (r \cdot b) \,.$$

für alle a, b, c in A und r aus R gilt. Man nennt die Algebra *unitär*, falls es ein Element e gibt mit

$$e \cdot a = a \cdot e = a$$

für alle $a \in A$. Dieses Element ist, wenn es existiert, eindeutig bestimmt und wird das Einselement genannt. Die Menge der Elemente einer Algebra A, die mit allen anderen Elementen kommutieren, bildet eine Unteralgebra, das *Zentrum* $\mathcal{Z}(A)$ von A. Gilt $\mathcal{Z}(A) = R$, so nennt man die Algebra *zentral*. Besitzt jedes Element $0 \neq a$ in der Algebra A ein inverses Element a^{-1}, so nennt man die Algebra eine *Divisionsalgebra* oder auch einen *Schiefkörper*. Das Zentrum einer Divisionsalgebra ist per definitionem ein Körper.

Beispiel 22.2   Das erste Beispiel für eine unitäre Algebra ist die Algebra $\mathcal{M}_{n,n}(R)$ der $n \times n$-Matrizen mit Koeffizienten in einem unitären Ring R. Die Multiplikation wird durch

$$E_{ij} E_{hk} = \delta_{jh} E_{ik}$$

gegeben, wenn wir mit E_{lm} diejenige Matrix bezeichnen mit Eintrag 1 an der Stelle (l, m) und mit Eintrag 0 sonst. Das Einselement wird durch $I = \sum_{i=1}^{n} E_{ii}$ gegeben.

Beispiel 22.3   Es sei R ein unitärer kommutativer Ring, e_1, e_2 die kanonische Basis von $A = R \times R$ und α, $\beta \in R$ zwei Elemente. Wir definieren durch

$$e_1{}^2 = e_1 \,, \qquad e_1 e_2 = e_2 e_1 = e_2 \,, \qquad e_2{}^2 = \alpha e_1 + \beta e_2$$

eine bilineare und assoziative Abbildung $A \times A \to A$ und erhalten eine Algebra, die *quadratische Algebra* vom Typ (α, β). Ist R der Ring der reellen Zahlen, so ist die quadratische Algebra vom Typ $(-1, 0)$ gerade der Körper der komplexen Zahlen.

Beispiel 22.4 Ein 3-dimensionaler Vektorraum $\mathfrak{g}$ über den rationalen Zahlen zusammen mit dem Vektorprodukt $\times\colon \mathfrak{g} \times \mathfrak{g} \to \mathfrak{g}$ ist eine $\mathbb{Q}$-Algebra, die darüber hinaus eine *Lie-Algebra* ist, d. h. es gelten zusätzlich die Relationen

$$x \times x = 0$$

und die *Jacobi-Identität*

$$x \times (y \times z) + y \times (z \times x) + z \times (x \times y) = 0$$

für alle x, y, $z \in \mathfrak{g}$.

Beispiel 22.5 Ein vierdimensionaler $\mathbb{Q}$-Vektorraum kann zu einer Algebra gemacht werden, indem man rationale Zahlen $a, b \in \mathbb{Q}^\times$ wählt sowie eine Basis e_0, e_1, e_2, e_3 und durch

$$e_1\, e_2 = e_3\,, \quad e_2\, e_1 = -e_1\, e_2\,, \quad {e_1}^2 = a\, e_0\,, \quad {e_2}^2 = b\, e_0$$

eine Multiplikation definiert, bei der $e = e_0$ das Einselement ist. Man erhält so die *Quaternionenalgebra* (a, b), eine 4-dimensionale Algebra mit Einselement.

22.2 Homomorphismen und freie Moduln

Sind M, N Linksmoduln, so nennt man eine Abbildung φ von M nach N einen Homomorphismus, falls sie linear und homogen ist, d. h. falls für alle m, $m' \in M$ und alle $r \in R$ gilt $\varphi(m + m') = \varphi(m) + \varphi(m')$ und $\varphi(r\, m) = r\, \varphi(m)$. Es stellt sich als zweckmäßig heraus, Homomorphismen zwischen Linksmoduln rechts vom Argument zu schreiben, d. h. wir setzen

$$m \cdot \varphi := \varphi(m)\,.$$

Statt $m \cdot \varphi$ schreiben wir wieder $m\varphi$. Dann drückt sich die Homogenität durch die Gleichung

$$(r\, m)\varphi = r(m\varphi)$$

und die Linearität durch

$$(m + m')\varphi = m\varphi + m'\varphi$$

aus. In analoger Weise verfahren wir bei Rechtsmoduln; in diesem Fall schreiben wir φm für $\varphi(m)$ und können wiederum die Homogenität durch eine Gleichung der Gestalt $\varphi(m\, r) = (\varphi m)\, r$ darstellen.

Die Gesamtheit der Homomorphismen zwischen Linksmoduln bildet einen R-Linksmoduln $\mathrm{Hom}_R(M, N)$, wobei für $r \in R$ der Homomorphismus $r\, \varphi$ durch

$m(r\,\varphi) := r\,(m\varphi)$ definiert ist für $m \in M$. Ist $M = N$, so erhält man die Endomorphismen $\mathrm{End}_R(M)$; definieren wir das Produkt zweier Endomorphismen φ, ψ durch die Gleichung

$$m(\varphi\psi) := (m\varphi)\psi$$

für $m \in M$, so wird die Endomorphismenalgebra $\mathrm{End}_R(M)$ eine R-Algebra, deren Einselement durch die Identität gegeben wird. Sie operiert auf dem Moduln M von rechts und macht ihn zu einem Rechtsmoduln, insgesamt zu einem $(R, \mathrm{End}_R(M))$-Bimoduln.

Man beachte, dass so definierte Algebra-Struktur von $\mathrm{End}_R(M)$ verschieden ist von derjenigen, die durch die Komposition zweier Endomorphismen gegeben wird. Denn es gilt

$$m(\varphi \circ \psi) = (\varphi \circ \psi)(m) = \varphi(\psi(m)) = \varphi(m\psi) = (m\psi)\varphi = m(\psi\varphi)\,,$$

woraus man abliest, dass $\varphi \circ \psi \neq \varphi\psi$ gilt. Wendet man diese Überlegungen auf den ursprünglichen Moduln an, den man nun als $\mathrm{End}_R(M)$-Rechtsmoduln ansieht, so erhält man einen $\mathrm{End}_{\mathrm{End}_R(M)}(M)$-Linksmoduln (und damit einen Bimoduln). So gewinnt man aus einem R-Linksmoduln einen $\mathrm{End}_{\mathrm{End}_R(M)}(M)$-Linksmoduln. Diesen Prozess kann man ad infinitum iterieren, und dass man im wesentlichen nichts Neues erhält, wird später der Inhalt des Satzes von Wedderburn sein. Wir bemerken an dieser Stelle lediglich, dass die Abbildung

$$\iota\colon R \to \mathrm{End}_{\mathrm{End}_R(M)}(M)\,,\quad r \mapsto r\,\mathrm{id}_M \tag{22.1}$$

einen kanonischen Ringhomomorphismus definiert, der weder injektiv noch surjektiv zu sein braucht. Denn wegen

$$\iota(r)(m\varphi) = r\,(m\varphi) = (r\,m)\varphi = \iota(r)(m)\varphi$$

liegt $\iota(r)$ in $\mathrm{End}_{\mathrm{End}_R(M)}(M)$.

In 1.4 haben wir Quotienten von Gruppen nach Normalteilern konstruiert und die Isomorphiesätze bewiesen. In ganz analoger Weise führt man nun Quotienten von Moduln nach Untermoduln ein und beweist die entsprechenden Aussagen im Fall von Moduln.

Ähnlich verhält es sich mit freien Moduln. Das gruppentheoretische Analogon sind die freien abelschen Gruppen $A(S)$, die in 7.1 eingeführt worden waren. Genau dieselbe Konstruktion können wir nun mit Moduln durchführen und erhalten den bis auf Isomorphismen eindeutig bestimmten *freien Moduln* $M(S)$. Ein besonders einfach zu handhabender Repräsentant ist $R\langle S\rangle$, das Analogon von $\mathbb{Z}\langle S\rangle$. Er besteht aus allen endlichen Linearkombinationen $\sum_{m\in S}\alpha(m)\,\delta_m$ mit $\alpha(m) \in R$; dabei ist δ_m das Element in R^S, das für m den Wert 1 und sonst den

Wert 0 annimmt. Da abelsche Gruppen gleichzeitig $\mathbb{Z}$-Moduln sind, ordnen sich freie abelsche Gruppen dem Begriff freier Moduln unter.

22.3 Vollständig reduzible Moduln

Ein R-Modul M heißt *irreduzibel* oder auch *einfach,* falls er keine echten Untermoduln $\neq (0)$ besitzt. Er heißt *halb-einfach,* falls er eine direkte Summe von einfachen Moduln ist. Wie bei Gruppen, so kann man auch bei Moduln die Jordan-Hölder-Theorie entwickeln und definiert entsprechend eine *Kompositionsreihe eines Moduln* als endliche absteigende Folge

$$\mathcal{M}: \; M = M_0 \supset M_1 \supset \cdots \supset M_l = (0)$$

von Untermoduln mit irreduziblen sukzessiven Quotienten oder Faktoren, deren Anzahl l die *Länge* des Moduln genannt wird. Die Frage nach der Existenz von Kompositionsreihen von Moduln ist ein schwierigeres Problem, als dies bei Gruppen der Fall war, wo die Endlichkeit der Gruppe eine hinreichende Bedingung war (siehe Satz 3.7). Bei Moduln benötigt man sogenannte Minimalbedingungen.

Ein Modul besitzt die *Minimalbedingung,* falls jede nicht-leere Familie von Untermoduln ein minimales Element besitzt; dies ist ein Untermodul, der keinen weiteren Untermodul der Familie echt enthält. Ein Ring R besitzt die *Minimalbedingung,* falls er aufgefasst als linker R-Modul diese besitzt. Das bedeutet dann, dass jede nicht-leere Familie von Linksidealen ein minimales Element besitzt. In ganz analoger Weise definiert man Moduln und Ringe mit *Maximalbedingung.* Die Minimalbedingung ist äquivalent zur *absteigenden Kettenbedingung,* die besagt, dass jede absteigende Folge von Untermoduln $M \supseteq M_1 \supseteq M_2 \supseteq \ldots$ abbricht [Mat], d.h. ein $n \geq 1$ existiert mit $M_n = M_{n+k}$ für alle $k \geq 0$. Moduln mit Minimalbedingung nennt man *artinsche Moduln.* Moduln mit Maximalbedingung nennt man *noethersche Moduln.*

Beispiel 22.6 Der Ring der ganzen Zahlen besitzt nicht die Minimalbedingung, da z.B. für festes $0 \neq p \in \mathbb{Z}$ die Familie von Idealen $p^n\mathbb{Z}$, $n \in \mathbb{N}$ kein minimales Element besitzt. Er besitzt aber die Maximalbedingung: ist $\mathscr{F}$ eine nicht-leere Familie von Idealen, so besitzen diese die Gestalt $m\mathbb{Z}$ für ganze $m \geq 0$; ist m_0 das Minimum der $m \neq 0$, so ist das Ideal $m_0\mathbb{Z}$ ein maximales Element der Familie. Sind alle $m = 0$, dann ist trivialerweise das Ideal (0) ein maximales Element.

Beispiel 22.7   Eine Algebra über einem Körper ist gleichzeitig ein Vektorraum. Ist dieser endlichdimensional, so besitzt die Algebra die Minimalbedingung ebenso wie die Maximalbedingung.

Beispiel 22.8   Ein Polynomring über einem Körper besitzt die Maximalbedingung, jedoch nicht die Minimalbedingung.

Satz 22.9 *Ein artinscher Modul, der noethersch ist, besitzt eine Kompositions-reihe. Die irreduziblen Faktoren sind bis auf Isomorphismen eindeutig bestimmt.*

Beweis Siehe Satz 3.7, wo die Minimalbedingung zusammen mit der Maximal-bedingung die Endlichkeit der Gruppe ersetzt.   □

In analoger Weise, wie wir dies für Gruppen in Abschnitt 6.3 getan haben, nennen wir einen Untermoduln $M' \neq 0$ von M einen *direkten Faktor,* wenn es einen Untermoduln $M'' \neq 0$ von M gibt, sodass $M = M' \oplus M''$ die direkte Summe der Untermoduln M' und M'' ist. Dies bedeutet, dass sich jedes Element $m \in M$ auf genau eine Weise als $m = m' + m''$ mit $m' \in M'$ und $m'' \in M''$ schreiben lässt. Besitzt jeder von 0 verschiedene Untermodul eines Moduln einen direkten Faktor, so nennt man den Moduln *vollständig reduzibel.*

Lemma 22.10 *Untermoduln und Quotienten von vollständig reduziblen Mo-duln sind vollständig reduzibel.*

Beweis Quotienten eines vollständig reduziblen Moduln sind isomorph zu Un-termoduln. Daher genügt es, das Lemma für Untermoduln zu beweisen. Es sei $N \subseteq M$ ein Untermodul. Ist $N = 0$, so gibt es nichts zu beweisen. Andernfalls sei $N' \subseteq N$ ein von 0 verschiedener Untermodul. Dieser besitzt in M einen direkten Faktor M'. Der Durchschnitt $N'' = M' \cap N$ ist ein direkter Faktor zu N' in N, d. h. es gilt $N = N' \oplus N''$.   □

Das nachfolgende Lemma ist für die Charakterisierung von vollständig redu-ziblen Moduln im nächsten Satz wesentlich.

Lemma 22.11 *In einem vollständig reduziblen Moduln ist jedes Element $\neq 0$ in einem irreduziblen Untermoduln enthalten. Ein vollständig reduzibler Modul besitzt insbesondere einen irreduziblen Untermoduln.*

Beweis Für $M = (0)$ sind die Aussagen klar. Es sei daher $0 \neq m \in M$ ein Element eines vollständig reduziblen Moduln. Die Menge der Untermoduln von M, die m nicht enthalten, enthält den Moduln (0) und ist daher nicht leer. Nach dem zornschen Lemma 8.14 besitzt sie ein maximales Element M', das ein direkter Faktor ist. Wir erhalten eine Zerlegung $M = M' \oplus N$ und zeigen, dass der Modul N irreduzibel ist. Wäre dies nicht der Fall, so enthielte er einen echten Untermoduln $N' \neq 0$, der wegen Lemma 22.10 ebenfalls ein direkter Faktor wäre und zu einer Zerlegung $N = N' \oplus N''$ Anlass gäbe. Die direkte Zerlegung $M = M' \oplus N' \oplus N''$ zöge $m \notin M' + N'$ oder $m \notin M' + N''$ nach sich, was der Maximalität von M' widerspräche.   □

Die Begriffe vollständig reduzibel und halb-einfach sind äquivalent; dies ergibt sich aus dem folgenden

Satz 22.12 *Die folgenden Aussagen über einen R-Moduln M sind äquivalent:*
(1) M ist vollständig reduzibel,

(2) M ist halb-einfach,

(3) M ist eine (nicht notwendigerweise direkte) Summe irreduzibler Untermoduln.

Beweis   Für die Implikation (1) $\Rightarrow$ (2) sei Φ die Menge der irreduziblen Untermoduln N von M und Σ die Menge der Teilmengen σ von Φ, für die die Summe $\sum_{N \in \sigma} N$ direkt ist, d. h.

$$\sum_{N \in \sigma} N = \bigoplus_{N \in \sigma} N$$

gilt. Lemma 22.11 impliziert, dass $\Phi \neq 0$ ist und dass $\sum_{N \in \Phi} N = M$ gilt. Nach dem zornschen Lemma 8.14 existiert ein maximales Element $\sigma_{\max} \in \Sigma$ mit

$$\bigoplus_{N \in \sigma_{\max}} N = \sum_{N \in \Phi} N = M \,.$$

Daher ist M halb-einfach. Die Implikation (2) $\Rightarrow$ (3) ist trivialerweise erfüllt, sodass wir nur noch (3) $\Rightarrow$ (1) zu zeigen brauchen. Hierzu sei $U \subset M$ ein Untermodul und V ein maximaler Untermodul mit $U \cap V = (0)$. Einen solchen gibt es nach dem zornschen Lemma, und wir zeigen nun, dass $U + V = M$ gilt. Ist jeder irreduzible Untermodul von M in $U + V$ enthalten, so auch M nach Voraussetzung, und wir sind fertig. Andernfalls gibt es einen irreduziblen Untermoduln N, der nicht in der Summe enthalten ist und dann diese und a fortiori auch V nur in 0 schneidet. Dies zieht $V \subset V + N$ nach sich. Es sei $u = v + n \in U \cap (V + N)$. Dann gilt $n = u - v \in N \cap (U + V) = (0)$, d. h. $n = 0$ und folglich wegen $u = v \in U \cap V = (0)$ auch $u = 0$. Dies ergibt $U \cap (V + N) = (0)$, im Widerspruch zur Maximalität von V. Es folgt $U \oplus V = M$. $\square$

Im Allgemeinen ist es eine schwierige Frage, wann ein Modul halb-einfach ist. Dies wird durch das folgende Beispiel erhärtet:

Beispiel 22.13   Der $\mathbb{Z}$-Modul $\mathbb{Z}/4\mathbb{Z}$ ist nicht halb-einfach. Er besitzt den irreduziblen Untermodul $2\mathbb{Z}/4\mathbb{Z}$, der jedoch kein direkter Faktor ist.

Ein positives Resultat wollen wir aber doch angeben, weil wir es schon in der Darstellungstheorie endlicher Gruppen bewiesen haben. Wir formulieren es für endlich erzeugte Moduln über der Gruppenalgebra $K(G)$ einer endlichen Gruppe über einem Körper, dessen Charakteristik die Gruppenordnung nicht teilt. Dabei nennen wir einen Moduln *endlich erzeugt* über einem unitären Ring R, wenn es eine endliche Teilmenge Σ gibt, sodass sich jedes Element des Moduln als Linearkombination der Elemente aus Σ mit Koeffizienten in R schreiben lässt. Setzt man voraus, dass R noethersch ist, so man überlegt sich unschwer, dass Moduln genau dann endlich erzeugt sind, wenn sie noethersch sind. Aus der Darstellungstheorie von endlichen Gruppen erhalten wir nun den folgenden

Satz 22.14   *Es sei $K(G)$ die Gruppenalgebra einer endlichen Gruppe über einem Körper, dessen Charakteristik die Gruppenordnung nicht teilt. Dann sind von (0) verschiedene, endlich erzeugte Moduln über $K(G)$ vollständig reduzibel.*

Beweis   Satz 20.19.   □

22.4 Der Satz von Wedderburn

Ein Ring R heißt *einfach*, falls er keine zweiseitigen Ideale außer (0) und R besitzt. Ein Linksideal $I \subseteq R$ nennt man *minimal*, falls es kein echtes Linksideal $\neq (0)$ enthält; es heißt *maximal*, falls der Ring selbst das einzige Ideal ist, das es echt umfasst. Jedes Ideal $I \neq R$ ist nach dem zornschen Lemma in einem maximalen Ideal enthalten. Daraus folgt insbesondere, dass jeder Ring einen irreduziblen Modul besitzt, denn ist $I \neq R$ ein Ideal, so ist der R-Modul R/I irreduzibel genau dann, wenn I maximal ist.

Diese Begriffe führen zu interessanten Resultaten. Das erste betrifft irreduzible Moduln und ist unter dem Namen *Lemma von Schur* bekannt, das zweite ist eine Aussage über einfache Ringe.

Satz 22.15 (Lemma von Schur) *Der Ring der Endomorphismen $\mathrm{End}_R(M)$ eines einfachen Modul ist eine Divisionsalgebra.*

Beweis   Siehe Beweis von Satz 20.16.   □

Als Beispiel von Algebren haben wir die Matrizenalgebren erwähnt. Eine Matrizenalgebra über einer Divisionsalgebra ist, wie der folgende Satz zeigt, ein Beispiel für einen einfachen Ring.

Satz 22.16   *Die Matrizenalgebra $\mathcal{M}_{n,n}(D)$ über einer Divisionsalgebra D mit Zentrum K ist ein einfacher Ring, dessen Zentrum kanonisch isomorph zu K ist.*

Beweis   Die Elementarmatrizen E_{ij}, deren Einträge in der i-ten Zeile und j-ten Spalte gleich 1, sonst aber 0 sind, genügen den Relationen $E_{ij}E_{kl} = 0$, falls $j \neq k$ ist, und sonst $E_{ij}E_{jl} = E_{il}$ (siehe Beispiel 22.2). Ist X eine Matrix mit Koeffizient $x_{ij} \neq 0$, so erhält man für $k = 1, 2, \ldots, n$

$$x_{ij}{}^{-1}E_{ki}\,X E_{jk} = E_{kk}\,.$$

Die linke Seite ist für jedes k in dem von X erzeugten zweiseitigen Ideal enthalten, somit auch die rechte, und infolgedessen enthält das Ideal die Einheitsmatrix $E_{11} + \cdots + E_{nn}$.

Ist X im Zentrum, so gilt $E_{ij}X = X E_{ij}$ für alle i, j. Daraus schließt man zunächst mit $i = j$, dass X eine Diagonalmatrix ist, und dann sieht man für $i \neq j$, dass $x_{ii} = x_{jj}$ gilt und infolgedessen die Matrix ein skalares Vielfaches der

Einheitsmatrix ist. Die Matrix X liegt daher im Zentrum der Algebra genau dann, wenn der Skalar im Zentrum der Divisionsalgebra, also in K, enthalten ist. $\square$

Der berühmte Satz von Wedderburn stellt eine gewisse Umkehrung von Satz 22.16 dar. In seiner ursprünglichen Form ist er für Ringe mit Minimalbedingung bewiesen worden. Wir beweisen hier aber eine Version dieses Satzes, die ohne eine derartige Bedingung auskommt [Schar].

Satz 22.17 (Wedderburn) *Ist $M \neq (0)$ ein Linksideal eines einfachen Ringes, so gibt es einen kanonischen Isomorphismus $R \simeq \mathrm{End}_{\mathrm{End}_R(M)}(M)$.*

Beweis Wir müssen zeigen, dass der Ringhomomorphismus ι in (22.1) ein Isomorphismus ist. Dazu beachten wir zunächst, dass R einfach ist. Der Kern von ι ist daher das Ideal (0) und ι somit injektiv. Wir zeigen weiter, dass das Bild von R unter ι ein Ideal ist. Dieses enthält das Einselement, ist somit der ganze Ring und deswegen ist ι auch surjektiv. Hieraus folgt dann der Satz.

Um die gewünschte Aussage über $\iota(R)$ zu verifizieren, zeigen wir zuerst, dass $\iota(M)$ ein Linksideal ist. Da R einfach ist, stimmt das zweiseitige Ideal MR, das von M erzeugt wird, mit R überein, woraus $\iota(R) = \iota(MR) = \iota(M)\iota(R)$ folgt. Wenn aber $\iota(M)$ ein Linksideal ist, so ist auch $\iota(R)$ ein solches und der Satz gezeigt.

Für $r \in M$ definiert die Abbildung $m \mapsto mr$ ein Element $\kappa(r) \in \mathrm{End}_R(M)$, das von rechts auf M vermöge $m\,\kappa(r) = \kappa(r)(m)$ operiert (siehe 22.2). Es gilt nun für $\varphi \in \mathrm{End}_{\mathrm{End}_R(M)}(M)$, $m \in M$, $r \in M$

$$
\begin{aligned}
(\varphi\,\iota(m))\,r &= \varphi\,(\iota(m)\,r) \\
&= \varphi\,(m\,r) \\
&= \varphi\,(\kappa(r)(m)) \\
&= \varphi\,(m\,\kappa(r)) \\
&= (\varphi\,m)\,\kappa(r) \\
&= (\varphi\,m)\,r \\
&= \iota(\varphi\,m)\,r\,.
\end{aligned}
$$

Aus dieser Beziehung folgt zunächst, dass das Element $\varphi\,\iota(m) - \iota(\varphi\,m)$ in $\mathrm{Ann}(M)$ $= \{x \in R; \forall y \in M : xy = 0\}$, dem Annihilator von M liegt. Dieser ist ein zweiseitiges Ideal in R, da M ein Linksideal ist. Weil $1 \notin \mathrm{Ann}(M)$ gilt und R einfach ist, folgt $\mathrm{Ann}(M) = 0$, sodass $\varphi\,\iota(m) - \iota(\varphi\,m) = 0$. Deswegen ist $\varphi\,\iota(m) = \iota(\varphi\,m)$ und so im Bild von M, also $\iota(M)$ ein Linksideal. $\square$

Man kann nun diesen Satz mit Lemma 22.15 kombinieren, wenn man sich auf einfache endlich-dimensionale Algebren R über einem Körper K beschränkt. Ist M ein minimales Linksideal in R, so ist dieses ein einfacher R-Modul, und nach Lemma 22.15 ist $\operatorname{End}_R(M)$ ein Schiefkörper D. Nach Satz 22.17 gilt $R \simeq \operatorname{End}_D(M)$. Das Ideal M ist ein endlich-dimensionaler K-Vektorraum und daher nach 22.2 ein endlich-dimensionaler rechter D-Vektorraum. Die Wahl einer Basis führt zu einem Isomorphismus $\operatorname{End}_D(M) \simeq \mathcal{M}(n, D)$. Wir erhalten aus diesem Grunde das

Korollar 22.18   *Eine einfache endlich-dimensionale Algebra über einem Körper K ist isomorph zu einer Matrizenalgebra über einem Schiefkörper.*

Nun können wir noch Satz 22.16 und Korollar 22.18 zusammenfassen und erhalten den wichtigen

Satz 22.19   *Eine endlich-dimensionale Algebra A über einem Körper K ist genau dann einfach, wenn sie isomorph zu einer Matrizenalgebra $\mathcal{M}(n, D)$ über einem Schiefkörper D ist; n ist eindeutig und D bis auf Isomorphismen eindeutig bestimmt.*

Man nennt $n = \dim(A)^{1/2}$ den *Grad* von A und schreibt hierfür $\deg(A)$.

22.5 Quaternionenalgebren

In Beispiel 22.5 haben wir die Quaternionenalgebren über den rationalen Zahlen definiert. In diesem Abschnitt werden wir kurz in etwas allgemeinerem Rahmen auf die Theorie der Quaternionenalgebren eingehen. Wir halten dazu einen unitären kommutativen Integritätsbereich R fest, in dem 2 invertierbar ist, und betrachten den R-Moduln R^4 mit Standardbasis e, i, j, k. Wir wählen Elemente α, $\beta \in R$, die keine Nullteiler seien, und definieren durch die Multiplikationstafel

$$i^2 = \alpha\, e, \qquad i\, j = k, \qquad i\, k = \alpha\, j,$$
$$j\, i = -k, \qquad j^2 = \beta\, e, \qquad j\, k = -\beta\, i, \qquad (22.2)$$
$$k\, i = -\alpha\, j, \qquad k\, j = \beta\, i, \qquad k^2 = -\alpha\, \beta\, e$$

auf R^4 die Struktur einer Algebra, bei der e das Einselement ist. Man nennt eine beliebige R-Algebra eine *Quaternionenalgebra vom Typ (α, β)*, falls sie isomorph zu einer Algebra R^4 mit Multiplikationstafel (22.2) für ein Paar (α, β) ist. Ein Element der Quaternionenalgebra vom Typ (α, β), kurz in (α, β), lässt sich in der Form $\sigma\, e + \tau\, i + \eta\, j + \zeta\, k$ darstellen mit σ, τ, η, $\zeta \in R$. Die Quaternionen, für die $\sigma = 0$ gilt, heißen *reine Quaternionen* und bilden einen Untermoduln $(\alpha, \beta)_0$ von (α, β). Auf diese Weise erhält man eine direkte Zerlegung

$$(\alpha, \beta) \;=\; Re \oplus (\alpha, \beta)_0 \qquad\qquad (22.3)$$

der Algebra in Untermoduln. Ein $q \in (\alpha, \beta)$ lässt sich dann eindeutig als $q = \sigma e + q_0$ mit $q_0 \in (\alpha, \beta)_0$ schreiben. Der Unterraum $(\alpha, \beta)_0$ hängt nicht von der

Wahl eines Isomorphismus ab, sondern ist eine Invariante der Algebra. Denn es gilt die folgende intrinsische Charakterisierung dieses Raumes:

Satz 22.20   *Es gilt* $(\alpha, \beta)_0 = \{q \in (\alpha, \beta);\ q^2 \in Re,\ q \notin Re\}.$

Beweis   Dies folgt sofort aus der Identität

$$q^2 = (\sigma^2 + \tau^2\alpha + \eta^2\beta - \zeta^2\alpha\beta)\,e + 2\sigma q_0\,.$$

Denn ist $q \in (\alpha, \beta)_0$, d. h. $q = q_0$, so folgt wegen $\sigma = 0$ sofort $q^2 \in Re$. Ist hingegen $\sigma \neq 0$ und $q_0 \neq 0$, so ist $2\sigma q_0 \neq 0$, da R integer und 2 invertierbar ist. Also ist $q^2 \notin Re$. $\square$

Beispiel 22.21   Lässt man die Bedingung fallen, dass R ein Integritätsbereich ist, so wird die Aussage des Satzes 22.20 falsch. Der Ring $R = \mathbb{Z}/15\mathbb{Z}$ besitzt Nullteiler und 2 ist eine Einheit. Das Element $q = 3 + 5i$ besitzt die Eigenschaft, dass q^2 in Re liegt, aber q nicht in $R^\times e$. Deswegen ist q in der Menge auf der rechten Seite der Gleichung in Satz 22.20 enthalten, nicht jedoch in der Menge auf der linken. Noch schlimmer wird es, wenn $R = \mathbb{Z}/4\mathbb{Z}$ gesetzt wird. Dann ist R weder ein Integritätsbereich noch 2 invertierbar. In diesem Fall liegt 2 in der Menge auf der rechten Seite der Gleichung in Satz 22.20 aber nicht in der Menge auf der linken.

Da die reinen Quaternionen aufgrund von Satz 22.20 unabhängig von der Wahl einer Basis sind, ist die Zerlegung (22.3) völlig kanonisch, sodass die Abbildung $q = \sigma e + q_0 \mapsto \bar{q} = \sigma e - q_0$ eine kanonische Involution, d. h. einen Endomorphismus auf (α, β) der Ordnung 2, definiert. Setzen wir

$$\begin{aligned} \mathrm{N}\colon\ & (\alpha, \beta) \longrightarrow R\,, \quad q \longmapsto q\bar{q} = \bar{q}q\,, \\ \mathrm{Tr}\colon\ & (\alpha, \beta) \longrightarrow R\,, \quad q \longmapsto \tfrac{1}{2}(q + \bar{q})\,, \end{aligned}$$

so erhalten wir die Norm und die Spur einer Quaternione. Die Norm ist wie üblich multiplikativ, die Spur additiv. Aus der Definition der Norm einer Quaternione folgt sofort, dass das multiplikative Inverse eines Elements $q \neq 0$ mit $N(q) \in R^\times$ durch $q^{-1} = N(q)^{-1}\bar{q}$ gegeben ist.

Beispiel 22.22   In 6.6 hatten wir die Quaternionengruppe $Q = Q(4, 2, 2, -1)$ definiert. Man verifiziert sofort, dass ihre Gruppenalgebra $\mathbb{Z}[\tfrac{1}{2}][Q]$ eine Quaternionenalgebra ist. Ihre Einheiten, d. h. die Elemente mit Norm 1, sind gerade durch die Quaternionengruppe gegeben, d. h. es gilt $\mathbb{Z}[\tfrac{1}{2}][Q]^\times = Q$.

Beispiel 22.23   Definieren wir

$$I = \begin{pmatrix} 1 & 0 \\ 0 & -1 \end{pmatrix}, \quad J = \begin{pmatrix} 0 & 1 \\ 1 & 0 \end{pmatrix}, \quad K = \begin{pmatrix} 0 & 1 \\ -1 & 0 \end{pmatrix},$$

so genügen diese Elemente mit $(\alpha, \beta) = (1, 1)$ den Relationen (22.2) und definieren so die Struktur einer Quaternionenalgebra auf der Matrizenalgebra $\mathcal{M}(2, R)$.

Die ersten von Matrizenalgebren verschiedene Quaternionenalgebren wurden von Hamilton eingeführt. Sie werden heutzutage mit $\mathbb{H}$ bezeichnet und sie sind Divisionsalgebren über $\mathbb{R}$ der Form $(-1, -1)$, die eine komplexe Darstellung der Gestalt

$$\mathbb{H} = \left\{ \begin{pmatrix} z & w \\ -\bar{w} & \bar{z} \end{pmatrix}; \ z, w \in \mathbb{C} \right\}$$

gestatten. Ihre Einheitengruppe, d. h. die Gruppe der Quaternionen mit Norm 1, ist isomorph zur Matrizengruppe $\mathrm{SU}(2, \mathbb{C})$.

Man kann zeigen, dass bis auf Isomorphie die einzigen Quaternionenalgebren über $\mathbb{R}$ die Matrizenalgebra $\mathcal{M}(2, \mathbb{R})$ und die hamiltonschen Quaternionen $\mathbb{H}$ sind und dass jede Quaternionenalgebra über $\mathbb{C}$ isomorph zur Matrizenalgebra $\mathcal{M}(2, \mathbb{C})$ ist.

Übungsaufgaben

zu Abschnitt 22.1

1. Man nennt eine Familie von Elementen $\mathcal{B}$ eines Moduln eine *Basis*, falls sich jedes Element des Moduln auf genau eine Weise als Linearkombination von Elementen von $\mathcal{B}$ mit Koeffizienten in R schreiben lässt. Zeige, dass jede unitäre R-Algebra, die eine Basis aus zwei Elementen besitzt, eine quadratische Algebra ist.

2. Zeige, dass eine quadratische Algebra assoziativ und kommutativ ist.

zu Abschnitt 22.5

3. Zeige, dass (für Charakteristik $\neq 2$) eine Quaternionenalgebra vom Typ (α, β) isomorph zu

$$\left\{ \begin{pmatrix} \sigma + \sqrt{\alpha}\,\tau & \sqrt{\beta}\,(\eta + \sqrt{\alpha}\,\zeta) \\ \sqrt{\beta}\,(\eta - \sqrt{\alpha}) & \sigma - \sqrt{\alpha}\,\tau \end{pmatrix}; \ \sigma, \tau, \eta, \zeta \in R \right\}$$

ist.

4. Beweise die polynomiale Identität

$$(X_1^2 + X_2^2 + X_3^2 + X_4^2)(Y_1^2 + Y_2^2 + Y_3^2 + Y_4^2) =$$
$$= (X_1 Y_1 - X_2 Y_2 - X_3 Y_3 - X_4 Y_4)^2 +$$
$$+ (X_1 Y_2 + X_2 Y_1 + X_3 Y_4 - X_4 Y_3)^2 +$$
$$+ (X_1 Y_3 + X_3 Y_1 + X_4 Y_2 - X_2 Y_4)^2 +$$
$$+ (X_1 Y_4 + X_4 Y_1 + X_2 Y_3 - X_3 Y_2)^2 \ .$$

(Hinweis: Verwende die multiplikative Eigenschaft der Norm für eine geeignete Quaternionenalgebra.)

5. Zeige, dass für eine Quaternionenalgebra A vom Typ (α, β) über einem Körper der Charakteristik $\neq 2$ folgende Aussagen äquivalent sind:

(i) A ist eine Divisionsalgebra,

(ii) $N(q) \neq 0$ für $q \neq 0$,

(iii) die einzige Lösung der Gleichung $z^2 = \alpha x^2 + \beta y^2$ mit $x, y, z \in K$ wird durch $x = y = z = 0$ gegeben.

23 Tensorprodukte

Wir führen nun einen für die lineare Algebra und ihre Anwendungen in der Geometrie fundamentalen Begriff ein, das Tensorprodukt von Moduln. Damit können wir die Tensoralgebra konstruieren. Diese Algebra ist die grundlegende Konstruktion für die multilineare Algebra, eine u. a. in der Differentialgeometrie, Analysis und theoretischen Physik unentbehrliche algebraische Theorie. Wir werden die wichtigsten mit der Tensoralgebra zusammenhängenden Algebren einführen und kurz auf einige ihrer Eigenschaften eingehen. Dazu gehören insbesondere die Clifford-Algebra und eines ihrer Derivate, die äußere Algebra oder auch Graßmann-Algebra.

23.1 Tensorprodukt von Moduln

Es sei R im folgenden ein kommutativer unitärer Ring und $M_1, \ldots, M_n, N$ seien R-Moduln. Eine Abbildung $f\colon M_1 \times \cdots \times M_n \to N$ nennen wir R-*multilinear* oder kurz multilinear, wenn sie in allen Variablen für sich betrachtet ein Homomorphismus von R-Moduln ist. Es gilt demgemäß

$$f(m_1, \ldots, \lambda\, m_k, \ldots, m_n) = \lambda\, f(m_1, \ldots, m_k, \ldots, m_n) \qquad (23.1)$$

für $1 \leq k \leq n$ und alle $\lambda \in R$ sowie

$$f(m_1, \ldots, m_k + m_k', \ldots, m_n) = \\ f(m_1, \ldots, m_k, \ldots, m_n) + f(m_1, \ldots, m_k', \ldots, m_n) \qquad (23.2)$$

für $1 \leq k \leq n$, und alle $m_k, m_k' \in M_k$. Die Menge der multilinearen Abbildungen bildet einen R-Modul $\mathrm{Mult}_n(M_1, \ldots, M_n; N)$.

Satz 23.1 (Tensorprodukt) *Für alle R-Moduln $M_1, \ldots, M_n$ gibt es einen R-Modul M und eine multilineare Abbildung $\tau\colon M_1 \times \cdots \times M_n \to M$ mit der Eigenschaft, dass M vom Bild von τ erzeugt wird und für alle R-Moduln N und alle multilinearen Abbildungen $f\colon M_1 \times \cdots \times M_n \to N$ eine eindeutig bestimmte lineare Abbildung $L_f\colon M \to N$ existiert, für die das Diagramm*

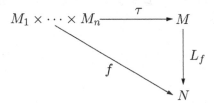

kommutativ wird. Die Abbildung τ ist bis auf Isomorphismen eindeutig bestimmt, d. h. sind $\tau\colon M_1 \times \cdots \times M_n \to M$ und $\tau'\colon M_1 \times \cdots \times M_n \to M'$ zwei multilineare Abbildungen mit dieser Eigenschaft, so gibt es genau einen Isomorphismus $\varphi\colon M \to M'$ mit $\tau' = \varphi \circ \tau$.

© Springer Fachmedien Wiesbaden GmbH, ein Teil von Springer Nature 2020
G. Wüstholz und C. Fuchs, *Algebra*, Springer Studium Mathematik – Bachelor,
https://doi.org/10.1007/978-3-658-31264-0_26

Beweis Im freien R-Moduln $M(S)$ über der Menge $S = M_1 \times \cdots \times M_n$ betrachten wir den Untermoduln Λ_S, der von allen Elementen der Form

$$(m_1, \ldots, m_k + m_k', \ldots, m_n) - (m_1, \ldots, m_k, \ldots, m_n) - (m_1, \ldots, m_k', \ldots, m_n)$$

sowie

$$(m_1, \ldots, \lambda m_k, \ldots, m_n) - \lambda\,(m_1, \ldots, m_k, \ldots, m_n), \quad \lambda \in R,$$

erzeugt wird. Wir setzen $M = M(S)/\Lambda_S$ und bezeichnen wie üblich mit π die Projektion von $M(S)$ nach M. Die Abbildung f kann linear auf $M(S)$ zu einem Homomorphismus $\varphi\colon M(S) \to N$ fortgesetzt werden, der auf Λ_S wegen der Multilinearität von f verschwindet. Nach dem Analogon für Moduln von Satz 1.28 existiert ein eindeutig bestimmter Homomorphismus $\varphi_*\colon M \to N$ mit $\varphi_* \circ \pi = \varphi$. Der Modul M zusammen mit den Restriktionen τ und L_f von π und φ_* auf $M_1 \times \cdots \times M_n$ besitzt die gewünschten Eigenschaften.

Alle im Satz angegebenen Objekte sind damit konstruiert, und es bleibt nur noch die Aussage über die Eindeutigkeit nachzuweisen. Sind also τ, τ' zwei solche Abbildungen, so gibt es nach dem ersten Teil des Satzes Homomorphismen $\varphi\colon M \to M'$ bzw. $\psi\colon M' \to M$ mit $\tau' = \varphi \circ \tau$ und $\tau = \psi \circ \tau'$. Man schließt daraus auf $\tau' = (\varphi \circ \psi) \circ \tau'$ und $\tau = (\psi \circ \varphi) \circ \tau$. Da M bzw. M' vom Bild von τ bzw. τ' erzeugt werden, folgt hieraus $\varphi \circ \psi = \mathrm{id}_M$ und $\psi \circ \varphi = \mathrm{id}_{M'}$, und φ ist der gewünschte Isomorphismus. $\qquad\Box$

Man nennt den Moduln M das *Tensorprodukt* $M_1 \otimes_R \cdots \otimes_R M_n$ von M_1, ..., M_n über R und schreibt dafür auch kurz $M_1 \otimes \cdots \otimes M_n$. Statt $\tau(m_1, \ldots, m_n)$ schreiben wir $m_1 \otimes \cdots \otimes m_n$. Aufgrund der Konstruktion können wir dann

$$m_1 \otimes \cdots \otimes (\lambda m_k) \otimes \cdots \otimes m_n = \lambda(m_1 \otimes \cdots \otimes m_k \otimes \cdots \otimes m_n)$$

sowie

$$m_1 \otimes \cdots \otimes (m_k + m_k') \otimes \cdots \otimes m_n =$$

$$m_1 \otimes \cdots \otimes m_k \otimes \cdots \otimes m_n \ + \ m_1 \otimes \cdots \otimes m_k' \otimes \cdots \otimes m_n$$

schreiben. Aus dem Satz folgt sofort, dass die Zuordnung $f \mapsto L_f$ einen Isomorphismus

$$\mathrm{Mult}_n(M_1, \ldots, M_n; N) \overset{\sim}{\longrightarrow} \mathrm{Hom}(M_1 \otimes \cdots \otimes M_n; N)$$

von R-Moduln induziert.

Das Tensorprodukt zweier Moduln kann Eigenschaften besitzen, die man nicht erwarten würde. Beispielsweise kann es vorkommen, dass $M \otimes N = (0)$ gilt, ohne dass einer der beteiligten Moduln der Modul (0) ist. Wir geben dafür ein Beispiel an.

Beispiel 23.2   Wir betrachten die $\mathbb{Z}$-Moduln $\mathbb{Z}/2\mathbb{Z}$ und $\mathbb{Z}/3\mathbb{Z}$. Wegen $2x = 0$ und $3y = 0$ für alle $x \in \mathbb{Z}/2\mathbb{Z}$ und $y \in \mathbb{Z}/3\mathbb{Z}$, erhalten wir $2(x \otimes y) = (2x) \otimes y = 0 \otimes y = 0$ sowie $3(x \otimes y) = x \otimes 3y = x \otimes 0 = 0$. Aus $1 = 3 - 2$ resultiert

$$
\begin{aligned}
x \otimes y &= 1 \cdot (x \otimes y) \\
&= (3 - 2)(x \otimes y) \\
&= 3(x \otimes y) - 2(x \otimes y) \\
&= 0 \,,
\end{aligned}
$$

und wir erhalten $x \otimes y = 0$ und als Konsequenz daraus

$$
(\mathbb{Z}/2\mathbb{Z}) \otimes_{\mathbb{Z}} (\mathbb{Z}/3\mathbb{Z}) = \{0\} \,.
$$

23.2 Assoziativität des Tensorprodukts

Mit Hilfe von Satz 23.1 können wir nun eine ganze Reihe von formalen Konstruktionen durchführen. Wichtig für die Definition der Tensoralgebra im nächsten Paragraph ist die Assoziativität des Tensorprodukts. Diese entnehmen wir direkt dem folgenden

Satz 23.3   *Sind M, M', M'' R-Moduln, so gibt es einen kanonischen Isomorphismus*

$$
(M \otimes M') \otimes M'' \xrightarrow{\sim} M \otimes (M' \otimes M'') \,.
$$

Beweis   Wir zeigen, dass beide Seiten isomorph zu dem Tensorprodukt $M \otimes M' \otimes M''$ dreier Moduln sind; daraus folgt die Behauptung des Satzes. Nach Satz 23.1 gibt es bilineare Abbildungen $\tau' \colon M \times M' \to M \otimes M'$ sowie $\tau'' \colon (M \otimes M') \times M'' \to (M \otimes M') \otimes M''$. Wir zeigen, dass die trilineare Abbildung

$$
\sigma := \tau'' \circ (\tau' \times \mathrm{id}) \colon \quad M \times M' \times M'' \longrightarrow (M \otimes M') \otimes M''
$$

die definierenden Eigenschaften eines Tensorprodukts besitzt.

    Dazu wählen wir eine trilineare Abbildung $f \colon M \times M' \times M'' \to N$, ein $m'' \in M''$ und betrachten die bilineare Abbildung

$$
\begin{aligned}
f_{m''} \colon \quad M \times M' &\longrightarrow N \,, \\
(m, m') &\longmapsto f(m, m', m'') \,.
\end{aligned}
$$

Nach loc. cit. gibt es einen Homomorphismus $L_{f_{m''}} \colon M \otimes M' \to N$ mit

$$
f_{m''} = L_{f_{m''}} \circ \tau' \,. \tag{23.3}
$$

Die Abbildung $m'' \mapsto L_{f_{m''}}$ ist linear, da

$$
\begin{aligned}
L_{f_{m''+n''}}\left(\tau'(m,m')\right) &= f(m,m',m''+n'') \\
&= f(m,m',m'') + f(m,m',n'') \\
&= L_{f_{m''}}\left(\tau'(m,m')\right) + L_{f_{n''}}\left(\tau'(m,m')\right) \\
&= (L_{f_{m''}} + L_{f_{n''}})\left(\tau'(m,m')\right)
\end{aligned}
$$

und da das Bild von τ' das Produkt $M \otimes M'$ erzeugt. Deswegen definiert die Zuordnung

$$
(m \otimes m', m'') \longmapsto L_{m''}(m \otimes m') , \tag{23.4}
$$

eine bilineare Abbildung $f' \colon (M \otimes M') \times M'' \to N$. Ein weiteres Mal erhalten wir aus loc. cit. eine lineare Abbildung $L_f \colon (M \otimes M') \otimes M'' \to N$ mit

$$
f' = L_f \circ \tau'' . \tag{23.5}
$$

Insgesamt gilt unter Verwendung von (23.3) – (23.5) und der Definition der trilinearen Abbildung σ

$$
\begin{aligned}
f(m,m',m'') &= f_{m''}(m,m') \\
&= \left(L_{f_{m''}} \circ \tau'\right)(m,m') \\
&= L_{f_{m''}}(\tau(m,m')) \\
&= L_{f_{m''}}(m \otimes m') \\
&= f'(m \otimes m', m'') \\
&= (f' \circ (\tau' \times \mathrm{id}))(m,m',m'') \\
&= ((L_f \circ \tau'') \circ (\tau \times \mathrm{id}))(m,m',m'') \\
&= (L_f \circ \sigma)(m,m',m'') .
\end{aligned}
$$

Daraus entnehmen wir, dass $f = L_f \circ \sigma$ gilt. Unsere Behauptung, dass $(M \otimes M') \otimes M'' \simeq M \otimes M' \otimes M''$ gilt, folgt nun aus dem zweiten Teil von loc. cit. Analog weist man auch den Isomorphismus $M \otimes (M' \otimes M'') \simeq M \otimes M' \otimes M''$ nach. $\square$

23.3 Homomorphismen und direkte Summen

Die Konstruktion des Tensorprodukts von Homomorphismen und die Distributivität des Tensorprodukts bezüglich der Bildung von direkten Summen stehen im Mittelpunkt dieses Paragraphen. Wir betrachten zunächst Homomorphismen $f_i \colon M_i \to M_i'$, $i = 1, \ldots, n$. Sie induzieren aufgrund der Eigenschaften des direkten Produkts eine Abbildung

$$
f_1 \times \cdots \times f_n \colon \quad M_1 \times \cdots \times M_n \longrightarrow M_1' \times \cdots \times M_n'.
$$

Diese Abbildung gefolgt von der Abbildung τ aus Satz 23.1 definiert eine multilineare Abbildung $f \colon M_1 \times \cdots \times M_n \to M_1' \otimes \cdots \otimes M_n'$. Nach Satz 23.1 existiert genau ein Homomorphismus, sodass das Diagramm

$$
\begin{array}{ccc}
M_1 \times \cdots \times M_n & \xrightarrow{\ \pi\ } & M_1 \otimes \cdots \otimes M_n \\[2pt]
\Big\downarrow {\scriptstyle f_1 \times \cdots \times f_n} & & \Big\downarrow {\scriptstyle f_1 \otimes \cdots \otimes f_n} \\[2pt]
M_1' \times \cdots \times M_n' & \xrightarrow{\ \pi'\ } & M_1' \otimes \cdots \otimes M_n'
\end{array}
$$

kommutativ wird. Wir nennen den Homomorphismus $f_1 \otimes \cdots \otimes f_n$ das *Tensorprodukt* der Homomorphismen $f_1, \ldots, f_n$.

Die Beziehung zwischen dem Tensorprodukt und direkter Summe wird in dem nachfolgenden Satz geklärt. Er besitzt viele interessante Anwendungen, auf die wir jedoch nicht eingehen können.

Satz 23.4 *Sind M, M', M'' R-Moduln, so gibt es einen kanonischen Isomorphismus*

$$
M \otimes (M' \oplus M'') \simeq (M \otimes M') \oplus (M \otimes M'') \ .
$$

Beweis Wir kommen auf die Konstruktion des Tensorprodukts im Beweis von Satz 23.1 zurück, setzen $S = M \times (M' \oplus M'')$ und $T = (M \times M') \oplus (M \times M'')$ und erhalten Abbildungen

$$
\begin{aligned}
f\colon\ & S \longrightarrow M(T), & (m, m' + m'') &\longmapsto (m, m') + (m, m'') \,, \\
g\colon\ & T \longrightarrow M(S), & (m, m') + (m^*, m'') &\longmapsto (m, m') + (m^*, m'')
\end{aligned}
$$

in die freien Moduln $M(S)$, $M(T)$. Diese lassen sich zu Homomorphismen $\tilde{f}\colon M(S) \to M(T)$ sowie $\tilde{g}\colon M(T) \to M(S)$ fortsetzen, die die Untermoduln Λ_S und Λ_T respektieren und deswegen Homomorphismen

$$
L_f\colon\ M \otimes (M' \oplus M'') \longrightarrow (M \otimes M') \oplus (M \otimes M'')
$$

und

$$
L_g\colon\ (M \otimes M') \oplus (M \otimes M'') \longrightarrow M \otimes (M' \oplus M'')
$$

induzieren mit $L_f \circ L_g = \mathrm{id}$ und $L_g \circ L_f = \mathrm{id}$. $\square$

Korollar 23.5 *Für das Tensorprodukt zweier Vektorräume V und W über einem Körper K gilt*

$$
\dim V \otimes_K W = \dim V \, \dim W \ .
$$

Wir beenden diesen Paragraph mit einem u. a. in der algebraischen Geometrie aber auch in der Differentialgeometrie sehr häufig benutzten Isomorphismus. Sind

M, N zwei R-Moduln, so können wir den Moduln $\mathrm{Hom}_R(M,N)$ für R als ein Tensorprodukt ausdrücken. Dazu sei $M^* = \mathrm{Hom}_R(M,R)$.

Satz 23.6 *Es gibt einen kanonischen Homomorphismus*

$$M^* \otimes N \longrightarrow \mathrm{Hom}_R(M,N)\,.$$

Für endlich dimensionale Vektorräume ist dieser Homomorphismus ein Isomorphismus.

Beweis Wir bilden für $m^* \in M^*$ und $n \in N$ das Element $m^* \otimes n \in M^* \otimes N$ auf die Abbildung $m \in M \mapsto m^*(m)n \in N$ ab. Dies ergibt den gewünschten Homomorphismus. Sind M, N endlich dimensionale Vektorräume, $m_1, \ldots, m_k$ bzw. $n_1, \ldots, n_l$ Basen und ist $m_1^*, \ldots, m_k^*$ die zur ersten Basis duale Basis, so bilden wegen Satz 23.4 die Tensorprodukte $m_1^* \otimes n_1, \ldots, m_k^* \otimes n_l$ eine Basis von $M^* \otimes N$. Ihre Bilder in $\mathrm{Hom}_R(M,N)$ sind linear unabhängig und aus Dimensionsgründen eine Basis. $\qquad\square$

23.4 Tensorprodukt von Algebren

Das Tensorprodukt als Moduln von R-Algebren $A_1, \ldots, A_n$ trägt eine Algebrastruktur, wenn man

$$(m_1 \otimes \cdots \otimes m_n) \cdot (m_1' \otimes \cdots \otimes m_n') := (m_1 m_1') \otimes \cdots \otimes (m_n m_n')$$

setzt. Dadurch wird $A_1 \otimes \cdots \otimes A_n$ eine assoziative R-Algebra. Das Tensorprodukt von Algebren benutzen wir, um das Kompositum von zwei Körpererweiterungen zu konstruieren. Wir hatten früher das Kompositum bereits in dem Fall eingeführt, in dem beide Erweiterungen in einem festen Oberkörper lagen. Nun sind wir in der Lage, den allgemeinen Fall zu behandeln.

Eine Körpererweiterung $L \supseteq K$ wird das Kompositum zweier Körper E, F $\supseteq K$ genannt, wenn es Homomorphismen

$$u\colon E \longrightarrow L, \quad v\colon F \longrightarrow L$$

gibt mit $L = u(E) \cdot v(F)$. Ein Kompositum von E und F besteht demnach aus den Daten (L, u, v). Ist ein Kompositum (L, u, v) gegeben, so erhält man sofort eine K-bilineare surjektive Abbildung

$$E \times F \longrightarrow L, \quad (x,y) \longmapsto u(x)v(y)\,.$$

Nach Satz 23.1 existiert eine eindeutig bestimmte K-lineare Abbildung

$$\Phi\colon E \otimes_K F \longrightarrow L \quad \text{mit} \quad \Phi(x \otimes y) = u(x)v(y)\,.$$

Wie wir gesehen haben, wird $\mathscr{A} := E \otimes_K F$ durch

$$(x \otimes y) \cdot (x' \otimes y') := (xx') \otimes (yy')$$

zu einer K-Algebra, die in diesem Fall sogar kommutativ ist, und die Abbildung Φ wird zu einem Homomorphismus von K-Algebren. Der Kern von Φ ist ein Primideal $\mathscr{P}$ von $\mathscr{A}$, da L keine Nullteiler hat. Die Quotientenalgebra $\mathscr{B} = \mathscr{A}/\mathscr{P}$ ist isomorph zu L. Daraus entnehmen wir, dass sich das Kompositum als Quotientenalgebra des Tensorprodukts der Körper E und F darstellen lässt. Umgekehrt wählen wir ein maximales Ideal $\mathscr{P} \subseteq \mathscr{A}$, dann ist

$$L := \mathscr{A}/\mathscr{P}$$

ein Körper. Die kanonischen Injektionen $x \mapsto x \otimes 1$ sowie $y \mapsto 1 \otimes y$ von E bzw. F nach $\mathscr{A}$ gefolgt von der kanonischen Projektion von $\mathscr{A}$ nach L liefert Homomorphismen $u \colon E \to L$ und $v \colon F \to L$, deren Bilder L erzeugen. Dies bedeutet, dass das Tripel (L, u, v) ein Kompositum ist.

Satz 23.7 (Scholium) *Zwei Körpererweiterungen E, F von K besitzen ein Kompositum.*

Eine unmittelbare Anwendung ist der folgende bereits früher als Satz 13.13 zitierte

Satz 23.8 *Es sei $u \colon K \to E$ ein Körperhomomorphismus und $K' \supseteq K$ eine Körpererweiterung. Dann gibt es eine Körpererweiterung $E' \supseteq E$ und einen Homomorphismus $u' \colon K' \to E'$, der u erweitert.*

Beweis   Beide Körper K' und E sind K-Algebren, da K auf K' und E durch $x \cdot y := xy$ bzw. $x \cdot z := u(x)z$ für $x \in K$, $y \in K'$, $z \in E$ operiert. Wie im Beweis von Satz 23.7 wählen wir in $K' \otimes_K E$ ein maximales Ideal $\mathscr{M}$. So erhält man einen Körper $E' = (K' \otimes_K E)/\mathscr{M}$ und Homomorphismen $u' \colon K' \to E'$, $\xi \mapsto \pi(\xi \otimes 1)$, sowie $v' \colon E \to E'$, $\eta \mapsto \pi(1 \otimes \eta)$, wobei π die kanonische Projektion von $K' \otimes_K E$ nach E' ist. Identifiziert man nun E mit dem Bild $v'(E) = \pi(1 \otimes E)$ in E', so wird $E \subseteq E'$ ein Unterkörper, u' erweitert u, und der Satz ist bewiesen. $\square$

23.5 Die Tensoralgebra

Die Tensoralgebra, die wir nun konstruieren werden, steht im Mittelpunkt der sogenannten multilinearen Algebra. Viele der bekannten Algebren wie die symmetrische Algebra, die Heisenberg-Algebra, die Clifford-Algebra, die Graßmann-Algebra, Algebren von Differentialoperatoren, die alle auch in der theoretischen Physik eine bedeutende Rolle spielen, sowie die in der Theorie der Lie-Gruppen wichtige universell einhüllende Algebra – um nur einige wenige Beispiele zu nennen – sind Quotientenalgebren der Tensoralgebra. Als wesentliches Hilfsmittel für ihre Konstruktion haben wir den Satz 23.3 bereitgestellt.

Es sei $\mathcal{T}^n(M) = M^{\otimes n}$ für $n \geq 0$ das Tensorprodukt von insgesamt n Kopien eines R-Moduln M und $\mathcal{T}^0(M) = M^{\otimes 0} := R$. Wir bilden die direkte Summe (siehe 1.3)

$$\mathcal{T}(M) := \bigoplus_n \mathcal{T}^n(M)$$

dieser Moduln und führen darauf die Struktur einer Algebra ein, indem wir als bilineare Abbildung in der Definition einer Algebra das Tensorprodukt

$$\tau: \quad M^{\otimes m} \times M^{\otimes n} \longrightarrow M^{\otimes m} \otimes M^{\otimes n}$$

nehmen. Wegen Satz 23.3 können wir eine Familie von Isomorphismen

$$\psi_{m,n}: \quad M^{\otimes m} \otimes M^{\otimes n} \longrightarrow M^{\otimes n+m}$$

wählen, sodass die direkte Summe der Komposition des Tensorprodukts mit diesen Isomorphismen wieder nach $\mathcal{T}(M)$ führt. Man erhält eine assoziative bilineare Abbildung $(\,,\,): \mathcal{T}(M) \times \mathcal{T}(M) \to \mathcal{T}(M)$, die $\mathcal{T}(M)$ zu einer assoziativen Algebra mit Eins macht, die man die *Tensoralgebra* von M nennt. Ist M endlich erzeugt, so ist auch $\mathcal{T}(M)$ eine endlich erzeugte Algebra, d. h. sie besteht aus endlichen Linearkombinationen von endlichen Produkten von Elementen eines Systems von Erzeugenden des Moduln.

Jeder Homomorphismus $f: M \to M'$ induziert nach 23.3 Homomorphismen

$$T^n(f) = f \otimes \cdots \otimes f: \quad \mathcal{T}^n(M) \longrightarrow \mathcal{T}^n(M'),$$

also auch einen Homomorphismus

$$T(f): \quad \mathcal{T}(M) \longrightarrow \mathcal{T}(M').$$

Die Zuordnung $M \mapsto \mathcal{T}(M)$ ist ein weiteres Beispiel für einen Funktor von der Kategorie der R-Moduln in die Kategorie der R-Algebren.

Die Tensoralgebra ist ein Beispiel für eine *graduierte Algebra,* eine assoziative Algebra $\mathcal{A}$ über einem kommutativen unitären Ring R, die sich in der Form

$$\mathcal{A} = \bigoplus_{n \in \mathbb{Z}} \mathcal{A}_n$$

schreiben lässt mit R-Moduln $\mathcal{A}_n$ als direkte Summanden. Eine solche besitzt die Eigenschaft, dass

$$\mathcal{A}_n \, \mathcal{A}_m \subseteq \mathcal{A}_{n+m}$$

gilt. Man nennt diese Zerlegung eine *Graduierung* der Algebra, in unserem Fall eine $\mathbb{Z}$-Graduierung, da die Indizes der Untermoduln die ganzen Zahlen durchlaufen; von 0 verschiedene Elemente aus $\mathcal{A}_n$ besitzen den *Grad n*.

So ist z. B. ein Polynomring $R[T_1, \ldots, T_d]$ eine graduierte Algebra; hier erzeugen die homogenen Polynome vom Grad n Untermoduln, deren direkte Summe der Polynomring ist. Nur für $n \geq 0$ erhält man von 0 verschiedene Untermoduln.

Gelegentlich tauchen Graduierungen auf, bei denen die Indizes der Summanden ein additives Monoid durchlaufen. Ein Beispiel hierfür ist der soeben erwähnte Polynomring.

Beispiel 23.9 Ist $M = \mathbb{Z}T \oplus \mathbb{Z}(d/dT)$, so kann $\mathcal{T}(M)$ als ein nicht-kommutativer Polynomring $\mathbb{Z}[T, d/dT]$ in T und d/dT aufgefasst werden. Der Polynomring $\mathbb{Z}[T]$ wird dann zu einem $\mathbb{Z}[T, d/dT]$-Linksmoduln, bei dem T durch Multiplikation von links und d/dT durch Differentiation operiert. Ist $[T, d/dT] = T(d/dT) - (d/dT)T$ die Lie-Klammer, so gilt

$$([T, d/dT] + 1)\mathbb{Z}[T] = 0 \,,$$

sodass das zweiseitige Ideal

$$([T, d/dT] + 1) \;=\; \mathbb{Z}[T, d/dT]\,([T, d/dT] + 1)\,\mathbb{Z}[T, d/dT]$$

den Moduln $\mathbb{Z}[T]$ annihiliert und dieser ein $\mathbb{Z}[T, d/dT]/([T, d/dT] + 1)$-Modul wird. Man nennt $\mathbb{Z}[T, d/dT]/([T, d/dT] + 1)$ den *Ring von Differentialoperatoren* von $\mathbb{Z}[T]$.

23.6 Die symmetrische Algebra

Im Beispiel 23.9 haben wir gesehen, wie wichtige Ringe als Quotienten von Tensoralgebren nach zweiseitigen Idealen auftauchen. Ein weiteres Beispiel hierfür ist die symmetrische Algebra assoziiert mit einem R-Moduln M. Dazu betrachten wir für $n \geq 1$ die Untermoduln $N^n \subset \mathcal{T}^n(M)$, die von den Elementen $m_1 \otimes \cdots \otimes m_n - m_{\sigma(1)} \otimes \cdots \otimes m_{\sigma(n)}$ für $\sigma \in \mathscr{S}_n$ erzeugt werden und setzen $\mathrm{Sym}^n(M) = \mathcal{T}^n(M)/N^n$ sowie $\mathrm{Sym}^0(M) = R$ und $\mathcal{N} = \bigoplus_{n \geq 0} N^n$. Die Algebra

$$\mathrm{Sym}(M) \;=\; \bigoplus_{n \geq 0} \mathrm{Sym}^n(M) \;=\; \mathcal{T}(M)/\mathcal{N}$$

heißt *symmetrische Algebra* über dem Moduln M. Sie ist eine graduierte Algebra.

Als eine Anwendung der Konstruktion der symmetrischen Algebra betrachten wir einen Vektorraum V über einem Körper K. Dann ist $K[V^*] := \mathrm{Sym}(V^*)$ die Algebra der polynomialen Funktionen auf V. Denn ist $v_1, \ldots, v_n$ eine Basis von V und $T_1, \ldots, T_n$ die Dualbasis, so bilden für $k \geq 0$ die Bilder von $T_{i_1} \otimes \cdots \otimes T_{i_k}$ für $i_\nu \in \{1, 2, \ldots, n\}$, $\nu = 0, \ldots, k$, ein System von Erzeugenden der Algebra $\mathrm{Sym}(V^*)$; berücksichtigen wir noch, dass das Produkt in der symmetrischen Algebra kommutativ ist, so können wir die Erzeugenden auch in der

Form $T_1{}^{d_1} \cdots T_n{}^{d_n}$ schreiben mit $d_1 + \cdots + d_n = k$. Diese kann man in $w \in V$ auswerten, wenn man

$$(T_1{}^{d_1} \cdots T_n{}^{d_n})(w) \;=\; T_1{}^{d_n}(w) \cdots T_n{}^{d_n}(w)$$

setzt und linear fortsetzt.

23.7 Die Clifford-Algebra

Einem Paar (M, B) bestehend aus einem R-Moduln M und einer symmetrischen Bilinearform $B \colon M \times M \to R$ ordnen wir die *Clifford-Algebra* $\mathcal{Cl}(M)$ zu. Dazu betrachten wir das zweiseitige Ideal $\mathcal{B} \subset \mathcal{T}(M)$, das von den Elementen

$$m \otimes m - B(m, m) \cdot 1 \,, \quad m \in M \,,$$

erzeugt wird und definieren die Clifford-Algebra als

$$\mathcal{Cl}(M) \;:=\; \mathcal{T}(M)/\mathcal{B} \,.$$

Man kann sich überlegen, dass die Graduierung der Tensoralgebra eine $\mathbb{Z}/2\mathbb{Z}$-Graduierung der Clifford-Algebra $\mathcal{Cl}(M) = \bigoplus_{n \geq 0} \mathcal{Cl}^n(M)$ induziert, da $\mathcal{Cl}^1 \mathcal{Cl}^1 \subseteq \mathcal{Cl}^0$ ist. Ist M eine n-dimensionaler Vektorraum, so ist $\dim \mathcal{Cl}(M) = 2^n$.

Beispiel 23.10   Ist $B = 0$, so erhalten wir die *Graßmann-Algebra* oder *äußere Algebra*

$$\bigwedge M = \bigoplus \overset{r}{\bigwedge} M$$

mit dem Dachprodukt $m \wedge m'$ zweier Elemente $m, m' \in \mathcal{Cl}(M)$ als Bild des Tensorprodukts in der Graßmann-Algebra. Dieses Produkt ist per definitionem schiefsymmetrisch.

Die Clifford-Algebra bzw. die Graßmann-Algebra spielt in der theoretischen Physik und in der Differentialgeometrie eine ganz herausragende Rolle. Man benutzt beispielsweise die Graßmann-Algebra dazu, um Differentialformen zu definieren und so eine Integrationstheorie auf Mannigfaltigkeiten zu begründen. Auch tragen die Differentialformen wichtige topologische Informationen über die Mannigfaltigkeit in sich. Die Clifford-Algebra ist ein entscheidendes Hilfsmittel, um den Dirac-Operator zu definieren, der in der theoretischen Physik eine herausragende Rolle spielt.

VII Codierungstheorie

In diesem Kapitel wenden wir uns einer Anwendung der Algebra zu. Es geht um die Bereitstellung von mathematischen Methoden, um Daten so aufzubereiten, dass zufällig entstandene Fehler erkannt und möglicherweise auch korrigiert werden können. Wir stellen dazu ein paar Grundbegriffe und allgemeine Vorgangsweisen vor, wobei wir uns auf *lineare Blockcodes* einschränken. Wir wenden uns dann aber schnell *zyklischen Polynomcodes* zu, wo wir die bisher bereitgestellten Methoden der Algebra als Hilfsmittel einsetzen. Am Ende des Kapitels diskutieren wir BCH- und RS-Codes. Es handelt sich dabei um zyklische Polynomcodes, die zum Beispiel bei der DVD oder bei Mobilfunknetzen zum Einsatz kommen.

24 Einführung

24.1 Motivation und Einleitung

Die Ursprünge der Codierungstheorie kommen aus der Nachrichtenübermittlung, bei der eine Nachricht von einem Sender über einen Kanal an einen Empfänger gesendet wird. Dabei kann es vorkommen, dass bei der Übertragung Fehler auftreten und die Nachricht verfälscht wird. Um diesem Problem zu begegnen, wird die ursprüngliche Nachricht codiert. Dies geschieht mithilfe von Codes. An diese wird die Anforderung gestellt, dass möglichst viele Übertragungsfehler korrigiert werden, die im Kanal auf verschiedene Weisen entstehen können.

Um einen Code zu definieren, wählt man ein endliches Alphabet A, aus dem Wörter gebildet werden können, mit denen die Nachricht geschrieben wird. In unserem Fall wählen wir als Alphabet einen endlichen Körper $\mathbb{F}_q$ mit q Elementen. Die ursprüngliche Nachricht wird durch *Nachrichtenwörter* einer vorgegebenen Länge k in $\mathbb{F}_q^k$ beschrieben, die dann verschickt werden sollen. Als erster Schritt wird jedem Wort $u = u_1 \ldots u_k \in \mathbb{F}_q^k$ auf eineindeutige Weise für ein fest gewähltes $n \geq k$ ein *Codewort* $c = E(u) \in \mathbb{F}_q^n$ zugeordnet. Man erhält dadurch eine wohldefinierte Teilmenge $E(\mathbb{F}_q^k) = C \subseteq \mathbb{F}_q^n$, die als *Code* der Länge n bezeichnet wird, und deren Elemente die *Codewörter* sind. Jedes Codewort besitzt $n - k$ zusätzliche Koordinaten, die man *Prüfziffern* nennt. Sie machen üblicherweise die ersten oder letzten $n - k$ Koordinaten von c aus und beinhalten zusätzliche Informationen,

© Springer Fachmedien Wiesbaden GmbH, ein Teil von Springer Nature 2020
G. Wüstholz und C. Fuchs, *Algebra*, Springer Studium Mathematik – Bachelor,
https://doi.org/10.1007/978-3-658-31264-0_27

mit denen die Nachricht vom Empfänger überprüft werden kann. Wir können daher das Codewort c z.B. in der Form $(u, v) \in \mathbb{F}_q^k \times \mathbb{F}_q^{n-k} = \mathbb{F}_q^n$ darstellen. Man erhält dann die Nachricht u der Länge k als $\pi_k(c)$ und das Prüfwort v der Länge $n - k$ als $\pi_{n-k}(c)$, wobei $\pi_k \colon \mathbb{F}_q^n \to \mathbb{F}_q^k$ die Projektion von $\mathbb{F}_q^n$ auf $\mathbb{F}_q^k$ und $\pi_{n-k} \colon \mathbb{F}_q^n \to \mathbb{F}_q^{n-k}$ die Projektion von $\mathbb{F}_q^n$ auf $\mathbb{F}_q^{n-k}$ bezeichnet.

Wird im zweiten Schritt das Codewort c durch den Übertragungskanal geschickt, so erhält man ein *Empfangswort* $w \in \mathbb{F}_q^n$, das sich wegen möglicher Übertragungsfehler von c unterscheidet. Es kann in C aber auch im Komplement von C in $\mathbb{F}_q^n$ liegen, und man erhält eine Nachricht, mit der man zunächst nichts anfangen kann. Das Empfangswort w unterscheidet sich möglicherweise an einigen Stellen von dem Codewort c. Diese Fehlerstellen werden durch die Menge $I = \{i; \ 1 \leq i \leq n, c_i \neq w_i\}$ beschrieben. Man kann nun aber im dritten Schritt ein Codewort $c^* = E(u^*) \in C$ suchen, das möglichst nahe bei w liegt. Dazu führt man eine Distanzfunktion $d \colon \mathbb{F}_q^n \times \mathbb{F}_q^n \to \mathbb{F}_q^n$ ein. Diese ordnet einem Paar $(x, y) \in \mathbb{F}_q^n \times \mathbb{F}_q^n$ die Anzahl $d(x, y)$ der Stellen i zu, für die $x_i \neq y_i$ gilt, und wird als *Hamming-Distanz* bezeichnet. Neben der Hamming-Distanz spielt auch das *Hamming-Gewicht* $\mathrm{wt}(x)$ oft eine wichtige Rolle, insbesondere bei den sogenannten linearen Codes, auf die wir bald zurückkommen werden. Es ist definiert als die Anzahl der von Null verschiedenen Koordinaten von x.

Wir verwenden die folgenden Konventionen: Elemente von $\mathbb{F}_q^n$ werden sowohl als n-Tupel als auch als Wörter aufgefasst. Für ein $w \in \mathbb{F}_q^n$ schreiben wir demnach sowohl $w = (w_1, w_2, \ldots, w_n)$ wie auch $w = w_1 w_2 \ldots w_n$ und nennen w_i die i-te Komponente oder auch das i-te Symbol von w. Schließlich identifizieren wir w auch noch gemäß $w_1 + w_2 X + \cdots + w_n X^{n-1}$ mit einem Polynom in $\mathbb{F}_q[X]$ vom Grad $< n$. Die Menge dieser Polynome wird auch mit $\mathbb{F}_q[X]_n$ notiert.

24.2 Hamminggewicht und -distanz

Es sei $\mathbb{F}_q$ ein endlicher Körper mit q Elementen. Ein $[n, k]$-*Blockcode* C über $\mathbb{F}_q$ (kurz $[n, k]$-Code oder Code) ist eine Teilmenge von $\mathbb{F}_q^n$ bestehend aus genau q^k Elementen, welche Codewörter genannt werden. Im Fall $q = 2$ spricht man von *binären Codes*. Ein *Encoder* E für C ist eine bijektive Abbildung von $\mathbb{F}_q^k$ nach C, welche jedem $u \in \mathbb{F}_q^k$ ein Codewort $c = E(u)$ zuordnet. Der dazugehörige *Decoder* D ist die zu E inverse Abbildung. Die Zahl n heißt *Länge* des Codes, k heißt der *Rang* oder die *Dimension* des Codes und k/n heißt die *Rate* des Codes C.

Der Encoder setzt das Codewort oft so zusammen, dass das Nachrichtenwort u an den ersten k Stellen des Codewortes $E(u)$ steht. Einen solchen Encoder nennen wir *systematisch*. In diesem Fall besteht das Codewort aus dem Nachrichtenwort und *Prüfziffern*. Der Decoder lässt dann lediglich die Prüfziffern weg. Da $k \leq n$ ist, muss die Rate stets ≤ 1 sein.

Zunächst wollen wir Methoden zur Fehlererkennung und Fehlerkorrektur betrachten, welche das sogenannte Redundanzprinzip verwenden. Sei also $C \subseteq \mathbb{F}_q^n$.

Jedes $w \in \mathbb{F}_q^n$ heißt ein *Empfangswort*. Ist $w \in \mathbb{F}_q^n \backslash C$ empfangen worden, so hat ein Übertragungsfehler stattgefunden. Ist $w \in C$ empfangen worden, so kann man trotzdem die Möglichkeit eines Fehlers nicht ausschließen.

Für $v = (v_1, \ldots, v_n)$, $w = (w_1, \ldots, w_n) \in \mathbb{F}_q^n$ heißt die Anzahl der Stellen $i \in \{1, \ldots, n\}$ mit $v_i \neq w_i$ die *(Hamming-)Distanz* $d(v, w)$ von v, w. Das *(Hamming-) Gewicht* $\mathrm{wt}(v)$ von v ist die Anzahl der von 0 verschiedenen Einträge von v.

Satz 24.1 *Die Hamming-Distanz ist eine Metrik auf $\mathbb{F}_q^n$.*

Beweis Aus der Definition folgt sofort, dass $d(v, w)$ stets eine nicht-negative, reelle Zahl ist, dass $d(v, w) = 0$ genau dann gilt, wenn $v = w$, und dass $d(v, w) = d(w, v)$ ist. Es bleibt also die Dreiecksungleichung zu zeigen: Seien $x = (x_1, \ldots, x_n)$, $y = (y_1, \ldots, y_n)$ und $z = (z_1, \ldots, z_n)$. Dann ist $d(x, z)$ die Anzahl der Stellen in denen sich x und z unterscheiden. Bezeichnen wir mit U die Menge der Indizes dieser Stellen, dann ist

$$d(x, z) = |U| = |\{i; \ x_i \neq z_i\}| \ .$$

Setzen wir $S = \{i; \ x_i \neq z_i \text{ und } x_i = y_i\}$ und $T = \{i; \ x_i \neq z_i \text{ und } x_i \neq y_i\}$, so ist U die disjunkte Vereinigung von S und T. Also gilt

$$d(x, z) = |S| + |T| \ .$$

Aus der Definition von $d(x, y)$ und T folgt daher, dass

$$|T| \leq d(x, y) \ .$$

Andererseits gilt für $i \in S$, dass $y_i = x_i \neq z_i$ ist. Es folgt

$$|S| \leq d(y, z)$$

und damit insgesamt $d(x, z) \leq d(x, y) + d(y, z)$. $\square$

24.3 Fehlererkennung und -korrektur

Ein *Fehlerprozessor* P für einen $[n, k]$-Code C über $\mathbb{F}_q$ ist eine Abbildung von $\mathbb{F}_q^n$ nach $\mu_2 \times \mathbb{F}_q^n$, die jedem Empfangswort w ein Paar (a, v) zuordnet, wobei a die Werte 1 oder -1 annehmen kann und v ein Wort der Länge n ist. Dabei hat a den Wert 1, wenn w ein Codewort ist, und sonst -1. Ein Fehlerprozessor, der stets $v = w$ liefert, nennt man einen *Fehlerdetektor* und einen, der für v stets ein Codewort von C zurückliefert, nennt man *perfekt*.

Das Prinzip der Decodierung ist das Folgende: wird $w \in \mathbb{F}_q^n$ empfangen, so werden wir annehmen, dass es von einem $c \in C$ stammt, für welches $d(c, w)$ minimal ist. Gibt es ein eindeutiges solches c, so wird der Fehlerprozessor w dieses

c zuordnen (*Nearest-Neighbour/Minimum-Distance-Decodierung*). Gibt es mehr als ein solches c, dann erhält man keine eindeutige Entscheidung und somit mehr als einen möglichen Fehlerprozessor.

Es sei $v \in \mathbb{F}_q^n$ ein gesendetes Wort und $w \in \mathbb{F}_q^n$ das empfangene Wort. Weiter sei $t = d(v, w)$. Dann heißt t die *Anzahl der Übertragungsfehler* und wir sagen, dass t *Fehler aufgetreten sind*, oder dass ein *Fehler mit Gewicht* t stattgefunden hat.

Ein Fehlerprozessor P für einen $[n, k]$-Code C über $\mathbb{F}_q$ ordnet bei der Nearest-Neighbour-Decodierung einem Codewort c stets $P(c) = (1, c)$ zu. Dies hat zur Folge, dass ein fehlerhaft empfangenes Codewort nicht als fehlerhaft erkannt und dann auch nicht korrigiert wird. Wir sagen daher, dass P *alle Fehler vom Gewicht* $\leq t$ *erkennen* kann, wenn kein Codewort durch einen Fehler mit Gewicht $\leq t$ in ein anderes Codewort übergeführt werden kann. Wir sagen außerdem, dass P *alle Fehler vom Gewicht* $\leq t$ *korrigieren* kann, wenn zu jedem Empfangswort $w \in \mathbb{F}_q^n$ genau ein Codewort c mit $d(w, c) \leq t$ existiert.

Wenn wir alle Fehler bis zum Gewicht t erkennen wollen, müssen zwei verschiedene Codewörter mindestens Distanz $t + 1$ haben. Deshalb liegt es auf der Hand, ein Maß für den kleinstmöglichen Abstand zwischen verschiedenen Codewörtern einzuführen. Ist C ein $[n, k]$-Code über $\mathbb{F}_q$, so nennen wir

$$d := \min_{x,y \in C, x \neq y} d(x, y)$$

die *Minimaldistanz* von C. Dieses Maß ist so wichtig, dass wir C auch einen $[n, k, d]$-Code nennen.

Es gilt dann der folgende

Satz 24.2   *Sei C ein $[n, k]$-Code über $\mathbb{F}_q$ und $t \in \mathbb{N}$. Dann kann ein Fehlerprozessor für C genau dann alle Fehler mit Gewicht $\leq t$ erkennen, wenn $d \geq t + 1$ ist.*

Beweis   Wenn u und v Codewörter sind mit $u \neq v$ und $d(u, v) \leq t$, dann kann u in v durch einen Fehler vom Gewicht $\leq t$ übergeführt werden. In diesem Fall kann kein Fehlerprozessor für C alle Fehler vom Gewicht $\leq t$ erkennen. Besitzen umgekehrt je zwei Codewörter mindestens eine Distanz $t + 1$, dann führt ein Fehler vom Gewicht $\leq t$ ein Codewort in ein Wort über, das nicht in C liegt. Der Fehler kann also entdeckt werden, indem man überprüft, ob das empfangene Wort ein Codewort ist. Also sind alle Fehler mit Gewicht $\leq t$ erkennbar.   □

Satz 24.3   *Sei C ein $[n, k]$-Code über $\mathbb{F}_q$ und $t \in \mathbb{N}$. Dann kann ein Fehlerprozessor für C genau dann alle Fehler bis mit Gewicht $\leq t$ korrigieren, wenn $d \geq 2t + 1$ ist.*

Beweis   Angenommen ein Wort w wird empfangen und es sind höchstens t Fehler aufgetreten. Wenn es zwei Codewörter u und v mit $d(u, w) \leq t$ und $d(v, w) \leq t$ geben würde, dann wäre $d(u, v) \leq 2t$. Das ist ein Widerspruch zur Annahme, dass $d \geq 2t + 1$ gilt. Also gibt es ein eindeutiges Wort u mit $d(u, w) \leq t$, und wir decodieren w durch u. Die Umkehrung überlassen wir als einfache Übung dem Leser.   □

24.4 Lineare Codes

Ein $[n, k]$-Code C über $\mathbb{F}_q$ heißt ein *linearer $[n, k]$-Code* (oder kurz linearer Code), wenn C ein Unterraum des Vektorraumes $\mathbb{F}_q^n$ ist. Wenn C ein linearer $[n, k]$-Code über $\mathbb{F}_q$ ist, dann ist $k = \dim(C)$. Wir beginnen mit zwei wesentlichen Methoden zur Beschreibung von linearen Codes:

Sei G eine $k \times n$-Matrix über $\mathbb{F}_q$ der Gestalt (I_k, G'), wobei I_k die $k \times k$-Einheitsmatrix und G' eine $k \times (n - k)$-Matrix bezeichnet. Ist $E \colon \mathbb{F}_q^k \to \mathbb{F}_q^n$ die Abbildung

$$E(a_1, \ldots, a_k) = (a_1, \ldots, a_k)G \,,$$

so ist $C = \operatorname{im} E$ ein linearer $[n, k]$-Code und die Matrix G heißt *Generatormatrix* des linearen Codes C.

Beispiel 24.4   Sei $\mathbb{F}_4 = \mathbb{F}_2[\alpha]$ mit $1 + \alpha + \alpha^2 = 0$. Wir wählen $k = 3$, $n = 5$ und

$$G = \begin{pmatrix} 1 & 0 & 0 & 1 + \alpha & \alpha \\ 0 & 1 & 0 & 1 & 1 + \alpha \\ 0 & 0 & 1 & 1 + \alpha & 1 \end{pmatrix} \,.$$

Dann codiert der lineare Code C mit Generatormatrix G z.B. das Nachrichtenwort $(\alpha, 1 + \alpha, 1 + \alpha)$ als Codewort $(\alpha, 1 + \alpha, 1 + \alpha, 0, \alpha)$.

Sei g ein Polynom vom Grad $n - k$ aus $\mathbb{F}_q[X]$. Wir definieren eine Abbildung $E \colon \mathbb{F}_q[X]_k \to \mathbb{F}_q[X]_n$ durch

$$E(p_a(X)) = p_a(X)X^{n-k} - \Big(p_a(X)X^{n-k} \bmod g(X)\Big) \,.$$

Wir erhalten durch $C = \operatorname{im} E$ einen $[n, k]$-Code über $\mathbb{F}_q$, den wir einen *Polynomcode* nennen. Das Polynom g nennt man das *Generatorpolynom* des Codes. Für alle $a \neq (0, \ldots, 0)$ gilt $\deg(p_a(X)X^{n-k}) \geq n - k$ und der Rest modulo g hat Grad $< n - k$. Der Rest stellt die Prüfziffern dar, wegen der Identifizierung stehen die Prüfziffern am Anfang des Codewortes und nicht am Ende. Aus der euklidischen Struktur von $\mathbb{F}_q[X]$ folgt, dass das Generatorpolynom stets $E(p_a(X))$ teilt. Außerdem ist jeder $[n, k]$-Polynomcode ein linearer Code. Aus Dimensionsgründen folgt sofort, daß $C = \{g(X)p(X); \; p(X) \in \mathbb{F}_q[X] \text{ mit } \deg(p) \leq k - 1\} = g(X)\mathbb{F}_q[X]_k$ ist.

Wir nützen die Linearität, um die Minimaldistanz eines linearen Codes zu charakterisieren.

Satz 24.5 *Für einen linearer $[n,k]$-Code C über $\mathbb{F}_q$ ist die Minimaldistanz gleich dem minimalen Gewicht aller vom Nullwort verschiedenen Codewörter.*

Beweis Für Codewörter u und v gilt $d(u,v) = \mathrm{wt}(u-v)$. Aufgrund der Linearität ist $u-v$ wieder ein Codewort. Für die Minimaldistanz folgt

$$d = \min_{c_1,c_2 \in C,\, c_1 \neq c_2} d(c_1,c_2) = \min_{c_1,c_2 \in C,\, c_1 \neq c_2} \mathrm{wt}(c_1 - c_2) = \min_{c \in C, c \neq 0} \mathrm{wt}(c)\,,$$

da C eine Gruppe bezüglich der Addition ist. Somit folgt die Aussage. $\qquad\square$

Beispiel 24.6 Wir betrachten den $[5,2]$-Code $C = \{c^{(i)};\ i = 1,2,3,4\} \subseteq \mathbb{F}_2^5$ mit

$$00 \mapsto 00000 =: c^{(1)}$$
$$01 \mapsto 01111 =: c^{(2)}$$
$$10 \mapsto 10101 =: c^{(3)}$$
$$11 \mapsto 11010 =: c^{(4)}.$$

In diesem Fall ist stets $c^{(i)} - c^{(j)} \in C$ und daher C zumindest eine Gruppe bezüglich der Addition (man spricht von einem *Gruppencode*). Es gilt

$$\min_{i \in \{2,3,4\}} \mathrm{wt}(c^{(i)}) = \min\{4,3,3\} = 3\,,$$

womit wir die Minimaldistanz bestimmt haben.

Wenn ein Codewort c gesendet und $w \in \mathbb{F}_q^n$ empfangen worden ist, so heißt $e = w - c$ *Fehlerwort* (*Fehlermuster* oder kurz *Fehler*) von c. Es gilt:

$$\mathrm{wt}(e) = \mathrm{wt}(w-c) = d(w,c) = \text{Anzahl der Übertragungsfehler}\,.$$

Arbeiten wir mit linearen Codes, dann werden wir stets verlangen, dass der Encoder die Linearität respektiert. Deshalb nennen wir einen Encoder E einen *linearen Encoder* wenn E ein Isomorphismus von $\mathbb{F}_q^k$ auf C ist. Da wir nun nur lineare Codes betrachten, sprechen wir in der Folge kurz von einem Encoder.

Zunächst verwenden wir nur die Gruppenstruktur von $\mathbb{F}_q^n$, $\mathbb{F}_q^k$ und C. Mit Hilfe der Nebenklassenzerlegung von $\mathbb{F}_q^n$ nach der Untergruppe C kann man ein Korrekturschema angeben. Dazu sei

$$\mathbb{F}_q^n = (a^{(0)} + C) \cup (a^{(1)} + C) \cup \ldots \cup (a^{(t)} + C)$$

eine Zerlegung in Nebenklassen und $\mathbb{F}_q^n/C$ die Faktorgruppe. Wird $c \in C$ gesendet und $w = c + e$ empfangen, so ist $w \in e + C$. Das Empfangswort liegt also in derselben Nebenklasse wie das aufgetretene Fehlerwort. Ist der Fehler e korrigierbar, dann ist dieses e das eindeutige Element der Nebenklasse $a^{(i)} + C$ mit minimalem Gewicht. Man erhält so das folgende Verfahren zur Fehlerkorrektur:

- Man wähle in jeder Nebenklasse $a^{(i)} + C$ ein e_i von minimalen Gewicht (Anzahl der Fehler so gering wie möglich), den sogenannten *Anführer* der Nebenklasse.

- Wird w empfangen, dann gibt es eine Nebenklasse $a^{(i)} + C$ in der w liegt.

- Ordne w das Codewort $w - e_i$ zu.

Das Ergebnis $w - e_i$ ist ein Codewort, da sich zwei Repräsentanten einer Nebenklasse jeweils um ein Codewort unterscheiden. Es gilt

$$\min_{x \in C} d(w, x) = \min_{x \in C} \text{wt}(c + e - x) = \text{wt}(e) \ .$$

Falls $\text{wt}(e) \leq \frac{d-1}{2}$ und die Auswahl von e_i eindeutig ist, so gilt $\min_{x \in C} d(w, x) = \text{wt}(e) = \text{wt}(e_i)$ und es ist $w - e_i = w - e = c$. Die Kodimension von C in $\mathbb{F}_q^n$ ist $n-k$. Daher ist $|\mathbb{F}_q^n/C| = q^{n-k}$, und somit können höchstens q^{n-k} Fehlermuster richtig korrigiert werden. Zur systematischen Vorgangsweise ordnen wir die Nebenklassen nach Anführern vom Gewicht $0, 1, 2$, und so fort.

Beispiel 24.7   Wir betrachten den linearen $[5, 2]$-Code mit

$$G = \begin{pmatrix} 1 & 0 & 1 & 1 & 1 \\ 0 & 1 & 0 & 1 & 0 \end{pmatrix} \ .$$

Es gibt $|\mathbb{F}_2|^{n-k} = 8$ Nebenklassen. Das vollständige Korrekturschema lautet:

00000	00000	10111	01010	11101
10000	10000	00111	11010	01101
01000	01000	11111	00010	10101
00100	00100	10011	01110	11001
00001	00001	10110	01011	11100
11000	11000	01111	10010	00101
10100	10100	00011	11110	01001
10001	10001	00110	11011	01100

Beachte, dass der Code stets die Nebenklasse zum Fehlerwort $(0, 0, 0, 0, 0)$ ist. In diesem Beispiel ist der Anführer der Nebenklasse $(0, 1, 0, 0, 0) + C$ nicht eindeutig.

Wir fassen den bereits oben erwähnten Begriff der Generatormatrix etwas weiter. Sei C ein linearer $[n, k]$-Code über $\mathbb{F}_q$ mit Encoder E. Sei G jene $k \times n$-Matrix, sodass $E(u) = uG$ für jedes $u \in \mathbb{F}_q^k$ ist. Dann heißt G eine *Generatormatrix* des Codes C. Die Generatormatrizen eines linearen $[n, k]$-Codes C über $\mathbb{F}_q$ stehen also umgekehrt eindeutig in Beziehung mit den Encodern von C. Wir haben einen Encoder systematisch genannt, wenn das Nachrichtenwort genau die ersten k Symbole des zugehörigen Codewortes sind. Diese Eigenschaft kann man sehr leicht an der Generatormatrix ablesen.

Satz 24.8   *Sei C ein linearer $[n, k]$-Code über $\mathbb{F}_q$ mit Generatormatrix G. Der zugehörige Encoder ist dann und nur dann systematisch, wenn die ersten k Spalten von G die $k \times k$-Einheitsmatrix I_k bilden.*

Beweis   Die Spalten von G sind Gleichungen, mit deren Hilfe man aus den Symbolen eines Elements u das Codewort c für u gewinnt. Deshalb sind die ersten k Symbole von c die Symbole von u genau dann, wenn die ersten k Spalten von G durch $(1, 0, \ldots, 0)^T, (0, 1, 0, \ldots, 0)^T, \ldots, (0, \ldots, 0, 1)^T$ gegeben sind.   □

Wir nennen eine Generatormatrix G daher *systematisch*, wenn der dazugehörige Encoder systematisch ist (also wenn die ersten k Spalten von G gleich I_k sind). Klarerweise kann ein Code mehrere verschiedene Generatormatrizen besitzen. Der folgende Satz gibt eine einfache, notwendige und hinreichende Bedingung dafür, dass eine Matrix eine Generatormatrix eines linearen Codes ist.

Satz 24.9   *Sei C ein linearer $[n, k]$-Code über $\mathbb{F}_q$ und sei G eine $k \times n$-Matrix. G ist dann und nur dann eine Generatormatrix von C, wenn die Zeilen von G eine Basis von C bilden.*

Beweis   Nach Voraussetzung ist E eine bijektive Abbildung von $\mathbb{F}_q^k$ nach C. Die Zeilen von G sind die Bilder der Nachrichtenwörter $(1, 0, \ldots, 0), (0, 1, 0, \ldots, 0), \ldots, (0, \ldots, 0, 1)$ und bilden daher eine Basis von C.

Bezeichnen wir umgekehrt die Zeilen von G mit $g_1, \ldots, g_k$. Multiplikation des Nachrichtenwortes $(a_1, \ldots, a_k)$ mit G gibt das Wort $a_1 g_1 + \cdots + a_k g_k$. Nach Annahme ist das eine Linearkombination von Codewörtern. Da C ein linearer Code ist, handelt es sich dabei wieder um ein Codewort. G bildet $\mathbb{F}_q^k$ also auf einen Teilraum von C ab. Die Dimension dieses Teilraumes ist k, daher haben wir eine bijektive Zuordnung, also einen Encoder für C.   □

Einer der Hauptgründe, lineare Codes zu verwenden, ist die Tatsache, dass man sehr einfach überprüfen kann, ob ein Empfangswort ein Codewort ist oder nicht. Eine *Kontrollmatrix* für einen linearen $[n, k]$-Code C über $\mathbb{F}_q$ ist eine $l \times n$-Matrix H, mit der Eigenschaft, dass für $v \in \mathbb{F}_q^n$ gilt:

$$Hv^T = 0 \text{ genau dann, wenn } v \in C \,.$$

Die Zahl l ist zunächst beliebig. Wir werden sehen, dass der kleinstmögliche Wert $n - k$ ist. Wir sagen eine Kontrollmatrix sei *systematisch*, wenn sie von der Gestalt (D, I_{n-k}) ist, wobei I_{n-k} die $(n - k) \times (n - k)$-Einheitsmatrix ist. Es gilt die folgende, sehr einfache Beziehung zwischen systematischer Generator- und Kontrollmatrix.

Satz 24.10   *Es sei C ein linearer $[n, k]$-Code über $\mathbb{F}_q$. Besitzt C eine systematische Generatormatrix $G = (I_k, A)$, so besitzt er eine systematische Kontrollmatrix $H = (B, I_{n-k})$ und umgekehrt mit $A = -B^T$.*

Beweis   Zunächst nehmen wir an, dass eine systematische Generatormatrix G und eine systematische Kontrollmatrix H existieren. Diese haben die Form $G = (I_k, A)$ und $H = (B, I_{n-k})$. Es gilt dann $HG^T = 0$, da die Zeilen von G Codewörter sind. Also erhalten wir $BI_k + I_{n-k}A^T = 0$, woraus $B = -A^T$ folgt. Deshalb wird G durch H bestimmt und umgekehrt, also sind beide eindeutig und sie haben die angegebene Form. Wenn nun $G = (I_k, A)$ eine systematische Kontrollmatrix ist, dann zeigen wir, dass durch $H = (-A^T, I_{n-k})$ eine systematische Kontrollmatrix definiert wird. Sei $v \in \mathbb{F}_q^n$. Wir schreiben $v = (u, w)$, wo u aus den ersten k Symbolen von v besteht. Dann gilt $Hv^T = 0$ genau dann, wenn $-A^T u^T + I_{n-k} w^T = -A^T u^T + w^T = 0$. Dies zieht $w = uA$ und damit $v = (u, w) = (u, uA) = u(I_k, A) = uG$ nach sich. Daher ist H eine systematische Kontrollmatrix. Umgekehrt sei $H = (B, I_{n-k})$ gegeben. Wir setzen $G = (I_k, -B^T)$ und sehen analog wie oben, dass G eine Generatormatrix ist.   □

Beispiel 24.11   Wir betrachten den linearen $[5, 2]$-Code über $\mathbb{F}_2$ mit Generatormatrix

$$G = \begin{pmatrix} 1 & 0 & 1 & 1 & 1 \\ 0 & 1 & 0 & 1 & 0 \end{pmatrix}.$$

Somit lautet die Kontrollmatrix

$$H = \begin{pmatrix} 1 & 0 & 1 & 0 & 0 \\ 1 & 1 & 0 & 1 & 0 \\ 1 & 0 & 0 & 0 & 1 \end{pmatrix}.$$

Wurde $(1, 1, 0, 0, 0)$ empfangen, dann gilt $H(1, 1, 0, 0, 0)^T = (1, 0, 1)^T$ und somit ist $(1, 1, 0, 0, 0) \notin C$.

Die Frage, ob jeder Code eine systematische Generatormatrix besitzt, beantwortet der folgende

Satz 24.12   *Sei C ein linearer $[n, k]$-Code über $\mathbb{F}_q$. Dann können die Codewörter so permutiert werden, dass der permutierte Code C^* eine systematische Generatormatrix besitzt.*

Beweis   Sei G eine Generatormatrix von C. Durch elementare Zeilen- und Spaltenumformungen ist es möglich, die Matrix G in eine systematische Generatormatrix G^* überzuführen. Die Spaltenvertauschungen induzieren eine Permutation der Symbole der Codewörter von C. Den permutierten Code nennen wir C^*. Nach Konstruktion ist G^* eine Generatormatrix für C^*.   □

Nun wollen wir die Behauptung über die Größe der Kontrollmatrix zeigen. Sie folgt sofort aus der Berechnung des Rangs von H, was wir in folgendem Satz festhalten.

Satz 24.13   *Sei C ein linearer $[n,k]$-Code über $\mathbb{F}_q$ und H eine Kontrollmatrix für C. Dann gilt:*

(i) *Der Rang von H ist gleich $n-k$.*

(ii) *Die Matrix H hat mindestens $n-k$ Zeilen.*

(iii) *Sei K eine Matrix, die aus H durch Hinzufügen von Linearkombinationen von Zeilen von H entsteht, dann ist K ebenfalls eine Kontrollmatrix für C.*

Beweis   Die Matrix H ist eine Kontrollmatrix für C. Daher ist C der Kern der linearen Abbildung H. Die Behauptungen folgen dann aus der linearen Algebra. □

Wir wollen noch eine andere Beschreibung der Kontrollmatrix eines Codes geben. Das *kanonische innere Produkt* in $\mathbb{F}_q^n$ ist definiert durch

$$\langle a, b \rangle = \sum_{i=1}^{n} a_i b_i \,,$$

für $a = (a_1, \ldots, a_n)$ und $b = (b_1, \ldots, b_n) \in \mathbb{F}_q^n$. Damit ist eine nicht-ausgeartete symmetrische Bilinearform auf $\mathbb{F}_q^n$ gegeben, die aber kein Skalarprodukt ist, da der Körper $\mathbb{F}_q$ keine Anordnung besitzt und daher Definitheit nicht definiert ist.

Sei C ein linearer $[n,k]$-Code über $\mathbb{F}_q$. Dann heißt

$$C^\perp = \{v \in \mathbb{F}_q^n; \ \langle v, c \rangle = 0 \text{ für alle } c \in C\}$$

der zu C *duale Code*.

Jede Generatormatrix G von C ist eine Kontrollmatrix für $C^\perp = \{v \in \mathbb{F}_q^n; \ Gv^T = 0\}$, sodass der duale Code zu einem linearen $[n,k]$-Code über $\mathbb{F}_q$ ein linearer $[n, n-k]$-Code über $\mathbb{F}_q$ ist. Der duale Code lässt sich sehr einfach mit Hilfe der Kontrollmatrix von C beschreiben.

Satz 24.14   *Ist H eine Kontrollmatrix eines linearen $[n,k]$-Codes C über $\mathbb{F}_q$ mit $n-k$ Zeilen, so ist H eine Generatormatrix des zu C dualen Codes $C^\perp$.*

Beweis   Sei $U = \{vH; \ v \in \mathbb{F}_q^{n-k}\}$ und G eine Generatormatrix von C. Es gilt $HG^T = 0$. Wegen

$$\langle u, c \rangle = uc^T = (vH)(aG)^T = v(HG^T)a^T = 0 \,.$$

ist $U \subseteq C^\perp$. Aus Dimensionsgründen folgt die Behauptung.   □

Zum Schluss zeigen wir, dass in der Kontrollmatrix die ganze Information über die Minimaldistanz des Codes steckt.

Satz 24.15 *Sei C ein linearer $[n, k]$-Code über $\mathbb{F}_q$ mit Kontrollmatrix H. Genau dann hat C Minimaldistanz $> d$, wenn es keine Menge mit d Spalten von H gibt, die linear abhängig sind.*

Beweis   Wir bezeichnen die Spalten von H mit $h_1, \ldots, h_n$. Angenommen es existiert ein Codewort $c = (c_1, c_2, \ldots, c_n) \neq 0$ mit Gewicht $\leq d$. Wir müssen zeigen, dass H eine linear abhängige Menge von d Spalten besitzt. Da c ein Codewort ist, gilt

$$Hc^T = c_1 h_1 + c_2 h_2 + \cdots + c_n h_n = 0 \ .$$

Wir wählen eine Menge von genau d Spalten von H, wo alle Spalten h_i vorkommen, in denen $c_i \neq 0$ ist. Wir können annehmen, dass $h_1, \ldots, h_d$ diese Spalten sind. Dann gilt

$$c_1 h_1 + c_2 h_2 + \cdots + c_d h_d = 0 \ .$$

Da $c \neq 0$ ist, muss mindestens einer der Koeffizienten von Null verschieden sein. Die Menge $\{h_1, \ldots, h_d\}$ ist also linear abhängig.

Sind umgekehrt d Spalten von H linear abhängig, so existiert wieder nach geeigneter Nummerierung der Spalten eine nicht-triviale Linearkombination

$$c_1 h_1 + c_2 h_2 + \cdots + c_d h_d = 0.$$

Definieren wir $c_i = 0$ für $i > d$, dann haben wir ein Codewort $c = (c_1, \ldots, c_n)$ ungleich dem Nullwort gefunden, da gilt

$$Hc^T = c_1 h_1 + \cdots + c_n h_n = 0 \ .$$

Da $\mathrm{wt}(c) \leq d$ gilt, muss die Minimaldistanz $\leq d$ sein.   □

Wenn wir also einen linearen Code C mit Generatormatrix G und Kontrollmatrix H gegeben haben, dann können wir den Encoder und den Decoder von C sehr leicht mit Hilfe der Operationen von $\mathbb{F}_q$ beschreiben. Ein Nachrichtenwort wird in ein Codewort umgewandelt, indem wir die Generatormatrix darauf anwenden. Ob ein Empfangswort ein Codewort ist, können wir überprüfen, indem wir es mit H multiplizieren. Wenn das Ergebnis 0 ist, dann ist es ein Codewort, sonst nicht. Falls G systematisch ist, wird decodiert, indem die Prüfstellen weggelassen werden.

Als nächstes zeigen wir, wie man die volle Struktur des Codes ausnützen kann, um entstandene Fehler zu korrigieren. Für einen linearen $[n, k]$-Code mit Kontrollmatrix H setzen wir $S_H(x) = Hx^T$ und nennen dies *Syndrom* von x bzgl. H.

Satz 24.16 *Sei C ein linearer $[n, k]$-Code über $\mathbb{F}_q$ mit Kontrollmatrix H. Dann gilt für $x + C, y + C \in \mathbb{F}_q^n / C$*

$$x + C = y + C \iff S_H(x) = S_H(y) .$$

Beweis Es gilt $x + C = y + C \iff x - y \in C \iff H(x - y)^T = 0 \iff Hx^T = Hy^T \iff S_H(x) = S_H(y)$. $\qquad\square$

Zur Fehlerkorrektur genügt es also, nur die Syndrome der Anführer der Nebenklassen zu kennen. Die Decodierung eines Empfangswortes $w \in \mathbb{F}_q^n$ durch Berechnung von $S_H(w)$ sieht nun folgendermaßen aus: suche den Anführer e mit $S_H(e) = S_H(w)$ und bilde $c = w - e$. Dies liefert zusammenfassend das folgende Schema zur Syndromkorrektur:

- Wir betrachten geordnet nach aufsteigendem Gewicht alle Wörter vom Gewicht $l = 0, 1, 2, \ldots$ und berechnen deren Syndrome, solange bis nach Berechnung der Syndrome aller Wörter einer Klasse vom Gewicht $l = l'$ alle q^{n-k} Syndrome gefunden sind (Wörter vom Gewicht $l > l'$ können als Anführer nicht mehr in Frage kommen).

- Tritt ein Syndrom dabei nur einmal auf, so wählen wir das dazugehörige Wort w als Anführer der Nebenklasse aus.

- Kommt ein Syndrom s mehr als einmal vor, so wählen wir ein w von minimalen Gewicht und $S_H(w) = s$ als Anführer der Nebenklasse aus (falls ein Syndrom nur einmal auftritt oder falls bei mehrfachem Auftreten die Wahl des w von minimalen Gewicht eindeutig ist, wird das Fehlermuster korrekt korrigiert sofern höchstens t Fehler mit $2t + 1 \leq d$ vorkommen).

- Ein $w \in \mathbb{F}_q^n$ wird durch Aufsuchen des Anführers e mit $S_H(e) = S_H(w)$ korrigiert; das wahrscheinlich gesendete Codewort ist dann $c = w - e$.

Übungsaufgaben

1. Berechne die Minimaldistanz für die Codes $C_1 = \{00000, 00111, 11111\}$ und $C_2 = \{000000, 000111, 111222\}$.

2. Man zeige: Kann ein Code t oder weniger Fehler korrigieren, so muss für seine Minimaldistanz d gelten, dass $d \geq 2t + 1$.

3. Zeige, dass jeder Polynomcode über $\mathbb{F}_q$ ein linearer Code ist.

4. Sei $\mathbb{F}_4 = \{0, 1, 2, 3\}$ und $C = \{(0,0,0), (1,1,1), (2,2,2), (3,3,3)\}$. Zeige, dass C ein linearer Code ist, welcher alle Einfachfehler korrigiert, und gib ein Korrekturschema für diese Einfachfehler an.

5. Für den linearen $[5, 2]$-Code $C = \{00000, 01111, 10101, 11010\}$ über $\mathbb{F}_2$ ist ein Korrekturschema anzugeben.

6. Für den binären linearen $[6, 3]$-Code mit der Generatormatrix

$$G = \begin{pmatrix} 1 & 0 & 0 & 1 & 1 & 0 \\ 0 & 1 & 0 & 0 & 1 & 1 \\ 0 & 0 & 1 & 1 & 1 & 1 \end{pmatrix}$$

gebe man ein vollständiges Korrekturschema an.

7. Man beweise: Es gibt einen linearen Code über $\mathbb{F}_2$ der Länge n mit höchstens r Prüfstellen und der Minimaldistanz $d \geq \delta$, falls

$$1 + \binom{n-1}{1} + \cdots + \binom{n-1}{\delta-2} < 2^r$$

gilt. Wie läßt sich dieser Sachverhalt auf lineare Codes über $\mathbb{F}_q$ übertragen?

8. Finde eine Generatormatrix und eine Kontrollmatrix für die linearen Codes, die durch die folgenden Mengen erzeugt werden, und gib die Parameter $[n, k, d]$ jedes Codes an:

   a) $q = 2$, $S = \{1000, 0110, 0010, 0001, 1001\}$,

   b) $q = 3$, $S = \{110000, 011000, 001100, 000110, 000011\}$,

   c) $q = 2$, $S = \{10101010, 11001100, 11110000, 01100110, 00111100\}$.

9. Sei ein Code C gegeben durch

$$G = \begin{pmatrix} 1 & 0 & 1 & 0 & 1 & 0 \\ 0 & 1 & 0 & 1 & 0 & 1 \\ 1 & 1 & 0 & 1 & 1 & 0 \\ 0 & 0 & 1 & 0 & 1 & 1 \end{pmatrix} \text{ bzw. } G = \begin{pmatrix} 1 & 0 & 1 & 1 & 0 & 0 & 1 & 1 & 1 \\ 0 & 0 & 0 & 1 & 0 & 1 & 1 & 0 & 0 \\ 0 & 0 & 0 & 1 & 0 & 1 & 1 & 1 & 0 \end{pmatrix}.$$

Finde hierzu eine systematische Generatormatrix G^* für den geeignet permutierten Code C^*.

10. Sei C ein linearer Code mit Minimdistanz d. Zeige, dass ein Wort $x \in \mathbb{F}_q^n$ der eindeutige Anführer der Nebenklasse $x + C$ ist, falls $\operatorname{wt}(x) \leq \lceil \frac{d-1}{2} \rceil$.

11. Stelle ein Korrekturschema für den binären linearen $[6,3]$-Code mit der Kontrollmatrix

$$H = \begin{pmatrix} 1 & 0 & 1 & 1 & 0 & 0 \\ 1 & 1 & 1 & 0 & 1 & 0 \\ 0 & 1 & 1 & 0 & 0 & 1 \end{pmatrix}$$

auf und decodiere $110100, 100011, 001100$.

12. Man klassifiziere den $[7,4]$-Code über $\mathbb{F}_2$ mit der im folgenden vorgegebenen Kontrollmatrix H und verifiziere durch Aufstellen des Korrekturschemas, dass der Code perfekt ist. Codiere die Nachrichtenwörter 1001 und 1110, ändere die erhaltenen Codewörter an einer bzw. zwei Stellen ab und decodiere die fehlerbehafteten Wörter.

$$H = \begin{pmatrix} 0 & 1 & 1 & 1 & 1 & 0 & 0 \\ 1 & 0 & 1 & 1 & 0 & 1 & 0 \\ 1 & 1 & 0 & 1 & 0 & 0 & 1 \end{pmatrix}.$$

25 BCH- und RS-Codes

25.1 Zyklische lineare Codes

Bislang haben wir uns nur die Linearität zunutze gemacht und noch keine fortgeschritteneren Methoden der Algebra verwendet. Rechnen mit Matrizen ist für praktische Zwecke aber zu komplex. Wesentlich einfacher ist das Rechnen mit Polynomen, die auch in früheren Kapiteln bereits eine wichtige Rolle gespielt haben. Daher beschränken wir uns nun auf die Teilklasse der $[n, k]$-Polynomcodes C über $\mathbb{F}_q$.

Sei g das Generatorpolynom von C. Wir bringen nun auch die multiplikative Struktur des Polynomrings ins Spiel. Damit läßt sich in Analogie zur Kontrollmatrix ein *Kontrollpolynom* h vom Grad k festlegen, welches allerdings nicht den dualen Code $C^\perp$ erzeugt. Dabei gehen wir folgendermaßen vor. Wir wählen ein beliebiges Polynom h vom Grad k und bilden das sogenannte *Hauptpolynom* $f = gh$ mit $\deg(f) = n$. Um bei der Multiplikation von Codepolynomen (welche Grad $\leq n - 1$ haben) wieder ein Polynom vom Grad $\leq n - 1$ zu erhalten, legt man fest, alle Multiplikationen stets mod f durchzuführen, d. h. man verwendet die Multiplikation von $\mathbb{F}_q[X]/(f)$. Polynome p, q heißen *orthogonal*, falls $pq = 0$ mod f. Der Unterraum $\mathbb{F}_q[X]_n$ stellt ein vollständiges Repräsentantensystem von $\mathbb{F}_q[X]/(f)$ dar und C ist, mit dieser Identifikation, das von $g + (f)$ erzeugte Ideal in $\mathbb{F}_q[X]/(f)$. Da g das Hauptpolynom f teilt, gilt $(g) \subseteq (f)$. Der Code C ist also das Ideal $(g)/(f)$ in $\mathbb{F}_q[X]/(f)$.

Sei h das Kontrollpolynom eines Polynomcodes C. Dann heißt

$$S_h(p) = \frac{hp \bmod f}{h}$$

das *Syndrom* von p bezüglich h. Wie man leicht sieht, ist das Syndrom von der speziellen Wahl von h unabhängig. Es gilt

$$S_h(p) = p \bmod g \,.$$

Als Syndrome treten alle Polynome vom Grad $< n - k$ auf. Es gelten alle Aussagen über Polynomcodes bzgl. h analog zu den Aussagen über lineare Codes bzgl. der Kontrollmatrix H. Dies gilt insbesondere für das Aufstellen des Korrekturschemas. Dabei ist das Gewicht von $p = a_1 + a_2X + \ldots + a_nX^{n-1}$ gleich dem Gewicht von $(a_1, \ldots, a_n)$, also

$$\mathrm{wt}(p) = \mathrm{wt}(a_1, \ldots, a_n) \,.$$

Hierzu ist die Kenntnis von h nicht erforderlich.

Für die Konstruktion von Codes mit guten Fehlerkorrektureigenschaften ist die Klasse der bisher betrachteten Codes zu allgemein. Wir schränken noch einmal

© Springer Fachmedien Wiesbaden GmbH, ein Teil von Springer Nature 2020
G. Wüstholz und C. Fuchs, *Algebra*, Springer Studium Mathematik – Bachelor,
https://doi.org/10.1007/978-3-658-31264-0_28

auf die Klasse der sogenannten zyklischen Codes ein. Die symmetrische Gruppe $\mathscr{S}_n$ operiert durch Permutation der Komponenten auf $\mathbb{F}_q^n$.

Ein linearer $[n,k]$-Code C heißt *zyklisch*, wenn $\langle(12\ldots n)\rangle C = C$, d.h. wenn mit $c = (c_1,\ldots,c_n) \in C$ auch alle Wörter in C sind, die durch zyklische Vertauschung der Symbole in c entstehen. Wir zeigen den folgenden Satz, der den Kontext zu den Polynomcodes herstellt.

Satz 25.1   *Jeder zyklische lineare $[n,k]$-Code C ist ein $[n,k]$-Polynomcode.*

Beweis   Wir können C als Teilmenge von $\mathbb{F}_q[X]/(X^n - 1)$ auffassen. Aufgrund der Linearität und der Zyklizität ist C ein Ideal in diesem Faktorring. Wegen des Korrespondenzsatzes für Ringe und Korollar 12.16 existiert ein normiertes Polynom g mit $C = (g)/(X^n - 1)$. Der Code C ist dann der Polynomcode mit Generatorpolynom g. $\square$

Außerdem gilt die folgende wichtige Charakterisierung von zyklischen Codes innerhalb der Polynomcodes.

Satz 25.2   *Ein $[n,k]$-Polynomcode C ist genau dann zyklisch, wenn sein erzeugenden Polynom $g(X)$ das Polynom $X^n - 1$ teilt.*

Beweis   Angenommen g teilt $X^n - 1$. Wir nehmen $f = X^n - 1$ als Hauptpolynom von C. Ist dann $c \in C$ und p beliebig, dann ist $pc \bmod f$ in C, denn mit c ist für jedes k auch $pc - kf$ ein Vielfaches von g. Somit ist mit $c = c_1 + c_2 X + \cdots + c_n X^{n-1}$ auch $X^i c = c_1 X^i + c_2 X^{i+1} + \cdots + c_n X^{i+n} \bmod f = c_{n-i+1} + c_{n-i+2} X + \cdots + c_{n-i} X^{n-1}$ in C für $i = 1, 2, \ldots, n-1$. Daher ist C zyklisch.

Ist umgekehrt C zyklisch und $c = c_1 + c_2 X + \cdots + c_n X^{n-1} \in C$, so ist $c' := c_n + c_1 X + \cdots + c_{n-1} X^{n-1} \in C$. Es ist $c' = Xc - c_n(X^n - 1)$ und somit $c' = Xc \bmod f$. Genauso sieht man, dass $X^i c \bmod f \in C$ für $i = 2, \ldots, n-1$. Wir wählen nun $c = g$. Dann liegt $X^k g \bmod f$ in C. Aus $\deg(X^k g) = n$ folgt $X^k g \bmod f = X^k g - g_{n-k}(X^n - 1) \in C$, wobei $g_{n-k} = \mathrm{lc}(g)$. Da jedes Element von C ein Vielfaches von g ist, teilt g das Polynom $(X^k g - g_{n-k}(X^n - 1))$. Somit ist g selbst ein Teiler von $X^n - 1$. $\square$

Beispiel 25.3   Sei $n = 7$. Es gilt $X^7 - 1 = (X+1)(X^3 + X^2 + 1)(X^3 + X + 1)$. Wir können also beispielsweise $g = X^3 + X^2 + 1, h(X) = (X+1)(X^3 + X + 1)$ wählen, um einen Code C der Länge 7 über $\mathbb{F}_2$ zu definieren. Es handelt sich um einen $[7,3]$-Polynomcode.

Wir können mithilfe des Generatorpolynoms sofort eine Generatormatrix angeben. Sei $g = g_0 + g_1 X + \ldots + g_{n-k} X^{n-k}$ das Generatorpolynom eines zyklischen Codes C über $\mathbb{F}_q^n$ mit $\deg(g) = n - k$. Dann teilt g nach Satz 25.2 das Polynom

$X^n - 1$ und daher ist $g_0 \neq 0$. Die Matrix

$$
G = \begin{pmatrix} g \\ Xg \\ \vdots \\ X^{k-1}g \end{pmatrix} = \begin{pmatrix} g_0 & g_1 & g_2 & \cdots & g_{n-k} & 0 & 0 & \cdots & 0 \\ 0 & g_0 & g_1 & \cdots & g_{n-k-1} & g_{n-k} & 0 & \cdots & 0 \\ \vdots & \vdots & \vdots & & \vdots & & \vdots & & \vdots \\ 0 & 0 & 0 & \cdots & g_0 & g_1 & g_2 & \cdots & g_{n-k} \end{pmatrix},
$$

deren Zeilen linear unabhängig sind und daher eine Basis von C bilden, ist eine Generatormatrix von C. Sei $h = (X^n - 1)/g$. Dann erzeugt $h_0^{-1} X^k h(1/X) = h_0^{-1} h^*(X)$, wo h_0 den konstanten Term in $h(X)$ bezeichne, den dualen Code $C^\perp$ und somit ist eine Kontrollmatrix gegeben durch

$$
H = \begin{pmatrix} h^*(X) \\ X h^*(X) \\ \vdots \\ X^{n-k-1} h^*(X) \end{pmatrix}.
$$

Der Zusammenhang zwischen S_h und S_H läßt sich ebenfalls beschreiben. Durch elementare Zeilenumformungen können wir erreichen, dass $H = (I_{n-k}, B)$ ist und $(Hw^T)^T - w(X) \bmod g = S_h(w(X))$ gilt.

Unser Ziel ist es ja, Codes mit vorgegebenen Fehlerkorrektureigenschaften zu konstruieren. Hierfür haben wir uns auf zyklische Polynomcodes eingeschränkt. Unsere Aufgabe besteht also darin, für vorgegebenes t einen zyklischen Code C anzugeben, der t oder weniger Fehler korrigiert.

25.2 BCH-Codes

Wir definieren den nach Bose, Chaudhuri und Hocquenghem benannten Code, der ungefähr 1960 entdeckt worden ist. Sei α ein primitives Element von $\mathbb{F}_{q^m}$. Wir bezeichnen wie in Abschnitt 16.3 das Minimalpolynom von α^i über dem endlichen Körper $\mathbb{F}_q$ mit $M^{(i)}(X)$. Seien $a, \delta \in \mathbb{N}$ und g das kleinste gemeinsame Vielfache von $M^{(a)}(X)$, $M^{(a+1)}(X), \ldots, M^{(a+\delta-2)}(X))$. Ein *BCH-Code* über $\mathbb{F}_q$ der Länge $n = q^m - 1$ mit konstruierter (Minimal-)Distanz δ ist der q-äre zyklische Code mit Generatorpolynom g. Falls $a = 1$, so nennen wir den BCH-Code einen BCH-Code im *eigentlichen Sinne*.

Beispiel 25.4   Sei α ein primitives Element von $\mathbb{F}_{2^m}$. Dann ist der BCH-Code mit $a = 1$ und mit konstruierter Distanz 2 ein zyklischer Code, der durch $M^{(1)}(X)$ erzeugt wird. Es handelt sich um den sogenannten binären Hamming-Code.

Die Länge eines BCH-Codes ist $q^m - 1$. Wir untersuchen als nächstes die Dimension.

Satz 25.5   *Die Dimension k eines BCH-Codes der Länge $n = q^m - 1$ mit konstruierter Minimaldistanz δ ist unabhängig von der Wahl eines primitiven Elementes α, und es gilt*

$$k \geq q^m - 1 - m(\delta - 1).$$

Beweis   Sei C_i die zyklotomische Nebenklasse von q modulo $q^m - 1$, die i enthält, und $S = \bigcup_{i=a}^{a+\delta-2} C_i$. Dann lässt sich g darstellen als

$$g(X) = \text{kgV}\left(\prod_{i \in C_a} (X - \alpha^i), \prod_{i \in C_{a+1}} (X - \alpha^i), \dots, \prod_{i \in C_{a+\delta-2}} (X - \alpha^i) \right)$$

$$= \prod_{i \in S} (X - \alpha^i).$$

Daher ist die Dimension gleich $q^m - 1 - \deg(g) = q^m - 1 - |S|$. Da S unabhängig von der Wahl von α ist, folgt die erste Aussage. Außerdem gilt

$$k = q^m - 1 - |S| = q^m - 1 - \left| \bigcup_{i=a}^{a+\delta-2} C_i \right| \geq q^m - 1 - \sum_{i=a}^{a+\delta-2} |C_i|$$

$$\geq q^m - 1 - \sum_{i=a}^{a+\delta-2} m = q^m - 1 - m(\delta - 1),$$

und daraus ergibt sich die behauptete Schranke.   □

Dieses Resultat zeigt, dass die Kardinalität der Menge $\bigcup_{i=a}^{a+\delta-2} C_i$ untersucht werden muss, um die Dimension zu bestimmen. Für $t \geq 1$ liegen t und $2t$ in derselben zyklotomischen Nebenklasse von 2 modulo $2^m - 1$. Daher ist $M^{(t)}(X) = M^{(2t)}(X)$ und somit ist der eigentliche binäre BCH-Code mit Länge $2^m - 1$ und konstuierter Minimaldistanz $2t + 1$ gleich dem mit konstruierter Minimaldistanz $2t$. Wir können uns daher auf solche mit ungerader Distanz einschränken. Dann gilt der folgende

Satz 25.6   *Ein binärer BCH-Code im eigentlichen Sinne mit Länge $2^m - 1$ und konstruierter Minimaldistanz $\delta = 2t + 1$ hat Dimension $k \geq n - m(\delta - 1)/2$.*

Beweis   Da $C_{2i} = C_i$ ist, ergibt sich für die Dimension

$$k = 2^m - 1 - \left| \bigcup_{i=1}^{2t} C_i \right| = 2^m - 1 - \left| \bigcup_{i=1}^{t} C_{2i-1} \right| \geq 2^m - 1 - \sum_{i=1}^{t} |C_{2i-1}|$$

$$\geq 2^m - 1 - tm = 2^m - 1 - m(\delta - 1)/2$$

und somit die behauptete Ungleichung.   □

Nun konzentrieren wir uns auf die Minimaldistanz.

Lemma 25.7   *Sei C ein q-ärer zyklischer Code der Länge n mit separablem Generatorpolynom g sowie $\alpha_1, \ldots, \alpha_r$ alle Nullstellen von g. Dann ist $c(X) \in \mathbb{F}_q[X]/(X^n-1)$ genau dann ein Codepolynom, wenn $c(\alpha_i) = 0$ für alle $i = 1, \ldots, r$.*

Beweis   Es gilt $c(X) \in C$ genau dann, wenn $c(X) = g(X)p(X)$ gilt. Dies ist gleichbedeutend zu $c(\alpha_i) = g(\alpha_i)p(\alpha_i) = 0$ für alle $i = 1, \ldots, r$, da g nach Annahme separabel ist.   □

Satz 25.8   *Ein BCH-Code mit konstuierter Minimaldistanz δ hat Minimaldistanz $\geq \delta$.*

Beweis   Sei α ein primitives Element von $\mathbb{F}_{q^m}$ und C ein BCH-Code mit Generatorpolynom $g(X) = \mathrm{kgV}(M^{(a)}(X), M^{(a+1)}(X), \ldots, M^{(a+\delta-2)}(X))$. Nach Definition sind $\alpha^a, \ldots, \alpha^{a+\delta-2}$ verschiedene einfache Nullstellen von g. Ist die Minimaldistanz kleiner als δ, dann gibt es ein Codepolynom $c(X) = c_0 + c_1 X + \ldots + c_{n-1}X^{n-1} \neq 0$ mit $\mathrm{wt}(c(X)) = d < \delta$. Daraus ergibt sich $c(\alpha^i) = 0$ für alle $i = a, \ldots, a + \delta - 2$, also

$$
\begin{pmatrix}
1 & \alpha^a & (\alpha^a)^2 & \cdots & (\alpha^a)^{n-1} \\
1 & \alpha^{a+1} & (\alpha^{a+1})^2 & \cdots & (\alpha^{a+1})^{n-1} \\
\vdots & & & & \vdots \\
1 & \alpha^{a+\delta-2} & (\alpha^{a+\delta-2})^2 & \cdots & (\alpha^{a+\delta-2})^{n-1}
\end{pmatrix}
\begin{pmatrix}
c_0 \\ c_1 \\ \vdots \\ c_{n-1}
\end{pmatrix}
= 0 \, .
$$

Sind $\{i(1), \ldots, i(d)\}$ die Indizes mit $c_j \neq 0$. Dann ist

$$
\begin{pmatrix}
(\alpha^a)^{i(1)} & (\alpha^a)^{i(2)} & (\alpha^a)^{i(3)} & \cdots & (\alpha^a)^{i(d)} \\
(\alpha^{a+1})^{i(1)} & (\alpha^{a+1})^{i(2)} & (\alpha^{a+1})^{i(3)} & \cdots & (\alpha^{a+1})^{i(d)} \\
\vdots & & & & \vdots \\
(\alpha^{a+\delta-2})^{i(1)} & (\alpha^{a+\delta-2})^{i(2)} & (\alpha^{a+\delta-2})^{i(3)} & \cdots & (\alpha^{a+\delta-2})^{i(d)}
\end{pmatrix}
\begin{pmatrix}
c_{i(1)} \\ c_{i(2)} \\ \vdots \\ c_{i(d)}
\end{pmatrix}
= 0 \, .
$$

Da $d \leq \delta-1$ ist, erhalten wir das Gleichungssystem (die ersten d Zeilen von oben):

$$
\begin{pmatrix}
(\alpha^a)^{i(1)} & (\alpha^a)^{i(2)} & (\alpha^a)^{i(3)} & \cdots & (\alpha^a)^{i(d)} \\
(\alpha^{a+1})^{i(1)} & (\alpha^{a+1})^{i(2)} & (\alpha^{a+1})^{i(3)} & \cdots & (\alpha^{a+1})^{i(d)} \\
\vdots & & & & \vdots \\
(\alpha^{a+d-1})^{i(1)} & (\alpha^{a+d-1})^{i(2)} & (\alpha^{a+d-1})^{i(3)} & \cdots & (\alpha^{a+d-1})^{i(d)}
\end{pmatrix}
\begin{pmatrix}
c_{i(1)} \\ c_{i(2)} \\ \vdots \\ c_{i(d)}
\end{pmatrix}
= 0 \, .
$$

Die Determinante der Koeffizientenmatrix ist die Vandermondsche Determinante und daher ungleich Null. Deshalb hat das Gleichungssystem nur die triviale Lösung $(c_{i(1)}, \ldots, c_{i(d)}) = 0$. Dieser Widerspruch zeigt die Behauptung.   □

Ein BCH-Code mit konstruierter Mininmaldistanz δ kann also bis zu $\delta - 1$ Fehler entdecken und bis zu $\lceil \frac{\delta-1}{2} \rceil$ Fehler korrigieren. Es folgt aus dem Beweis des letzten Satzes sofort, dass

$$H = \begin{pmatrix} 1 & \alpha^a & (\alpha^a)^2 & \cdots & (\alpha^a)^{n-1} \\ 1 & \alpha^{a+1} & (\alpha^{a+1})^2 & \cdots & (\alpha^{a+1})^{n-1} \\ \vdots & & & & \vdots \\ 1 & \alpha^{a+\delta-2} & (\alpha^{a+\delta-2})^2 & \cdots & (\alpha^{a+\delta-2})^{n-1} \end{pmatrix}$$

eine Kontrollmatrix für den BCH-Code ist deren Zeilen im allgemeinen nicht linear unabhängig sein werden.

Beispiel 25.9 Sei $m = 4$ und daher $n = 2^m - 1 = 15$. Wir suchen Generatorpolynome für einen t Fehler korrigierenden binären Code der Länge 15 im Fall von $t = 1, 2, 3$. Wir wählen $\mathbb{F}_{16} = \mathbb{F}_2[\alpha]$ mit $M^{(1)}(X) = 1 + X + X^4$. Dann ist $M^{(3)}(X) = 1 + X + X^2 + X^3 + X^4$ sowie $M^{(5)}(X) = 1 + X + X^2$. Für $t = 1$ wählen wir $g(X) = M^{(1)}(X) = 1 + X + X^4$ und erhalten einen $[15, 11]$-BCH-Code, für $t = 2$ wählen wir $g(X) = M^{(1)}(X) \cdot M^{(3)}(X) = 1 + X^4 + X^6 + X^7 + X^8$ und erhalten einen $[15, 7]$-BCH-Code. Schließlich wählen wir für $t = 3$ das Polynom $g(X) = M^{(1)}(X) \cdot M^{(3)}(X) \cdot M^{(5)}(X) = 1 + X + X^2 + X^4 + X^5 + X^8 + X^{10}$ und erhalten einen $[15, 5]$-BCH-Code.

Als nächstes überlegen wir noch Vereinfachungen im Korrekturschema. Dabei beschränken wir uns auf binäre BCH-Codes im eigentlichen Sinne mit konstruierter Minimaldistanz $\delta = 2t + 1$. Sei $w(X) = w_0 + w_1 X + \cdots + w_{n-1} X^{n-1}$ empfangen worden, wobei $w(X) = c(X) + e(X)$ mit $\text{wt}(e(X)) \leq t$. Zunächst berechnen wir das Syndrom von $w(X)$. Es ist $Hw^T = (s_0, s_1, \ldots, s_{\delta-2})^T$, wobei $s_i = w(\alpha^{i+1}) = e(\alpha^{i+1})$ für alle $i = 0, 1, \ldots, \delta - 2$ gilt, da α^{i+1} die Nullstellen von g sind. Finden die Fehler an den Positionen $i(0), i(1), \ldots, i(l-1)$ mit $l \leq t$ statt, also $e(X) = X^{i(0)} + X^{i(1)} + \cdots + X^{i(l-1)}$, dann erhalten wir das Gleichungssystem

$$\alpha^{i(0)} + \alpha^{i(1)} + \cdots + \alpha^{i(l-1)} = s_0 = w(\alpha) \,,$$

$$(\alpha^{i(0)})^2 + (\alpha^{i(1)})^2 + \cdots + (\alpha^{i(l-1)})^2 = s_1 = w(\alpha^2) \,,$$

$$\vdots$$

$$(\alpha^{i(0)})^{\delta-1} + (\alpha^{i(1)})^{\delta-1} + \cdots + (\alpha^{i(l-1)})^{\delta-1} = s_{\delta-2} = w(\alpha^{\delta-1}) \,.$$

Zur Fehlerkorrektur müssen wir daher nur dieses Gleichungssystem lösen. Wir nennen das Polynom

$$\sigma(X) = \prod_{j=0}^{l-1} (1 - \alpha^{i(j)} X)$$

das *Fehler-Lokalisationspolynom*. Die Fehlerpositionen können wir leicht berechnen, sobald wir die Nullstellen dieses Polynoms kennen. Denn es gilt

Satz 25.10 *Ist das Syndrompolynom $s(X) = \sum_{j=0}^{\delta-2} s_j X^j$ vom Nullpolynom verschieden, dann gibt es ein Polynom $0 \neq r(X) \in \mathbb{F}_{2^m}[X]$ mit $\deg(r) \leq t-1$, $\mathrm{ggT}(r(X), \sigma(X)) = 1$ und mit*

$$r(X) \equiv s(X)\sigma(X) \bmod X^{\delta-1} . \tag{25.1}$$

Außerdem existiert für jedes Paar $u(X)$, $v(X) \in (\mathbb{F}_{2^m}[X])\backslash\{0\}$ mit $\deg(u) \leq t-1$, $\deg(v) \leq t$, $\mathrm{ggT}(u(X), v(X)) = 1$ und $u(X) \equiv s(X)v(X) \bmod X^{\delta-1}$, ein Element $\beta \in \mathbb{F}_{2^m}^*$ mit $\sigma(X) = \beta v(X)$, $r(X) = \beta u(X)$.

Beweis Wir zeigen zunächst die Eindeutigkeit. Indem wir die erste Gleichung mit $v(X)$ und die zweite mit $\sigma(X)$ multiplizieren, erhalten wir

$$v(X)r(X) \equiv \sigma(X)u(X) \bmod X^{\delta-1} .$$

Aus $\deg(vr) \leq 2t-1 = \delta-2$ und $\deg(\sigma u) \leq 2t-1 = \delta-2$, folgt $vr = \sigma u$. Weil r und σ teilerfremd sind und da alle Polynome $\neq 0$ sind, gibt es ein $\beta \in \mathbb{F}_{2^m}^*$ mit $\sigma = \beta v, r = \beta u$. Nun kommen wir zur Existenz. Wir setzen

$$r(X) = \sigma(X) \sum_{j=0}^{l-1} \frac{\alpha^{i(j)}}{(1 - \alpha^{i(j)}X)} .$$

Dann gilt

$$\frac{r(X)}{\sigma(X)} = \sum_{j=0}^{l-1} \frac{\alpha^{i(j)}}{(1 - \alpha^{i(j)}X)} = \sum_{j=0}^{l-1} \alpha^{i(j)} \sum_{k=0}^{\infty} (\alpha^{i(j)}X)^k \equiv \sum_{j=0}^{l-1} \alpha^{i(j)} \sum_{k=0}^{\delta-2} (\alpha^{i(j)}X)^k$$

$$\equiv \sum_{k=0}^{\delta-2} \left(\sum_{j=0}^{l-1} (\alpha^{i(j)})^{k+1} \right) X^k \equiv \sum_{k=0}^{\delta-2} w(\alpha^{k+1})X^k \equiv s(X) \bmod X^{\delta-1} .$$

Aus $r(1/\alpha^{i(j)}) \neq 0$ für alle j folgt $\mathrm{ggT}(r(X), \sigma(X)) = 1$ und somit die Aussage. $\square$

Wir müssen daher lediglich die Kongruenz (25.1) lösen, um das Fehler-Lokalisationspolynom σ zu berechnen. Dies kann mit dem Euklidischen Algorithmus erfolgen. Um die Nullstellen des Fehler-Lokalisationspolynoms zu berechnen, werten wir σ nach einander in α, α^2, und so fort aus. Sobald wir alle Nullstellen $\alpha^{-i(0)}, \dots, \alpha^{-i(l-1)}$ von σ gefunden haben, erhalten wir das Fehlerpolynom e. Zusammenfassend ergibt sich das folgende Korrekturschema für binäre BCH-Codes:

- Man berechne das Syndrompolynom $s(X) = \sum_{j=0}^{\delta-2} s_j X^j$, wobei $s_j = w(\alpha^{j+1})$.

- Mithilfe des Euklidischen Algorithmus löse man die Kongruenz (25.1), um das Fehler-Lokalisationspolynom $\sigma(X)$ zu finden.

- Man berechne die Nullstellen $\alpha^{-i(0)}, \ldots, \alpha^{-i(l-1)}$ von $\sigma(X)$ und decodiere $w(X) - e(X)$, wobei $e(X) = x^{i(0)} + \cdots + X^{i(l-1)}$.

Beispiel 25.11 Sei α eine Nullstellstelle von $g = 1+X+X^3 \in \mathbb{F}_2[X]$. Der binäre Hamming-Code erzeugt durch $g(X) = \mathrm{kgV}(M^{(1)}(X), M^{(2)}(X))$ hat konstruierte Minimaldistanz 3. Ist $w = 1+X+X^2+X^3$ empfangen worden, dann ist $(s_0, s_1) = (w(\alpha), w(\alpha^2)) = (\alpha^2, \alpha^4)$ das Syndrom. Um das Fehler-Lokalisationspolynom zu finden, lösen wir die Kongruenz $r(X) \equiv s(X)\sigma(X) \bmod X^2$ mit $\deg(r) = 0$, $\deg(\sigma) \le 1$ und $s(X) = \alpha^2 + \alpha^4 X$. Wir erhalten $\sigma(X) = 1 + \alpha^2 X$ und $r(X) = \alpha^2$. Der Fehler tritt also an der dritten Position auf. Wir decodieren $w(X)$ durch $w(X) - X^2 = 1 + X + X^3$.

Ist n eine beliebige ganze Zahl, die zu q teilerfremd ist, so gibt es stets eine kleinste Zahl $m \in \mathbb{N}$, sodaß $n|q^m - 1$. Die Nullstellen von $X^n - 1$ in $\mathbb{F}_{q^m}$ bilden eine Untergruppe der zyklischen Gruppe der Elemente $\ne 0$ von $\mathbb{F}_{q^m}$, und diese Untergruppe ist daher zyklisch. Ist α ein beliebiges erzeugendes Element dieser Untergruppe, ist $a \in \mathbb{N}$ beliebig und $g(X) = \mathrm{kgV}(M^{(a)}(X), M^{(a+1)}(X), \ldots, M^{(a+\delta-2)}(X))$, dann kann man zeigen, dass der erhaltene Code ein zyklischer $[n, k]$-Code ist, für den $d \ge \delta$ mit $k = n - \deg(g) \ge n - m(\delta - 1)$ gilt. Vorher hatten wir den Sonderfall $n = q^m - 1$ betrachtet.

25.3 RS-Codes

Wir betrachten nun BCH-Codes mit $n = q - 1$, d.h. $m = 1$ sowie a beliebig. Dann ist α ein primitives Element von $\mathbb{F}_q$ selbst, und das Minimalpolynom von α^j über $\mathbb{F}_q$ ist $M^{(j)}(X) = X - \alpha^j$. Für $\delta \le q - 1$ lautet das Generatorpolynom dann $g(X) = (X - \alpha^a)(X - \alpha^{a+1}) \cdots (X - \alpha^{a+\delta-2})$, da alle Potenzen von α verschieden sind. Ein q-ärer *Reed-Solomon-Code* (*RS-Code*) ist ein q-ärer BCH-Code der Länge $q - 1$, der durch

$$g(X) = (X - \alpha^a)(X - \alpha^{a+1}) \cdots (X - \alpha^{a+\delta-2})$$

mit $a \ge 0$ und $2 \le \delta \le q - 1$ erzeugt wird, wo α ein primitives Element von $\mathbb{F}_q$ ist.

Ursprünglich wurden RS-Codes unabhängig von BCH-Codes entwickelt. Wir bemerken, dass es keine binären RS-Codes gibt, da die Länge gleich $q-1 = 1$ wäre. Zudem gilt $k = n - \deg(g) = n - \delta + 1$, also $n - k + 1 = \delta \le d \le n - k + 1$, da sich bei $[n, k]$-Codes die Nachrichtenwörter an mindestens einer Stelle unterscheiden und sich die Prüfstellen im günstigsten Fall an allen Stellen unterscheiden. Somit ist stets $\delta = d = n - k + 1$.

Wie sieht die Fehlerkorrektur von RS-Codes aus? Da wir bei BCH-Codes ein Korrekturschema nur im Fall von binären BCH-Codes im eigentlichen Sinne konstruiert haben, zeigen wir nun, wie diese Idee für beliebige RS-Codes bzw. sogar für beliebige BCH-Codes erweitert werden kann.

Ist $w(X) = c(X) + e(X)$ empfangen worden mit $e(X) = e_0 X^{i(0)} + \cdots + e_{l-1} X^{i(l-1)}$ und $l \le t$. Wie oben ergibt sich das Syndrompolynom als $s(X) = s_a + s_{a+1} X + \cdots + s_{a+\delta-2} X^{\delta-2}$, wobei $s_j = w(\alpha^j) = e(\alpha^j)$ für $j = a, \ldots, a+\delta-2$ ist. Wir müssen folgendes Gleichungssystem lösen:

$$e_0 \alpha^{ai(0)} + e_1 \alpha^{ai(1)} + \cdots + e_{l-1} \alpha^{ai(l-1)} = s_a \,,$$

$$e_0 \alpha^{(a+1)i(0)} + e_1 \alpha^{(a+1)i(1)} + \cdots + e_{l-1} \alpha^{(a+1)i(l-1)} = s_{a+1} \,,$$

$$\vdots$$

$$e_0 \alpha^{(a+\delta-2)i(0)} + e_1 \alpha^{(a+\delta-2)i(1)} + \cdots + e_{l-1} \alpha^{(a+\delta-2)i(l-1)} = s_{a+\delta-2} \,.$$

Man nennt $i(0), \ldots, i(l-1)$ die *Fehler-Lokatoren* (oder *Fehlerorte*) und $e_0, \ldots, e_{l-1}$ die *Fehlergrößen* (oder *Fehleramplituden*). Falls wir die Fehler-Lokatoren kennen, dann können wir die Fehlergrößen leicht über das obige (überbestimmte) lineare Gleichungssystem in $e_0, e_1, \ldots, e_{l-1}$ berechnen. Falls wir die ersten l Gleichungen nehmen, ist die Koeffizientenmatrix wieder eine Vandermonde-Matrix und somit die eindeutige Lösbarkeit sichergestellt. Für die Berechnung der Fehler-Lokatoren verwenden wir wieder das Fehler-Lokalisationspolynom $\sigma(X) = \prod_{j=0}^{l-1}(1 - \alpha^{i(j)}X)$. Satz 25.10 ist immer noch richtig, wir müssen lediglich im Existenzteil das Polynom

$$r(X) = \sigma(X) \sum_{j=0}^{l-1} \frac{e_j \alpha^{ai(j)}}{1 - \alpha^{i(j)} X}$$

wählen. Es ist leicht zu sehen, dass für einen BCH-Code im eigentlichen Sinne die folgende Formel zur Berechnung der Fehlergrößen verwendet werden kann:

$$e_j = -\frac{r(\alpha^{-i(j)})}{\sigma'(\alpha^{-i(j)})} \quad \text{für} \quad j = 0, \ldots l-1 \,.$$

Somit erhalten wir das folgende Korrekturschema für RS-Codes:

- Man berechne das Syndrompolynom $s(X) = \sum_{j=0}^{\delta-2} s_{a+j} X^j$, wobei $s_{a+j} = w(\alpha^{a+j})$ für $j = 0, \ldots, \delta - 2$.

- Mit Hilfe des Euklischen Algorithmus löse man die Kongruenz $r(X) \equiv s(X)\sigma(X) \bmod X^{\delta-1}$, um $\sigma(X)$ zu finden.

- Man berechne die Nullstellen $\alpha^{-i(0)}, \ldots, \alpha^{-i(l-1)}$ von $\sigma(X)$ und dann sind $i(0), \ldots, i(l-1)$ die Fehler-Lokatoren.

- Man löse obiges Gleichungssystem, um die Fehlergrößen $e_0, \ldots, e_{l-1}$ zu finden, und decodiere $w(X) - e(X)$ mit $e(X) = e_0 X^{i(0)} + \cdots + e_{l-1} X^{i(l-1)}$.

Falls wir die Fehler-Lokatoren kennen (vielleicht auch aus anderen Informationsquellen, wie z. B. dem sogenannten Cross-Interleaving), so können - aufgrund dieser Idee - diese Fehler korrigiert werden. Wir müssen nur obiges Gleichungssystem für die Fehlergrößen lösen. In diesem Fall (also wenn $i(j)$ bekannt aber e_j unbekannt ist) spricht man von einer *Auslöschung*. Das Gleichungssystem ist lösbar, falls $l \leq \delta - 1$ ist. Ein RS-Code kann also alle Auslöschungen vom Gewicht $\leq \delta - 1$ korrigieren.

Übungsaufgaben

1. Sei C ein zyklischer $[q, k]$-Polyomcode über $\mathbb{F}_q$. Zeige, dass das Generatorpolynom von C gleich $(X - 1)^{q-k}$ ist.

2. Man finde Generatorpolynome für binäre BCH-Codes der Länge 15, die t Fehler korrigieren, für $4 \le t \le 7$.

3. Sei α eine Nullstelle von $1 + X + X^4 \in \mathbb{F}_2[X]$ und C der binäre BCH-Code mit Länge 15 und konstruierter Minimaldistanz 7. Sei $w(X) = 1 + X + X^6 + X^7 + X^8$ ein bei einer Übertragung empfangenes Wort. Berechne das Syndrompolynom, das Fehler-Lokalisationspolynom und decodiere $w(X)$.

4. Sei a eine beliebige positive ganze Zahl und α ein Element der Ordnung n in $\mathbb{F}_q$. Zeige, dass alle Koeffizienten von $g(X) = (X - \alpha^a)(X - \alpha^{a+1}) \cdots (X - \alpha^{a+n-k-1})$ von Null verschieden sind.

5. Man gebe ein erzeugendes Polynom für den $[23, k]$-BCH-Code über $\mathbb{F}_2$ mit $a = 1$ und $\delta = 5$ an.

6. Sei C ein BCH-Code im eigentlichen Sinne. Zeige, dass die Fehleramplituden mittels der Formel $e_j = -r(\alpha^{-i(j)})/\sigma'(\alpha^{-i(j)})$ für $j = 0, \dots, l-1$ berechnet werden können.

7. Man konstruiere den RS-Code über $\mathbb{F}_8$ mit Länge 7 und Minimaldistanz 5, wähle in $\mathbb{F}_8$ ein primitives Element α und codiere das Wort $(0, \alpha^3, 1)$.

8. Sei C der 11-äre RS-Code mit $a = 1, \delta = 7$. Wähle $\alpha = 2$. Decodiere $w = (1, 0, 1, 3, 4, 4, 2, 8, 6, 2)$.

Literaturverzeichnis

[Alp] J. L. Alperin, R. B. Bell, *Groups and representations*, Springer (1995)

[Bour1] N. Bourbaki, *Algebra I [Chapters 1–3]*, Springer (1989)

[Bour2] N. Bourbaki, *Algebra II [Chapters 4–7]*, Springer (1989)

[Bour3] N. Bourbaki, *Commutative algebra [Chapters 1–7]*, Elements of Mathematics, Springer (1989)

[Bou] I. I. Bouw, *Codierungstheorie*, Vorlesungsskript (2014)

[Car] R. W. Carter, *Simple groups of Lie type*, Wiley (1972)

[CoH] H. Cohen, *A course in computational algebraic number theory*, Springer (1995)

[CoP] P. J. Cohen, *Set theory and the continuum hypothesis*, Benjamin (1966)

[Cox] H. S. M. Coxeter, *Unvergängliche Geometrie (Introduction to geometry)*, Birkhäuser (1981)

[DoM] D. W. Dorninger, W. B. Müller, *Allgemeine Algebra und Anwendungen*, B. G. Teubner, Stuttgart (1984)

[Gra] R. L. Graham, D. E. Knuth, O. Patashnik, *Concrete mathematics*, Addison-Wesley (1994)

[Has] H. Hasse, *Vorlesungen über Zahlentheorie*, Grundlehren der Mathematischen Wissenschaften in Einzeldarstellungen, Band 59, Springer (1964)

[Her] H. Hermes, *Einführung in die mathematische Logik*, B. G. Teubner, Stuttgart (1991)

[Hum] J. F. Humphreys, *A course in group theory*, Oxford University Press (1997)

[Kl] F. Klein, *Vorlesungen über das Ikosaeder und die Auflösung der Gleichungen vom fünften Grade*, Birkhäuser (1993)

[Kn] H. Knörrer, *Geometrie*, Vieweg (1996)

[Ko] H. Koch, *Zahlentheorie*, Vieweg (1997)

[L] S. Lang, *Algebra*, Addison-Wesley (1993)

[Lo] F. Lorenz, *Einführung in die Algebra I, II*, B·I·Wissenschaftsverlag (1992, 1991)

[Mat] H. Matsumura, *Commutative ring theory*, Cambridge University Press (1986)

© Springer Fachmedien Wiesbaden GmbH, ein Teil von Springer Nature 2020
G. Wüstholz und C. Fuchs, *Algebra*, Springer Studium Mathematik – Bachelor,
https://doi.org/10.1007/978-3-658-31264-0

[Mis] G. Mislin, *Algebra I*, vdf Hochschulverlag AG an der ETH Zürich (1998)

[Neu] P. M. Neumann, G. A. Stoy, E. C. Thompson, *Groups and geometry*, Oxford University Press (1999)

[Pre] O. Pretzel, *Error-Correcting Codes and Finite Fields*, Oxford University Press (1992)

[Rot] J. J. Rotman, *Advanced Modern Algebra*, Graduate Texts in Mathematics, Vol. 114, American Mathematical Society (2010)

[Schar] W. Scharlau, *Quadratic and Hermitian forms*, A series of comprehensive studies in mathematics, Springer (1985)

[Schn] Th. Schneider, *Einführung in die transzendenten Zahlen*, Grundlehren, Springer (1957)

[Science] *Dossier Les mathématiciens*, Science (Janvier 1994)

[Se1] J.-P. Serre, *A course in arithmetic*, Springer (1985)

[Se2] J.-P. Serre, *Local fields*, Springer (1979)

[Sp] A. Speiser, *Die Theorie der Gruppen endlicher Ordnung*, Birkhäuser (1956)

[vanL] J. H. van Lint, *Introduction to Coding Theory*, Springer (1999)

[Vin] E. B. Vinberg, *Linear representations of groups*, Birkhäuser (1989)

[Wae1] B. L. van der Waerden, *Algebra I, II*, Springer (1967)

[Wae2] B. L. van der Waerden, *A history of algebra – From al-Khwarizmi to Emmy Noether*, Springer (1985)

[ZS] O. Zariski, P. Samuel, *Commutative algebra, Vol. I, II*, Springer (1958)

Liste der Symbole

© Springer Fachmedien Wiesbaden GmbH, ein Teil von Springer Nature 2020
G. Wüstholz und C. Fuchs, *Algebra*, Springer Studium Mathematik – Bachelor,
https://doi.org/10.1007/978-3-658-31264-0

Index

© Springer Fachmedien Wiesbaden GmbH, ein Teil von Springer Nature 2020
G. Wüstholz und C. Fuchs, *Algebra*, Springer Studium Mathematik – Bachelor,
https://doi.org/10.1007/978-3-658-31264-0